U0392175

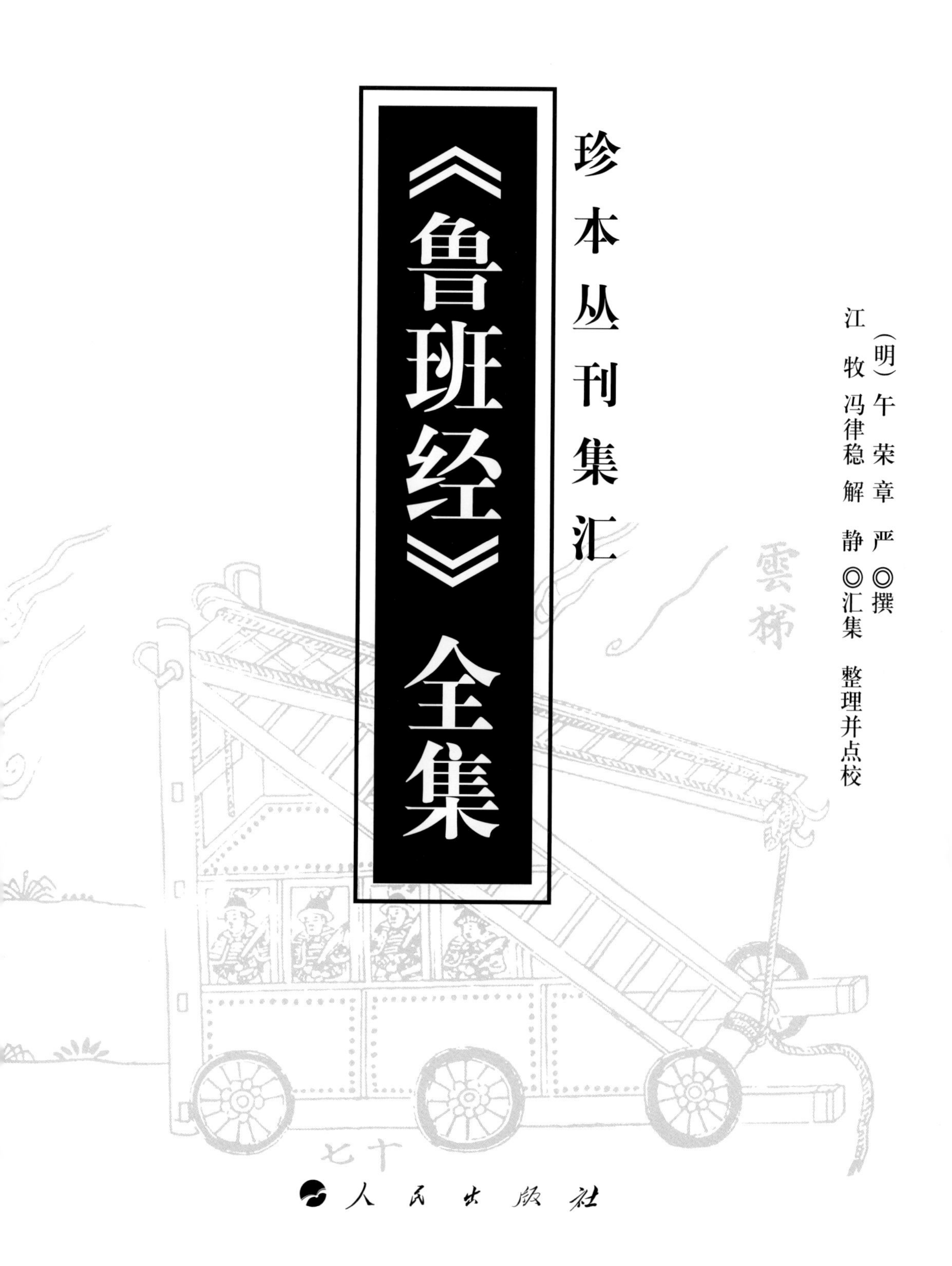

珍本丛刊集汇

《鲁班经》全集

（明）午荣 章严◎撰
江牧 冯律稳 解静◎汇集 整理并点校

人民出版社

国家社科基金艺术学项目（项目号：17BH156）

国家社科基金重大项目（项目号：16ZDA105）

教育部人文社会科学研究规划基金项目（项目号：14YJAZH039）

江苏省社会科学基金项目（项目号：14YSB006）

江苏高校优势学科建设工程资助项目（设计学）

全国高等院校古籍整理研究工作委员会直接资助项目（项目号: 1345）

目录

《鲁班经》全集·点校序

《鲁班经》是我国古代流传于民间的一部著名的建筑营造类典籍,其对于我国南方的古代建筑,特别是民间的建筑营造具有长期深远的影响。《鲁班经》的成书现已不可考,国内外学者的相关研究比较多,但未形成统一的意见,从目前掌握的资料来看,至晚成书于元代的《鲁般营造正式》应为其前身之一,之后散见于各地的版本有明显的差异(书名也有不同,为叙述方便,俱简称为"鲁班经"),可能流传当中被掺夹进一些当地民间艺工口口相传的内容。这部典籍是历代民间木工匠师的职业用书,主要包括营建尺法、相宅、选择方位、工序、祈禳、镇解等。它以历代匠师在实际工作过程中口授和抄本的形式薪火相传,全面反映了中国民间木工的业务范围,包括当时中国民间房舍施工的详细步骤,充分反映了中国民间木工技术的发展水平,同时也记录了当时常用的建筑类型及相应的常用尺度。《鲁般营造正式》目前仅见天一阁藏本(有残缺),可收集到上海科学技术出版社的影印本和《续修四库全书》收录的版本,《鲁班经》目前发现的版本集中于明、清两代的版本,有木版印刷和晚晴石印的,内容上基本可以归为三大类。本书整理者在全国各地图书馆进行检索,收集找到的所有《鲁班经》的善本、善本胶片、影印本和收入进珍本丛刊的资料,进行整理、比对、点校,最后汇集成此书,以方便热衷于我国民间建筑及其文化研究和研究《鲁班经》的读者。

的确,《鲁班经》这部典籍可以帮助我们更好地认识我国古代社会形态和了解民间建筑的建造思想和演变。我国古代流传下来的建筑典籍并不多，而民间营造的专书也少见，《鲁班经》可算古代民间建筑专书中影响最大者。中国封建社会从南宋末有一个比较明显地转向，元代开始，政治、经济、文化发展相对缓慢，某些方面甚至较前朝有较大的后退，建筑发展也不可避免地受到波及。到了明代，社会相对稳定，尤其明代中后期是社会转型的重要时期，从现存古建来看，当时民间有过大规模地营建，这一时期也是中国古建筑发展的一个高峰期，现存《鲁班经》成书于这一时期，各种版本也包含了大量的线描图，有的还十分精美，必然直接或间接地反映了当时社会的文化风俗、建筑形态，也必然包括当时民间建筑风格、建筑形制等内容，对它的进一步解读，可以更深入地了解明代的社会形态及前后社会的转型，本书的整理尝试提供一种全景式的文本资料。

其次，这类古籍整理有利于我们了解民间建筑营建技术和建筑文化。《鲁班经》是迄今发现的一部最重要的民间建筑营造典籍，其内容（即使亡佚不少）也基本涵盖民间建筑营建的全部过程。其记录的做法规矩，除相宅、择时、禁忌等之外，对建筑技术虽仅讲营建尺法、建筑的基本尺度，有的虽然仅是一些简单的比例关系，然而，它却蕴藏着人们生活对建筑的总体和单体的形制、空间组合与环境适应等的要求；蕴藏着传统文化如礼制、信仰、审美情趣以及趋吉避凶的社会心理；也反映出当地自然气候、物产、社会生产力状况等。其包含的技术性内容丰富而实用，是研究元明清建筑的重要史料，对于当前的古建筑保护、维修、重建等也具有重要意义。

最后，此次出版的《鲁班经》全集严格按照原条目与原插图顺序，正文内容采用繁体横向编排，随文注释采用简体横向编排，在尽量保存原典图文信息的基础上，让文本清晰易读，以方便更多的人了解中国古代建筑营建。此书的出版是对中国传统营建技术和建筑文化的传承，也方便学者对诸多不同的《鲁班经》版本进行比较、研究和释读，提出自己的观点，因此，本次整理为今后该领域研究提供了严谨的、较为全面的原始文本，对于推动相关研究的开展有深远的学术性意义。囿于时间、精力、能力与信息的局限，尽管已尽力通过各种渠道查找到国内各地所藏的《鲁班经》版本逾三十种，但本次整理的范围仍然只是京、津、沪、苏、浙、粤等六省大图书馆所藏的版本，一些县市图书馆和文物局、研究所等文史机构也有收藏《鲁班经》的善本或古籍，但因种种原因，没有涉及，而藏于私家的情况更加复杂不明，更是未能触及。因此，本次对于《鲁班经》这本在民间屡次翻刻，版本众多的古籍整理必定是挂一漏万，只有留待下次补正，如有同好亦关注《鲁班经》（含《鲁般营造正式》）这部典籍，或知道其罕传版本，愿意惠告，则不胜感激，可发邮件至 jiangmudesign@163.com，也欢迎来信交流。

江　牧

2017年10月18日

于苏州独野湖畔

《鲁班经》全集·校注说明

◎版本

由于《鲁班经》历代皆非官刻官颁的典籍，皆为民间自行刻印与私自刊布，因而在流传当中存在诸多版本，通过较为仔细地查找和整理，基本可以确定目前各地馆藏可见的三十余个版本的《鲁班经》古籍（含善本、影印本等），可以归为三个大的类别，本书整理中也定之为三个底本，分别命名为"续四库本"、"北图本"、"故宫珍本"。所以，中篇关于京津两地馆藏《鲁班经》的整理，就将所收集的版本以相近归类的原则分别纳入到这三个底本之下整理，注释出其相异之处。而在后续进一步对于沪苏浙粤等南方馆藏《鲁班经》的整理当中，愈发意识到这三个底本中"北图本"和"故宫珍本"差异度比较小，主要差异在"故宫珍本"卷一第三页字句有错位之误，但其印刷比北图本更清晰，内容更完整。其有卷三第六页，书后增附《秘诀仙机》一卷与《新刻法师选择纪》一卷，其余基本相同。故下篇的整理中就将之归作一个底本（命名为"北图—故宫本"）进行整理，与之相近的版本皆放在其下整理，相比参校，版本相异之处皆作注释。此类整理虽然十分繁琐，但利于揭示出大量各版本之间相异的信息，对今后《鲁班经》版本及其传播流布变迁的研究，提供了第一手的资料。

◎内容

本次校注每个底本的《鲁班经》俱保留原书次序，如续四库本插图全部编排在正文之前,共24幅,之后为分卷内容,且“鲁班仙师源流”被放在卷一之首。北图—故宫本起首部分是鲁班仙师源流,且以“鲁班升帐图”为始,在此之后为正文卷一等内容,北图—故宫本的插图位置与续四库本不同,而是位于文中相对应的位置。

◎校注

校注采取随文批注的方式,对于版本间的不同都加以注明,如有漫漶不清的字,各版本互参辨出,并加注。个别字所有版本俱不可识,则以“□”标出。此次校注原文内容采用繁简混排,尽量与原典保持一致,注释部分采用现今通行的简体字,以方便阅读。在繁简字的古今转换上,如有必要,均加以说明,此类注释同时亦保留了原本繁体字的信息,确保了原书内容的完整、准确地传达。

◎繁简转换

本次整理正文内容依照繁体字尽量保持古籍原样,注释为了方便理解采用了简体,涉及繁简体字的转换问题。如若此字的繁体、简体为一一对应的,在无任何歧义的情况下,简单加注,但有些为现代所不熟悉的,重点注出,如“纔”古同“才”。在一些繁体有多字,简体俱并为一字的,均加注,如“发”替换“髮”,因“发”还是“發”之简体。还有一些异体字,如“夛”古同“多”,为保持原文的文字信息,均加注说明之。

◎版式

为了更符合现代人阅读习惯,版式亦由竖排转换为横排,每段原为顶格,现均按照简体文之规范,首字改为退两格。文中段落亦依照文意,进行了重新的划分,以方便阅读和理解。

◎标点符号

原文有一些采用小字的部分为正文内容的补充说明,整理时也用小号字体以示区别,并且以〖〗括出以方便阅读。校注采用现代汉语简体文之标点分句,尽量做到断句合理,标点准确。如有错误,待修订时更正。

《鲁班经》版本及分类总表

序号	底本	版本细分	简称	馆藏地	书名	年代	索书号 777430—31
1	续四库本	清初工师本	上图C本	上海图书馆	工師雕斲正式鲁班木經匠家鏡	清初	777430—31
2			南图A本	南京图书馆	工師雕斲正式鲁班木經匠家鏡	清初	117424
3			国图B本	中国国家图书馆	工師雕斲正式鲁班木經匠家鏡	清初	00688
4			中科院D本	中国科学院图书馆	工師雕斲正式鲁班木經匠家鏡	清初	
5		清代乾隆本	北大A本（续四库本）	北京大学图书馆	新鐫工師雕斲正式鲁班木經匠家鏡	清乾隆年间	
6			上图B本	上海图书馆	新鐫工師雕斲正式鲁班木經匠家鏡	明代	59963
7			浙图B本	浙江省图书馆	新鐫工師雕斲正式鲁班木經匠家鏡	清代	1739
8		清代道光本	浙图C本/南图B本	浙江省图书馆（全2册）/南京图书馆（仅存上册）	新鐫工師雕斲正式鲁班木經匠家鏡	清道光年间	3975/100014
9		咸丰工师本	咸丰A本（国图D本）	中国国家图书馆	工師雕斲正式鲁班木經匠家鏡	咸丰庚申春—崇德堂藏版	XD7943
10			咸丰B本（国图E本）	中国国家图书馆	工師雕斲正式鲁班木經匠家鏡	咸丰十年	XD7978

续表

序号	底本	版本细分	简称	馆藏地	书名	年代	索书号 777430—31
11	续四库本		咸丰C本（国图I本）	中国国家图书馆	工師雕斲正式鲁班木經匠家鏡	咸丰庚申春—本宅藏版	XD7946
12			中科院E本	中国科学院图书馆	工師雕斲正式鲁班木經匠家鏡	咸丰庚申春刊	
13		同治工师本	上图D本	上海图书馆	工師雕斲正式鲁班木經匠家鏡	同治庚午秋	518196—97
14			中科院A本	中国科学院图书馆	工師雕斲正式鲁班木經匠家鏡	同治庚午秋—埽業山房督造	
15		清代丙字本	天图A本	天津图书馆	新鐫工師雕斲正式鲁班木經匠家鏡	清代	
16			国图F本	中国国家图书馆	新鐫工師雕斲正式鲁班木經匠家鏡	清代	130417
17			国图J本	中国国家图书馆	新鐫工師雕斲正式鲁班木經匠家鏡	清代	t1873
18			南图E本/南图F本	南京图书馆	新鐫工師雕斲正式鲁班木經匠家鏡	清代	11618/352448
19			复旦本	复旦大学图书馆	新鐫工師雕斲正式鲁班木經匠家鏡	清代	
20			中山A本	广东省立中山图书馆	新鐫工師雕斲正式鲁班木經匠家鏡	清代	30171
21		石印本	宣统本（国图H本）	中国国家图书馆	繪圖鲁班經（新鐫工師雕斲正式鲁班木經匠家鏡）	宣统元年—上海埽葉山房印行	29961

续表

序号	底本	版本细分	简称	馆藏地	书名	年代	索书号 777430—31
22	续四库本	石印本	浙图F本/ 上图F本	浙江省图书馆/ 上海图书馆	繪圖鲁班經（新鐫工師雕斵正式鲁班木經匠家鏡）	民国—錦章圖書局印行	685.6/2190/ 433920
23			浙图E本	浙江省图书馆	繪圖鲁班經（新鐫工師雕斵正式鲁班木經匠家鏡）	民国十年	621.5/ 8099/c2
24			中山B本	广东省立中山图书馆	繪圖鲁班經（新鐫工師雕斵正式鲁班木經匠家鏡）	民国—文華書局石印	5620/21
25			国图M本	中国国家图书馆	通玄經（改良鲁班經）	清末—民国—上海江東書局	137135
26	北图—故宫本	明末版本	文物局本	国家文物局	新鐫京板工師雕斵正式鲁班經匠家鏡	明万历年间	
27			故宫珍本	故宫博物院	新鐫京板工師雕斵正式鲁班經匠家鏡	明万历年间	
28			崇祯本（国图C本）	中国国家图书馆	新鐫京板工師雕鏤正式鲁班經匠家鏡	明崇祯年间	
29			国图K本	中国国家图书馆	新鐫京板工師雕鏤正式鲁班經匠家鏡	明末	t1906
30			绍兴本	绍兴鲁迅图书馆	新鐫工師雕斵正式鲁班木經匠家鏡	明末	
31			国图L本	中国国家图书馆	新鐫工師雕斵正式鲁班木經匠家鏡	明末	t1873

续表

序号	底本	版本细分	简称	馆藏地	书名	年代	索书号 777430—31
32	北图—故宫本	明末版本	浙图 A 本	浙江省图书馆	新鐫京板工師雕斲正式鲁班經匠家鏡	明末	1738
33			中科院 B 本	中国科学院图书馆	新鐫京板工師雕斲正式鲁班木經匠家鏡	明末	
34			国图 A 本	中国国家图书馆	新鐫京板工師雕斲正式鲁班木經匠家鏡	明末	06411
35			天图 B 本	天津图书馆	新鐫工師雕斲正式鲁班木經匠家鏡	明末	
36		十一行本	国图 G 本	中国国家图书馆	新鐫京板工師雕鏤正式鲁班經匠家鏡	明末	29960
37			上图 A 本	上海图书馆	新鐫京板工師雕鏤正式鲁班經匠家鏡	明末	59964
38			南图 C 本	南京图书馆	新刻京板工師雕鏤正式鲁班經匠家鏡	清代	352458
39			南图 D 本	南京图书馆	新刻京板工師雕鏤正式鲁班經匠家鏡	光绪甲午年新刊——也轩藏版	70697
40			上图 E 本/南工本	上海图书馆/东南大学建筑学院	新刻京板工師雕鏤正式鲁班經匠家鏡	清代	382403—04
41			浙图 D 本	浙江省图书馆	新鐫京板工師雕鏤正式鲁班經匠家鏡	清代	621.5/8099/c1
42			北大 B 本	北京大学图书馆	新刻京板工師雕鏤正式鲁班經匠家鏡	清代	

续表

序号	底本	版本细分	简称	馆藏地	书名	年代	索书号 777430—31
43	北图一故宫本	十一行本	中科院 C 本	中国科学院图书馆	新鐫京板工師雕鏤正式魯班經匠家鏡	清代	

注:①此表“( )”内表示是同一本古籍的不同简称;“/”表示前后的两部古籍出自同一个刻版。

②为了尽量保持原版本信息,此表书名采用繁体。

上篇

《鲁般营造正式》（天一阁藏本）整理

一、上海科技本与续四库本校勘

魯般營造正式[1]

（原籍书首就缺内容）

金安頓②，照退官符三煞，将人打退神殺，居住者求③吉也。

請設三界地主魯般④仙師文

【喏】日吉時良，天地開張，金炉之上，五分明香，虔⑤誠拜請今⑥年今月今日今時直符⑦使者，伏望⑧光臨，有事⑨冒瀆⑩，印據⑪有厶⑫鄉厶里奉大道弟子厶人（厶官）據術人選到今年厶月厶日，時吉，方大利架造。木⑬敢自專，仰仗⑭直符使者，賫⑮持香信，逑去連⑯来，必當恩華⑰。拜請三界四府

---

① 此校勘以上海科学技术出版社出版的《明魯般营造正式》（天一阁藏本）（简称为上海科技本）为底本，与之校对的为《续修四库全书》第八七九册（史部・政書類）中《新編魯般營造正式》（简称为续四库本）。

② 底本、“续四库本”原作“頞”。

③ 底本、“续四库本”原作“汖”，下文亦改为“求”，不再注。

④ 底本、“续四库本”原作“魯 般”，下文亦改为“魯般”，不再注。

⑤ 底本、“续四库本”原作“虔”，下文亦改为“虔”，不再注。

⑥ 底本、“续四库本”原作“今”，应为“今”之变体错字。

⑦ 底本、“续四库本”原作“苻”，下文亦改为“符”，不再注。

⑧ 底本、“续四库本”原作“望”，下文亦改为“望”，不再注。

⑨ 底本、“续四库本”原作“事”，下文亦改为“事”，不再注。

⑩ 底本、“续四库本”原作“瀆”，下文亦改为“瀆”，不再注。

⑪ 底本、“续四库本”原作“據”，下文亦改为“據”，不再注。

⑫ 念唱时换为具体之人名、地名，作用与今文“某”相同，可以相关内容替代。

⑬ 应为“不”之别字。

⑭ 底本、“续四库本”原作“仗”，下文亦改为“仗”，不再注。

⑮ 底本、“续四库本”原作“賫”，下文亦改为“賫”，不再注。

⑯ 底本、“续四库本”原作“逑”，疑为“速”之变体错字。

⑰ 底本、“续四库本”原作“華”，应为“華”之变体错字。

高真、十方賢聖、諸天星斗、十二宫神、五方地主、明師,住宅香火,福德灵聰①。鲁般真仙公輪子先賢弟子,带東前後行師父(有名称,含②),伏望諸聖,跨鶴驂③鸾④,暫别宫⑤殿之内,修車林馬⑥,来臨場屋之中。既沐降臨,酒⑦當⑧三尊,叨奠纔⑨斟⑩,聖道降臨,巳⑪享⑫巳祀,皷⑬瑟皷琴。布福乾坤之大,受恩江海之深,仰憑⑭聖道,普降凡情。酒當二酌,人神喜楽⑮,大布恩光,享未⑯禄爵,三奠盃觴,求滅灾殃,百禄是荷,万寿无疆。自此門庭常貼⑰泰,從兹男女求安康,仰兾⑱聖賢⑲,流恩⑳降福。上来三奠巳㉑訖,供養云週。於是日,有事冒瀆㉒。今為厶路厶縣厶鄉厶里厶社,奉大道弟子厶人,今據術人,卜定吉年、月、日。吉,方造作。預㉓俻香財、茶菓、清酒之儀,

① 底本、"续四库本"原作"聰",应为"聰"之变体错字。
② 此字原文为上"令"下"口",疑为"含"之错字,据上下文,或为"今曰"之讹误。
③ 底本、"续四库本"原作"驂",应为"驂"之变体错字。
④ 底本、"续四库本"原作"鸾",古同"鸞",不再注。
⑤ 底本、"续四库本"原作"宫",应为"宫"之变体错字。
⑥ 底本、"续四库本"原作"馬",下文亦改为"馬",不再注。
⑦ 底本、"续四库本"原作"酒",为"酒"之异体字。
⑧ 底本、"续四库本"原作"富",应为"當"之别字。
⑨ 应为"纔"之异体字,古同"才"。
⑩ 底本、"续四库本"原作"斟",应为"斟"之变体错字。
⑪ 应为"已"之别字。
⑫ 底本、"续四库本"原作"享",下文亦改为"享",不再注。
⑬ 古同"鼓"。
⑭ 底本、"续四库本"原作"憑",应为"憑"之变体错字。
⑮ 古同"乐"。
⑯ 原文如此,据上下文,应为"来"之别字。
⑰ 底本、"续四库本"原作"貼",应为"貼"之变体错字。
⑱ 古同"冀"。
⑲ 底本、"续四库本"原作"賢",下文亦改为"賢",不再注。
⑳ 底本、"续四库本"原作"恩",今改。
㉑ 应为"已"之别字。
㉒ 底本、"续四库本"原作"瀆",应为"瀆"之变体错字。
㉓ 底本、"续四库本"原作"預",今改。

拜献[①]三界方灵、十方賢聖，再備財儀、牲酒之礼[②]，拜献五方地王、明師宅王。伏事福德，聖神奉上。鲁般大匠仙人、輸子仙人，前後行師父，伏[③]望[④]各各[⑤]全垂[⑥]采纳（如祖答[⑦]：受不受？伏望師傅又云：使看誠心，時垂領受。），然順[⑧]宅主（厶人），當[⑨]創入宅之後，家門浩浩，活計昌昌，千斯倉而万[⑩]斯箱，一曰富而二曰寿。公私两利，火盗双消，四时不遇水雷迍，八節常蒙地天泰。（如或[⑪]保産早[⑫]，則云：儴六留者，坐草无異，埋盆有慶[⑬]，额生慧之男，大作起[⑭]家之子。云云。）凶藏[⑮]煞[⑯]没，各无干犯[⑰]之方，神喜人懽[⑱]，大布休祥之兆。凡[⑲]在四時，克臻万[⑳]善。次巽匠人，兴[㉑]工造作，拈刀弄斧，自然目朗心開，負[㉒]重[㉓]括輕，莫不脚輕手快，仰賴神通，特垂庇[㉔]佑，

---

① 底本、“续四库本”原作“献”，今改。
② 底本、“续四库本”原作“札”，应为“礼”之别字。
③ 底本、“续四库本”原作“伏”，应为“伏”之变体错字。
④ 底本、“续四库本”原作“望”，应为“望”之变体错字。
⑤ 底本、“续四库本”原作“匕”，应为简化标识，表示与前一字相同，不再注。
⑥ 底本、“续四库本”原作“垂”，今改。
⑦ 底本、“续四库本”原作“答”，应为“答”之变体错字。
⑧ 底本、“续四库本”原作“顚”，应为“顺”之变体错字。
⑨ 底本、“续四库本”原作“當”，今改。
⑩ 底本、“续四库本”原作“方”，应为“万”之别字。
⑪ 据上下文，此字或为“获”之通假。
⑫ 此字疑为“兒”之别字。
⑬ 底本、“续四库本”原作“慶”，应为“慶”之变体错字。
⑭ 底本、“续四库本”原作“起”，应为“起”之变体错字。
⑮ 底本、“续四库本”原作“藏”，应为“藏”之变体错字。
⑯ 底本、“续四库本”原作“煞”，应为“煞”之变体错字。
⑰ 底本、“续四库本”原作“犯”，应为“犯”之变体错字。
⑱ 底本、“续四库本”原作“懽”，应为“懽”之变体错字，古同“欢”。
⑲ 底本、“续四库本”原作“九”，为“凡”之异体，古同“凡”，不再注。
⑳ 底本、“续四库本”原作“万”，应为“万”之变体错字。
㉑ 应为“興”之变体错字。
㉒ 底本、“续四库本”原作“負”，应为“負”之变体错字。
㉓ 底本、“续四库本”原作“裹”，古同“裹”，此处应为“重”之别字。
㉔ 底本、“续四库本”原作“庇”，应为“庇”之变体错字。

不敢久留聖駕，銭①財紅火交還②，耒③時當献下車酒，去後當酬上馬盃，諸聖各帰④宮闕。

【喏】（送神訖，用到匠人出，則云：吉神煞。云云。）天開地闢，日吉時良（此改），皇帝子孫，起造高堂，（或在未⑤知廟⑥宇，或創菴⑦，則改云：架造先合陰陽。）㓙神退位，悪煞潜藏，此間建立，永永吉昌。伏願⑧荣迁之後，龙⑨㠶⑩宝穴⑪，鳳⑫徙梧巣⑬，茂印⑭兒孫，增崇産業。

詩曰

一声槌⑮響透天門，万哷⑯千賢左右分。

天煞打㠶天上去，地煞潜㠶地裏⑰存。

大厦千间生富貴，全家百行益兒孫。

金槌敲⑱処⑲諸神護，悪煞⑳㓙㉑神急速奔。

---

① 古同“錢”。

② 底本、“续四库本”原作“還”，应为“還”之变体错字。

③ 原文如此，应为“来”之别字。

④ 古同“归”。

⑤ 底本、“续四库本”原作“未”，据上下文，应为“未”。

⑥ 底本、“续四库本”原作“廟”，应为“廟”之变体错字。

⑦ 底本、“续四库本”原作“菴”，应为“菴”之变体错字，古同“庵”。

⑧ 底本、“续四库本”原作“頴”，应为“願”之变体错字。

⑨ 底本、“续四库本”原作“龙”，应为“龙”之变体错字。

⑩ 应为“歸”之异体字。

⑪ 原文如此，应为“穴”之别字。

⑫ 底本、“续四库本”原作“凰”，应为“鳳”之变体错字。

⑬ 古同“巢”。

⑭ 应为“荫”之通假。

⑮ 底本、“续四库本”原作“搥”，应为“槌”之变体错字。

⑯ 应为“聖”之别字。

⑰ 古同“里”。

⑱ 底本、“续四库本”原作“敲”，下文亦改为“敲”，不再注。

⑲ 古同“处”。

⑳ 底本、“续四库本”原作“煞”。

㉑ 古同“凶”。

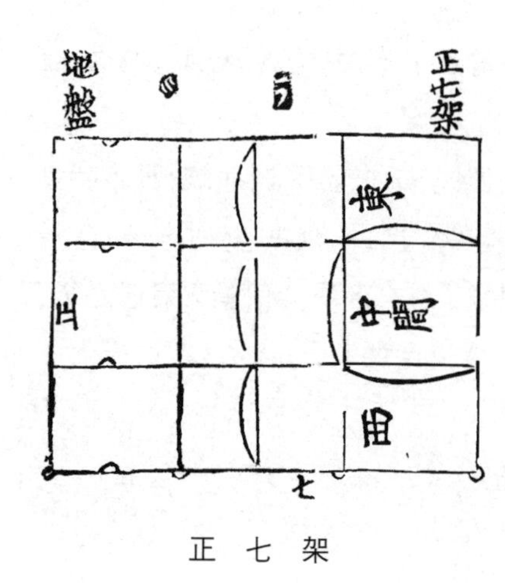

正 七 架

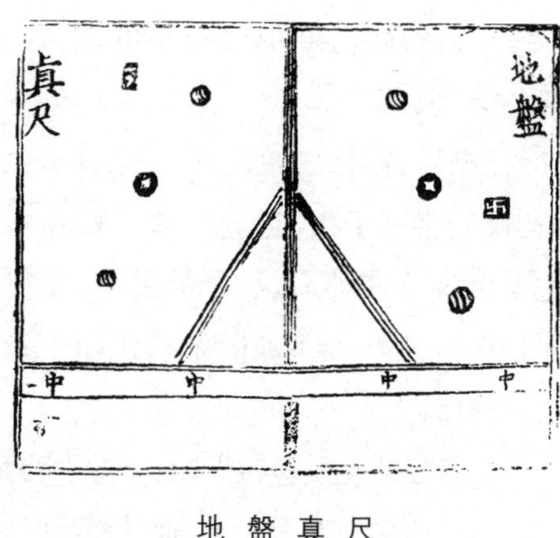

地 盤 真 尺

定盤真尺

凢創造屋宇，先須①用坦平地基，然後隨大小、闊狹②，安磉平正。平者，稳③也。次用一件木料（長一丈④四、五尺，有𣝕⑤，長短在人。用大四米，厚二寸，中立表。）長短在四、五尺内，实用壓⑥曲尺，端正两邊，安八字，射中心，（上繫線垂，下吊云墜，則為平，上直也，有实据⑦可驗⑧。）

詩曰

世間万物得其平，全仗權⑨衡及準繩。

創造先量基闊狹，均分内外两相停⑩。

---

① 底本、“续四库本”原作“湏”，下文亦改为“須”，不再注。

② 底本、“续四库本”原作“狭”，下文亦改为“狹”，不再注。

③ 底本、“续四库本”原作“穏”，下文亦改为“稳”，不再注。

④ 底本、“续四库本”原作“丈”，今改。

⑤ 此字疑为“爵”之变体错字，指代尺上之爵星，星命术“六神推命”中“食神”又名进神、爵星、寿星，八字中若见食神，是为吉兆。另郭湖生先生推测其为“欝”之错字。

⑥ 底本、“续四库本”原作“壄”，下文亦改为“壓”，不再注。

⑦ 底本、“续四库本”原作“㨿”，下文亦改为“据”，不再注。

⑧ 底本、“续四库本”原作“騐”，下文亦改为“驗”，不再注。

⑨ 底本、“续四库本”原作“槯”，下文亦改为“權”，不再注。

⑩ 底本、“续四库本”原作“停”，应为“停”之变体错字。

石磉切須安得正，地盤先且鎮中心。

定将真尺分平正，良匠當依此法真。

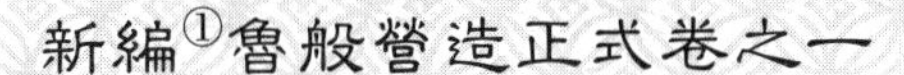

新編①魯般營造正式卷之一

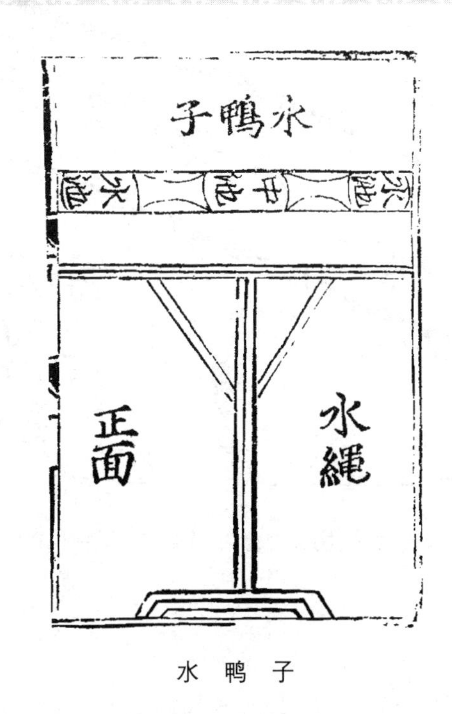

水　鴨　子

断水平法

莊②子云：夜静水平。俗云：水從平則止。造此法，中立一方表，下作十字拱頭蹄脚，上横过一方，分作三分，中開水池，中立安二線垂下，将一小石頭墜正中心。水池中立三个水鴨③子，实要匠得木頭端止，壓尺十字，不可

① 底本、"续四库本"原作"緺"，下文亦改为"编"，不再注。

② 底本、"续四库本"原作"荘"，应为"莊"之变体错字。

③ 底本、"续四库本"原作"鴨"，应为"鴨"之变体错字。

分毫①走失。若依此例,无不平正也。

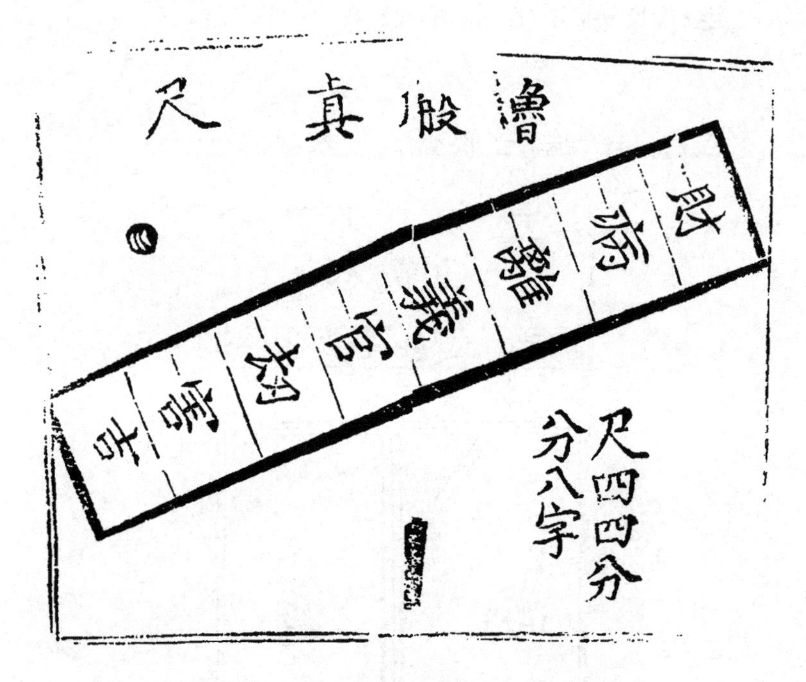

鲁班真尺(阴文处意为:卷二之□□图②)

鲁般真尺

鲁般尺乃有曲尺一尺四寸四分,其尺間有八寸,一寸堆③曲尺一寸八分。内有財、病、離、義、官、刼、害、吉也。凢人造門,用依尺法也。假如单扇門,小者開二尺一寸,壓一白,般尺在“義”上。单扇門,開二尺八寸,在八白,般尺合“吉”上。双扇門者,用四尺三寸一分,合三禄一白,則為“本門”,在“吉”上。如“才門”者,用四尺三寸八分,合“才門”,吉。大双扇門,用

① 底本、“续四库本”原作“毫”,下文亦改为“毫”,不再注。
② 此二字原文漫漶不清。全书所有插图中阴刻文所标应当为该图的图号,即哪卷第几张图。
③ 此字据上下文应为“对”或“准”之通假。

廣[①]五尺六寸六分，合双[②]白，又在“吉”上。今時匠人則開門，□[③]四尺二寸，乃為二黑，般尺又在“吉”□，□[④]五尺六寸者，則“吉”上二分加六分，正在“吉”中，為佳也。皆用依法，百无一失，則為良匠也。

鲁般尺詩八首

財詩曰

財字臨門子[⑤]細詳，外門招得外才[⑥]良。
若在中門常自有，積財須用大門當。
中房若合安於上，銀帛千箱与万箱。
木匠若能明此理，家中福禄自荣昌。

病字

病字臨門招疫疾，外門神鬼入巾庭。
若在中門逢[⑦]此字，災須輕可免[⑧]危声。
更被外門相照[⑨]對，一年两度送户靈。
於中若要无凶禍[⑩]，厠上无疑是好親。

离字

离字臨門事不祥，子[⑪]細排來在甚方。

---

① 底本、“续四库本”原作“廣”，下文亦改为“廣”，不再注。
② 底本、“续四库本”原作“双”，应为“双”之别字。
③ 此处底本、“续四库本”俱漫漶，可能缺一字。
④ 此处底本、“续四库本”俱漫漶，应缺二字。
⑤ 此字应为“仔”之通假。
⑥ 此字应为“财”之通假。
⑦ 底本、“续四库本”原作“逄”，应为“逢”之别字。
⑧ 底本、“续四库本”原作“免”，应为“免”之变体错字。
⑨ 底本、“续四库本”原作“照”，应为“照”之变体错字。
⑩ 底本、“续四库本”原作“禍”，下文亦改为“禍”，不再注。
⑪ 应为“仔”之通假。

若在外門并中户，子南父北自分張。
房門必主生离别，夫婦恩①情两処忙。
朝日主家常作鬧，㤹惶無地禍誰當。

義字

義字臨門孝顺生，一安中户最為有。
若在都門招三婄②，廊門淫③婦变④之声。
於中合□⑤虽⑥為吉，也有兴災害及人。
若是十分無災害，只有厨門实可親。

官字

官字臨門自要詳，莫教安在大門場⑦。
須房公事親州唐，富贵中庭□⑧自昌。
若若房門生貴子，其家必定出官郎。
富贵人家有相壓，庶人之屋实難⑨量。

刧⑩字

刧字臨門不足誇⑪，家中日日事如麻。
更有害門相照看，凶來疊疊禍无左。

---

① 底本、"续四库本"原作"恩"，应为"恩"之变体错字。
② 底本、"续四库本"原作"婄"，疑为"婦"之异体字。
③ 底本、"续四库本"原作"滛"，应为"淫"之异体字。
④ 古同"变"。
⑤ 此处底本、"续四库本"俱漫漶，可能缺一字。
⑥ 底本、"续四库本"原作"虽"，应为"虽"之变体错字。
⑦ 底本、"续四库本"原作"湯"，应为"場"之变体错字。
⑧ 此处底本、"续四库本"俱漫漶，可能缺一字。
⑨ 底本、"续四库本"原作"雞"，下文亦改为"難"，不再注。
⑩ 底本、"续四库本"原作"刼"，下文亦改为"刧"，不再注。
⑪ 底本、"续四库本"原作"誇"，下文亦改为"誇"，不再注。

兒孫行刼身遭苦，作事因須害却家。

四惡四㐫星不吉，偷人物件害其它。

害字[1]

害字安門用細尋[2]，外人多被外人臨。

若在内門多兴禍，家寸必被賊來侵。

吉字

吉字臨門最是[3]良，中門内外一斉[4]強。

子孫夫婦皆荣貴，年年月月旺蚕[5]桑。

如有才門相照[6]者，家道兴出示最吉。

使有㐫神在劳位，也无灾害亦风[7]光。

本門詩曰

本字開門大吉昌，尺頭[8]尺尾正相當。

量来尺尾須當吉，此[9]到頭来才上量。

福禄乃為門上致，子孫必出好兒郎。

時師依此[10]仙賢造，千倉万[11]廩有馀粱。

---

① 底本、“续四库本”俱缺一字，据上下文应为“字”。

② 底本、“续四库本”原作“𡬶”，下文亦改为“尋”，不再注。

③ 底本、“续四库本”原作“昰”，下文亦改为“是”，不再注。

④ 古同“齐”，不再注。

⑤ 底本、“续四库本”原作“⿱天厶”，应为“虽”之变体错字。

⑥ 底本、“续四库本”原作“⿱昭一”，应为“虽”之变体错字。

⑦ 底本、“续四库本”原作“凨”，下文亦改为“风”，不再注。

⑧ 底本、“续四库本”原作“⿰豆页”，下文亦改为“頭”，不再注。

⑨ 底本、“续四库本”原作“⿰止匕”，应为“此”之变体错字。

⑩ 同上。

⑪ 底本、“续四库本”原作“方”，应为“万”之别字。

曲尺詩(圖①在後)

一白難如六白良,若然八白亦為昌。

不将②般尺来相奏③,吉④少**凶**夛⑤必主央。

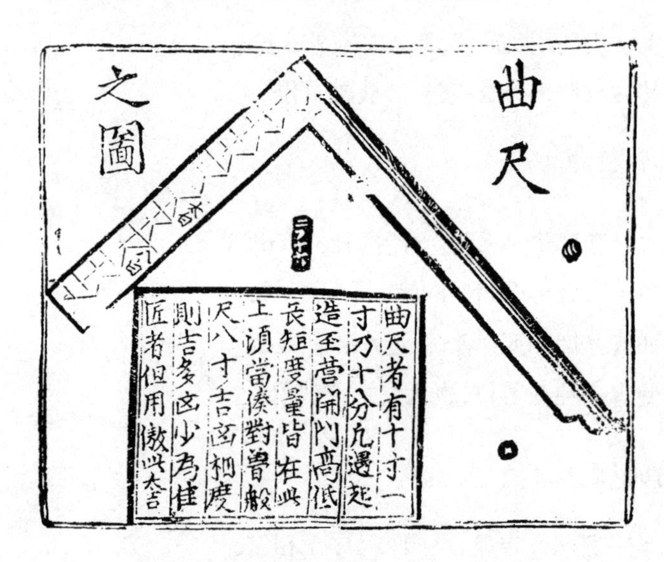

曲尺之图(阴文意为:卷三之十六图)

图上文字:

曲尺者,有十寸。一寸乃十分,凡遇起造坙⑥营,開門高低、長短度⑦量,皆在此上。須當凑⑧對魯般尺,八寸吉**凶**相度,則吉多**凶**少,為佳。匠者但用,傚⑨此大吉。

---

① 底本、"续四库本"原作"圖",下文亦改为"圖",不再注。

② 底本、"续四库本"原作"将",下文亦改为"将",不再注。

③ 应为"凑"之通假。

④ 底本、"续四库本"原作"吉",下文亦改为"吉",不再注。

⑤ 应为"多"之异体字。

⑥ 底本、"续四库本"文题原作"巠",应为"坙"之变体错字,古同"经"。

⑦ 底本、"续四库本"原作"度",下文亦改为"度",不再注。

⑧ 底本、"续四库本"文题补出,底本、"续四库本"原作"湊"。

⑨ 据此字应为"做"之别字,古同"仿"。

椎起造向首人白吉星

鲁般经云:九人造宅開門,一須用準,可不準及起造宝院。修缉車箭,須用準,合陰陽,然後使尺寸量度,用合“財吉星”及“三白星”,方為吉。其白外,但則九紫為小吉。人要合鲁般尺与曲尺,上下相仝[1]為好。用尅定神人運宅,及其年,向首大利。

凡伐木尅擇日辰兴工

凡伐木日辰,及起工日,切不可犯穿山殺。匠人入山,伐木起工,且用看好木頭根数,具立平坦殁听伐,不可老草,此用人力以所為也。如或木植到場,不可堆放黄殺方,又不可祀皇帝八座、九天大座,餘日皆吉。

推匠人起工格式[2]

凡匠者兴工,須用按祖留下格式[3]。将木長先放在吉方,先[4]後,将後步柱安放,馬上起手動作。今有晚孛[5]木匠,則先将楝柱用工,則不按鲁般之法。後步柱先起手者,則先後方且有前。先就低而後高,自下而上,此為依祖也。九造宅,用深浅[6]開杖,高怟[7]相等,尺寸合格,方可為之。

推造[8]宅舍[9]吉凶論

造屋基,浅[10]在市井中,人魁之処,或外開内楧,或内開外楧,兴得造屋

---

① 古同“同”。
② 底本、“续四库本”原作“式”,应为“式”之变体错字。
③ 底本、“续四库本”原作“式”,应为“式”之变体错字。
④ 古同“簪”,疑为通假,此处二字或为“然后、之后”之意。
⑤ 古同“学”。
⑥ 底本、“续四库本”原作“淺”,应为“浅”之变体错字。
⑦ 应为“低”之通假。
⑧ 底本、“续四库本”原作“浩”,应误。
⑨ 底本、“续四库本”原作“舎”,下文亦改为“舍”,不再注。
⑩ 底本、“续四库本”原作“浅”,下文亦改为“浅”,不再注。

基。所作若内開外側,乃名為蠏[1]穴屋,則衣食自豊也。其外闊内側,則名為檻口[2]屋,不為奇也。造屋切不可萠[3]三直後三直,則為穿心栟,不吉。如或新起屋栟,不可与舊[4]屋棌齐過。俗云:新屋插旧楝,不久便相送。須用放低於旧屋栟,曰:次楝。(又,不可吉楝宇中门,云:穿心,不行,官合官兊[5]。凢後或造庄廊、目廊,有三直,後開則无害,庿[6]宇不女[7]。)

三架屋後車[8]三[9]架

造此小屋者,切[10]不可高大。凢步柱,只可高一丈令[11]一寸。楝柱高一丈二尺一寸。叚[12]深五尺六寸,間闊一丈一尺一寸,次間一丈令一寸,此法則相称也。

詩曰:

凢人創造二架屋,般尺須尋吉上量。

闊梜[13]高低依此法,将[14]来[15]必出好兒郎。

畫[16]起屋樣

木匠[17]接式,用精帋一幅,畫也[18]盤闊梜深浅。分下間架,或三架、五

---

① 底本、"续四库本"原作"蠏",应为"蠏"之变体错字。
② 此字据上下文或为"囚"之别字。
③ 底本、"续四库本"原作"萠",应为"前"之变体错字。
④ 底本、"续四库本"原作"舊",下文亦改为"舊",不再注。
⑤ 古同"兑"。
⑥ 古同"庙"。
⑦ 此处疑为"按"之通假。
⑧ 此处通"連",即"连",不再注。
⑨ 此字从配图看应为"一"之讹误。
⑩ 底本、"续四库本"原作"切",应为"切"之变体错字。
⑪ 古通"零",不再注。
⑫ 底本、"续四库本"原作"叚",应为"段"之变体错字。
⑬ 底本、"续四库本"原作"梜",应为"梜"之变体错字。
⑭ 底本、"续四库本"原作"将",应为"将"之变体错字。
⑮ 底本、"续四库本"原作"末",应为"来"之变体错字。
⑯ 底本、"续四库本"原作"畫",下文亦改为"畫",不再注。
⑰ 底本、"续四库本"原作"匠",应为"匠"之变体错字。
⑱ 此字据上下文应为"地"之别字。

架、七架、九架、十一架，則在主人之意。或柱柱[1]落地，或偷柱及梁栟，門脾[2]栟，使過步梁、眉梁、眉枋[3]，或使斗桑者，皆在地盤上定當。

新編魯般營造正式卷之二

（原缺）

新編魯般營造正式卷之三

五架房子格

正五架三間，拖後一柱。步用一丈令八寸，仲高一丈二尺八寸，棟高一丈五尺一寸，每段四尺六寸。中間一丈三尺六寸，次闊一丈二尺一寸，地基闊狹則在人加減，此皆壓白即言也。

詩曰：

三間五架屋偏奇[4]，按白量材[5]实利宜。

住坐安然多吉慶[6]，横財人宅不拘時。

造屋間数吉凶例

一間**凶**，二間自如，三間吉，四間**凶**，五間吉，六間**凶**，七間吉，八間**凶**，九間吉。

---

① 底本、“续四库本”原作“匕”，应为简化标识，表示与前一字相同。

② 底本、“续四库本”原作“啤”，郭湖生先生认为是“牌”之讹误。

③ 此处应为“枋”之通假。

④ 底本、“续四库本”原作“竒”，下文亦改为“奇”，不再注。

⑤ 底本、“续四库本”原作“村”，应为“材”之变体错字。

⑥ 底本、“续四库本”原作“慶”，应为“慶”之变体错字。

歌曰：五間庁①，三間堂，創後三年必招殃。四間庁，五間堂，起造後也不祥。（片②屋不可車双曲，堂屋亦同例一。）

（续四库本《鲁般營造正式》此处有一页注明“原缺”，估计原籍亡佚内容不少。）

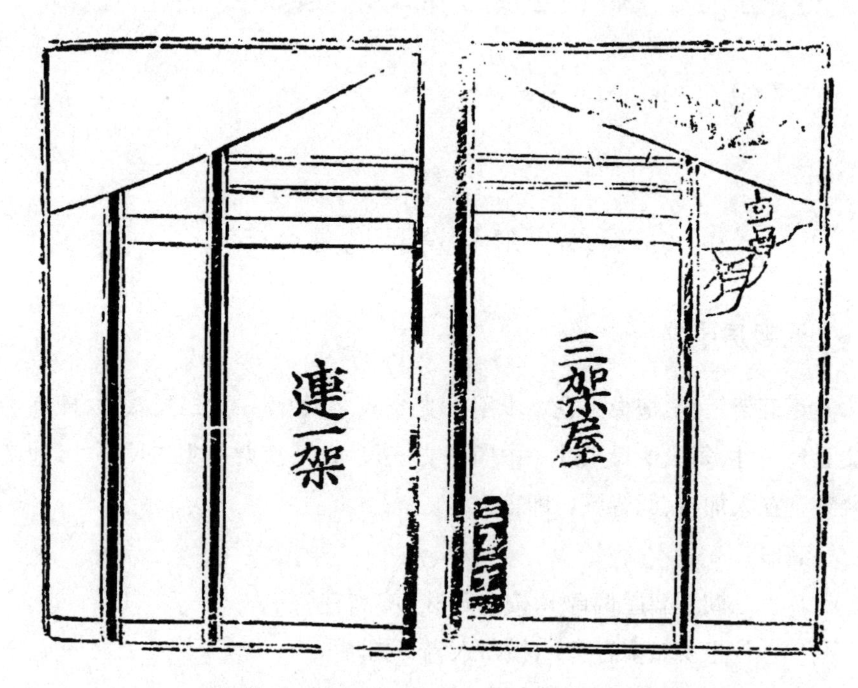

三架屋連一架（阴文处意为：卷三之二十一图）

① 古同“厅”，不再注。

② 此字应为“庁”之别字，古同“厅”。

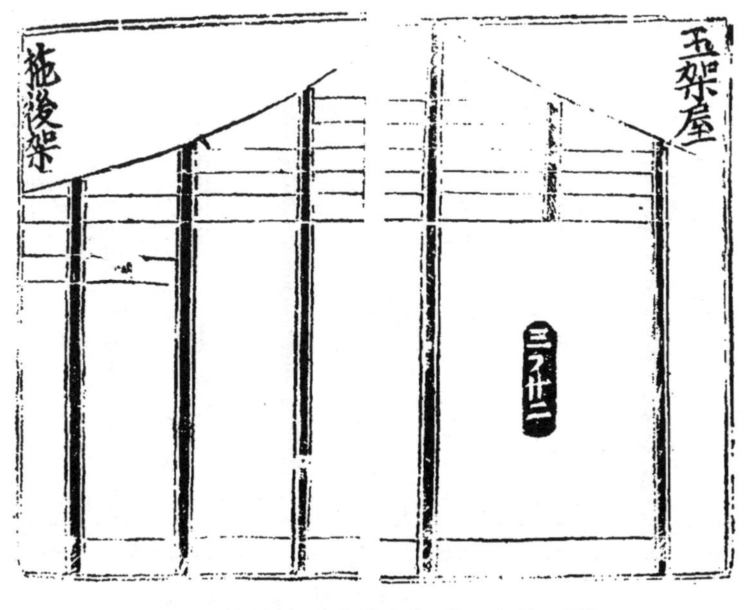

五架屋拖後架（阴文处意为：卷三之廿二图）

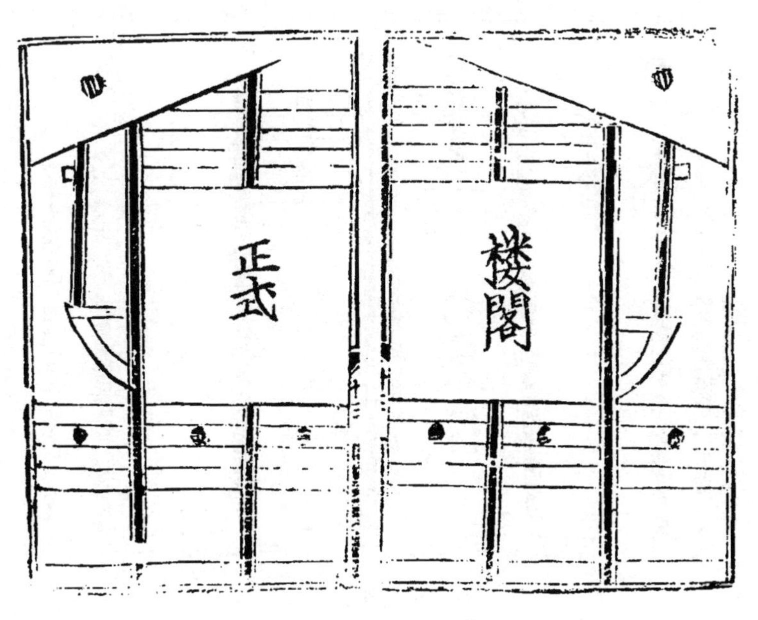

楼 阁 正 式

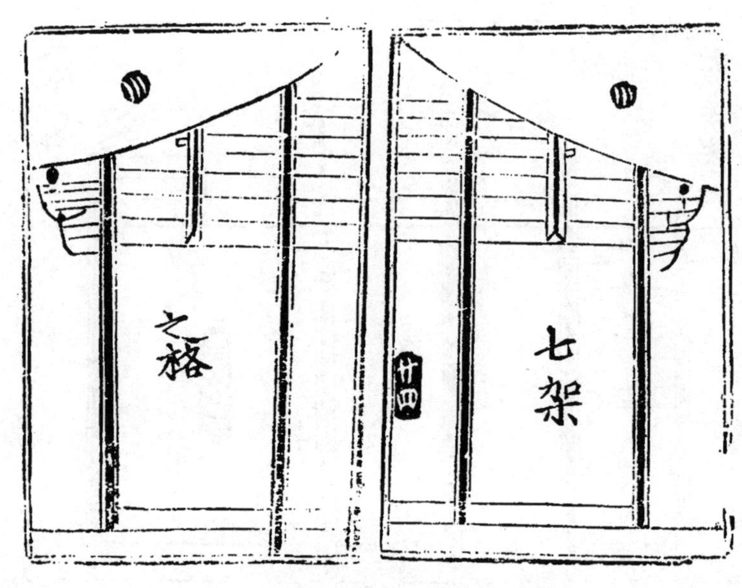

七架之格(阴文处意为:卷三之廿四图)

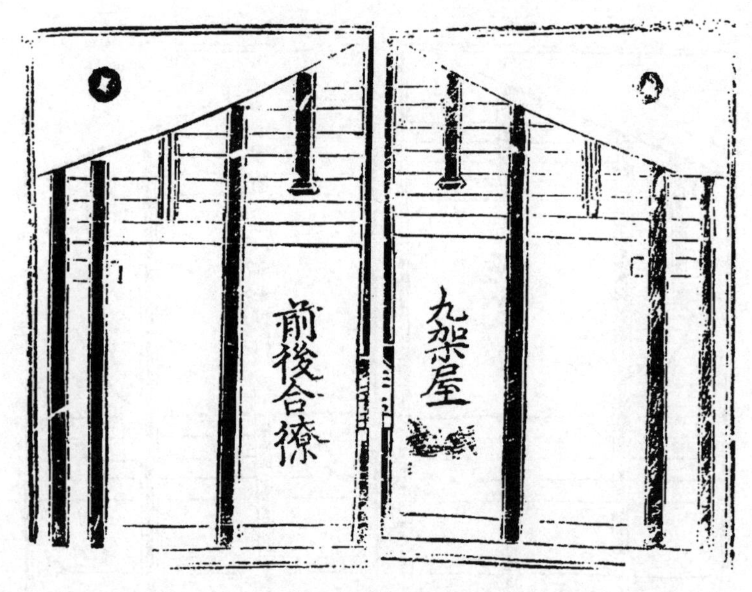

九架屋前後合橑①

---

① 底本、"续四库本"原作"⿰彳尞",应为"橑"之变体错字,为"屋椽"之意。

正七架三間格

七架堂屋：大九架造，合用前後柱，高一丈二尺六寸，棟高一丈令六寸。中間用闊一丈四尺三寸，次闊一丈三尺六寸，段□□①八寸，地基闊側、高低、深浅，隨人意□□②則為之。

詩曰：

經□□③屋好華堂，並是工師巧主張。

富□□④由绳尺得，也須合用按陰陽。

□⑤九架五間堂屋格

凡造此屋，步柱用高一丈三尺六寸，棟柱或地基廣闊，宜一丈四尺八寸，段浅者四尺三寸，（或十分深，高二丈二尺，棟爲⑥妙）。

詩曰：

陰陽两字最宜先，鼎⑦創興土好向前。

九架五間堂夭夭，万年千載福绵绵。

謹按仙師真尺寸，管⑧教富貴足庄田。

時人若不依仙法，致使人家丙⑨不然。

---

① 此处底本、“续四库本”俱漫漶，应缺二字。
② 此处底本、“续四库本”俱漫漶，应缺二字。
③ 此处底本、“续四库本”俱漫漶，应缺二字。
④ 此处底本、“续四库本”俱漫漶，应缺二字。
⑤ 此处底本、“续四库本”俱漫漶，依上下文，疑为“正”字。
⑥ 底本、“续四库本”原作“[illegible]”，应为“爲”之变体错字。
⑦ 底本、“续四库本”原作“[illegible]”，应为“鼎”之变体错字。
⑧ 底本、“续四库本”原作“[illegible]”，下文亦改为“管”，不再注。
⑨ 原文如此，疑为“两”之别字，或为“缺丁”之意。

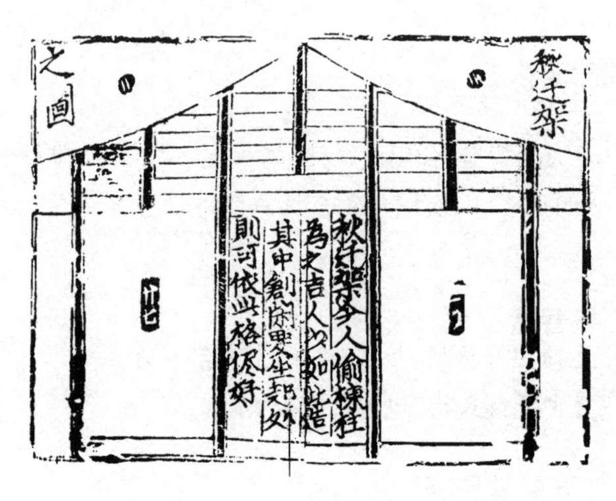

秋迁架之图(阴文处意为:卷三之廿七图)

图上文字:

秋迁架:今人偷棟柱為之,吉。人以如此造,其中創閑要坐起処,則可依此格,侭①好。

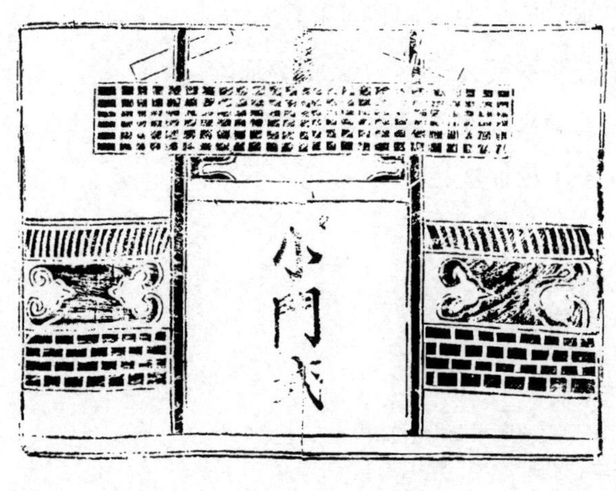

小 门 式

(续四库本《鲁般营造正式》至上图右半部分止,左半幅图亦遗缺。以下内容只能依上海科技本整理。)

① 古同“尽”。

小門式

九造小門者，乃是塚墓之前所作。兩□[①]前𧗽，在屋皮上出入，不可十分長。露出杀，傷其家子媳[②]，不用。使木作門蹄，二□[③]使四隻[④]将軍柱，不宜太高也。

新編鲁般营造正式

（上海科技本此页无文字，应当是原籍此处缺页。）

搜[⑤]焦[⑥]亭

造此亭者，四柱落地，上三超[⑦]四，结果使平盤方，中使福海，頂藏心柱，十分要聳[⑧]。瓦[⑨]盖用暗釘針佳，則無脱[⑩]落，四方可觀[⑪]。

枷梢門屋有刄[⑫]般，方直尖斜[⑬]一樣言。

家有姦偷夜行子，須防横禍及遭官。

詩曰：

　　此屋分明端正奇，暗中為禍少人知。

---

① 此处底本漫漶，应缺一字，疑为“柱”。

② 底本原作“媳”，下文亦改为“媳”，不再注。

③ 此处底本漫漶，应缺一字，疑为“邊”。

④ 底本原作“隻”，下文亦改为“隻”，通“只”，不再注。

⑤ 底本原作“搜”，疑为“搜”之变体错字。郭湖生先生认为是“椶”，为棕榈树。

⑥ 原文如此，或通“蕉”。郭湖生先生认为是“樵”之通假。

⑦ 底本原作“超”，下文亦改为“超”，不再注。

⑧ 底本原作“聳”，应为“聳”之变体错字。

⑨ 底本原作“瓦”，应为“瓦”之变体错字。

⑩ 底本原作“脱”，下文亦改为“脱”，不再注。

⑪ 底本原作“觀”，下文亦改为“觀”，不再注。

⑫ 此字应为“双”之别字。

⑬ 底本原作“斜”，下文亦改为“斜”，不再注。

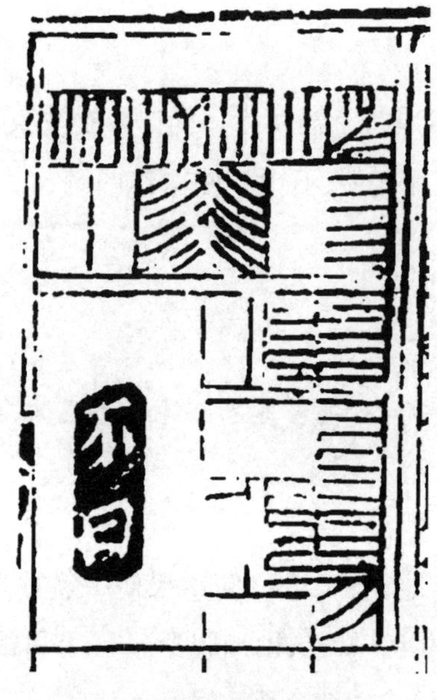

此处只有半幅图，图中
文字辨为“不曰”二字。

只因匠者多藏[1]素，也是時師不細損[2]。

使得[3]家門長退落，缘他屋主太隈[4]衰。

從[5]今若要兒孫好，除是從[6]頭改过為。

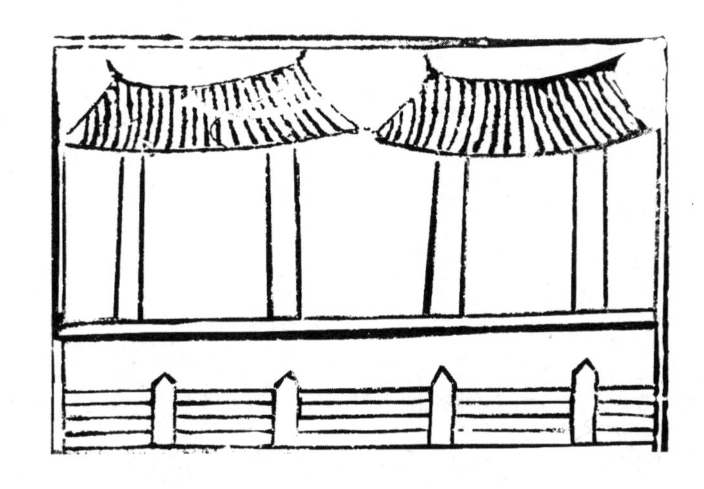

詩曰：

一双[7]棟簷[8]水流相时，大小常相罵[9]，此屋各為暗箭山，人口不平安。

拠[10]仙賢[11]云：屋前不可作欄干，上不可使立針[12]，名為暗箭，當忌之。

---

① 底本原作"㦸"，应为"藏"之变体错字。
② 底本原作"损"，疑为"损"之变体错字。亦有学者疑为"慎"字，待考。
③ 底本原作"㝵"，应为"得"之变体错字。
④ 底本原作"隈"，应为"隈"之变体错字。
⑤ 古同"從"。
⑥ 同上。
⑦ 应为"双"之别字。
⑧ 底本原作"簷"，应为"簷"之变体错字。
⑨ 底本原作"罵"，同"骂"，不再注。
⑩ 古同"据"。
⑪ 底本原作"賢"，下文亦改为"賢"。
⑫ 此字应为"釘"之别字，后同，不再注。

郭①璞相宅詩三首：

屋前致欄干，各曰𢂏币②山。

家必多喪禍，哭泣不曾③閑。

詩：

門高勝於④庁，後代絶人丁。

門高过於壁，其家多哭泣。

又歌曰：

門扇两枋⑤欺，夫婦不相宜。

家財當耗散，真是不为量。

造門法

新創屋宇開門之法：一自外正大門而入，次二重較門，則就東畔開吉門。須要屈曲，則不宜太直。内門不可較大外門，用依此例也。大九人家外大門，千万不可被人家屋棟對射⑥，則不详之兆也。

起庁堂門例

或起大庁，屋起門領，用好筹⑦頭向首。或作槽門之時，須用放高，与弟⑧二重門同。弟三重却就栿地上做起，或作如意門，或作古币⑨与方勝門，在主人意爱而為之。如不做槽門，只做都門，作胡字門，亦佳。

詩曰：

---

① 底本原作"郭"，下文亦改为"郭"，不再注。
② 底本原作"夯"，应为"币"之变体错字，不再注。
③ 古同"曾"。
④ 底本原作"柃"，应为"於"之别字。
⑤ 底本原作"榜"，应为"枋"之变体错字。
⑥ 底本原作"躬"，今改。
⑦ 底本原作"等"，疑为"筹"之变体错字。
⑧ 底本原作"第"，此处为"第"之通假。
⑨ 底本原作"夯"，应为"币"之变体错字。

大門二者莫在東，不按仙賢法一同。

更被別人屋棟射，須教過事又重重。

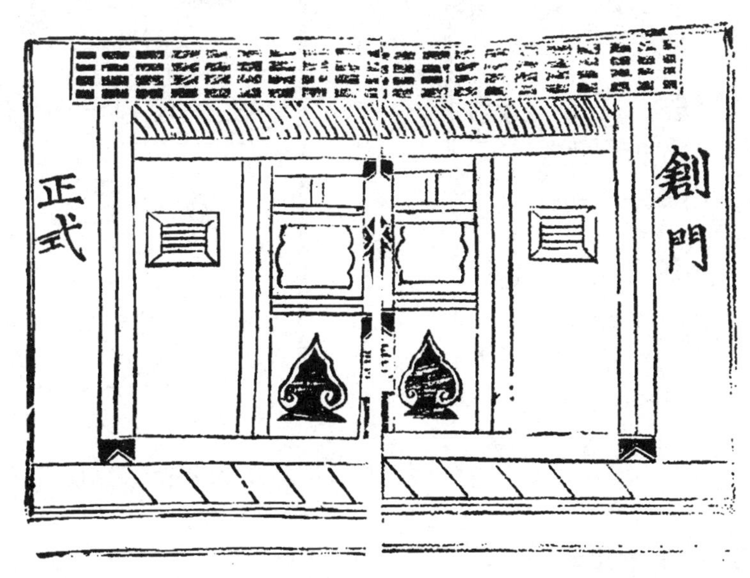

创门正式

垂　鱼

掩　角

驼峰:三蚌　氈笠　毬棒

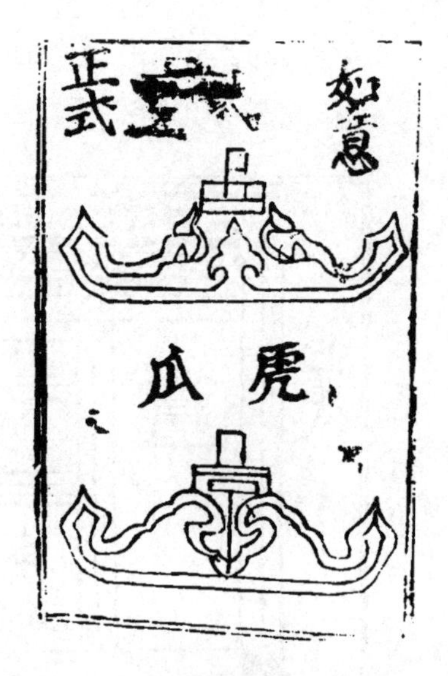

如意正式　虎爪

諸様①垂鱼正式

凡作垂鱼者,用按营造之正式②。今人又嘆③作繁針,如用此,又用做遮风及偃捔④者,方可使之。今之匠人又有不使垂鱼者,只使且⑤板作如意頭垂下者,亦好。如不使,則又不妨如不做。如□□作彫⑥雲様者,亦好,皆在主人之所好也。

駞⑦峰⑧正格

駞峰之格,亦無正様。或有彫雲様,又有做氈笠様,又有做虎⑨爪、如意

① 古同“样”。
② 底本原作“式”,下文亦改为“式”,不再注。
③ 此字应为“嘆”之别字。
④ 此字疑为“桷”之通假。
⑤ 此字应缺笔画,疑为“直”字。
⑥ 古同“雕”
⑦ 古同“驼”。
⑧ 底本原作“峯”,应为“駞峰”。
⑨ 底本原作“虎”,应为“虎”之变体错字。

樣,又有彫瑞草者,又有彫花頭者。有做毬棒格,又有三蚌①。或今之人多只爱使斗,立又②童,乃為時格也。

新編鲁般营造正式卷之四

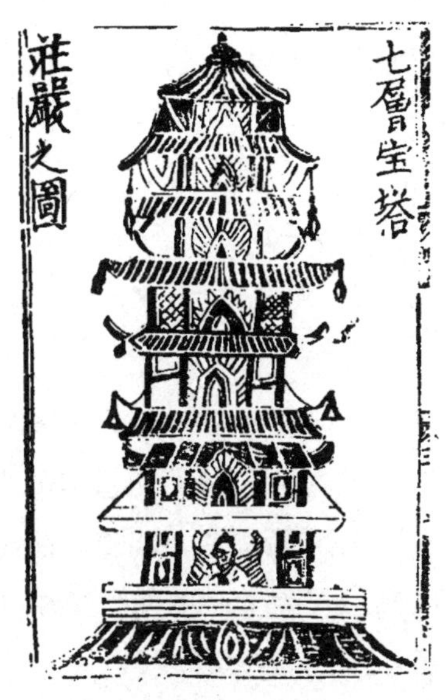

七层宝塔:庄严之图

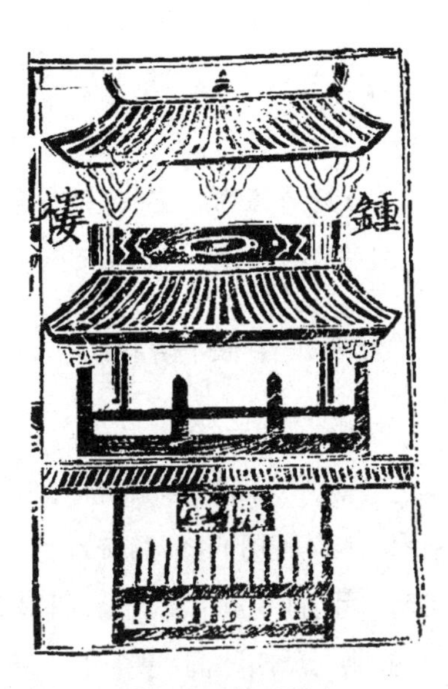

钟楼(内一楼建佛堂)

五架屋諸式圖

五架梁栟③,或使方梁者,又有使界梁者,及又槽、搭④楣⑤、斗磉⑥之類,在主者之所為。

---

① 此字应为"蚌"之变体错字。
② 此字郭湖生先生疑为"叉"之别字。
③ 底本原作"栟",疑为"栟"之变体错字。
④ 底本原作"搭",应为"搭"之变体错字。
⑤ 底本原作"楣",应为"楣"之变体错字。
⑥ 底本原作"磉",应为"磉"之变体错字。

五架後拖两架

五架屋後添两架,此正按古格。今時人喚做前浅後深之說[1],乃住坐笑隱也。如造正五架者,必是其基地如此,别有实格式,可驗之也。

正七架格式

正七架樑[2],楫[3]及七架屋、川牌栟,使斗礫或柱义[4]桁,並由人造作,後有圖式可萑[5]。

(此处原籍内容有缺)袖𡺷欄,宜修造,大吉。

牛黄八月入𨳝[6],至次年三月方出,並不可修造,大凶。

五音造羊棧[7]格式

按《圖经》云:羊本姓朱。人家養羊做栈[8]者,用選[9]好木生菓子,如椑[10]相之類為好。四柱乃像四時,四季生花、结子,長青之木為最。切忌不可使枯木。析[11]子用八條,乃按八節。椽[12]子用二十四个,乃按二十四声。前高四尺一寸,高一三尺六寸。門口闊一尺六寸,高二尺六寸。中间作羊栟並用,就地二尺四寸高,主生羊子绵绵不絶,不可不信,实為大驗。

新編鲁般营造正式六卷終

---

① 底本原作"説",应为"說"之变体错字。
② 底本原作"樑",应为"樑"之变体错字。
③ 原文如此,疑为"楣"之别字。
④ 此字有学者疑为"叉"之别字。
⑤ 底本原作"萑",应为"佳"之变体错字。
⑥ 此字应为"欄"之通假。
⑦ 底本原作"栈",应为"棧"之变体错字。
⑧ 古同"栈"。
⑨ 底本原作"選",应为"選"之变体错字。
⑩ 底本原作"椑",应为"椑"之变体错字。
⑪ 原文如此,不解其意。
⑫ 底本原作"椽",应为"椽"之变体错字。

二、上海科技本与《鲁班经》主要版本校勘

鲁般營造正式[1]

(原缺)②

金安頓③,照退官符三煞,将人打退神殺,居住者求④吉也。

請設三界地主鲁般⑤仙師文⑥

【喏】日吉時良,天地開張,金炉之上,五分明香,虔⑦誠拜請今⑧年今月今日今時直符⑨使者,伏望⑩光臨⑪,有事⑫冒懇⑬,卬⑭據⑮有厶⑯鄉厶里奉大道弟子厶人(厶官)據術人選到今年厶月厶日,時吉,方大利架造。木⑰

① 此校勘以上海科学技术出版社出版的《明鲁般营造正式》(天一阁藏本)(简称为上海科技本)為底本,与之校对的为《续修四库全书》第八七九册(史部·政書類)中《新鐫工師雕斲正式鲁班木經匠家鏡》(简称为续四库本《鲁班经》),参以《北京图书馆古籍珍本丛刊》中《工師雕斲正式鲁班木經匠家鏡》和《故宫珍本丛刊》中《新鐫京板工師雕斲正式鲁班經匠家鏡》(二者合并简称为北图—故宫本《鲁班经》)。

② 此二字为笔者后加,因现存文前应还有内容,可判定《鲁般营造正式》(天一阁藏本)为残卷。

③ 原文为“頓”,应为“頓”之变体错字。

④ 原文为“求”,应为“求”之变体错字,下同者,不再注。

⑤ 原文为“鲁 般”,应为“鲁般”之变体错字,下同者,不再注。

⑥ 此句《鲁班经》皆为“請設三界地主鲁班仙師祝上樑文”。

⑦ 原文为“虔”,应为“虔”之变体错字。

⑧ 两个版本均作“今”,今改,下文不再出注。

⑨ 原文为“符”,应为“符”之变体错字。

⑩ 原文为“望”,应为“望”之变体错字。

⑪ 原文为“臨”,应为“臨”之变体错字,简体为“临”。

⑫ 原文为“事”,应为“事”之变体错字。

⑬ 原文为“懇”,应为“懇”之变体错字,简体为“恳”。

⑭ 古同“仰”。

⑮ 原文为“據”,应为“據”之变体错字。

⑯ 念唱时替换为具体之人名、地名,作用与今文“某”相同,可以相关内容替代。

⑰ 从上下文,此字应为“不”之别字。

敢自專，仰仗[1]直[2]符使者，賫[3]持香信，逑[4]去速[5]来，必當恩華[6]。拜請三界四府高真、十方賢聖、諸天星斗、十二宮神、五方地主、明師，住宅香火，福德[7]灵[8]聦[9]。[10] 鲁般真仙公輸子先賢弟子[11]，带東[12]前後行師父(有名称，含[13])[14]，伏望諸聖，跨[15]鶴[16]驂[17]鸾[18]，暫别宫[19]殿[20]之内，修[21]車林[22]馬[23]，来臨場屋之中。既沐降臨，酒[24]當[25]三尊[26]，[27]叨[28]奠纔[29]斟[30]，聖道降

---

① 原文为"仗"，应为"仗"之变体错字。
② 原文为"直"，应为"直"之变体错字。
③ 原文为"賫"，应为"賫"之变体错字。
④ 原文如此，有"聚合"之意，或为"求"之别字。
⑤ 原文为"速"，应为"速"之变体错字。
⑥ 原文为"華"，应为"華"之变体错字。此处下划线两句《鲁班经》皆无。
⑦ 原文为"徳"，应为"德"之变体错字。
⑧ 原文为"灵"，应为"灵"之变体错字。
⑨ 古同"聪"。
⑩ 此处《鲁班经》多"住居香火道释，衆眞門官，井竈司命六神"几句。
⑪ 此划线处四字，《鲁班经》为"匠人"二字。
⑫ 此处应为"未"之别字，当是"來"之异体，此字《鲁班经》皆为"来"字，应误。
⑬ 此字疑为"令""口"合体，当为"今曰"之讹误。
⑭ 此下划线处《鲁班经》为"先傳後教祖本先師，望賜降臨"。
⑮ 原文为"跨"，应为"跨"之变体错字。
⑯ 原文为"鶴"，应为"鶴"之变体错字，简体为"鹤"。
⑰ 原文为"驂"，应为"驂"之变体错字，简体为"骖"。
⑱ 古同"鸾"。
⑲ 原文为"宫"，应为"宫"之变体错字。
⑳ 原文为"殿"，应为"殿"之变体错字。
㉑ 此字《鲁班经》皆为"登"。
㉒ 此字《鲁班经》皆为"撥"。
㉓ 原文为"馬"，当是"馬"之异体。
㉔ 原文为"酉"，当是"酒"之异体。
㉕ 原文为"富"，据上下文，此字应为"當"之别字。
㉖ 原文如此，《鲁班经》皆为"奠"。
㉗ 此处《鲁班经》多"奠酒詩曰"四字。
㉘ 此字《鲁班经》皆为"初"，从上下文，应是。
㉙ 此字应为"纔"之异体字，简体为"才"。
㉚ 原文为"斟"，应为"斟"之变体错字。

臨,已[1]享[2]已祀,皷[3]瑟[4]皷琴。布福乾坤之大,受恩江海之深,仰憑[5]聖道,普降凡情。酒當二酌[6],人神喜楽[7],大布恩光,享来[8]禄爵,三[9]奠盃[10]觴,求[11]滅灾殃,百禄是荷[12],万寿无疆。[13] 自此門庭常貼[14]泰,從玆男女求安康,仰兾[15]聖賢[16],流恩[17]降福[18]。上来三奠已訖[19],供養[20]云週。於是日,有事冒恳。今為厶路厶縣厶鄉厶里厶社,奉大道弟子厶人,今據術人,下定吉年、月、日,吉,方造作。預偹香財、茶菓、清酒之儀,拜献[21]三界方灵、十方賢聖,再偹財儀、牲酒之礼[22],拜献五方地王、明師宅王。伏事福德聖神,奉上魯般大匠仙人、輸子[23]仙人,前後行師父,伏[24]望各各[25]仝[26]垂采纳(如祖

---

① 原文为"巳",据上下文,应为"已"之别字。
② 原文为"亨",应为"享"之变体错字。
③ 古同"鼓"。
④ 此字续四库本《鲁班经》为"皷",应误。
⑤ 古同"凭"。
⑥ 此字《鲁班经》皆为"奠"。
⑦ 古同"乐"。
⑧ 原文为"未",《鲁班经》皆为"來",从上下文,应是。
⑨ 此字《鲁班经》皆为"二"。
⑩ 古同"杯"。
⑪ 原文为"汞",应为"永"之变体错字。
⑫ 此句《鲁班经》皆为"百福降祥"。
⑬ 此处《鲁班经》多"酒當三奠"四字。
⑭ 原文为"貼",应为"貼"之别字。
⑮ 古同"冀"。
⑯ 原文为"贒",应为"賢"之变体错字。
⑰ 原文为"恩",应为"恩"之变体错字。
⑱ 此二字《鲁班经》皆为"澤,廣置田産,降福降祥"。
⑲ 此字《鲁班经》皆为"畢",简体为"毕"。
⑳ 此二字《鲁班经》皆为"七獻"。
㉑ 原文为"献",应为"献"之变体错字。
㉒ 原文为"札",据上下文,应为"礼"之别字。
㉓ 此处"輸子"应为"公輸子"之简略,为"公输班"之尊称。
㉔ 原文为"伏",应为"伏"之变体错字。
㉕ 原文为"匕",应为简化标识,表示与前一字相同。
㉖ 古同"同"。

答①:受不受?伏望師傅又云:使看誠心,時垂領受。),然順②宅主(厶人),當③創入宅之後④,家門浩浩,活計昌昌,千斯倉而万⑤斯箱,一曰富而二曰寿。公私两利,⑥火盗双消,⑦四时不遇水雷迍⑧,八節常蒙地天泰。(如或⑨保⑩産早⑪,則云:儴六⑫留者,坐草无異⑬,埋盆有慶⑭,頴生慧之男,大作起家之子。云云。)凶藏⑮煞⑯没,各无干犯⑰之方,神喜人懽⑱,大布休⑲祥之兆。凡⑳在四時,克臻万㉑善。次巽㉒匠人,興㉓工造作,拈刀弄斧,自然目朗心開,負重㉔括㉕輕,莫不脚輕手快,仰賴神通,特垂庇㉖佑,不敢久留

---

① 原文为"答",应为"答"之变体错字。
② 原文为"顺",应为"顺"之变体错字。
③ 原文为"當",应为"當"之变体错字。
④ 此划线处《鲁班经》皆为"不敢過獻。伏願信(官士)某,自創造上樑之後"。
⑤ 原文为"方",据上下文,应为"万"之别字。
⑥ 此处《鲁班经》皆多"門庭光顯,宅舍興隆"两句。
⑦ 此处《鲁班经》皆多"諸事吉慶"一句。
⑧ 音同"遵",为"遭遇困难,困苦"之意。
⑨ 此字据上下文应为"获"之通假。
⑩ 此字续四库本《鲁班经》为"臨"。
⑪ 此字据上下文疑为"兒"之讹误。
⑫ 此字漫漶难辨,据上下文,疑为"不"字。
⑬ 此字《鲁班经》皆为"危"。
⑭ 原文为"慶",应为"慶"之变体错字。
⑮ 原文为"藏",应为"藏"之变体错字。
⑯ 原文为"煞",应为"煞"之变体错字。
⑰ 原文为"犯",应为"犯"之变体错字。
⑱ 原文为"懽",应为"懽"之变体错字,古同"欢"。
⑲ 此字北图—故宫本《鲁班经》为"禎"。
⑳ 原文为"九",据上下文,应为"凡"之别字,下文同,不再出注。
㉑ 原文为"万",应为"万"的变体错字。
㉒ 古同"冀"。
㉓ 原文为"興",应为"興"之变体错字,简体为"兴"。
㉔ 原文为"裏","裏"古同"裹",为"里"之繁体,此二字应为"负重"之异体。
㉕ 此字《鲁班经》皆为"拈"。
㉖ 原文为"庇",应为"庇"之变体错字。

聖駕,錢財紅火交還①,来②時當獻下車酒,去後當酬上馬盃,諸聖各帰③宫闕。

【喏】(送神訖,用到匠人出,則云:吉神煞。云云。)天開地闢④,日吉時良(此改)⑤,皇帝子孫,起造高堂,(或在未⑥知廟⑦宇,或創菴⑧,則改云:架造先合陰陽。⑨)㐫⑩神退位,悪⑪煞潜藏,此間建立,永永⑫吉昌。伏願⑬荣迁之後,龙⑭归⑮宝穴,鳯⑯徙梧巣⑰,茂印⑱兒孫,增崇産業。

詩曰

一声槌⑲響透天門,万聖⑳千賢左右分。

天煞打帰㉑天上去,地煞潜帰地裏存。

大厦千间生富貴,全家百行益兒孫。

金槌敲㉒処㉓諸神護,悪煞㐫㉔神急速奔。

---

① 原文为“還”,应为“還”之变体错字。
② 原文为“耒”,据上下文,应为“来”之别字。
③ 古同“归”。
④ 古同“辟”。
⑤ 此二字《鲁班经》无。
⑥ 原文为“末”,据上下文,应为“未”。
⑦ 原文为“廟”,应为“廟”之异体字。
⑧ 原文为“菴”,应为“菴”之变体错字,古同“庵”。
⑨ 此下划线处《鲁班经》为“或造廟宇、庵堂、寺觀,則云:仙師架造,先合陰陽”。
⑩ 古同“凶”。
⑪ 古同“恶”。
⑫ 原文为“く”,应为简化标识,表示与前一字相同。《鲁班经》皆为“遠”字。
⑬ 原文为“願”,应为“願”之变体错字。
⑭ 原文为“龙”,应为“龙”之变体错字。
⑮ 原文为“帰”,应为“归”之异体字。
⑯ 原文为“鳯”,应为“鳳”之变体错字。
⑰ 古同“巢”。
⑱ 据上下文,应为“荫”之通假。《鲁班经》皆为“蔭”。
⑲ 原文为“搥”,应为“槌”之通假,此处当指代“锤子”。
⑳ 原文为“垩”,据上下文,应为“聖”之别字。
㉑ 古同“归”,下句同。
㉒ 原文为“敲”,应为“敲”的异体字。
㉓ 古同“处”。
㉔ 古同“凶”。

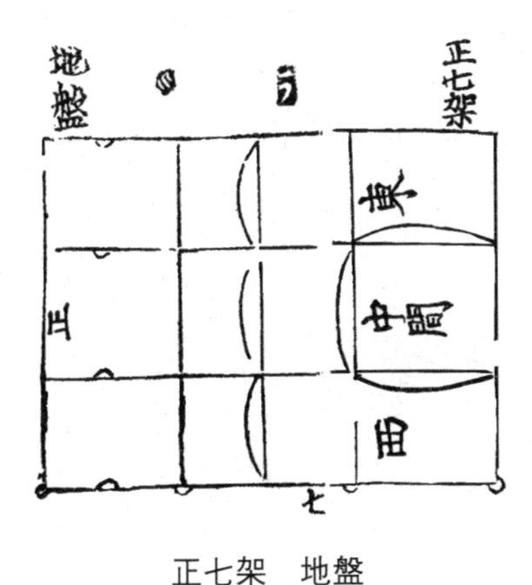

正七架　地盤

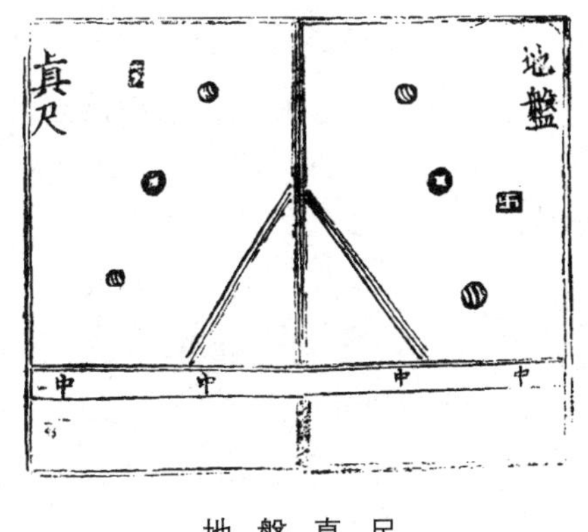

地 盤 真 尺

定盤真尺

凡創造屋宇，先須用坦平地基，然後隨大小、闊狹①，安磉平正。平者，稳②也。次用一件木料（長一丈③四五尺，有爵④，長短在人。用大四米⑤，厚二寸，中立表。）長短在四五尺内，实用壓⑥曲尺，端正两邊，安八字，射中心，（上繫⑦線垂⑧，下吊云⑨墜，則為平，上⑩直也，有实据⑪可驗⑫。）

詩曰

世間万物得其平，全仗權⑬衡及準繩⑭。

---

① 原文为“狭”，应为“狹”之别字。
② 原文为“穏”，应为“稳”之异体字，下文同，不再出注。
③ 原文为“丈”，应为“丈”之异体字。
④ 原文为“爵”，疑为“爵”之变体错字。
⑤ 原文如此，《鲁班经》皆为“寸”字。
⑥ 原文为“壓”，应为“壓”之变体错字，简体字为“压”。
⑦ 《鲁班经》此处多“一”字。
⑧ 此字《鲁班经》皆为“重”，应误。
⑨ 此字《鲁班经》皆为“石”。
⑩ 此字《鲁班经》皆为“正”，应误。
⑪ 原文为“据”，应为“据”之变体错字。
⑫ 原文为“驗”，应为“驗”之异体字。
⑬ 原文为“權”，应为“權”之异体字。
⑭ 古同“绳”。

创造先量基闊狹，均分内外两相停①。

石礎切須安得正，地盤先且②鎮中心。

定将真尺分平正，良匠當依此法真。

新編魯般營造正式卷之一

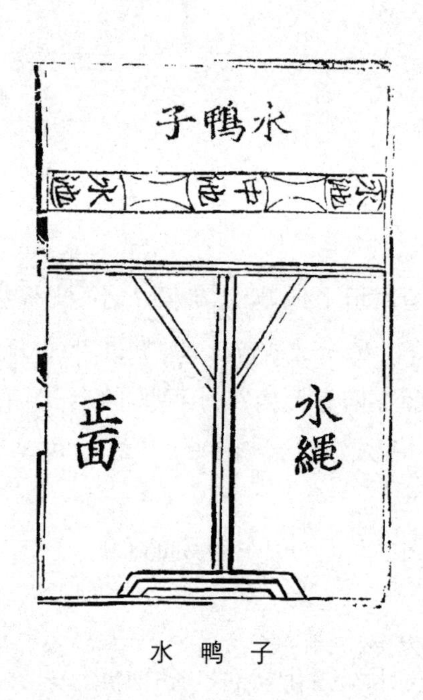

水 鸭 子

断水平法

莊③子云：夜静水平。俗云：水從平則止。造此法，中立一方表，下作十字拱頭蹄脚，上横过一方，分作三分，中開水池，中立④安二線垂下，将一小

① 原文为“㝉”，应为“停”之异体字。

② 此字《鲁班经》皆为“宜”。

③ 原文为“荘”，古同“莊”。

④ 此字《鲁班经》皆为“表”。

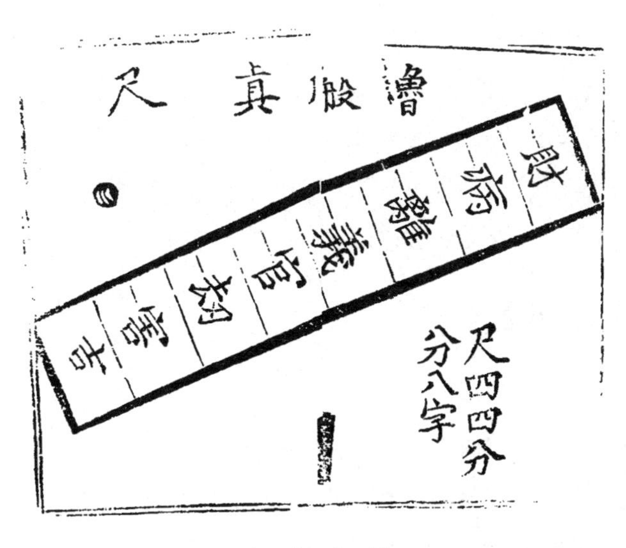

鲁 班 真 尺

石頭墜正中心。水池中立三个水鴨①子,实②要匠③得木頭端止④,壓尺十字,不可分毫⑤走失。若依此例,无不平正也。

鲁般真尺

⑥鲁般尺乃有曲尺一尺四寸四分,其尺間有八寸,一寸堆⑦曲尺一寸八分。内有財、病、離、義、官、却⑧、害、吉⑨也。凡人造門,用依⑩尺法也。假如单扇門,小者開二尺一寸,壓⑪一白,般尺在"義"上。单扇門開二尺八寸,

---

① 原文为"鸭",应为"鸭"的变体错字。
② 此字《鲁班经》皆为繁体"實"。
③ 此处《鲁班经》多二字"人定",据上下文,应是。
④ 此字《鲁班经》皆为"正",据上下文,应是。
⑤ 原文为"亳",应为"毫"之异体字。
⑥ 此处《鲁班经》皆多"按"字。
⑦ 此字应为通假,应通"对"字或为"准"字。
⑧ 此字《鲁班经》皆为"刦",应是。
⑨ 此字《鲁班经》皆为"本",应误。
⑩ 此字北图—故宫本《鲁班经》为"伏"字,应误。
⑪ 此字《鲁班经》皆缺,应误。

在八白，般尺合“吉”上。双扇門者，用四尺三寸一分，合三[1]緑[2]一白，則為“本門”，在“吉”上。如“才[3]門”者，用四尺三寸八分，合“才門”，吉。大双扇門，用廣[4]五尺六寸六分，合双[5]白，又在“吉”上。今時匠人則開門[6]四尺二寸，乃為二黑，般尺又在“吉”[7]，[8]五尺六寸者，則“吉”上二分加六分，正在“吉”中，為佳也。皆用依法，百无一失，則為良匠也。

鲁般尺詩[9]八首

財詩曰

财字臨門子[10]細詳，外門招得外才[11]良。
若在中門常自有，積財須用大門當。
中房若合安於上，銀帛千箱与万箱。
木匠若能明此理，家中福禄自荣昌。

病字

病字臨門招疫疾，外門神鬼[12]入巾庭。
若在中門逢[13]此字，災須輕可免[14]危声。

---

① 此字《鲁班经》皆为“四”。
② 此字《鲁班经》皆为“綠”，俱为“绿”之繁体。
③ 此字《鲁班经》皆为“財”。
④ 原文为“庻”，应为“廣”的变体错字。
⑤ 原文为“刄”，据上下文，应为“双”之别字。
⑥ 此处原文遗缺一字，《鲁班经》皆为“濶”。
⑦ 此处《鲁班经》多“上”字。
⑧ 此处《鲁班经》多“及”字。
⑨ 《鲁班经》皆缺此字。
⑩ 此字《鲁班经》皆为“仔”，据上下文，应是。
⑪ 此字当是“財”之通假。
⑫ 原文为“鬼”，应为“鬼”的变体错字。
⑬ 原文为“逢”，据上下文，应为“逢”之别字。
⑭ 原文为“免”，应为“免”的变体错字。

更被外門相照[1]對，一年两度送户[2]靈。

於中若要无凶禍，厠上无疑是好親。

离字

离字臨門事不祥，子[3]細排來在甚方。

若在外門并中户，子南父北自分張。

房門必主生离别，夫婦恩情两処忙。

朝日[4]主[5]家常作鬧，恓[6]惶無地禍誰當。

義字

義字臨門孝顺生，一安中户最為有[7]。

若在都門招三婼[8]，廊門淫[9]婦变[10]之[11]声[12]。

於中合字[13]虽[14]為吉，也有兴[15]災害及人。

若是十分無災害，只有厨門实可親。

---

① 原文为“煦”，应为“照”的变体错字。

② 此字《鲁班经》皆为“尸”。

③ 同前，为“仔”之通假。

④ 《鲁班经》皆为“夕”。

⑤ 《鲁班经》皆为“士”。

⑥ 此处“恓惶”为“惊恐烦恼的样子”，续四库本《鲁班经》为“悽”。

⑦ 此句《鲁班经》皆为“一字中字最爲眞”。

⑧ 此字《鲁班经》皆为“婦”。

⑨ 应为“淫”之异体字。

⑩ 古同“变”。

⑪ 此字《鲁班经》皆为“花”。

⑫ 原文如此，《鲁班经》皆为“聲”。

⑬ 此字原文漫漶不清，依《鲁班经》补出。

⑭ 原文为“虽”，应为“虽”之异体字。

⑮ 同前，应为“興”之异体字，下文同，不再注。

官字

官字臨門自要詳，莫教安在大門場[1]。

須房[2]公事親州唐[3]，富贵中庭房[4]自昌。

若若[5]房門生貴子，其家必定出官郎[6]。

富贵人家有相壓，庶[7]人之屋实難[8]量。

刼[9]字

刼字臨門不足誇[10]，家中日日事如麻。

更有害門相照看，凶來疊疊[11]禍无左[12]。

兒孫行刼身遭苦，作事因須[13]害却家。

四悪四凶星不吉，偷人物件害其它[14]。

害[15]

害字安門用細尋[16]，外人多被外人臨。

若在内門多兴[17]禍，家才[18]必被賊來侵。

---

① 此字《鲁班经》皆为“場”。
② 此字《鲁班经》皆为“妨”，据上下文，应为“防”之通假。
③ 此字《鲁班经》皆为“府”。
④ 此字原文漫漶不清，依《鲁班经》补出。
⑤ 原文如此，《鲁班经》皆为“要”。
⑥ 《鲁班经》皆为“廊”。
⑦ 古同“庶”。
⑧ 原文为“雞”，应为“難”之变体错字。
⑨ 古同“劫”。
⑩ 原文为“誇”，应为“誇”之变体错字，而“誇”为“誇”之异体字。
⑪ 古同“叠”，为之繁体。
⑫ 此字《鲁班经》皆为“差”。
⑬ 此字《鲁班经》皆为“循”。
⑭ 此字《鲁班经》皆为“佗”，据上下文，应误。
⑮ 此处较《鲁班经》少一“字”字。
⑯ 古为“尋”之异体字。
⑰ 古同“興”。
⑱ 原文似“寸”，据上下文，应为“才”字缺笔，此处通假“财”。《鲁班经》皆为“财”。

吉字

吉字臨門最是[1]良，中門[2]内外一斉[3]強。
子孫夫婦皆荣貴，年年[4]月月旺蚕[5]桑。
如有才[6]門相照者，家道兴出示最吉[7]。
使有凶神在劳[8]位，也无灾害亦風[9]光。

本門詩曰[10]

本字開門大吉昌，尺頭[11]尺尾正相當。
量来尺尾须[12]當吉，此到頭来才上量。
福禄乃為門上致，子孫必出好兒郎。
時師依此仙賢造，千倉万[13]廪有馀粱[14]。

曲尺詩（圖[15]在後）[16]

一白難[17]如六白良，若然八白亦為昌。

---

① 原文为“𣅿”，应为“是”之变体错字。
② 此字《鲁班经》皆为“官”，疑为“宫”之别字。
③ 古同“齊”，为“齐”之繁体。
④ 原文为“〻”，应为简化标识，表示与前一字相同。
⑤ 原文为“⿱夭虫”，应为“蚕”之变体错字。
⑥ 此处为“财”之通假。
⑦ 此五字《鲁班经》皆为“興隆大吉昌”。
⑧ 此字《鲁班经》皆为“傍”。
⑨ 原文为“凨”，应为“風”之变体错字。
⑩ 《鲁班经》皆缺此字。
⑪ 原文为“⿰豆页”，应为“頭”之变体错字。
⑫ 原文为“⿰氵页”，应为“须”之变体错字。
⑬ 原文为“方”，应为“万”之别字，《鲁班经》皆为“萬”。
⑭ 此字《鲁班经》皆为“糧”。
⑮ 古同“圖”。
⑯ 括号内三字《鲁班经》皆无。
⑰ 原文为“雞”，应为“難”之变体错字。《鲁班经》皆为“惟”。

不①将②般尺来相奏③,吉少凶夛④必主央⑤。

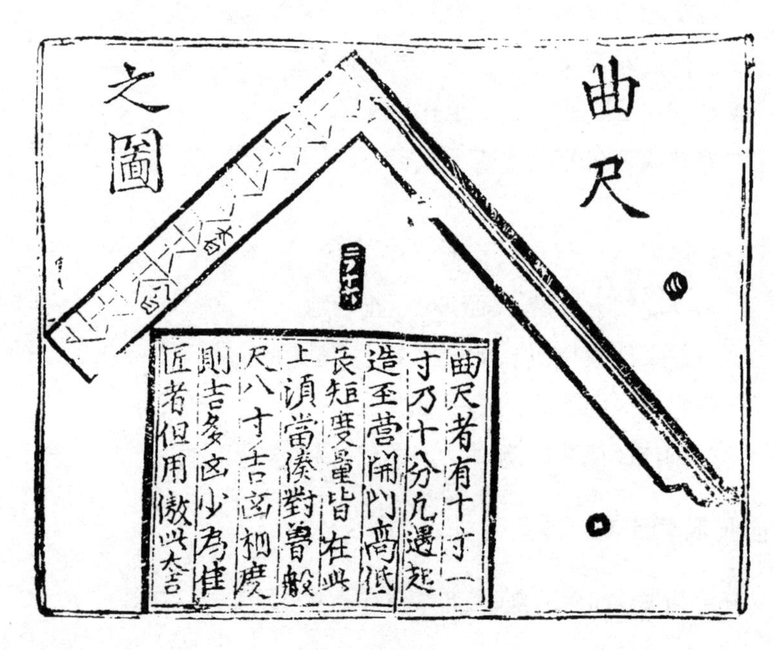

曲 尺 之 图

图上文字⑥:

曲尺者,有十寸。一寸乃十分,九遇起造坙⑦营,開門高低、長短度⑧量,皆在此上。須當凑⑨對魯般尺,八寸吉凶相度,則吉多凶少,為佳。匠者但用,倣⑩此大吉。

---

① 此字《鲁班经》皆为"但",应误。
② 原文为"将",应为"将"之变体错字。
③ 应为"凑"之通假,《鲁班经》皆为"凑"。
④ 古同"多"。
⑤ 应为"殃"之通假,《鲁班经》皆为"殃"。
⑥ 《鲁班经》无此图,图中文字另命名"論曲尺根由"。
⑦ 原文为"丕",应为"坙"之变体错字,古同"经"。
⑧ 原文为"庋",应为"度"之变体错字。
⑨ 原文为"倭",应为"凑"之变体错字。《鲁班经》皆为"凑"。
⑩ 原文如此,《鲁班经》皆为"倣",古同"仿",应是。

椎[1]起造向[2]首人[3]白吉星

魯般經[4]云[5]:九人造宅開門,一須用準,可[6]不準及起造宝[7]院。修[8]缉車箭,須用準,合陰陽,然後使尺寸量度,用合"財吉星"及"三白星",方為吉。其白外,但則九紫為小吉。人要合魯般尺与曲尺,上下相仝[9]為好。用尅定神人運宅,及其年,向首大利。

九伐木尅擇日辰𠔥工[10]

九伐木日辰,及起工日,切不可犯穿山殺。匠人入山,伐木起工,且用看好木頭根数,具立平坦歿[11]听[12]伐,不可老[13]草,此用人力以所為也。如或木植到場,不可堆放黄殺方,又不可祀皇帝八座、九天大座,餘日皆吉。

推匠人起工格式[14]

九匠者𠔥工,須用按祖留下格式。将木長先放在吉方,先[15]後,将後步

---

① 此字续四库本《鲁班经》为"推",北图一故宫本为"惟"。
② 此字《鲁班经》皆为"何"。
③ 此字《鲁班经》皆为"合"。
④ 原文为"經",应为"經"之异体字。
⑤ 此字《鲁班经》皆为"營"。
⑥ 此字《鲁班经》皆为"與"。
⑦ 此字《鲁班经》皆为"室"。
⑧ 此字《鲁班经》皆为"脩",应误。
⑨ 古同"同"。
⑩ 此句《鲁班经》皆无,该段内容排在第一卷卷首,名为"人家起造伐木",且第一句首加"入山伐木法"。
⑪ 此字据上下文应误,《鲁班经》皆为"處",应是。
⑫ 此字《鲁班经》皆为"斫",应是。
⑬ 此字部分《鲁班经》版本,如上图A本、绍兴本、南图C、D本、浙图D本等为"潦",应为"潦"之错字。
⑭ 原文为"式",应为"式"之变体错字。此下划线处《鲁班经》皆无,另有"起工架馬"四字。
⑮ 此字古同"簪",疑为"然后、之后"之方言。《鲁班经》皆为"然"。

柱安放馬上，起手①動作。今有晚斈②木匠，則先将棟柱用工③，則不按魯般④之法。後步柱先起手者，則先後方且有前。先就低而後高，自下而上，此為依祖⑤也。凢造宅，用深浅⑥開杖⑦，高低⑧相等，尺寸合格，方可為之⑨。

推浩⑩宅舍⑪吉凶論

造屋基，浅⑫在市井中，人魁⑬之処，或外開⑭内梜⑮，或⑯内開外梜，只得造屋⑰基。所作若内開外側⑱，乃名為蛢⑲穴⑳屋，則衣食自豊也。其外闊内側㉑，則名為檻口屋，不為奇㉒也。造屋切不可萌㉓三直、後三直，則為穿心栟，不吉。如或新起屋栟，不可与舊屋棎㉔斉，過。俗云：新屋插旧棟，

① 此字续四库本《鲁班经》为“看”。另此处《鲁班经》皆多“俱用翻鋤向内”六字。
② 古同“学”，《鲁班经》皆为“學”。
③ 此字《鲁班经》皆为“正”。
④ 此字《鲁班经》皆为“班”。
⑤ 此处《鲁班经》皆多“式”字。
⑥ 原文为“淩”，据上下文，应为“浅”之变体错字。
⑦ 原文为“枤”，应为“杖”之变体错字。
⑧ 原文如此，据上下文，应为“低”之通假。
⑨ 此处《鲁班经》皆多“也”字。
⑩ 原文如此，《鲁班经》皆为“造”，应是。
⑪ 原文为“舎”，应为“舍”之变体错字。
⑫ 原文为“浅”，应为“浅”之变体错字，《鲁班经》皆为“淺”。
⑬ 原文为“魁”，应为“魁”之变体错字，《鲁班经》皆为“魁”。
⑭ 此字《鲁班经》皆为“濶”，下同。
⑮ 此字《鲁班经》皆为“狭”，下同。此字后《鲁班经》皆多“爲”字，应无。
⑯ 此字后北图—故宫本《鲁班经》多“内”字，应无。
⑰ 此下划线处《鲁班经》皆为“穿只得随地”五字。
⑱ 此字《鲁班经》皆无。
⑲ 古同“蠏”，为“蟹”之异体字。
⑳ 此字应为“穴”之别字，《鲁班经》皆为“穴”。
㉑ 《鲁班经》皆无此二字。
㉒ 原文为“竒”，应为“奇”之变体错字。
㉓ 原文如此，《鲁班经》皆为“前”，应是。
㉔ 原文如此，《鲁班经》皆为“棟”。

不久便相送。須用放低於旧屋栟[1]，曰：次棟。（又，不可吉[2]棟宇[3]中门，云：穿心，不行。官合官兊[4]。九後或造庄廊、目廊，有三直，後開則无害，廣[5]宇不女[6]。[7]）

三架屋後車[8]三[9]架

造此小屋者，切[10]不可高大。九步柱，只可高一丈令[11]一寸。棟柱高一丈二尺一寸。叚[12]深五尺六寸，間闊一丈一尺一寸，次間一丈令一寸，此法則相称也。

詩[13]曰：

九人創造二[14]架屋，般尺須尋吉上量。

闊柍高低依此法，将[15]耒[16]必出好兒郎。

畫[17]起屋樣

木匠接式，用精帋[18]一幅，畫也[19]盤闊柍深浅。分下間架，或三架、五

---

① 《鲁班经》无此字，后多"則"字。
② 此字《鲁班经》皆为"直"。
③ 此字《鲁班经》皆为"穿"。
④ 古同"兑"
⑤ 原文为"廣"，应为"庿"之变体错字，古同"庙"。
⑥ 此字据上下文疑为"按"之讹误。
⑦ 此下划线处《鲁班经》皆无，仅为"棟"字。
⑧ 原文如此，据上下文，应为"連"之通假。
⑨ 此字从所配图看应为"一"之讹误。
⑩ 原文为"切"，应为"切"之变体错字。《鲁班经》皆为"切"。
⑪ 应为"零"之通假。
⑫ 据上下文，此字应为"段"之别字。
⑬ 此字续四库本《鲁班经》为"評"字。
⑭ 此字《鲁班经》皆为"三"，应是。
⑮ 原文为"将"，应为"将"之变体错字。
⑯ 据上下文，此字为"来"之别字。
⑰ 此字为"畫"之异体字。
⑱ 古同"纸"，《鲁班经》皆为"紙"。
⑲ 此字《鲁班经》皆为"地"，应是。

架、七架、九架、十一[1]架，則在主人之意。或柱柱[2]落地，或偷柱及梁栟，門踔[3]栟[4]，使過步梁、眉梁、眉枋[5]，或使斗桑[6]者，皆在地盤上定[7]當。

新編魯般營[8]造正式卷之二

（原缺）[9]

新編魯般營造正式卷之三

五架房子格

正五架三間，拖後一柱。步用一丈令八寸，仲[10]高一丈二尺八寸，棟高一丈五尺一寸，每段四尺六寸。中間一丈三尺六寸，次闊一丈二尺一寸，地基闊狹則在人加減，此皆壓白即言[11]也。

詩曰：

三間五架屋偏奇，按白量材[12]实利宜。

住坐安然多吉慶，横財入宅不拘時。

---

① 此字续四库本《鲁班经》为“二”，应误。
② 原文为“匕”，应为简化标识，表示与前一字相同。《鲁班经》皆为“柱”字。
③ 原文为“𨸏”，疑为“踔”之变体错字。郭湖生先生以为是“牌”之误。
④ 此下划线处三字《鲁班经》皆无。
⑤ 据上下文，此字应为“枋”之通假。
⑥ 此字《鲁班经》皆为“磉”，应是。
⑦ 此字《鲁班经》皆为“停”。
⑧ 原文为“管”，应为“營”之别字。
⑨ 此处文应有内容遗缺。
⑩ 此处应为“次高”之意，《左传·昭公二十六年》云“亦唯伯仲叔季图之。”仲指第二等，此间表示房屋第二高处。
⑪ 此二字《鲁班经》皆为“之法”。
⑫ 原文为“村”，据上下文，应为“材”之别字。

造屋間数吉凶例

一間凶，二間自如，三間吉，四間凶，五間吉，六間凶，七間吉，八間凶，九間吉。

歌曰：五間庁①，三間堂，創後三年必招殃。四間庁，五間堂，起造後也不祥。（片②屋不可車③双曲，堂屋亦同例一。）④

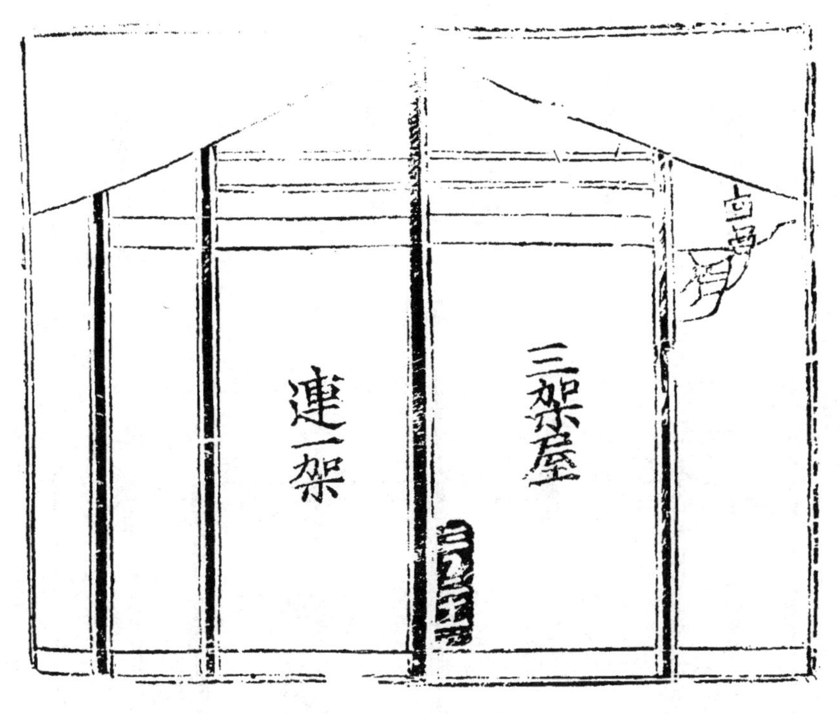

三架屋连一架

① 古同"厅"，不再出注。

② 此字应为"庁"之别字。

③ 此字应为"連"之通假。

④ 此下划线处，《鲁班经》无。另有文字，见后《鲁班经匠家镜》整理。

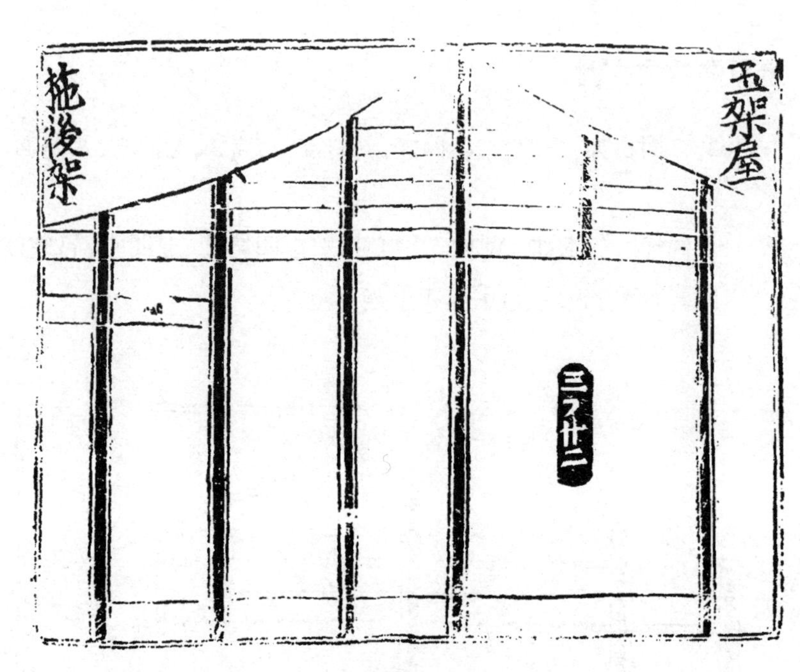

五架屋拖后架

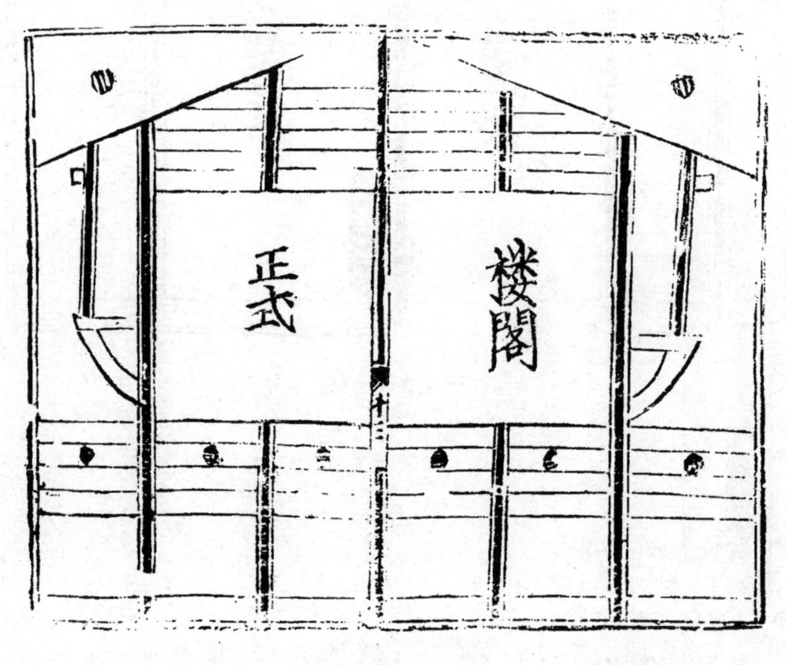

楼 阁 正 式

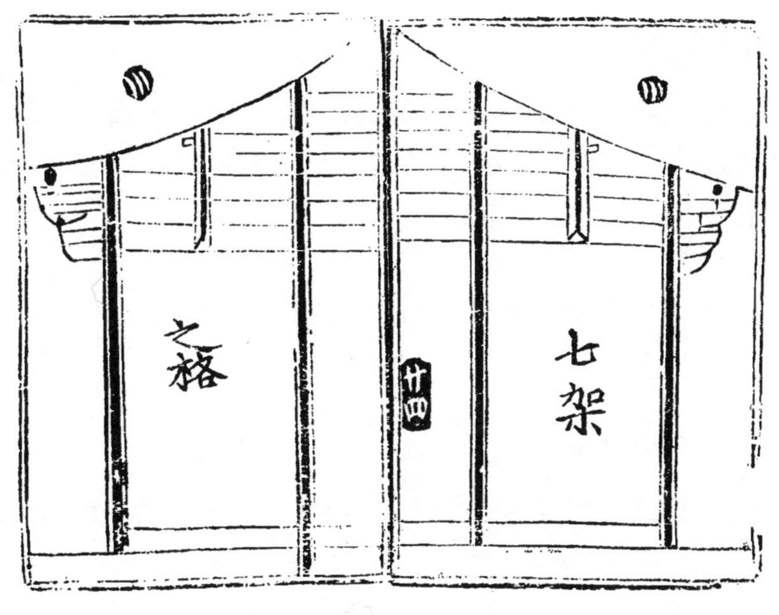

七架之格（阴文意为：第廿四图）

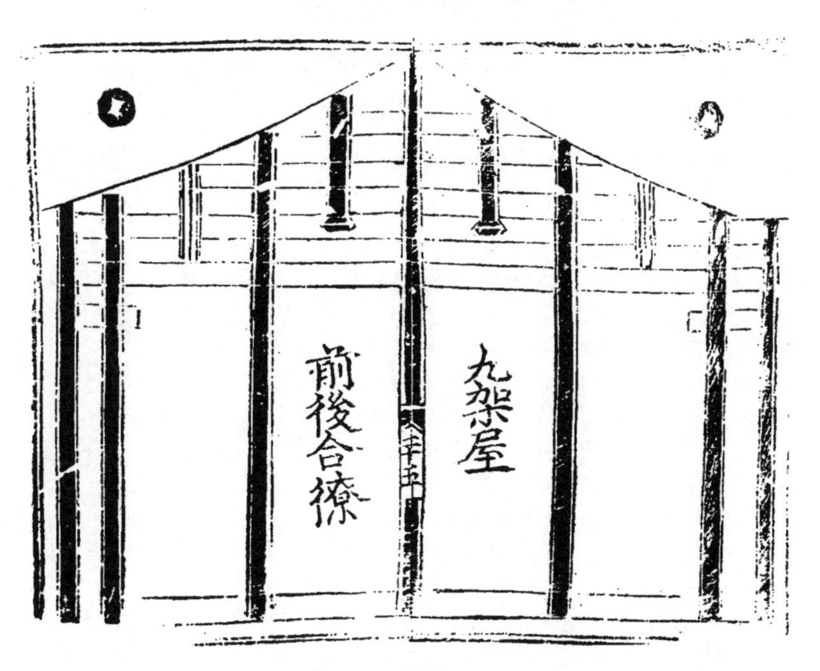

九架屋前后合￼

正七架三間格

七架堂屋:大九架造,合用前後柱,高一丈二尺六寸,棟高一丈令六寸。中間用闊一丈四尺三寸,次闊一丈三尺六寸,段[1]四尺[2]八寸,地基闊側[3]、高低、深浅,隨人意加減[4]則為之。

詩曰:

經營此[5]屋好華堂,並是工師巧主張。

富贵本[6]由绳尺得,也須合用按陰陽。

正九[7]架五間堂屋格

凡造此屋,步柱用高一丈三尺六寸,棟柱或地基廣闊,宜一丈四尺八寸,段浅者四尺三寸,(或[8]十分深,高二丈二尺,棟爲[9]妙)。

詩曰:

陰陽两字最宜先,鼎[10]創興土[11]好向前。

九架五間堂夭夭[12],万年千載福绵绵。

謹按仙師真尺寸,管[13]教富貴足庄田。

時人若不依仙法,致使人家丙[14]不然。

---

① 此字为“段”之通假。
② 原文下划线处漫漶不清,今据《鲁班经》补出。
③ 此字《鲁班经》皆为“窄”。
④ 原文下划线处漫漶不清,今据《鲁班经》补出。
⑤ 原文下划线处漫漶不清,今据《鲁班经》补出。
⑥ 原文下划线处漫漶不清,今据《鲁班经》补出。
⑦ 原文下划线处漫漶不清,今据《鲁班经》补出。
⑧ 此字《鲁班经》皆为“成”。
⑨ 原文为“[illegible]”,《鲁班经》皆为“爲”。
⑩ 原文为“[illegible]”,应为“鼎”之变体错字。
⑪ 此字《鲁班经》皆为“工”。
⑫ 此下划线处,《鲁班经》皆为“九天”。
⑬ 原文为“[illegible]”,应为“管”之变体错字。
⑭ 原文如此,《鲁班经》皆为“两”,应是。

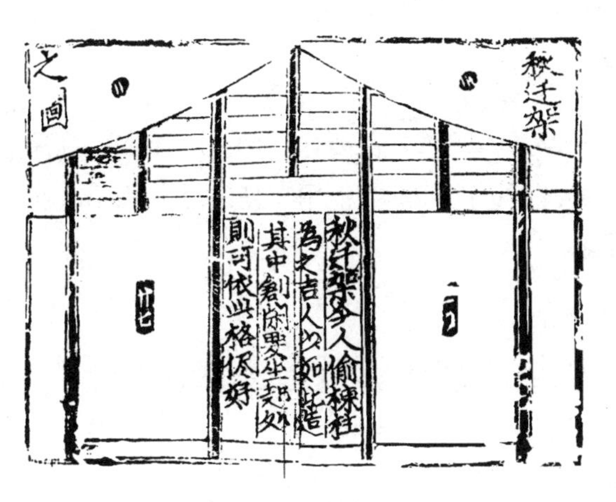

秋迁架之图

图上文字：

秋迁①架：今人偷棟柱②為之，吉。人以如此造，其中創閑要坐起处，则可依此格，俟③好。

小门式
（《续修四库全书》版至上图右半部分止。
从上图左半部分开始，下文皆据“上海科技本”整理。）

---

① 此下划线处二字，《鲁班经》皆为“鞦韆”，俱为“秋千”之异体。

② 此字《鲁班经》皆为“栟”或“栟”，俱应为“柱”之异体。

③ 此字《鲁班经》皆为“儘”，俱为“尽”之异体。

小門式

凡造小門者，乃是塚①墓之前所作。两柱②前𡍩③，在屋皮上出入，不可十分長。露出杀，傷其家子媳④，不用。使木作門蹄，二边⑤使四隻⑥将軍柱，不宜太高⑦也。

新編鲁般营造正式⑧

搜⑨焦⑩亭

造此亭者，四柱落地，上三超四，结果使平盤方，中使福海，頂藏心柱，十分要聳。瓦⑪盖⑫用暗釘針佳⑬，則無脱⑭落，四方可觀⑮。

⑯枷梢門屋有双⑰般，方直尖斜⑱一様言。

家有姦偷夜行子，須防横⑲禍及遭官。

---

① 古同“冢”。
② 原文此字漫漶不清，今据《鲁班经》补出。
③ 此字《鲁班经》皆为“重”。
④ 原文为“媳”，应为“媳”之变体错字。
⑤ 原文为“边”，疑为“边”之变体错字。《鲁班经》皆为“邊”。
⑥ 原文为“隻”，应为“隻”之变体错字。
⑦ 古同“高”。
⑧ 天一阁藏本《鲁般營造正式》此后应当有缺页。
⑨ 原文为“椶”，疑为“搜”之变体错字。郭湖生先生以为是“椶”，古为“棕榈”之意。
⑩ 此字《鲁班经》同，疑为“蕉”之通假。郭湖生先生以为是“樵”之通假。
⑪ 原文为“瓦”，应为“瓦”之变体错字。
⑫ 此字《鲁班经》皆为“葢”。古同“盖”。
⑬ 此下划线处三字，《鲁班经》皆为“鐙釘住”，应是。
⑭ 原文为“脱”，应为“脱”之变体错字。
⑮ 原文为“觀”，应为“觀”之变体错字。
⑯ 此句前《鲁班经》皆多“诗曰”二字。
⑰ 据上下文，此字应为“双”之变体错字。《鲁班经》皆为“两”。
⑱ 原文为“斜”，应为“斜”之变体错字。
⑲ 原文为“横”，应为“横”之变体错字。

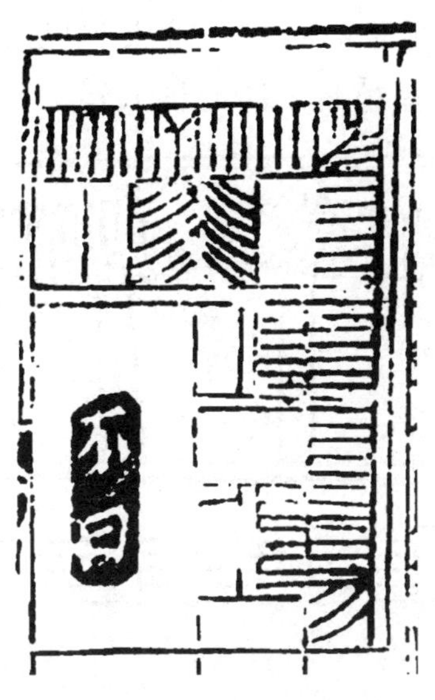

（此处只有半幅图，
图中文字辨为“不曰”二字。）

詩曰：

此屋分明端正奇，暗中為禍少人知。

只因匠者多藏①素，也是時師不細損②。

① 原文为“𦿊”，《鲁班经》皆为“藏”。

② 原文为“𢶍”，疑为“損”之变体错字。《鲁班经》皆为“詳”。亦有学者疑为“慎”。

使得[1]家門長[2]退落，緣[3]他屋主太[4]限衰。

從[5]今若要兒孫好，除是從[6]頭改过為。

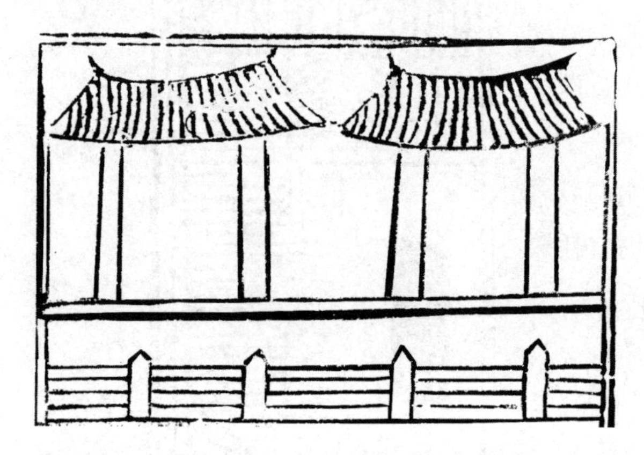

詩曰：

一双[7]棟簷[8]水流相射[9]，大小常相罵[10]，此屋各[11]為暗箭山，人口不平安。抝[12]仙賢云：屋前不可作欄干，上不可使立釘[13]，名為暗箭，當忌之。

郭璞相宅詩三首：

屋前致欄干，各曰帋币[14]山。

---

① 原文为"㝵"，应为"得"之变体错字。
② 原文为"镸"，应为"長"之变体错字。
③ 此字《鲁班经》皆为"緣"。
④ 此字《鲁班经》皆为"大"。
⑤ 古同"從"。
⑥ 同上。
⑦ 应为"双"之变体错字。
⑧ 原文为"簷"，应为"簷"之变体错字，古同"檐"。
⑨ 原文为"躰"，应为"射"之变体错字。
⑩ 古同"罵"。
⑪ 此字《鲁班经》皆为"名"，应是。
⑫ 原文为"抝"，古同"据"，《鲁班经》皆为"據"。
⑬ 原文为"針"，据上下文，应为"釘"之别字。
⑭ 原文为"夵"，据上下文，应为"币"之变体错字。下文同，不再注。

家必多喪禍，哭泣不曾[1]閑。

詩[2]：

門高勝於[3]庁[4]，後代絶人丁。

門高过於壁，其家多哭泣。

又歌曰[5]：

門扇两椦[6]欺，夫婦不相宜。

家財當耗散，真是[7]不为量。

造門法[8]

新創屋宇開門之法：一自外正大門而入，次二重較門，則就東畔開吉門。須要屈曲，則不宜太[9]直。内門不可較大外門，用依此例也。大凡人家外大門，千万[10]不可被人家屋棟[11]對射[12]，則不详之兆也。

[13]起庁堂門例

或起大庁，屋起門領[14]，用好筹[15]頭向首[16]。或作槽門之時，須用放高，

---

① 古同"曾"。
② 此处《鲁班经》皆多"云"字。
③ 疑有误，应为"於"。
④ 原文为"片"，据上下文此处应为"厅"之别字。北图一故宫本《鲁班经》亦为"片"，应误。续四库本《鲁班经》为"廳"，应是。
⑤ 《鲁班经》皆无下划线处三字。
⑥ 据上下文，应为"枋"之通假。
⑦ 原文为"昰"，应为"是"之变体错字。
⑧ 此下划线处，《鲁班经》为"造作門樓"四字。
⑨ 此字《鲁班经》皆为"大"。
⑩ 原文为"方"，应为"万"之别字。《鲁班经》皆为"萬"。
⑪ 此字《鲁班经》皆为"脊"。
⑫ 原文为"躲"，应为"射"之变体错字。
⑬ 《鲁班经》此句前多"論"字。
⑭ 此字《鲁班经》皆为"須"，应是。
⑮ 原文为"等"，疑为"筹"之变体错字。
⑯ 《鲁班经》皆无此字。

与弟①二重門同。弟三重却就栿地上做②起，或作如意門，或作古币与方勝門，在主人意爱③而為之。如不做槽門，只作④都門，作胡字門，亦佳⑤。

詩曰：

大門二⑥者莫在東，不按仙賢法一同。

更被别人屋棟射，須教過⑦事又重重。

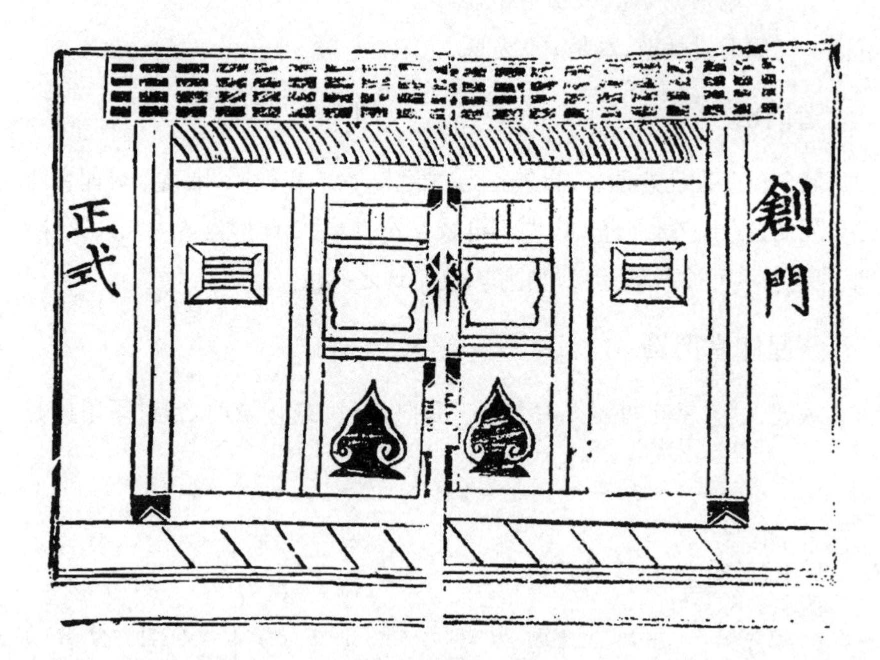

创门正式

① 据上下文，此字为“第”之通假，后同。《鲁班经》皆为“第”。

② 此下划线处三字《鲁班经》皆无，仅为“柁”字。

③ 此字后北图—故宫本《鲁班经》缺页。

④ 此字续四库本《鲁班经》为“做”。

⑤ 此字后续四库本《鲁班经》多“矣”字。

⑥ 此字续四库本《鲁班经》为“安”。

⑦ 此字续四库本《鲁班经》为“禍”，为“禍”之异体字。

垂　　魚

掩　角

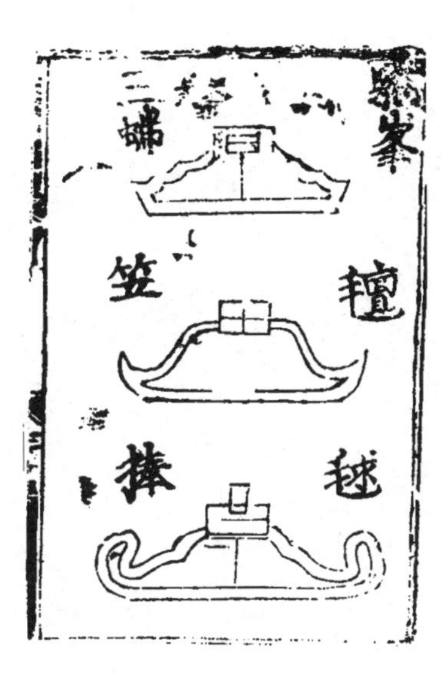

驼峰:三蚌氈笠毬棒

如意正式　虎爪

諸樣垂鱼正式

凡[1]作垂鱼者,用按[2]营造之正式。今人又嘆[3]作繁針[4],如用此,又用做遮风及偃捔[5]者,方可使之。今之匠人又有不使垂鱼者,只使直[6]板作如意頭[7]垂下者,亦好。如不使,則又不妨如不做[8]。如[9]作彫[10]雲様者,亦好,皆在主人之所好也。

駞[11]峯[12]正格

駞峯之格[13],亦無正様。或有彫雲様,又[14]有做氊[15]笠様,又有做虎爪、如意様,又有彫瑞草者,又有彫花頭者。有做毬[16]棒格,又有三蚌[17]。或今之人多只爱使斗,立又[18]童,乃為時格也。

---

① 此字《鲁班经》皆为“凡”。
② 原文为“按”,应为“按”之变体错字。
③ 据上下文,应为“嘆”之别字,古同“叹”。
④ 此字应为“釘”之别字。
⑤ 此字《鲁班经》皆为“桷”,为“方形的椽子”,应是。
⑥ 原文为“直”,应为“直”之变体错字。
⑦ 原文为“頭”,应为“頭”之变体错字。
⑧ 此下划线处四句,《鲁班经》皆无。
⑨ 此字《鲁班经》皆为“只”。
⑩ 古同“雕”。
⑪ 原文为“駞”,为“駞”之异体字,“駞”古同“駝”。
⑫ 古同“峰”。
⑬ 原文如此,应为“格”之变体错字。
⑭ 此字《鲁班经》皆为“或”。
⑮ 此字续四库本《鲁班经》为“氊”,应为“氊”之变体错字。
⑯ 此字续四库本《鲁班经》为“毬”,应为“毬”之变体错字。
⑰ 原文如此,应为“蚌”之变体错字。《鲁班经》皆为“蚌”。
⑱ 此字郭湖生先生认为是“叉”之通假。

新編鲁般营造正式卷之四

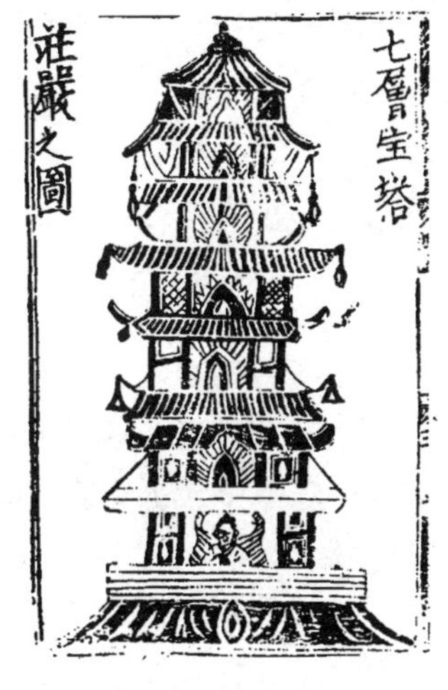

七层宝塔:庄严之图

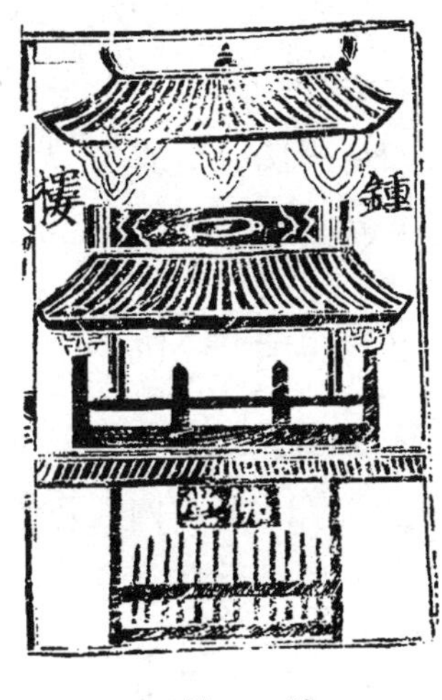

钟　　楼

五架屋諸式圖

五架梁栟①,或使方梁者,又有使界梁者,及又槽搭②楣③斗𣗳④之類,在主者⑤之所為⑥。

五架後拖两架

五架屋後添两架,此正按古格。⑦ 今時人喚做前浅後深之説⑧,乃佳

① 原文为“栟”,应为“栟”之变体错字。
② 原文为“搭”,应为“搭”之变体错字。
③ 原文为“楣”,应为“楣”之变体错字。
④ 原文为“𣗳”,应为“𣗳”之变体错字。
⑤ 此字《鲁班经》皆为“人”。
⑥ 此处《鲁班经》多“也”字。
⑦ 此处《鲁班经》多“乃佳也”一句。
⑧ 原文为“説”,应为“說”之变体错字。

坐[1]笑隐[2]也。如造正五架者，必是其基地如此，别有实格式，[3]可験之也。

正七架格式

正七架樑[4]、指[5]及七架屋、川牌栟，使斗磉或柱义[6]桁，並由人造作，後[7]有圖式可荏[8]。

[9]袖[10]𡚒欄[11]，宜修造，大吉[12]。

牛黄八月入阑[13]，至次年三月方出，並不可修造，大凶。

五音造羊棧[14]格式

按《圖经》云：羊本姓朱。人家養羊做栈[15]者，用選[16]好木生[17]菓[18]子，如椑[19]相[20]之類為好。四柱乃像四時，四季生花、结子，長青之木為[21]最，切忌

① 此下划线处二字《鲁班经》皆为"生生"。
② 此处《鲁班经》多"上吉"二字。
③ 此处《鲁班经》多"學者"二字。
④ 原文为"樑"，应为"樑"之变体错字。
⑤ 原文如此，应为"楣"之别字。
⑥ 此字有学者以为是"叉"之通假。
⑦ 此字续四库本《鲁班经》无。
⑧ 原文如此，《鲁班经》皆为"佳"，应是。
⑨ 此字前内容应有缺。此字后内容北图—故宫本《鲁班经》缺，续四库本《鲁班经》较全，为"占牛神出入"条目。
⑩ 此字原文有些漫漶，据《鲁班经》应为"神"之别字。
⑪ 原文为"𣗥"，应为"欄"之变体错字。
⑫ 此处续四库本《鲁班经》多"也"字。
⑬ 此字应为"欄"之通假，续四库本《鲁班经》为"欄"字。
⑭ 原文为"栈"，应为"棧"之变体错字。
⑮ 此字为"栈"之异体字，续四库本《鲁班经》为"棧"字。
⑯ 原文为"選"，应为"選"之变体错字。
⑰ 此下划线处二字《鲁班经》为"素菜"。
⑱ 古同"果"。
⑲ 原文为"椑"，应为"椑"之变体错字。
⑳ 此字续四库本《鲁班经》为"樹"字。
㉑ 此处续四库本《鲁班经》多"美"字。

不可使枯木。析①子用八條,乃按八節。椽②子用二十四个,乃按二十四声③。前高四尺一寸,高一④三尺六寸。門口闊一尺六寸,高二尺六寸⑤。中间作羊栟並用,就地二尺四寸高,主生羊子绵绵不絶,⑥不可不⑦信,实為大驗⑧。

新編魯般營造正式六卷終

① 此字续四库本《鲁班经》为“柱”字,应是。
② 原文为“椽”,应为“椽”之异体字。
③ 此字续四库本《鲁班经》为“炁”,古同“气”,应是。
④ 此二字续四库本《鲁班经》无,改为“下”字,据上下文,应是。
⑤ 续四库本《鲁班经》无此二句。
⑥ 此处续四库本《鲁班经》多“長遠成羣,吉。”二句。
⑦ 此字续四库本《鲁班经》无,应为遗缺。
⑧ 此字为“驗”之异体字。

中篇

北京、天津馆藏《鲁班经》整理

一、续四库本为底本校勘

新鎸工師雕斵正式魯班木經匠家鏡[①]

正　三　架

三　架　式[②]

① 此校勘以《續修四庫全書》第 879 册中的《新鎸工師雕斵正式魯班木經匠家鏡》(上海古籍出版社,北京国家图书馆藏)为底本,与此版校对的有国图 B 本:“积学斋徐乃昌藏书”,工師雕斵正式魯班木經匠家鏡卷三卷　卷首一卷　靈驅解法洞明真言秘書　一卷　明午榮　章嚴撰　清刻本　二册(胶片);国图 D 本:咸豐庚申春刊,一函两册,9 行 20 字,左右双边单鱼尾,两册首页均有章:“长乐郑振铎　西谛藏书”,普通古籍;国图 E 本:咸豐庚申春刊,国图 E 本与国图 D 本、国图 B 本应为同一版本,只有清晰度略微有不同;国图 F 本:首页即为“正三架”一图,之前无任何文字,国图 F 本应与底本为同一底版刻印;天图 A 本:缺少书名及作者信息,一函一册,第一页为“新鎸下丹匠家鏡　魯班經附秘訣仙機”,第二页开始为第一卷所有的图,全部完整,但是较粗糙,细节省略较多;中科院 D 本:工師雕斵正式魯班木經匠家鏡三卷　首一卷　靈驅解法洞明真言秘書　一卷　秘訣仙機　一卷　明午榮　撰　清刻本　有圖,二册一函,九行二十字,单边单鱼尾。国图 B 本、国图 D 本、国图 E 本、国图 F 本、天图 A 本、中科院 D 本以下简称“六版本”。

② 六版本的“正三架”、“三架式”图均完整;国图 D 本、国图 E 本、中科院 D 本版心鱼尾下文字为“圖”,底本为“像”。国图 B 本、国图 D 本、图上文字与底本字体不一致,且较清晰;国图 D 本“正三架”图在目录之前,疑为国图 D 本装订出错。国图 F 本“正三架”图完整,但画面粗糙有墨迹。

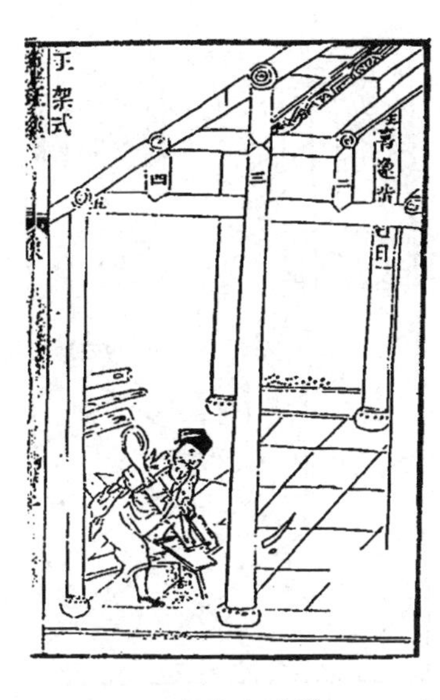

正(五)架式①

正(七)架式②

九 架 式

秋 千 架 式③

① 图中文字疑缺“五”,应为“正五架式”,国图B本、国图D本、国图E本、中科院D本图上文字“竖柱喜逢黄道日”较清晰,且字位于横梁之前;国图F本、天图A本此处文字为“紫微欣逢黄道日”;中科院D本图上细节与底本有所不同。

② 图中文字疑缺“七”,应为“正七架式”。

③ 国图D本、国图E本、中科院D本图上“鞦韆”二字颠倒。

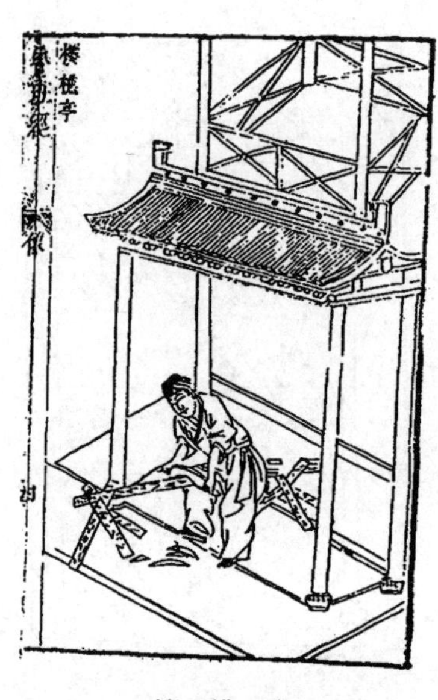

搜 樵 亭

造 作 门 楼①

五架後拖两架式②

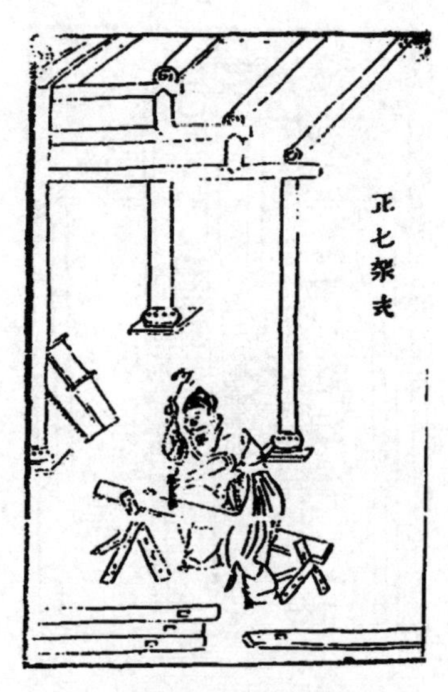

正 七 架 式

① 中科院 D 本图上“楼”为“樓”。

② 国图 D 本、国图 E 本、中科院 D 本图上“施”字为“拖”，应是。

正 七 架 式①

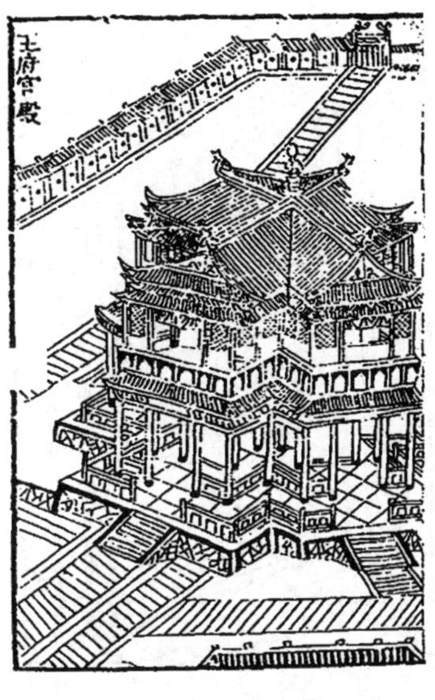

王 府 宫 殿②

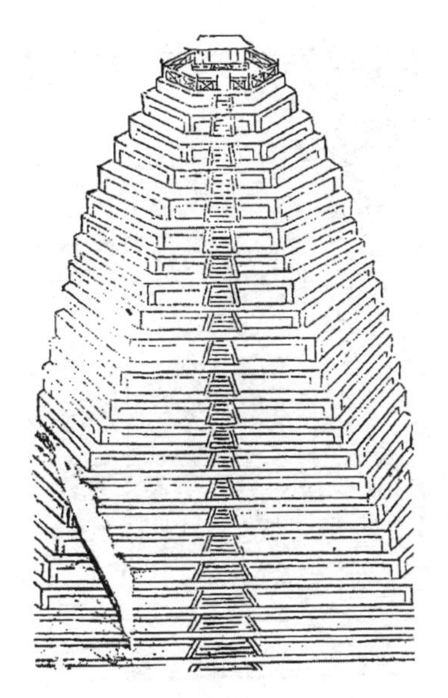

司 天 台 式

庵 堂 廟 宇

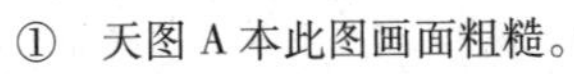
① 天图 A 本此图画面粗糙。

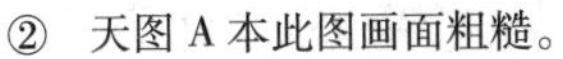
② 天图 A 本此图画面粗糙。

祠　堂①

凉　亭　式②

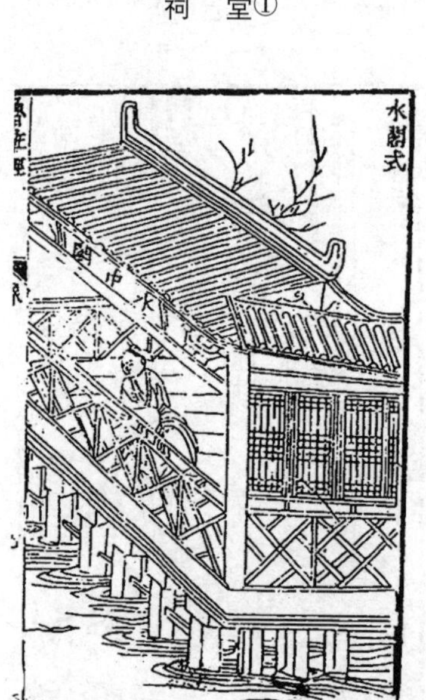

水　閣　式

橋　亭　式③

① 国图F本、天图A本此图上文字为“祠堂式”。

② 国图B本、国图D本、国图E本、中科院D本图上假山内部线条省略。

③ 国图B本、国图D本、国图E本、中科院D本此图桥梁栏杆处绘有图案。

鐘鼓楼式

禾仓格式①

牛欄式

马厩式②

---

① 据原文题补出。

② 国图 B 本、国图 D 本、国图 E 本、中科院 D 本图上床的细节有别于底本，底本中床的左右两边装饰不对称，而国图 B 本、国图 D 本、国图 E 本、中科院 D 本均左右一致；国图 F 本、天图 A 本图中为一人，且床的左侧无装饰。

大 床 式①

鏡 架 式②

新鐫工師雕斲正式魯班木經匠家鏡卷之一③

北京提督工部　御匠司　司正　午榮　彙編

局匠所　把總　章嚴　仝集

南京　遞④匠司　司承　周言　校正

魯班仙師源流

師諱班，姓公輸，字依智。魯之賢勝路，東平村人也。其父諱賢，母吳

---

① 国图B本、国图D本、国图E本、中科院D本此图缺少细节，如无右下角的植物。

② 国图F本、天图A本图中家具镜架有缺；国图D本、国图E本、中科院D本图左上角植物与底本有异。

③ 国图B本、国图D本、国图E本、中科院D本此处为“工師雕斲正式魯班木經匠家鏡卷之一”。

④ 国图B本、国图D本、国图E本、中科院D本此处为“遞”。

氏。師生於魯定公三年甲戌五月初七日午時，是日白鷭①羣集，異香滿室，經月弗散，人咸奇之。甫②七歲，嬉戲不學，父母深以爲憂。迨十五歲，忽幡然，從遊於子夓③之門人端木起，不數月，遂妙理融通，度越時流。憤諸侯僭稱④王號，因遊說列國，志在尊⑤周，而計不行，廼歸而隱于泰山之南小和山焉，晦迹幾一十三年。偶出而遇鮑老蕫⑥，促膝讌譚，竟受業其門，注意雕鏤刻畵⑦，欲令⑧中華文物煥爾一新。故嘗語人曰："不䂓⑨而圓，不矩而方，此乾坤自然之象也。規以爲圓，矩以爲方，實人官兩象之能也。矧吾之明，雖足以盡制作之神，亦安得必天下萬世咸能，師心而如吾明耶？明不如吾，則吾之明窮，而吾之技亦窮矣。"爰是旣竭目力，復繼之以規矩準繩。俾⑩公私欲經營宮室，駕造舟車與置設器皿⑪，以前民用者，要不超吾一成之法，巳⑫試之方矣，然則師之。緣物盡制，緣制盡神者，顧不良且鉅哉，而其淑配雲氏，又天授一叚⑬神巧，所制器物固難枚舉，第較之於師，殆有佳處，内外贊襄，用能享大名而垂不朽耳。裔是年躋四十，復隱于歷山，卒遘異人授秘訣，雲遊天下，白日飛昇，止留斧鋸在白鹿仙巖，迄今古迹昭然如睹，故戰國大義贈爲永成待詔義士。後三年陳侯加贈智惠法師，歷漢、唐、宋，猶能顯蹤助國，屢膺封號。明朝永樂間，鼎剏⑭北京龍聖殿，役使萬匠，莫不震悚。賴

---

① 国图B本、国图D本、国图E本、中科院D本为"鶴"。
② 国图D本此处为"首"。
③ 国图D本、国图E本、中科院D本为"夏"，应是。
④ 国图B本、中科院D本为"穪"。
⑤ 国图B本、国图D本、国图E本、中科院D本为"尊"；七版本中"丷"常为"八"，如"平"、"猶"等，下文亦径改为"丷"，不再注。
⑥ 国图B本、国图D本、国图E本、中科院D本为"董"，应误。
⑦ 国图B本、国图D本、国图E本、中科院D本为"畫"，不再注。
⑧ 国图B本、国图D本、国图E本、中科院D本为"令"，不再注。
⑨ 国图B本、国图D本、国图E本、中科院D本为"規"，不再注。
⑩ 国图B本、国图D本、国图E本、中科院D本为"俾"，应是。
⑪ 国图B本、中科院D本为"血"，应误。
⑫ 国图B本、国图D本、国图E本、中科院D本为"已"，应是。
⑬ 国图B本、中科院D本为"段"，应是，下文同，不再注。
⑭ 国图B本、国图D本、国图E本为"剏"。

師降靈指示,方獲[1]洛[2]成。爰建廟祀之扁曰:“魯班門”,封待詔輔國大師北成侯[3]。春秋二祭,禮用太牢。今之工人,凡有祈禱,靡不隨叩隨應,忱[4]懸象著明而萬古仰照者。

人家起造伐木

入山伐木法:凡伐木日辰及起工日,切不可犯穿山殺。匠人入山伐木起工,且用看好木頭根數,具立平坦處斫伐,不可老草,此用人力以所爲也。如或木植到塲,不可堆放黄殺方,又不可犯皇帝八座,九天大座,餘日皆吉。

伐木吉日:己巳、庚午、辛未、壬申、甲戌、乙亥、戊寅、己[5]卯、壬午、甲申、乙酉、戊子、甲午、乙未、丙申、壬寅、丙午、丁未、戊申、己酉、甲寅、乙卯、己未、庚申、辛酉,定、成、開日吉。又宜明星、黄道、天德、月德。

忌刃砧[6]殺、斧頭、龍虎、受死、天賊、日刀砧、危日、山隔、九土鬼、正四廢、魁罡日、赤口、山痕、红觜[7]朱雀。

起工架馬:凡匠人興工,須用按祖留下格式,將水長[8]先放在吉方,然後將後步柱安放馬上,起看俱用翻鋤向内動作。今有晚學木匠則先將棟柱用正,則不按魯班之法後步柱先起手者,則先後方且有前先就低而後高,自下而至上,此爲依祖式也。凡造宅用深淺闊狭、高低相等、尺寸合格,方可爲之也。

起工破木:宜己巳、辛未、甲戌、乙亥、戊寅、己卯、壬午、甲申、乙酉、戊

① 下文改为“獲”,不再注。
② 国图B本、国图D本、国图E本、中科院D本为“落”,应是。
③ 国图B本、国图D本、国图E本、中科院D本为“侯”。
④ 国图B本、国图D本、国图E本、中科院D本为“誠”。
⑤ 各版本皆为“巳”,应为“己”之误,下文同,径改,不再注。
⑥ 原文此字皆为“砧”,应为“砧”之误,下文同,径改,不再注。
⑦ 古同“嘴”。
⑧ 此下划线处二字应为“木馬”之误,国图B本、国图D本、国图E本、中科院D本为“馬”。

子、庚寅、乙未、己亥、壬寅、癸卯、丙午、戊申、己酉、壬子、乙卯、己未、庚申、辛酉,黄道、天成、月空、天、月二德及合神、開日吉。

忌刀砧殺、木馬殺、斧頭殺、天賊、受死、月破、破敗、燭火、魯般殺、建日、九土鬼、正四廢、四離、四絶、大小空亾①、荒蕪、凶敗、滅没日,凶。

總　論

論新立宅架馬法:新立宅舍,作主人眷既已出火避宅,如起工卽就坐上架馬,至如竪造吉日,亦可通用。

論淨盡拆除舊宅倒堂竪造架馬法:凡盡拆除舊宅,倒堂竪造,作主人眷既已出火避宅,如起工架馬,與新立宅舍架馬法同。

論坐宫修方架馬法:凡作主不出火避宅,但就所修之方擇吉方上起工架馬,吉;或别擇吉架馬,亦利。

論移宫②修方架馬法:凡移宫修方,作主人眷不出火避宅,則就所修之方擇取吉方上起工架馬。如出火避宅,起工架馬却不問方道。

論架馬活法:凡修作在柱近空屋内,或在一百步之外起寮架馬,却不問方道。

修造起符便法

起符吉日:其日起造,隨事臨時,自起符後,一任用工修造,百無所忌。

論修造起符法:凡修造家主行年得運,自宜用名姓昭告符。若家主行年不得運,自而以弟子行年得運。白③作造主用名姓昭告符,使大抵師人行符起殺,但用作主一人名姓昭告山頭龍神,則定磉扇架、竪柱日,避本命日及對主日俟。修造完俻④,移香火隨符入宅,然後卸符安鎮宅舍。

---

① 古同“亡”。

② 国图 B 本、国图 D 本、国图 E 本、中科院 D 本为“宫”,下文不再出注。

③ 国图 B 本、国图 D 本、国图 E 本、中科院 D 本为“用”。

④ 国图 B 本、国图 D 本、国图 E 本、中科院 D 本为“備”,应是。

論東家修作西家起符照方法

凡隣[1]家修方造作，就本家宫中置羅經，格定隣家所修之方。如值年官符、三殺、獨火、月家飛宫、州縣官符、小兒殺、打頭火、大月建、家主身皇定命，就本家屋内前後左右起立符，使依移官法坐符使，從權請定祖先、福神，香火暫歸空界，將符使照起隣家所修之方，令轉而爲吉方。俟月節過，視本家住居當初永定方道，無緊殺占，然後安奉祖先、香火福神，所有符使，待歲除方可卸也。

畫柱繩墨：右吉日宜天、月二德，併三白、九紫值日時大吉。齊柱脚，宜寅、申、巳、亥日。

總　論

論畫柱繩墨併齊木料，開柱眼，俱以白星爲主。蓋三白九紫，匠者之大用也。先定日時之白，後取尺寸之白，停停當當，上合天星應昭，祥光覆護[2]，所以住者獲福之吉，豈知乎此福於是補出，便右吉日不犯天瘟、天賊、受死、轉殺、大小火星、荒蕪、伏斷等日。

動土平基：平基吉日，甲子、乙丑、丁卯、戊辰、庚午、辛未、己卯、辛巳、甲申、乙未、丁酉、己亥、丙午、丁未、壬子、癸丑、甲寅、乙卯、庚申、辛酉。築墻宜伏斷、閉日吉。補築墻，宅龍六七月占墻。伏龍六七月占西墻二壁，因雨傾倒，就當日起工便築，即爲無犯。若候晴後停留三五日，過則須擇日，不可輕動。泥飾垣墻，平治道塗，甃砌皆[3]基，宜平日吉。

總　論

論動土方：陳希夷《玉鑰匙》云：土皇方犯之，令人害瘋痨、水蠱。土符

---

① 国图B本、中科院D本为“鄰”。

② 底本、六版本均为“䕶”，今改。

③ 国图B本、国图D本、国图E本、中科院D本为“階”，应是。

所在之方，取土動土犯之，主浮腫水氣。又據術者云：土瘟日并方犯之，令人兩脚浮腫。天賊日起手動土，犯之招盜。

論取土動土，坐宫修造不出避火，宅須忌年家、月家殺殺方。

定磉扇架：宜甲子、乙丑、丙寅、戊辰、己巳、庚午、辛未、甲戌、乙亥、戊寅、己卯、辛巳、壬午、癸未、甲申、丁亥、戊子、己丑、庚寅、癸巳、乙未、丁酉、戊戌、己亥、庚子、壬寅、癸卯、丙午、戊申、己酉、壬子、癸丑、甲寅、乙卯、丙辰、丁巳、己未、庚申、辛酉。又宜天德、月德、黄道，併諸吉神値日，亦可通用。忌正四廢、天賊、建破日。

竪柱吉日：宜己巳、辛丑、甲寅、乙亥、乙酉、己酉、壬子、乙巳、己未、庚申、戊子、乙未、己亥、己卯、甲申、己丑、庚寅、癸卯、戊申、壬戌、丙寅、辛巳。又宜寅、申、巳、亥爲四柱日，黄道、天月二德諸吉星，成、開日吉。

上梁吉日：宜甲子、乙丑、丁卯、戊辰、己巳、庚午、辛未、壬申、甲戌、丙子、戊寅、庚申、壬午、甲申、丙戌、戊子、庚寅、甲午、丙申、丁酉、戊戌、己亥、庚子、辛丑、壬寅、癸卯、乙巳、丁未、己酉、辛亥、癸丑、乙卯、丁巳、己未、辛酉、癸亥，黄道、天月二德諸吉星，成、開日吉。

折[1]屋吉日：宜甲子、乙丑、丙寅、戊辰、己巳、辛未、癸酉、甲戌、丁丑、戊寅、己卯、癸未、甲申、壬辰、癸巳、甲午、乙未、己亥、辛丑、癸卯、己酉、庚戌、辛亥、丙辰、丁巳、庚申、辛酉，除日吉。

蓋屋吉日：宜甲子、丁卯、戊辰、己巳、辛未、壬申、癸酉、丙子、丁丑、己卯、庚辰、癸未、甲申、乙酉、丙戌、戊子、庚寅、丁酉、癸巳、乙未、己亥、辛丑、壬寅、癸卯、甲辰、乙巳、戊申、己酉、庚戌、辛亥、癸丑、乙卯、丙辰、庚申、辛酉，定、成、開日吉。

泥屋吉日：宜甲子、乙丑、己巳、甲戌、丁丑、庚辰、辛巳、乙酉、辛亥、庚寅、辛卯、壬辰、癸巳、甲午、乙未、丙午、戊申、庚戌、辛亥、丙辰、丁巳、戊午、庚申，平、成日吉。

開渠吉日：宜甲子、乙丑、辛未、己卯、庚辰、丙戌、戊申，開、平日吉。

---

① 国图 B 本、国图 D 本、中科院 D 本为“拆”，应是。

砌地吉日:與修造動土同看。

結砌天井吉日:

詩曰:

結修天井砌堦基,須識水中放水圭。

格向天干埋棓口,忌中顺逆小兒嬉。

雷霆大殺土皇廢,土忌瘟符受死離。

天賊瘟囊芳地破,土公土水隔痕隨。

右宜以羅經放天井中,間針定取方位,放水天干上,切忌大小滅没、雷霆大殺、土皇殺方。忌止①忌、土瘟、土符、受死、正四廢、天賊、天瘟、地囊、荒蕪、地破、土公箭、土痕、水痕、水隔。

論逐月甃地結天井砌堦基吉日

正月:甲子、壬午、戊子、庚子、乙丑、己卯、丙午、丙子、丁卯。

二月:乙丑、庚寅、戊寅、甲寅、辛未、丁未、己未、甲申、戊申。

三月:己巳、己卯、戊子、庚子、癸酉、丁酉、丙子、壬子。

四月:甲子、戊子、庚子、甲戌、乙丑、丙子。

五月:乙亥、己亥、辛亥、庚寅、甲寅、乙丑、辛未、戊寅。

六月:乙亥、己亥、戊寅、甲寅、辛卯、乙卯、己卯、甲申、戊申、庚申、辛亥、丙寅。

七月:戊子、庚子、庚午、丙午、辛未、丁未、己未、壬辰、丙子、壬子。

八月:戊寅、庚寅、乙丑、丙寅、丙辰、甲戌、庚戌。

九月:己卯、辛卯、庚午、丙午、癸卯。

十月:甲子、戊子、癸酉、辛酉、庚午、甲戌、壬午。

十一月:己未、甲戌、戊申、壬辰、庚申、丙辰、乙亥、己亥、辛亥。

十二月:戊寅、庚寅、甲寅、甲申、戊申、丙寅、庚申。

① 此字或为"土"之误。

起造立木上樑式

凡造作立木上樑,候吉日良時,可立一香案於中亭,設安普庵仙師香火,備列五色錢、香花、燈燭、三牲、菓酒供養之儀,匠師拜請三界地王、五方宅神、魯班三郎、十極高眞,其匠人秤丈竿、墨斗、曲尺,繫放香棹米桶上,并巡官羅金安頓,照官符、三煞凶神、打退神殺,居住者永遠吉昌也。

請設三界地主魯班仙師祝上樑文

伏以日吉時良,天地開張,金爐之上,五炷明香,虔誠拜請今年、今月、今日、今時直①符使者,伏望②光臨,有事懇請。今據某省、某府、某縣、某鄉、某里、某社奉道信官[士],憑術士選到今年某月某日吉時吉方,大利架造廳堂,不敢自專,仰仗直符使者,賚持香信,拜請三界四府高眞、十方賢聖、諸天星斗、十二宫神、五方地主明師,虛空過往,福德靈聰,住居香火道释,衆眞門官,井竈司命六神,魯班眞仙公輸子匠人,帶來先傳後教祖本先師,望賜降臨,伏望諸聖,跨雀騄③鸞,暫別宫殿之内,登車撥馬,來臨塲屋之中,既沭降臨,酒當三奠,奠酒詩曰:

初奠纔斟,聖道降臨。巳④享巳祀,皷皷⑤皷琴。布福乾坤之大,受恩江海之深。仰憑聖道,普降凡情。酒當二奠,人神喜楽。大布恩光,享來祿爵。二奠盃觴,永滅灾殃。百福降祥,萬壽無疆⑥。酒當三奠,自此門庭常貼泰,從兹男女永安康,仰冀⑦聖賢流恩澤,廣置田産降福降祥。上來三奠巳畢,七獻云週,不敢過獻。

---

① 此字应为“直”之变体错字,下文同,径改,不再注。
② 此字应为“望”之变体错字,下文同,径改,不再注。
③ 国图B本、国图D本、中科院D本为“驂”。
④ 此字应为“已”之误,下文同,不再注。
⑤ 此字或为“瑟”之误。
⑥ 天图A本为“菓”。
⑦ 国图B本、国图D本、中科院D本为“冀”,应是。

伏願信官[士]某,自創造上樑之後,家門浩浩,活計昌昌,手①斯倉而萬斯箱,一曰富而二曰壽,公私兩利,門庭光顯,宅舍興隆,火盜雙消,諸事吉慶,四時不遇水雷迍,八節常蒙地天泰。[如或臨産臨盆,有慶②坐草無危,願生智慧之男,聰明富貴起家之子,云云]。凶藏煞没,各無干犯之方,神喜人懽,大布禎祥之兆。凡在四時,克臻萬善。次異匠人興工造作,拈刀弄斧,自然目朗心開,負重拈輕,莫不脚輕手快。仰賴神通,特垂庇祐,不敢久留聖駕,錢財奉送,來時當獻下車酒,去後當酬上馬盃,諸聖各歸宮闕。再有所請,望賜降臨錢財[匠人出煞,云云]。

天開地闢,日吉時良,皇③帝子孫,起造高堂,[或造廟宇、庵堂、寺觀則云:仙師架造,先合陰陽]。凶神退位,惡煞潛藏,此間建立,永遠吉昌。伏願榮遷之後,龍歸寶穴,鳳徙桔④巢,茂蔭兒孫,增崇産業者。

詩曰:

一聲槌響透天門,萬聖千賢左右分。
天煞打歸天上去,地煞潛歸地裏藏。
大厦千間生富貴,全家百行益⑤兒孫。
金槌敲處諸神護,惡煞凶神急速奔。

造屋間數吉凶例

一間凶,二間自如,三間吉,四間凶,五間吉,六間凶,七間吉,八間凶,九間吉。

歌曰:五間廳、三間堂,創後三年必招殃。始五間廳、三間堂,三年内殺五人,七年庒⑥敗,凶。四間廳、三間堂,二年内殺四人,三年内殺七人來。

---

① 原文如此,应为“千”之误。
② 国图D本、中科院D本为“慶”。
③ 国图B本、国图D本、中科院D本为“黄”。
④ 国图B本、国图D本、中科院D本为“梧”。
⑤ 国图B本、国图D本、中科院D本为“益”。
⑥ 此字为“莊”之异体字。

二間無子①,五間絶。三架廳、七架堂,凶。七架廳,吉,三間廳、三間堂,吉。

斷水平法

莊子云:“夜静水平。”俗云,永②從平則止。造此法,中立一方表,下作十字拱頭,蹄脚上横過一方,分作三分,中開水池,中表安二線垂下,將一小③石頭墜正中心,水池中立三個水鴨子,實要匠人定得木頭端正,壓尺十字,不可分毫走失,若依此例,無不平正也。

畫起屋様

木匠按式,用精紙一幅,畫地盤濶④狹深淺,分下間架或三架、五架、七架、九架、十二架,則王⑤主人之意,或柱柱落地,或偷柱及樑栟,使過步樑、眉樑、肙⑥枋,或使斗磉者,皆在地盤上停當。

魯般眞尺

按魯般尺⑦乃有曲尺一尺四寸四分,其尺間有八寸,一寸堆曲尺一寸八分。内有財、病、離、義⑧、官、刼、害、本也。凡人造門,用依尺法也。假如單扇門,小者開二尺一寸,一白,般尺在“義”上。单⑨扇門開二尺八寸,在八白,般尺合“吉”上⑩。雙扇門者,用四尺三寸一分,合四緑一白,則爲本門,在“吉”上。如財門者,用四尺三寸八分,合“財”門,吉。大雙扇門,用廣五尺六寸六分,合兩白,又在“吉”上。今時匠人則開門濶四尺二寸,乃爲二

---

① 天图 A 本为“于”,应误。
② 国图 B 本、国图 D 本、中科院 D 本为“水”,应是,天图 A 本为“永”。
③ 国图 B 本、国图 D 本、中科院 D 本为“方”。
④ 国图 B 本、国图 D 本、中科院 D 本为“闊”。
⑤ 国图 B 本、国图 D 本、中科院 D 本为“在”,应是。
⑥ 古同“眉”。
⑦ 天图 A 本为“天”,应误。
⑧ 国图 B 本、国图 D 本、中科院 D 本为“凶”。
⑨ 国图 B 本、国图 D 本、中科院 D 本为“單”。
⑩ 国图 B 本、国图 D 本、中科院 D 本为“土”,应误。

黑,般尺又在“吉”上。及五尺六寸者,則“吉”上二分,加六分正[①]在“吉”中,爲佳也。皆用依法,百無一失,則爲良匠也。

魯般尺八首

財字

財字臨門仔細詳,外門招得外才[②]良。
若在中門常自有,積財須用大門當。
中房若合安於上,銀帛千箱與萬箱。
木匠若能明此理,家中福綠自榮昌。

病字

病字臨門招疫疾,外門神鬼入中庭。
若在中門逄[③]此字,灾[④]須輕可免危聲。
更被外門相照對,一年两度送尸[⑤]靈。
於中若要無凶禍,厠上無疑是好親。

離字

离字臨門事不祥,仔細排來在甚方。
若在外門并中户,子南父北自分張。
房門必主生離别,夫婦恩情兩處忙。
朝夕士家常作鬧,悽惶無地禍誰當。

義字

義字臨門孝顺生,一字中字最爲眞。

---

① 天图 A 本为“止”。
② 此字应为“财”之通假。
③ 此字应为“逢”之误。
④ 国图 B 本、国图 D 本、中科院 D 本为“災”。
⑤ 天图 A 本为“户”。

若在都門招三婦，廊門淫婦戀花聲。
於中合字雖爲吉，也有興灾害及人。
若是十分無灾害，只有厨[①]門實可親。

官字

官字臨門自要詳，莫教安在大門塲。
須妨公事親州[②]府，富貴中庭房自昌。
若要房門生貴子，其家必定出官廊。
富家人家有相壓，庶人之屋実難量。

刼字

刼字臨門不足誇，家中日日事如麻。
更有害門相照看，凶來疊疊禍無差。
兒孫行刼身遭苦，作事因循害却家。
四惡四凶星不吉，偷人物件害其佗[③]。

害字

害字安門用細尋，外人多被外人臨。
若在内門多興禍，家財必被賊來侵。
兒孫行門于害字，作事須因破其家。
良匠若能明此理，管教宅主永興隆。

吉字

吉字臨門最是良，中官内外一齊强。
子孫夫婦皆榮貴，年年月月在蠶桑。

---

① 国图B本、国图D本、中科院D本为“廚”，应误。
② 天图A本为“外”。
③ 此字应为“它”之别字。

如有財門相照者，家道興隆大[①]吉昌。

使有凶神在傍位，也無灾害亦風光。

本門詩

本子[②]開門大吉昌，尺頭尺尾正相當。

量來尺尾須當吉，此到頭來財上量。

福祿乃爲門上致，子孫必出好兒郎。

時師依此仙賢造，千倉萬廩有餘糧。

曲尺詩

一白惟如六白良，若然八白亦爲昌。

但將般尺來相[③]凑，吉少凶多必主殃。

曲尺之圖

一白、二黑、三碧、四綠、五黄、六白、七赤、八白、九紫、一[④]白。

論曲尺根由

曲尺者，有十寸一寸乃十分。凡遇起造經營[⑤]、開門高低、長短度量，皆在此上。須當凑對魯般尺八寸，吉凶相度，則吉多凶少，爲佳。匠者但用傚此，大吉也。

推起造何首合白吉星

魯般經營：凡人造宅門，門一須用準與不準及起造室院。條緝車[⑥]箭，

---

① 天图 A 本为“人”。

② 此字应为“字”之通假。

③ 天图 A 本此字漫漶不清，无法辨认。

④ 此字应为“十”之误。

⑤ 天图 A 本为“管”，应为“营”之变体错字。

⑥ 国图 B 本、国图 D 本、中科院 D 本为“事”，应误。

須用準,合陰陽,然後使尺寸量度,用合"財吉星"及"三白星",方爲吉。其白外,但則九紫爲小吉,人要合魯般尺與曲尺,上下相仝爲好。用尅定神、人、運、宅及其年,向首大利。

按九天玄女裝門路,以玄女尺筭①之,每尺止得九寸有零,却分財、病、離、義、官、刧、害、本八位,其尺寸長短不齊,惟本門與財門相接最吉。義門惟寺觀學舍,義聚之所可裝。官門惟官府可裝,其餘民俗只粧②本③門與財門,相接最吉。大抵尺法,各隨匠人所傳,術者當依魯般經尺度爲法。

論開門步數:宜單不宜雙。行惟一步、三步、五步、七步、十一步吉,餘凶。每步計四尺五寸,爲一步,于屋簷滴水處起步,量至立門處,得單步合前財、義、官、本④門,方爲吉也。

定盤眞尺⑤

凡創造屋宇,先須用坦平地基,然後隨大小、濶狹安磉平正。平者,穩也。次用一件木料【長一丈四五尺,有嚮長短有人。用大四寸,厚二寸,中立表】。長短在四五尺内實用,壓曲尺,端正两邊,安八字,射中心,【上繫一線重,下弔⑥石墜,則爲平正,直也,有實㨾⑦可驗】。

詩曰:

世間萬物得其平,仝仗權衡及準繩。
創造先量基濶狹,均分内外兩相停。
石磉切須安得正,地盤先宜鎮中心。
定將眞尺分平正,良匠當依此法眞。

---

① 国图B本、国图D本、中科院D本为"算",应是。
② 国图B本、国图D本、中科院D本为"裝"。
③ 天图A本为"木",应误。
④ 国图B本、国图D本、中科院D本为"木",应误。
⑤ 国图B本、国图D本、中科院D本为"人",应误。
⑥ 古同"吊"。
⑦ 国图B本、国图D本、中科院D本为"樣"。

推造宅舍吉凶論

造屋基，淺在市井中，人鬼之處，或外濶内狹爲，或内濶外狹穿，只得隨地基所作。若内濶外，乃名爲蝌①穴屋，則衣食自豊也。其外闊，則名為檻口屋，不爲奇也。造屋切不可前三直後二直，則爲穿心栟，不吉。如或新起栟，不可與舊屋棟齊過。俗云②：新屋插舊棟，不久便相送。須用放低於舊屋，則曰：次棟。又不可直棟穿中門，云：穿心棟。

三架屋後車③三架法

造此小屋者，切不可高大。凡步柱只可高一丈零一寸，棟柱高一丈二尺一寸，叚深五尺六寸，間濶一丈一尺一寸，次間一丈零一寸，此法則相稱也。

評曰：

凡人創造三架屋，般尺須尋吉上量④。

濶狹高低依此法，後來必出好兒郎。

五架房子格

正五架三間，拖後一柱，步用一丈零⑤八寸，仲高一丈二尺八寸，棟高一丈五尺一寸，每叚四尺六寸，中間一丈三尺六寸，次濶一丈二尺一寸，地基濶狹則在人加減，此皆壓白之法也。

詩曰：

三間五架屋偏奇，按白量材實利宜。

住坐安然多吉慶，横財入宅不拘時。

---

① 天图A本此字漫漶不清，难以辨认。

② 天图A本为“去”。

③ 此字应为“連”之别字。

④ 天图A本为“星”。

⑤ 天图A本“丈零”二字处空缺。

正七架三間格

七架堂屋：大凡[1]架造，合用前後柱高一丈二[2]尺六寸，棟高一丈零六寸，中間用濶一丈四尺三寸，次濶一丈三尺六寸，段四尺八寸，地基濶窄、高低、深淺，隨人意加減則爲之。

詩曰：

經營此屋好華堂，並是工師巧主張。

富貴本由繩尺得，也須合用按陰陽。

正九架五間堂屋格

凡造此屋，步柱用高一丈三尺六寸，棟柱或地基廣濶，宜一丈四尺八寸，段淺者四尺三寸，成十分深，高二丈二尺棟爲妙。

詩曰：

陰陽兩字最宜先，鼎創興工好向前。

九架五間堂九天，萬年千載福綿綿。

謹按仙師眞尺寸，管教富貴足庄田。

時人若不依仙法，致使人家兩不然。

鞦韆架

鞦韆架：今人偷棟栟[3]爲之吉。人以如此造，其中創閑要坐起處，則可依此格，儘好。

小門式[4]

凡造小門者，乃是塚墓之前所作，兩柱前重在屋，皮上出入不可十分長，

---

① 国图 B 本、国图 D 本、中科院 D 本为“斤”，应误。

② 天图 A 本此字漫漶不清。

③ 国图 D 本为“栟”，应是。

④ 天图 A 本“小門式”三字后空几格有一“丙”字，未知其意。

露出殺，傷其家子媳，不用使木作，門蹄二邊使四隻將軍柱，不宜太高也。

撄[①]焦亭

造此亭者，四柱落地，上三超四結果，使平盤方中，使福海頂、藏心柱十分要聳，瓦蓋用暗鐙釘住，則無脱落，四方可觀之。

詩曰：

枷梢門屋有兩般，方直尖斜一樣言。

家有姦偷夜行子，須防横禍及遭官。

詩曰：

此屋分明端正奇，暗中爲禍少人知。

只因匠者多藏素，也是時師不細詳。

使得家門長退落，緣他屋主大限衰。

從今[②]若要兒孫好，除是從頭改過爲。

造作門樓

新創屋宇開門之法：一自外正大門而入，次二重較門，則就東畔開吉門，須要屈曲，則不宜大[③]直。内門不可較大外門，用依此例也。大凡人家外大門，千萬不可被人家屋脊[④]對射，則不祥之兆也。

論起廳堂門例

或起大廳屋，起門須用好籌頭向，或作槽門之時，須用放高，與第二重門同，第三重却就栿柁起，或作如意門，或作古錢門與方勝門，在主人意愛而爲之。如不做槽門，只做都門、作胡字門，亦佳矣。

---

① 国图 B 本、国图 D 本、中科院 D 本为“撄”，其余不同版本见后注。

② 天图 A 本为“个”，应误。

③ 此字应为“太”之误。

④ 此字应为“脊”之误，下文径改，不再注。

詩曰①：

大門二者莫在東，不按仙賢法一同。

更被别人屋棟射②，須教禍事又重重。

上下門：計六尺六寸；中户門：計三尺三寸；小户門：計一尺一寸；州縣寺觀門：計一丈一尺八寸濶；庶人門：高五尺七寸，濶四尺八寸；房門：高四尺七寸，濶二尺三寸。

春不作東門，夏不作南門，秋不作西門，冬不作北門。

債不星逐年定局方位

戊癸年[坤申方]，甲巳年[占辰方]，乙庚年[兑坎寅方]，丙辛年[占午方]，丁壬年[乾方]。

債不星逐月定局

大月：初三、初六、十一、十四、十九、廿③二、廿七，[日凶]。

小月：初二④、初七、初十、十五、十八、廿三、廿六，[日凶]。

庚寅日：門大夫死甲巳日六甲胎神，[占門]。

塞門吉日：宜伏斷、閉目⑤，忌丙寅、己巳、庚午、丁巳。

紅嘴朱雀⑥日：庚午、己卯、戊子、丁酉、丙午、乙卯。

修門雜忌

九良星年：丁亥，癸巳占大門；壬寅、庚申占門；丁巳占前門；丁卯、己卯占後門。

---

① 天图 A 本自此条目之后偶有每列二十一字。
② 国图 B 本、国图 D 本、中科院 D 本“射”字位于下一行。
③ 天图 A 本此条目中“廿”均为“甘”，不再注。
④ 天图 A 本为“一”。
⑤ 此字应为“日”之误。
⑥ 底本、六版本“雀”字后均空缺一字。

丘①公殺:甲巳年占九月,乙庚占十一月,丙辛年占正月,丁壬年占三月,戊癸年占五月。

逐月修造門吉日

正月癸酉,外丁酉。二月甲寅。三月庚子,外乙②巳。四月甲子、庚子,外庚午。五月甲寅,外丙寅。六月甲申、甲寅,外丙申、庚申。七月丙辰。八月乙亥。九月庚午、丙午。十月甲子、乙未、壬午、庚子、辛未,外庚午。十一月甲寅。十二月戊寅、甲寅、甲子、甲申、庚子,外庚申、丙寅、丙申。

右吉日不犯朱雀、天牢、天火、獨火、九空、死氣、月破、小耗、天賊、地賊、天瘟、受死、氷③消瓦陷、陰陽錯、月建、轉殺、四耗、正四廢、瓦土鬼、伏斷、火星、九醜、滅門、離窠、次④地火、四忌、五窮、耗絶、庚寅門、大夫死日、白虎、炙退、三殺、六甲胎神占門,并債不⑤星爲忌。

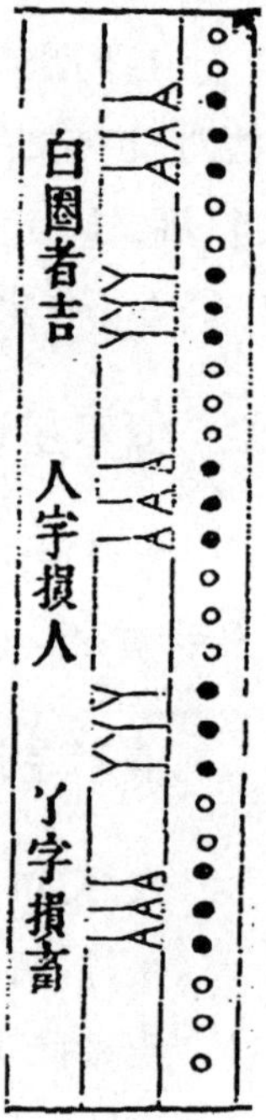

門光星

大月從下數上,小月从上數下。

白圈者吉,人字損人,丫字損畜。

門光星吉日定局

大月:初一、初二、初三、初七、初八、十二、十三、十四、十八、十九、二十、廿四、廿五、廿九、三十日。

小月:初一、初二、初六、初七、十一、十二、十三、十七、十八、十九、廿三、

---

① 国图B本、国图D本、中科院D本为"邱"。
② 天图A本为"已",应误。
③ 古同"冰"。
④ 天图A本为"次",下文同,不再注。
⑤ 此字或为"木"之误。

廿四、廿八、廿九日。

總　論

論門樓,不可專主門樓經、玉輦經,誤人不淺,故不編入。門向須避直冲尖射砂水、路道、惡石、山𡉏、崩破、孤峰、枯木、神廟①之類,謂之乘殺入門,凶。宜迎水、迎山,避水斜割,悲聲。經云:以水爲朱雀者,忌夫湍。

論黄泉門路

天機訣云:庚丁坤上是黄泉,乙丙須防巽水先,甲癸向中休見艮,辛壬水路怕當乾。犯主枉死少丁,殺家長,長②病忤逆。

庚向忌安單坤向門路水步,丙向忌安单困向門路水步,乙向忌安單巽向門路水步,丙向忌安單巽向門路水,甲向癸向忌安单艮向門路水步,辛③壬向忌安单乾向門路水步。其法乃死絶處,朝對官爲黄泉是也。

詩曰:

一兩棟簷水流相射,大小常相罵,此屋名爲暗箭山,人口不平安。

據仙賢云:屋前不可作欄杆,上不可使立釘,名爲暗箭,當忌之。

郭璞相宅詩三首

屋前致欄杆,名曰紙錢山。

家必多喪禍,哭泣不曾閑。

詩云:

門高勝於廳,後代絶人丁。

門高過於壁,其家多哭泣。

門扇两㮟欺,夫婦不相宜。

① 天图A本为"庙"。

② 天图A本为"匕",应误。

③ 国图B本、国图D本、中科院D本"辛"字位于下一行。

家財當耗散,眞是不爲量。

五架屋諸式圖

五架樑栟或使方樑者,又有使界板者,及又①槽、搭楸、斗槺之類,在主人之所爲也。

五架後拖兩架

五架屋後添兩架,此正按古格,乃佳也。今時人喚做前淺後深之説,乃生生笑隠,上吉也。如造正五架者,必是其基地如此,别有實格式,學者可驗之也。

正七架格式

正七架樑,指及七架屋、川牌栟,使斗槺或柱義桁並,由人造作,有圖式可佳。

王府宫殿

凡做此殿,皇帝殿九丈五尺高,王府七丈高,飛簷找②角,不必再白。重拖五架,前拖三架,上截升拱天花板,及地量至天花板,有五丈零三尺高。殿上柱頭七七四十九根,餘外不必再記,隨在加減③。中心兩柱八角爲之天梁,輔佐後無門,俱大厚板片。進金上前無門,俱掛硃簾,左邊立五官④,右邊十二院,此與民間房屋同式,直出明律。門有七重,俱有殿名,不必載之。

司天臺式

此臺在欽天監。左下層土磚石之類,週圍八八六十四丈濶,高三十三

① 此字应为“叉”之误。
② 国图 B 本、国图 D 本、中科院 D 本为“我”,应误。
③ 原文为“灭”之繁体,应为“減”之误。
④ 疑为“宫”之别字。

丈,下一十八層,上分三十三層,此應上觀天文,下察地利①。至上層週圍俱是冲天欄杆,其木裹方外圓,東西南北反②中央立起五處旗杆,又按天牌二十八面,寫定二十八宿星主,上有天盤流轉,各位星宿③吉凶乾象。臺上又有冲天一直平盤,闊方圓一丈三尺,高七尺,下四平脚穿枋串進,中立圓木一根。閂上平盤者,盤能轉,欽天監官每看天文立於此處。

粧修正廳

左右二邊,四大孔水椹④板,先量每孔多少高,帶磉至一穿枋下有多少尺寸,可分爲上下一半,下水椹帶腰枋,每矮九寸零三分,其腰枋只做九寸三分。大抱柱線,平面九分,窄上五分,上起荷葉線,下起棋盤線,腰枋上面亦然。九分下起一寸四分,窄面五分,下貼地栿,貼仔一寸三分厚,與地栿盤厚,中间分三孔或四孔,檄枋仔方圓一寸六分,閂尖一寸四分長,前楣後楣比廳心每要高七寸三分,房間光顯冲欄二尺四寸五分,大廳心門框一寸四分厚,二寸二分大,底下四片,或下六片,八寸要有零,子舍箱間與廳心一同尺寸,切忌兩樣尺寸,人家不和。廳上前眉兩孔,做門上截亮格,下截上行板,門框起聰管線,一寸四分大,一寸八分厚。

正堂粧修與正廳一同,上框門尺寸無二,但腰枋帶下水椹,比廳上尺寸每矮一寸八分。若做一抹光水椹,如上框門,做上截起棋盤線或荷葉線,平七分,窄面五分,上合角⑤貼仔一寸二分厚,其別雷同。

寺觀庵堂廟宇式

架學造寺觀等,行人門身帶斧器,從後正龍而入,立在乾位,見本家人出方動手,左手執六尺,右手拿斧,先量正柱,次首左邊轉身柱,再量直出山門

① 国图 B 本、国图 D 本、中科院 D 本为“理”。

② 国图 B 本、国图 D 本、中科院 D 本为“及”,应是。

③ 国图 B 本、国图 D 本、中科院 D 本为“宿”。

④ 国图 B 本、国图 D 本为“堪”。

⑤ 国图 B 本、国图 D 本、中科院 D 本为“角”,为“角”之变体错字。

外止。吗[1]夥同人,起手右邊上一抱柱,次後不論。大殿中間,無水椹或欄杆斜格,必用粗大,每筭[2]正數,不可有零,前欄杆三尺六寸高,以應天星。或門及抱柱,各[3]様要筭七十二地星。菴堂廟宇中間水椹板,此[4]人家水椹每矮一寸八分,起線抱柱尺寸一同,已載在前,不白。或做門,或亮格,尺寸俱矮一寸八分。廳上賨棹三尺六寸高,每與轉身柱一般長,深四尺面,前疊方三層,每退墨一寸八分,荷葉線下兩層花板,每孔要分成雙下脚,或雕獅象挖脚,或做貼梢,用二寸半厚,記此。

粧[5]修祠堂式

凡做祠宇[6]爲之家廟,前三門次东西走馬,廊又次之大廳,廳[7]之後明樓茶亭,亭之後卽寢堂。若粧修自三門做起,至内堂止。中門開四尺六寸二分濶,一丈三尺三分高,濶合得長天尺,方在義、官位上。有等說官字上不好安門,此是祠堂,起不得官、義二字,用此二字,子孫方有發達榮耀。兩邊耳門三尺六寸四分濶,九尺七寸高大,吉、財二字上,此合天星吉地德星,况[8]中門兩邊俱后[9]格式。家廟不比尋常人家,子弟賢否,都在此處種秀。又且寢堂及廳兩廊至三門,只可步步高,兒孫方有尊卑,母[10]小期大之故,做者深詳記之。

粧修三門,水椹城板下量起,直至一穿上[11]平分上下一半,兩邊演開八字,水椹亦然。如是大門二寸三分厚,每片[12]用三箇暗串,其門筭要圓,門斗

---

① 古同"叫",下文同,不再注。
② 国图B本、国图D本、中科院D本为"算",应是,天图A本为"筭"。
③ 天图A本为"名",应误。
④ 国图B本、国图D本、中科院D本为"比"。
⑤ 国图B本、国图D本、中科院D本为"裝",应是。
⑥ 天图A本为"字",应误。
⑦ 天图A本为"匕",应误。
⑧ 天图A本为"況"。
⑨ 此字应为"合"之误。
⑩ 此字应为"毋"之通假。
⑪ 天图A本为"土",应误。
⑫ 天图A本为"井",应误。

要扁，此開門方𨷑[1]爲吉。兩廊不用粧架，廳中心四大孔，水椹上下平分，下截每矮七寸，正抱柱三寸六分大，上[2]截起荷葉線，下或一抹光，或閂尖的，此尺寸在前可觀。廳心門不可做四片，要做六片吉。兩邊房間及耳房可做大孔田字格或窗齒可合式，其門後楣要留，進退有式。明樓不須架修，其寢堂中心不用做門，下做水椹帶地栿，三尺五高，上分五孔，做田字格，此要做活的，内奉神主祖先，春秋祭祀，拿得下來。兩邊水湛前有尺寸，不必再白。又前倉做亮格門，抱柱下馬蹄抱住[3]，此亦用活的，後學觀此，謹宜詳察，不可有悮。

神厨搽式

下層三尺三寸，高四尺，脚每一片三寸三分大，一寸四分厚，下鎖脚方一寸四分大，一寸三分厚，要留出笋。上盤仔二尺二寸深，三尺三寸闊，其框二寸五分大，一寸三分厚，中下兩串，兩頭合角與框一般大，吉。角止佐半合角，好開柱。脚相二個，五寸高，四分厚，中下土厨只做九寸，深一尺。窗齒欄杆，止好下五根步步高。上[4]層柱四尺二寸高，帶嶺在内，柱子方圓一寸四分大，其下六根，中兩根，係交進的裏半做一尺二寸深，外空一尺，内中或做二層，或做三層，步步退墨。上層下散柱二個，分三孔，耳孔只做六寸五分濶，餘留中上。拱樑二寸大，拱樑上方樑一尺八大，下層下嚾倉勒水。前柱磉一寸四分高，二寸二分大，雕播荷葉。前楣帶嶺八寸九分大，切忌大了不威勢。上或下火焰屏，可分爲三截，中五寸高，兩邊三寸九分高，餘或主家用大用小，可依此尺寸退墨，無錯。

營[5]寨格式

立寨之日，先下纍杆，次看羅經，再看地勢山形生絶之處，方令木匠伐

① 国图B本、国图D本、中科院D本为“嚮”，应是。
② 天图A本为“土”，应误。
③ 国图B本、国图D本、中科院D本为“柱”，应是。
④ 天图A本为“土”，应误。
⑤ 天图A本为“宫”，应误。

木，踃定裏外營壘。内營方用廳者，其木不俱大小，止前選定二[1]根，下定前門，中五直木，九丈爲中央主旗杆，内分間架，裏外相串。次看外營週圍，叠分金木水火土，中立二十八宿，下“休生傷杜日景死驚開”此行文，外代木交架而下週建。禄角旗鎗之勢，並不用木作之工。但褁[2]营[3]要鉋砍找接下門之勢，其餘不必木匠。

凉亭水閣式[4]

粧修四圍欄杆，靠背下一尺五寸五分高，坐板一尺三寸大，二寸厚。坐板下或横下板片，或十字掛欄杆上。靠背一尺四寸高，此上靠背尺寸在前不白，斜四寸二分方好坐。上至一穿枋做遮陽，或做亮格門。若下遮陽，上油一穿下，離一尺六寸五分是遮陽。穿枋三寸大，一寸九分原[5]，中下二根斜的，好開光窗。

魯班木經卷一終[6]

新鐫工師雕斲正式魯班木經匠家鏡卷之二[7]

倉敖式

依祖格九尺六寸高，七尺七分濶，九尺六寸深，枋每下四片，前立二柱，

---

① 天图A本此字处空缺。
② 古同“裏”，国图B本、国图D本、中科院D本、天图A本为“裏”。
③ 国图B本、国图D本、中科院D本为“營”。
④ 天图A本自此字之后缺两个半页，所缺文字自凉亭水阁式条目中的“粧修四圍欄杆”起，至桥梁式标题“橋梁式”三字之后止。
⑤ 此字应为“厚”之误。
⑥ 国图D本此处有章“长乐郑氏藏书㞢”。
⑦ 国图B本、国图D本、国图E本、中科院D本为“工師雕斲正式魯班木經匠家鏡卷之二”。

開門只一尺五寸七分濶，下做一尺六寸高，至一穿要留五尺二寸高，上楣枋槍門要成對，切忌成单，不吉。開之日不可内中飲食，又不可用墨斗曲尺，又不可柱枋上留字留墨，學者記之，切忌。

橋梁式

凡橋梁無粧修，或有神厨①做，或有欄杆者②，若從雙日而起，自下而上；若单日而起，自西而東，看屋几③高几濶，欄杆二尺五寸高，坐櫈一尺五寸高。

郡殿角式

凡殿角之式，垂昂插序，則規横深奥，用升斗拱④相稱。深淺濶狹，用合尺寸，或地基濶二丈，柱用高一丈，不可走祖，此爲大畧⑤，言不盡意，宜細詳之。

建鐘樓格式

凡起造鐘樓，用風字脚，四柱並用渾成梗木，宜高大相稱，散水不可大⑥低，低則掩鐘聲，不嚮⑦于四方。更不宜在右畔，合在左逐⑧寺廊之下，或有就樓盤，下作佛堂，上作平棊，盤頂結中開樓，盤心透上⑨眞⑩見鐘。作六角欄杆，則風送鐘聲，遠出於百里之外，則爲⑪也。

---

① 国图E本、中科院D本为“廚”，应为“厨”之变体错字。
② 国图E本、中科院D本为“者”，应为“者”之变体错字。
③ 国图B本、国图D本、国图E本、中科院D本为“幾”，下文不再出注。
④ 国图E本、中科院D本为“拱”，应为“拱”之变体错字。
⑤ 国图B本、国图D本、中科院D本为“略”。
⑥ 此字应为“太”之通假。
⑦ 国图B本、国图D本、国图E本、中科院D本为“響”，应是。
⑧ 国图B本、国图D本、国图E本、中科院D本为“邊”，应是。
⑨ 天图A本为“土”，应误。
⑩ 国图B本、国图D本、国图E本、中科院D本为“直”，应为“眞”之变体错字。
⑪ 此处疑缺“吉”字。

建造禾倉格

凡造倉敖，並要用名術之士，選擇吉日良時，興工匠人，可先將一好木爲柱，安向北方。其匠人却歸左邊立，就①斧向内斫入則吉也。或大小長短高低濶狹，皆用按二黑，須然留下十寸，八白，則各有用②。其它者合白，但與做③倉厫不同，此用二黑，則鼠④不侵，此爲正例也。

造倉禁忌并擇方所

造倉其間多有禁忌，造作場上切忌將墨斗籤在于口中銜，又忌在作場之上吃食諸物。其倉成後，安門匠人不可着草鞋入内，只宜赤脚進去。修造匠後，匠者凡依此例無不吉慶、豊⑤盈也。

凡動用尋進何之年，方大吉，利有進益，如過⑥背田破田之年，非特退氣，又主荒却田園，仍禾稻無收也。

論逐月修作倉庫吉日

正月：丙寅、庚寅；

二月：丙寅、己亥、庚寅、癸未、辛未；

三月：己巳、乙巳、丙子、壬子；

四月：丁卯、庚午、己卯；

五月：己未；

六月：庚申、甲寅、外甲申；

---

① 国图E本、中科院D本为“執”，应是。

② 底本此字之后空缺一字，国图B本、国图D本、国图E本、国图F本、中科院D本、天图A本此字之后有一“處”字。

③ 中科院D本为“故”，应误。

④ 底本此字之后空缺一字，国图B本、国图D本、国图E本、国图F本、中科院D本、天图A本此字之后有一“耗”字，应是。

⑤ 国图B本、国图D本、国图E本、中科院D本为“豐”。

⑥ 国图B本、国图D本、国图E本、中科院D本为“遇”。

七月：丙子、壬子；

八月：乙丑、癸丑、乙亥、己亥；

九月：庚午、壬午、丙午、戊午；

十月：庚午、辛未、乙未、戊申；

十一月：庚寅、甲寅、丙寅、壬寅；

十二月：丙寅、甲寅、甲申、庚申、壬寅。

五音造牛欄法

夫牛者本姓李，元是大力菩薩，切見凡間人力不及，特降天牛來助人力。凡造牛欄者，先須用術人揀擇吉方，切不可犯倒欄殺、牛黄殺，可用左畔是坑，右右畔是田王，牛犢必得長壽也。

造欄用木尺寸法度

用尋向陽木一根，作棟柱用，近在人屋在[①]畔，牛性怕寒，使牛温暖。其柱長短尺寸用壓白，不可犯在黑上。舍下作欄者，用東方採株木一根，作左邊角柱用，高六尺一寸，或是二間四間，不得作单間也。人家各别椽子用，合四隻則按春夏秋冬陰陽四氣，則大吉也。不可犯五尺五寸，乃爲五黄[②]，不祥也。千萬不可使損壞的爲牛欄開門，用合二尺六寸大，高四尺六寸，乃爲六白，按六畜爲好也。若八寸係八白，则爲八敗，不可使之，恐損羣隊也。

诗曰：

魯般法度剏牛欄，先用推尋吉上安，
必使工師求好木，次將尺寸細詳看。
但須不可當人屋，實要相宜對草崗，
时師依此規模作，致使牛牲食祿寬。

---

① 国图 B 本、国图 D 本、中科院 D 本为“左”。

② 国图 E 本、中科院 D 本为“黄”。

合音指詩：

不堪巨石在欄前，必主牛遭虎咬遭，

切忌欄前大水窟，主牛難使鼻難穿。

又诗：

牛欄休在污溝邊，定墮牛胎損子連，

欄後不堪有行路，主牛必損爛蹄肩。

牛①

牛黄一十起于坤，二十還歸震巽門，

四十宫中歸乾位，此是神仙妙訣根。

定牛②入欄刀砧詩：

春天大忌亥子位，夏月須在寅卯方，

秋日休逢在巳午，冬時申酉不可裝。

起欄日辰：

起欄不得犯空亡，犯着③之時牛必亡，

癸日不堪行起造，牛瘟必定兩相妨。

占牛神出入

三月初一日，牛神出欄。九月初一日，牛神歸欄，宜修造，大吉也。牛黄八月入欄，至次年三月方出，並不可修造，大凶也。

造牛欄樣式

凡做牛欄，主家中心用羅線踃看，做在奇羅星上吉。門要向東，切忌向北。此用雜木五根爲柱，七尺七寸高，看地基寬窄而佐不可取，方圓依古式，八尺二寸深，六尺八寸濶，下中上下枋用圓木，不可使扁枋，爲吉。

住門對牛欄，羊棧一同看，年年官事至，牢獄出應難。

① 此处应缺“黄诗”二字。

② 国图F本、天图A本为“十”。

③ 国图E本、中科院D本为“著”，应误。

論逐月造作牛欄吉日

正月：庚寅；

二月：戊寅；

三月：己巳；

四月：庚午、壬午；

五月：己巳、壬辰、丙[1]辰、乙未；

六月：庚申、甲申、乙未；

七月：戊申、庚申；

八月：乙丑；

九月：甲戌；

十月：甲子、庚子、壬子、丙子；

十一月：乙亥、庚寅；

十二月：乙丑、丙寅、戊寅、甲寅。

右不犯魁罡、絇絞、牛火、血忌、牛飛廉、牛腹脹、牛刀砧、天瘟、九空、受死、大小耗、土[2]鬼、四廢。

五音造羊棧格式

按《啚經》云：羊本姓朱，人家養羊作棧者，用選好素菜[3]菓子，如椑樹之類爲好，四柱乃象四時。四季生花緣子長青之木爲美，最忌切不可使枯木。柱子用八條，乃按八節。柱子用二十四根，乃按二十四炁。前高四尺一寸，下三尺六寸，中間作羊枅並用，就地三尺四寸高，主生羊子綿綿不絶，長远成羣，吉。不可[4]信，實爲大驗也。

---

① 天图 A 本为“内”，应误。

② 国图 B 本、国图 D 本、国图 E 本、中科院 D 本为“士”，应误。

③ 天图 A 本此字漫漶不清。

④ 此处疑缺“不”字。

紫氣①上宜安四主②，三尺五寸高，深六尺六寸，闊四尺零③二寸，柱子方圓三寸三分，大長枋二十六四根，短枋共④四根，中直下腮齒，每孔分一寸八分，空齒孔二寸二分，大門開向西方吉。底上止用小竹串進，要疎⑤些，不用密。

逐月作羊棧吉日⑥

正月：丁卯、戊寅、己卯、甲寅、丙寅；
二月：戊寅、庚寅。
三月：丁卯、己卯、甲申、己巳。
四月：庚子、癸丑、庚午、丙子、丙午。
五月：壬辰、癸丑、乙丑、丙辰。
六月：甲申、壬辰、庚申、辛酉、辛亥。
七月：庚子、壬子、甲午、庚申、戊申。
八月：壬辰、壬子、癸丑、甲戌、丙辰。
九月：癸丑、辛酉、丙戌。
十月：庚子、壬子、甲午、庚子。
十一月：戊寅⑦、庚寅、壬辰、甲寅、丙辰。
十二月：戊寅、癸丑、甲寅、甲子、乙丑。

右吉⑧日，不犯天瘟、天賊、九空、受死、飛廉、血忌、刀砧⑨、小耗⑩、大

---

① 天图A本为“氣”，应为“氣”之变体错字。
② 国图B本、国图D本、中科院D本为“柱”，应是。
③ 国图B本、国图D本、中科院D本为“零”，下文同，不再注。
④ 国图D本为“共”，下文同，不再注。
⑤ 国图B本、国图D本、中科院D本为“疏”，应是。
⑥ 天图A本为“古”，应误。
⑦ 中科院D本为“寅”。
⑧ 底本此字处空缺，六版本为“吉”字。
⑨ 此字应为“砧”之误。
⑩ 天图A本为“耗”。

耗、九土[1]鬼、正四廢[2]、凶敗。

馬厩式

此亦[3]看[4]羅經，一德星在何方，做在一德星上吉。門向東，用一色杉木，忌雜木。立六根柱子，中用小圓樑二根扛過，好下夜[5]間掛馬索。四圍[6]下高水椹板，每邊用模方四根纔堅固。馬多者隔斷巳[7]間，每間三尺三寸濶深，馬槽下向門左邊吉。

馬槽椂[8]式

前脚二尺四寸，後脚三尺五寸高，長三尺，濶一尺四寸，桂[9]子方圓三寸大，四圍横下板片，下脚空一尺高。

馬 鞍 架

前二脚高三尺三寸，後二隻二尺七寸高，中下半柱，每高三寸四分，其脚方圓一寸三分大，濶八寸二分，上三根直枋，下中腰每邊一根横，每頭二根，前二脚與後正脚取平，但前每上高五寸，上下搭頭，好放馬鈴。

逐月作馬枋吉日[10]

正月：丁卯、己卯、庚午；

二月：辛未、丁未、己未；

---

① 天图 A 本为“士”，应误。
② 天图 A 本为“廃”。
③ 天图 A 本为“亦”。
④ 天图 A 本为“着”，应误。
⑤ 天图 A 本为“亥”，应误。
⑥ 国图 D 本为“圓”，应误。
⑦ 国图 B 本、国图 D 本、中科院 D 本为“幾”，应是。
⑧ 国图 B 本、国图 D 本、中科院 D 本为“樣”，应是；国图 F 本、天图 A 本为“杉”，应误。
⑨ 国图 B 本、国图 D 本、国图 E 本、中科院 D 本为“柱”，应是。
⑩ 国图 D 本“逐月作馬枋吉日”与“猪欄様式”两条目因纸张破损，个别字有缺。

三月:丁卯、己卯、甲申、乙巳;

四月:甲子、戊子、庚子、庚午;

五月:辛未、壬辰、丙辰;

六月:辛未、乙亥、甲申、庚申;

七月:甲子、戊子、丙子、庚子、壬子、辛未;

八月:壬辰、乙丑、甲戌、丙辰;

九月:辛酉;

十月:甲子、辛未、庚子、壬午、庚午、乙未;

十一月:辛未、壬辰、乙亥;

十二月:甲子、戊子、庚子、丙寅、甲寅。

猪椆樣式

此亦要看三台星居何方,做在三台星上方吉。四柱二尺六寸高,方圓七尺,横下穿枋,中直下大粗窗,齒用雜方堅固。猪要向西北,良工者識之,初學者切忌亂爲。

逐月作猪椆吉日

正月:丁卯、戊寅;

二月:乙未、戊寅、癸未、己未;

三月:辛卯、丁卯、己巳;

四月:甲子、戊子、庚子、甲午、丁丑、癸丑;

五月:甲戌、乙未、丙辰;

六月:甲申;

七月:甲子、戊子、庚子、壬子、戊申;

八月:甲戌、乙丑、癸丑;

九月:甲戌、辛酉;

十月:甲子、乙未、庚子、壬午、庚午、辛未;

十一月:丙辰;

十二月：甲子、庚子、壬子、戊寅。

六畜肥日

春申子辰，夏亥卯未，秋寅午戌，冬巳酉丑日。

鵞鴨鷄楼式

此看禽大小而做，安貪狼方。鵞椆二尺七寸高，深四尺六寸，濶二尺七寸四分，週圍下小窗齒，每孔分一寸濶。鷄鴨椆二尺高，三尺三寸深，二尺三寸濶，柱子方圓二寸半[①]，此亦看主家禽鳥多少而做，學者亦用，自思之。

鷄槍[②]様式

兩柱高二尺四寸，大一寸二分，厚一寸。樑大二寸五分、一寸二分。大牕[③]高一尺三寸，濶一尺二寸六分，下車脚二寸大[④]，八分厚，中下齒仔五分大，八分厚，上做滔[⑤]環二寸四大，兩邊獎腿與下層窻仔一般高，每邊四寸大。

屏風式

大者高五尺六寸，帶脚在內。濶六尺九寸，琴脚六寸六分大，長二尺。雕日月掩象鼻格，獎[⑥]腿工[⑦]尺四分高，四寸八分大。四框一寸六分大，厚一寸四分，外起改竹圓，内起棋盤線，平面六分，窄面三分。絛環上下俱六寸四分，要分成单，下勒水花分作兩孔，彫[⑧]四寸四分，相屋闊窄，餘大小長短

---

① 天图A本为“午”，应为“半”之误。

② 此字应为“楼”之误。

③ 国图B本、国图D本、中科院D本为“窗”，应是。

④ 天图A本为“八”，应误。

⑤ 此字应为“絛”之通假。

⑥ 国图B本、国图D本、中科院D本为“槳”，下文同，不再注。

⑦ 此字为“二”之误。

⑧ 国图B本、国图D本、中科院D本为“雕”，下文同，不再注。

依①此，長做此。

圍屏式

每②做此行用八片，小者六片，高五尺四寸正。每片大一片四寸三分零，四框八分大，六分原③，做成五分厚，筭定共四寸厚，内較田字格，六分厚，四分大，做者切忌碎框。

牙轎式

宦家明轎徛④下一尺五寸高，屏一尺二寸高，深一尺四寸，濶一尺八寸。上⑤圓手一寸三分大，斜七分纔圓，轎杠方圓一寸五分大，下踃帶轎二尺三寸五分深。

衣籠栜⑥式

一尺六寸五分高，二尺二寸長，一尺三寸大，上蓋役九分，一寸八分高。蓋上板片三分厚，籠板片四分厚，内子口八分大，三分厚。下車脚一寸六分大。或雕三灣，車脚上要下二根横櫎仔，此籠尺寸無加。

大⑦ 牀

下脚帶求⑧方共高式⑨尺二寸二分正。床方七寸七分大，或五寸七分大，上屏四尺五寸二分高。後屏二片，兩頭二片。濶者四尺零二分，窄者三

---

① 国图F本为“做”。
② 古同“每”。
③ 此字应为“厚”之误。
④ 国图F本、天图A本为“行”。
⑤ 国图F本、天图A本为“土”，应误。
⑥ 国图B本、国图D本、中科院D本为“様”，应是。
⑦ 国图B本、国图D本、国图E本、中科院D本为“木”。
⑧ 此字疑为“床”之误。
⑨ 应为“式”之误，国图B本、国图D本、中科院D本为“二”。

尺二寸三分，長六尺二寸。正領①一寸四分厚，做大小片。下中間要做陰陽相合。前踏板五寸六分高，一尺八寸闊，前楣帶頂一尺零一分。下門四片，每片一尺四分大。上腦板八寸，下穿藤一尺八寸零四分，餘留下板片。門框一寸四分大，一寸二分厚。下門檻一寸四分，三接。稟②而轉芝門九寸二分，或九寸九分，切忌一尺大，後學專用，記此。

涼床式

此與藤床無二樣，但踏板上下欄杆要下長柱子四根，每根一寸四分大。上楣八寸大，下欄杆前一片左右兩二萬字，或十字，掛前二片，止作一寸四分大，高二尺二尺③五分，橫頭隨踃板大小而做，無悮。

藤床式

下帶床方一尺九寸五分高，長五尺七寸零八分，濶三尺一寸五分半。上柱子四尺一寸高，半屏一尺八寸四分高，床嶺④三尺濶，五尺六寸長。框一寸三分厚，床方五寸二分大，一寸二分厚，起一字線好穿藤。踏板一尺二寸大，四寸高。或上框做一寸二分後⑤，脚二寸六分大，一寸三分厚，半合角記。

逐月安牀設帳吉日

正月：丁酉、癸酉、丁卯、己卯、癸丑；

二月：丙寅、甲寅、辛未、乙未、己未、乙亥、己亥、庚寅；

三月：甲子、庚子、丁酉、乙卯、癸酉、乙巳；

四月：丙戌、乙卯、癸卯、庚子、甲子、庚辰；

---

① 国图 D 本为“領”，为“領”之异体字。

② 国图 B 本、国图 D 本、中科院 D 本为“裏”，应是。

③ 国图 B 本、国图 D 本、中科院 D 本为“寸”，应是。

④ 国图 D 本作“嶺”，为“嶺”之异体字。

⑤ 此字应为“厚”之通假。

五月:丙寅、甲寅、辛未、乙未、己未、丙辰、壬辰、庚寅;

六月:丁酉、乙亥、丁亥、癸酉、丙寅、甲寅、乙卯;

七月:甲子、庚子、辛未、乙未、丁未;

八月:乙丑、丁丑、癸丑、乙亥;

九月:庚午、丙午、丙子、辛卯、乙亥;

十月:甲子、丁酉、丙辰、丙戌、庚子;

十一月:甲寅、丁亥、乙亥、丙寅;

十二月:乙丑、丙寅、甲寅、甲子、丙子、庚子。

禪床式

此寺觀庵堂,纔有這做。在後殿或禪堂兩邊,長依屋[1]寬窄,但濶五尺,面前高一尺五寸五分,床矮一尺。前平面板八寸八分大,一寸二分厚,起六个柱,每柱三才[2]方圓。上下一穿,方好掛禪衣及帳幃。前平面板下要下水椹板,地上離二寸,下方仔盛板片,其板片要密。

禪椅式

一尺六寸三分高,一尺八寸二分深,一尺九寸五分深,上屏二尺高,兩力手二尺二寸長,柱子方圓一寸三分大。屏,上七寸,下七寸五分,出笋三寸,閗枕頭下。盛脚盤子,四寸三分高,一尺六寸長,一尺三寸大,長短大小倣此。

鏡架勢及鏡箱式

鏡架及鏡箱有大小者。大者一尺零五分深,濶九寸,高八寸零六分,上層下鏡架二寸深,中層下抽相[3]一寸二[4]分,下層抽相三尺,葢一寸零五分,

① 天图A本此字漫漶不清。

② 国图B本、国图D本、中科院D本为“寸”,应是。

③ 国图B本、国图D本、中科院D本为“箱”,下文同,不再注。

④ 天图A本为“三”。

底四分厚，方圓雕車脚。内中下鏡架七寸大，九寸高。若雕花者，雕雙鳳朝陽，中雕古錢，兩邊睡草花，下佐連[1]花托，此大小依此尺寸退墨，無悮。

雕花面架式

後兩脚五尺三寸高，前四脚二尺零八分高，每落墨三寸七分大，方能役轉，雕刻花草。此用樟木或南[2]木，中心四脚，摺進用陰陽笋，共濶一尺五寸二分零。

棹[3]

高二尺五寸，長短濶狹看按面而做，中分兩孔，按面下抽[4]箱或六寸深，或五寸深，或分三孔，或兩孔。下踃脚方與脚一同大，一寸四分厚，高五寸，其脚方員一寸六分大，起麻横線。

八 仙 棹

高二尺五寸，長三尺三寸，大二尺四寸，脚一寸五分大。若下爐盆，下層四寸七分高，中間方員九寸八分無悮。勒水三寸七分大，脚上方員二分線，棹框二寸四分大，一寸二分厚，時師依此式大小，必無一悮。

小琴棹式

長二尺三寸，大一尺三寸，高二尺三寸，脚一寸八分大，下梢一寸二分大，厚一寸一分上下，琴脚勒水二寸大，斜閅六分。或大者放長尺寸，與一字棹同。

棋盤方棹式

方圓二尺九寸三分，脚二尺五寸高，方員一寸五分[5]大，棹框一寸二分

---

① 此字应为“蓮”之通假。
② 国图 B 本、国图 D 本、中科院 D 本为“楠”，应是。
③ 古同“桌”，下文同，不再注。
④ 国图 B 本、国图 D 本、国图 E 本、中科院 D 本此处“下抽”二字为“厚花”。
⑤ 天图 A 本此字后有一“一”字。

厚,二寸四分大,四齒吞頭四箇,每箇七寸長,一寸九分大,中截下緣環脚或人物,起麻出色線。

圓棹式

方三尺零八分,高二尺四寸五分,面厚一寸三分。串進兩半邊做,每邊棹脚四隻,二隻大,二隻半邊做,合進都一般大,每隻一寸八分大,一寸四分厚,四圍三灣勒水,餘倣[①]此。

一字棹式

高二尺五寸,長二尺六寸四分,濶一尺六寸,下梢一寸五分,方好合進。做八仙棹勒水花牙,三寸五分大,棹頭三寸五分長,框一寸九分大,乙[②]寸二分厚,框下關頭八分大,五分厚。

摺棹式

框一寸三分厚,二寸二分大。除框脚高二尺三寸七分正,方圓一寸六分大,下要稍去些。豹脚五寸七分長,一寸一分厚,二寸三分大,雕雙線起雙鈎[③],每脚上要二笋閂,豹脚<u>上要二笋閂,豹脚</u>[④]上方穩,不會動。

案棹式

高二尺五寸,長短濶狹看按面而做。中分兩孔,按面下抽箱,或六寸深,或五寸深,或分三孔,或兩孔。下踏[⑤]脚方與脚一同大,一寸四分厚,高五寸,其脚方圓一寸六分大,起麻擴線。

---

① 天图A本为“做”。
② 国图B本、国图D本、中科院D本为“一”,应是。
③ 此字应为“鈎”之误,国图B本、国图D本、中科院D本为“鉤”,下文同,不再注。
④ 国图B本、国图D本、国图E本、中科院D本此处无“上要二笋閂豹脚”七字,底本应为复刻,故自此之后较底本提前一列。
⑤ 天图A本此字漫漶不清。

搭脚仔櫈

長二尺二寸,高五寸,大四寸五分,大脚一寸二分大,一寸一分厚,面起釰春①線,脚上②廳竹圓。

諸樣垂魚正式

凡作垂魚者,用按營造之正式。今人又歎③作繁針,如用此又用做遮風及偃桷④者,方可使之。今之匠人又⑤有不使垂魚者,只使直板作,如意只作彫雲樣者,亦好,皆在主人之所好也。

駝峰正格

駝峰之格,亦無正樣。或有彫雲樣,又有做氊⑥笠樣,又有做虎爪如意樣,又有彫瑞草者,又有彫花頭者,有做毬⑦捧格,又有三蚌,或今之人多只愛使斗,立又⑧童,乃爲時格也。

風箱樣式

長三尺,高一尺一寸,濶八寸,板片八分厚,内開風板六寸四分大,九寸四分長,抽風櫎仔八分大,四分厚。扯手七寸四分長,抽風櫎仔八分大,四分厚,扯手七寸長,方圓一寸大,出風眼要取方圓,一寸八分大,平中爲主。兩頭吸風眼,每頭一箇,濶一寸八分,長二寸二分,四邊板片⑨都用上行做準。

---

① 此字应为“脊”之误。
② 天图 A 本为“土”,应误。
③ 国图 B 本、国图 D 本、中科院 D 本为“欲”,应是。
④ 国图 D 本为“桷”,应误。
⑤ 天图 A 本为“文”,应误。
⑥ 国图 B 本、国图 D 本、中科院 D 本为“氈”,应是。
⑦ 国图 B 本、国图 D 本、中科院 D 本为“毬”,应是。
⑧ 此字疑为“叉”之误。
⑨ 天图 A 本为“井”,应误。

衣架雕花式

雕花者五尺高，三尺七寸濶，上搭頭每邊長四寸四分，中絛環三片，桨腿二尺二寸五分大，下脚一尺五寸三分高，柱框一寸四分大，一寸二分厚。

素衣架式

高四尺零一寸，大三尺，下脚一尺二寸，長四寸四分，大柱子一寸二分大，厚一寸，上搭腦出頭二寸七分，中下光框一①根，下二根窗齒每成雙，做一尺三分高，每眼齒仔八分厚、八分大。

面 架 式

前兩柱②一尺九寸高，外頭二寸三分，後二脚四尺八寸九分，方員一寸一分大，或三脚者，内要交象眼，笋③畫④進一寸零四分，斜六分，無悞。

皷 架 式

二尺二寸七分高，四脚方圓一寸二分大，上⑤雕淨瓶頭三寸五分高，上層穿枋仔四捌⑥根，下層八根，上層雕花板，下層下絛環，或做八方者。柱子横横仔尺寸一様，但畫眼上⑦每邊要斜三分半，笋是正的，此尺寸不可走分毫，謹此。

銅皷架式

高三尺七寸，上搭腦雕衣架頭花，方圓一寸五分大，兩邊柱子俱一般，起

---

① 天图 A 本“一”字处空缺。
② 天图 A 本为“杜”，应误。
③ 国图 B 本、国图 D 本、中科院 D 本此字之前有一“鬭”字；天图 A 本“笋”字为“笄”。
④ 天图 A 本为“畵”。
⑤ 天图 A 本为“土”，应误。
⑥ 国图 B 本、国图 D 本、中科院 D 本为“八”。
⑦ 天图 A 本为“十”，应误。

棋盤線,中間穿枋仔要三尺高,銅鼓掛起,便手好打。下脚雕屏風脚樣式,獎腿一尺八寸高,三寸三分大。

花 架 式

大者六脚或四脚,或二脚。六脚大者,中下騎相一尺七寸高,兩邊四尺高,中高六尺,下枋二根,每根三寸大,直枋二根,三寸大,直枋二根,三寸大①,五尺濶,七尺長,上盛花盆板一寸五分厚,八寸大,此亦看人家天井大小而做,只依此尺寸退墨有準。

凉傘架式

三尺三寸高,二尺四寸長,中間下傘柱仔二尺三寸高,帶琴脚在内筭,中柱仔二寸二分大,一寸六分厚,上除三寸三分,做淨平頭。中心下傘檪一寸三分厚,二寸二分大,下托傘柄,亦然而是。兩邊柱子方圓一寸四分大,窻齒八分大,六分厚,琴脚五寸大,一寸六分厚,一尺五寸長。

校 椅 式

做椅先看好光梗木頭及節,次用解開,要乾枋纔下手做。其柱子一寸大,前脚二尺一寸高,後脚式②尺九寸三分高,盤子深一尺二寸六分,濶一尺六寸七分,厚一寸一分。屏,上五寸大,下六寸大,前花牙一寸五分大,四分厚,大小長短依此格。

板 櫈 式

每做一尺六寸高,一寸三分厚,長三尺八寸五分,櫈要三寸八分半長,脚一寸四分大,一寸二分厚,花牙勒水三寸七分大,或看櫈面長短及,粗櫈尺寸一同,餘倣此。

---

① 此下划线处亦为复刻。

② 此字应为"弌"之误,国图 B 本、国图 D 本、中科院 D 本为"二",应是。

琴櫈式

大者看廳堂濶狹淺深而做。大者高一尺七寸,面三寸五分厚,或三寸厚,卽𣤶[①]坐不得。長一丈三尺三分,櫈面一尺三寸三分大,脚七寸分大。雕捲草雙鈞[②],花牙四寸五分半,櫈頭一尺三寸一分長,或脚下做貼仔,只可一寸三分厚,要除矮脚一寸三分纔相稱。或做靠背櫈,尺寸一同。但靠背只高一尺四寸則止。横仔做一寸二分大,一尺五分厚,或起棋盤線,或起釰脊線,雕花亦如之。不下花者同樣。餘長短寬濶在此尺寸上分,準此。

杌子式

面一尺二寸長,濶九寸或八寸,高一尺六寸,頭空一寸零六分畫眼,脚方圓一寸四分大,面上眼斜六分半,下橫仔一寸一分厚,起釰脊線,花牙三寸五分。

大方扛箱樣式

柱高二尺八寸,四層。下一層高八寸,二層高五寸,三層[③]高三[④]寸七分,四層高三寸三分,葢高二寸,空一寸五分,樑一寸五分,上淨瓶頭共五寸,方層板片四分半厚。內子口三分厚,八分大。兩根將軍柱一寸五分大,一寸二分厚,獎腿[⑤]四隻,每隻一尺九寸五分高,四寸大。每層二尺六寸五分長,一尺六寸濶,下車脚二寸二分大,一寸二分厚,合角閂[⑥]進,雕虎爪[⑦]雙的[⑧]。

---

① 国图B本、国图D本、中科院D本为“歃”,二者互为异体字。
② 应为“鈎”之误,国图B本、国图D本、中科院D本为“鉤”。
③ 天图A本为“分”,应误。
④ 天图A本为“四”,应误。
⑤ 国图B本、国图D本、中科院D本为“脚”。
⑥ 天图A本为“門”,应误。
⑦ 天图A本为“瓜”,应误。
⑧ 此字应为“鈎”之误。

衣厨樣式

高五尺零五分，深一尺六寸五分，濶四尺四寸。平分爲兩柱，每柱一寸六分大，一寸四分厚。下衣橫一寸四分大，一寸三分厚，上嶺一寸四分大，一寸二分厚，門框每根一寸四分大，一寸一分厚，其厨上梢一寸二分。

食格樣式

柱二根，高二尺二寸三分，帶淨平頭在內。一寸一分大，八分厚。樑尺分厚，二寸九分大，長一尺六寸一分，濶九寸六分。下層五寸四分高，二層三寸五分高，三層三寸四分高，葢①三寸高，板片三分半厚。裹子口八分大，三分厚。車脚二寸大，八分厚。獎腿一尺五寸三分高，三寸二分大，餘大小依此退墨做。

衣摺式

大者三尺九寸長，一寸四分大，内柄五寸，厚六分。小者二尺六寸長，一寸四分大，柄三寸八分，厚五分。此做如劒様。

衣箱式

長一尺九寸二分，大一尺六分，高一尺三②寸，板片只用四分厚。上層葢一寸九分高，子口出五分或，下車脚一寸三分大，五分厚。車脚只是三灣。

燭臺式

高四尺，柱③子方圓一寸三分大，分上盤仔八寸大，三分倒掛花牙。每一隻脚下交進三片，每片高五寸二分，雕轉鼻帶葉。交脚之時，可拿板片畫成，方員八寸四分，定三方長短，照墨方準。

---

① 天图A本为“在”，应误。
② 天图A本为“二”。
③ 天图A本为“桂”，应误。

圓爐式

方圓二尺一寸三分大，帶脚及車脚共上盤子一應高六尺五分，正上面盤子一寸三分厚，加盛爐盆䝴[①]仔八分厚，做成二寸四分大，豹脚六隻，每隻二寸[②]大[③]，一寸三分厚，下貼梢一寸厚，中圓九寸五分正[④]。

看爐式[⑤]

九寸高，方圓式[⑥]尺四分大，盤仔下絲環式[⑦]寸框，一寸厚[⑧]，一寸六分大，分佐亦方。下豹脚，脚二寸二分大，一寸[⑨]六分厚，其豹脚要雕吞頭。下貼梢一寸五分厚，一寸[⑩]六分大，雕三灣勒水，其框合角笋眼要斜八分半方[⑪]閗[⑫]得起，中間孔方員一尺，無悞。

方爐式

高五寸五分，圓尺内圓九寸三分，四脚二寸五分大，雕雙蓮挽雙鈎[⑬]。下貼梢一寸厚，二寸大。盤仔一寸二[⑭]分厚，絲環一寸四分大，雕螳螂肚接豹脚相稱[⑮]。

---

① 此字应为“貼”之误，国图B本、国图D本、中科院D本为“貼”，且位于下一列。
② 国图B本、国图D本、中科院D本“寸”字为下一列第一个字。
③ 国图B本、国图D本、中科院D本无此字。
④ 国图B本、国图D本、中科院D本无此字。
⑤ 国图B本、国图D本、国图E本自此条目起，仅第一个字顶列，其余列均空一格，而底本均顶列。
⑥ 此字应为“式”之误，下文同，不再注。
⑦ 国图B本、国图D本、中科院D本为“二”，应是。
⑧ 国图B本、国图D本、中科院D本“厚”字为下一列第一个字。
⑨ 国图B本、国图D本、中科院D本“一寸”二字为下一列第一、二个字。
⑩ 国图B本、国图D本、中科院D本“厚一寸”三字为下一列前三个字。
⑪ 国图B本、国图D本、中科院D本“八分半方”四字为下一列前四个字。
⑫ 天图A本为“間”，应误。
⑬ 国图B本、国图D本、中科院D本为“鉤”。
⑭ 国图B本、国图D本、中科院D本“二”字位于下一列。
⑮ 天图A本此字缺损。

香爐樣式

細樂者長一尺四寸，闊八寸二分，四框三分厚，高一寸四分，底三分厚，與上樣樣闊大，框上斜三分，上加[1]水邊，三分厚，六分大，起𠫼竹線。下豹脚，下六隻，方圆[2]八分，大一寸二分。大貼梢三分厚，七分大，雕三灣[3]。車[4]脚或粗的不用豹脚，水邊寸尺一同。又大小做[5]者，尺[6]寸依此加減。

學士燈掛

前柱一尺五寸五分高，後柱子式[7]尺七寸高，方圓一寸大。盤子一尺三寸闊，一尺一寸深。框一寸一分厚[8]，二寸二分大，切忌有節樹木，無用。

香 几 式

凡佐[9]香九[10]，要看人家屋大小若何而[11]。大者上層三寸高，二層三寸五分高，三層脚一尺三寸長。先用六寸[12]大，役[13]做一寸四分大，下層五寸高。下車脚一寸五分[14]厚，合角花牙五寸三分大。上層欄杆仔三寸二分高[15]，方圓做五分大，餘看長短大小而行。

---

① 国图 B 本、国图 D 本、中科院 D 本为“如”，且位于下一列。
② 国图 B 本、国图 D 本、中科院 D 本“方圓”二字为下一列第一、二个字。
③ 天图 A 本此字缺损。
④ 国图 B 本、国图 D 本、中科院 D 本“三灣車”三字为下一列前三个字。
⑤ 天图 A 本“大小做”三字缺损。
⑥ 国图 B 本、国图 D 本、中科院 D 本“小做者尺”四字为下一列前四个字。
⑦ 国图 D 本为“二”，应是。
⑧ 国图 B 本、国图 D 本、中科院 D 本“厚”字位于下一列。
⑨ 国图 B 本、国图 D 本、中科院 D 本为“做”。
⑩ 此字应为“几”之误。
⑪ 此处疑缺“定”字。
⑫ 国图 B 本、国图 D 本“寸”字位于下一列。
⑬ 应为“後”之误，国图 D 本为“後”，为“厚”之通假。
⑭ 国图 B 本、国图 D 本、中科院 D 本“五分”二字为下一列第一、二个字。
⑮ 国图 B 本、国图 D 本、中科院 D 本“二分高”三字为下一列前三个字。

招牌式

大者六尺五寸高，八寸三分闊；小者三尺二寸高，五寸五分大。

洗浴坐板式

二尺一寸長，三寸大，厚五分，四圍起劍脊線。

藥　厨

高五尺，大一尺七寸，長六尺，中分兩眼。每層五寸，分作七層。每層抽箱兩個。門共四片，每邊兩片。脚方圓①一寸五分大。門框一寸六分大，一寸一分厚。抽相板②四分厚。

藥　箱

二尺高，一尺七寸大，深九，中分三層，内下抽相③只做二寸高，内中方圓交佐④巳⑤孔，如田字格樣，好下藥。此⑥是杉木板片合進，切忌雜木。

火斗式

方圓式⑦寸五分，高四寸七分，板片三分半厚。上柄柱子共高八寸五分，方圓六分大，下或刻車脚上掩。火⑧窗齒仔四分大，五分厚，横二根，直

---

① 国图 B 本、国图 D 本、中科院 D 本“圓”字位于下一列。
② 国图 B 本、国图 D 本、中科院 D 本“相板”二字为下一列第一、二个字，且国图 D 本、天图 A 本、中科院 D 本“相”为“箱”。
③ 国图 D 本、天图 A 本为“箱”，应是。
④ 国图 B 本、国图 D 本、天图 A 本、中科院 D 本为“做”，应是。
⑤ 国图 B 本、国图 D 本、天图 A 本、中科院 D 本为“幾”，应是。
⑥ 国图 B 本、国图 D 本、中科院 D 本“此”字位于下一列。
⑦ 国图 B 本、国图 D 本、天图 A 本、中科院 D 本为“二”，应是。
⑧ 国图 B 本、国图 D 本、天图 A 本、中科院 D 本“火”字位于下一列。

六根或五根。此行灯①警②高一尺二寸，下盛板三寸長，一封書做一寸五分厚，上留頭一寸三分，照得遠近，無悮。

櫃　式

大櫃上框者，二尺五寸高，長六尺六寸四分，闊③三④尺三寸。下脚高七寸，或下轉輪閂在脚上，可以推動。四⑤住⑥每住三寸大，二寸厚，板片⑦下叩⑧框方密⑨。小者板片合進，二尺四寸高，二尺八寸闊，長五尺零二寸，板片⑩一寸厚，板此及量斗及星跡各项謹記。

象棋盤式

大者一尺四寸長，共大一尺二寸。内中間河路一寸二分大。框七分方圓，内起線三分。方圓横共十路，直⑪共九路，何⑫路笋要内做重貼，方能堅固。

圍棋盤式

方圓一尺四寸六分，框六分厚，七分大，内引六十四路長通路，七十二小斷路，板片只用三分厚。

---

① 中科院D本为“燈”。
② 国图B本、国图D本、天图A本、中科院D本为“檠”，应是。
③ 国图B本、国图D本、中科院D本为“横”。
④ 国图B本、国图D本、中科院D本为“二”。
⑤ 国图B本、国图D本、天图A本、中科院D本“四”字位于下一列。
⑥ 此字应为“柱”之通假，下文同，不再注。
⑦ 国图B本、国图D本、天图A本、中科院D本“板片”二字为下一列第一、二个字。
⑧ 天图A本为“囬”。
⑨ 天图A本为“窗”。
⑩ 国图B本、国图D本、天图A本、中科院D本“寸板片”三字为下一列前三个字。
⑪ 国图B本、国图D本、天图A本、中科院D本此字位于下一列。
⑫ 国图D本、天图A本为“河”，应是。

算 盤 式

一尺二寸長,四寸二分大,框六分厚,九分大,起碗底線,上二子一寸一分,下下五子三寸一分,長短大小①,看子而做。

茶盤托盤樣式

大者長一尺五寸五分,濶九寸五分。四框一寸九分高,起邊②線,三分半厚,底三分厚。或做斜托盤者,板片③一盤子大,但斜二分八釐,底是鉄④釘釘住,大小依此⑤格加減無悞。有做八角盤者,每片三寸三分長,一寸⑥六分大,三分厚,共八片,每片斜二分半,中笋一個,陰⑦陽交進。

手水車式

此做踃水车式同,但只是小。這箇上有七尺長,或六尺長,水廂四寸高,帶面上粱貼仔高九寸,車頭用兩片樟木板,二寸半大,閂在车廂上面,輪上關⑧板刺依然八箇,二寸長,車子⑨二尺三寸長,餘依前踃車尺寸扯短是。

踏 水 車

四人車頭梁八尺五寸長,中截方,两头圓。除中心車槽七寸濶,上下車板刺八片,次分四人,已濶下十⑩字横仔一尺三寸五分長,横仔之上閂⑪棰

---

① 中科院D本此字位于下一列。
② 天图A本为“邉”,古同“边”。
③ 国图B本、国图D本、天图A本、中科院D本“片”字位于下一列。
④ 国图B本、国图D本、中科院D本为“鐵”。
⑤ 国图B本、国图D本、天图A本、中科院D本“依此”二字为下一列第一、二个字。
⑥ 国图B本、国图D本、天图A本、中科院D本“長一寸”三字为下一列前三个字。
⑦ 国图B本、国图D本、天图A本、中科院D本“笋一個陰”四字为下一列前四个字。
⑧ 天图A本为“関”。
⑨ 天图A本为“手”,应误。
⑩ 天图A本为“干”。
⑪ 天图A本为“問”,应误。

仔圓的[1]，方圓二寸六分大，三寸二分長。兩邊車脚五尺五寸高，柱子二寸五分大，下盛盤子長一尺六寸正，一尺大，三寸厚方穩。車桶一丈二尺長，下水廂八寸高，五分厚，貼仔一尺四寸高，共四十八根，方圓七分大。上車面梁一寸六分大，九分厚，與水廂一般長；車底四寸大，八分厚，中一龍舌，與水廂一樣長，二[2]寸大，四分厚；下尾上椹水仔圓的，方圓三寸大，五寸長。刺水板亦然，八片，關水板骨八寸長，大[3]一寸零二分，一半四方，一半薄四分，做陰陽笋閗，在拴骨上板片五寸七分大，共記四十八片，關水板依此樣式，尺寸不悮。

推車式

凡做推車，先定車屑，要五尺七寸長，方圓一寸五分大，車軏方圓二尺四寸大，車角一尺三寸長，一寸二分大；兩邊棋鎗一尺二寸五分長，每一邊三根，一寸厚，九分大；車軏中間橫仔一十八根，外軏板片九分厚，重[4]外共一十二片合進。車脚一尺二寸高，鎖脚八分大，車上盛羅盤，羅盤六寸二分大，一寸厚，此行俱用硬樹的方堅勞固。

牌扁式

看人家大小屋宇而做，大者八尺長，二尺大，框一寸六分大，一寸三分厚，内起棋盤線，中下板片上行下。

魯班經卷二終[5]

---

① 国图 D 本、国图 E 本、国图 F 本、天图 A 本为“函”。
② 天图 A 本为“三”。
③ 天图 A 本为“夫”。
④ 此字应为“裏”之误，古同“裹”。
⑤ 天图 A 本无此六字。

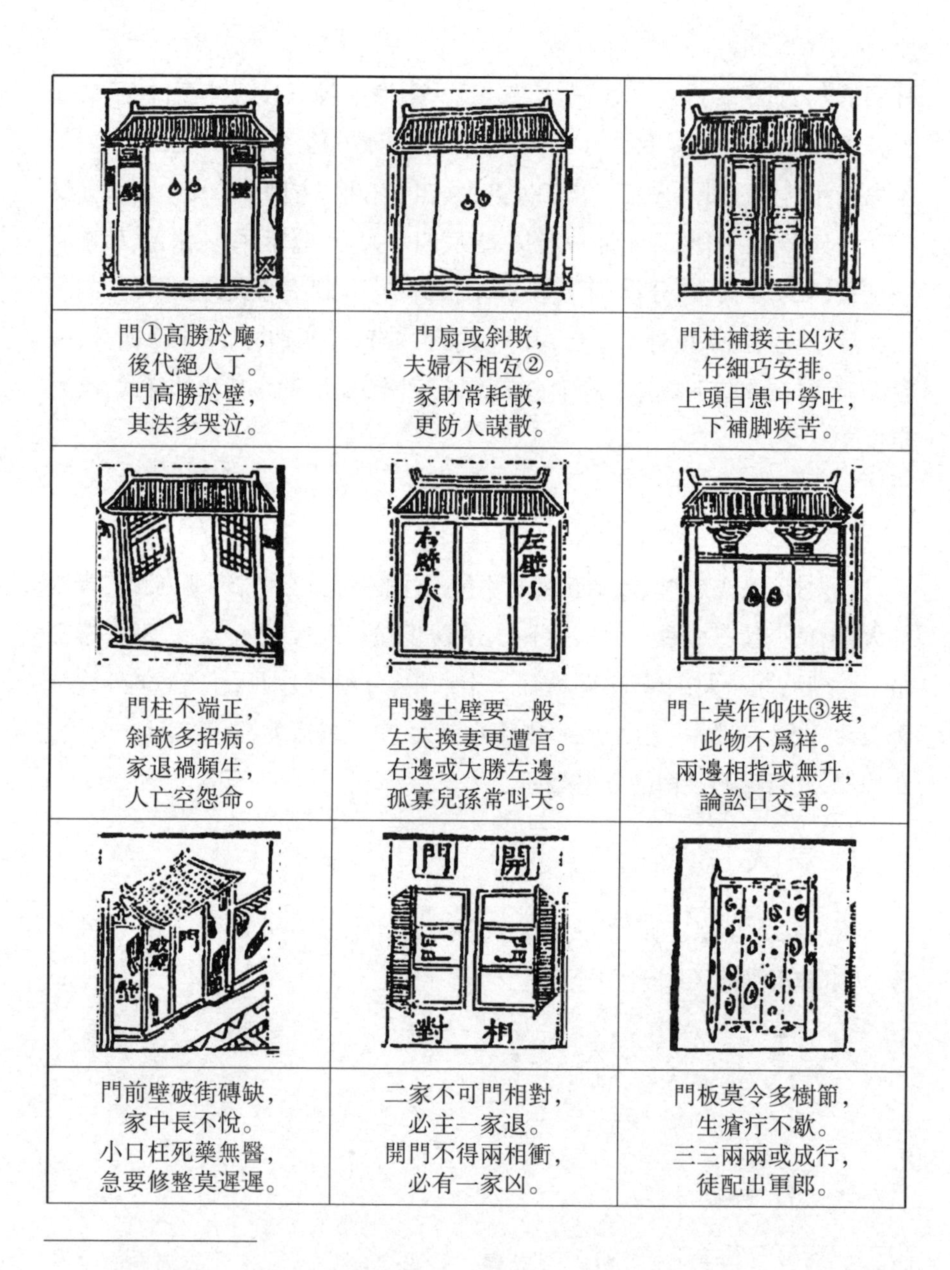

門①高勝於廳， 後代絕人丁。 門高勝於壁， 其法多哭泣。	門扇或斜欺， 夫婦不相宐②。 家財常耗散， 更防人謀散。	門柱補接主凶灾， 仔細巧安排。 上頭目患中勞吐， 下補脚疾苦。
門柱不端正， 斜欹多招病。 家退禍頻生， 人亡空怨命。	門邊土壁要一般， 左大換妻更遭官。 右邊或大勝左邊， 孤寡兒孫常叫天。	門上莫作仰供③裝， 此物不爲祥。 兩邊相指或無升， 論訟口交爭。
門前壁破街磚缺， 家中長不悅。 小口枉死藥無醫， 急要修整莫遲遲。	二家不可門相對， 必主一家退。 開門不得兩相衝， 必有一家凶。	門板莫令多樹節， 生瘡疔不歇。 三三兩兩或成行， 徒配出軍郎。

① 国图 B 本、中科院 D 本此卷卷前有“工師雕斲正式魯班木經匠家鏡　卷之三相宅秘訣”；国图 D 本卷二终后有缺页，疑缺页与国图 B 本相同，国图 B 本、国图 D 本、中科院 D 本卷三均与底本一致，但图更细致美观，之后有靈驅解法洞明真言秘書。

② 天图 A 本、中科院 D 本为“宜”。

③ 天图 A 本、中科院 D 本为“供”。

续表

門戶中間窟痕多， 灾禍事交訛。 家招刺配遭非禍， 瘟黄定不差。	門板多穿破， 怪異爲凶禍。 定注退才產， 修補免貧寒。	一家不可開二門， 父子沒慈恩。 必招進舍填門客， 時師須會議。

一家若作兩門出， 鰥寡多冤屈。 不論家中正主人， 大小自相凌。	廳屋兩頭有屋橫， 吹禍起紛紛。 便言名曰擡喪山， 人口不平安。	門外置欄杆， 名曰紙錢山。 家必多喪禍， 恓惶實可憐。

人家天井置欄杆， 心痛藥醫難。 更招眼障暗昏蒙， 雕花極是凶。	當廳若作穿心梁， 其家定不詳。 便言名曰停喪山， 哭泣不曾閑。	人家相對倉門開， 定斷有凶灾。 風疾時時不可醫， 世上少人知。

续表

 西廊壁枋不相接， 必主相離別。 更出人心不伶①俐， 疾病誰醫治。	 人家方畔有禾倉， 定有寡母坐中堂。 若然架在天醫位， 却宜醫術正相當。	 路如牛尾不相和， 頭尾翻舒反背吟。 父子相離真未免， 女人要嫁待何如。
 禾倉背②后作房間， 名爲疾病出。 連年困臥不離床， 勞病最恓惶。	 有路行來似鉄丫， 父南子北不寧③家。 更言一拙誠堪拙， 典賣田園難免他。	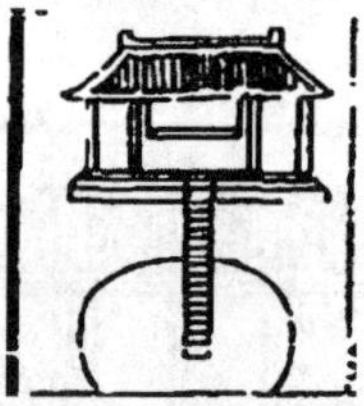 路若鈔羅與銅④， 積招疾病無人覺。 瘟瘟麻痘若相侵， 痢疾師巫方有法。
 人家不宜居水閣， 過房并接腳。 兩邊池水太侵門， 流傳兒孫好大脚⑤。		 方來不滿破分田， 十相人中有不全。 成敗又多徒費力， 生離出去豈無還。

① 国图D本为“伶”。

② 国图B本、国图D本、中科院D本为“有”。

③ 国图B本、天图A本、中科院D本为“寕”，为“寧”之异体字。

④ 此字为“角”之异体字。

⑤ 国图B本、国图D本、中科院D本“孫好大脚”格式为双列小字。

续表

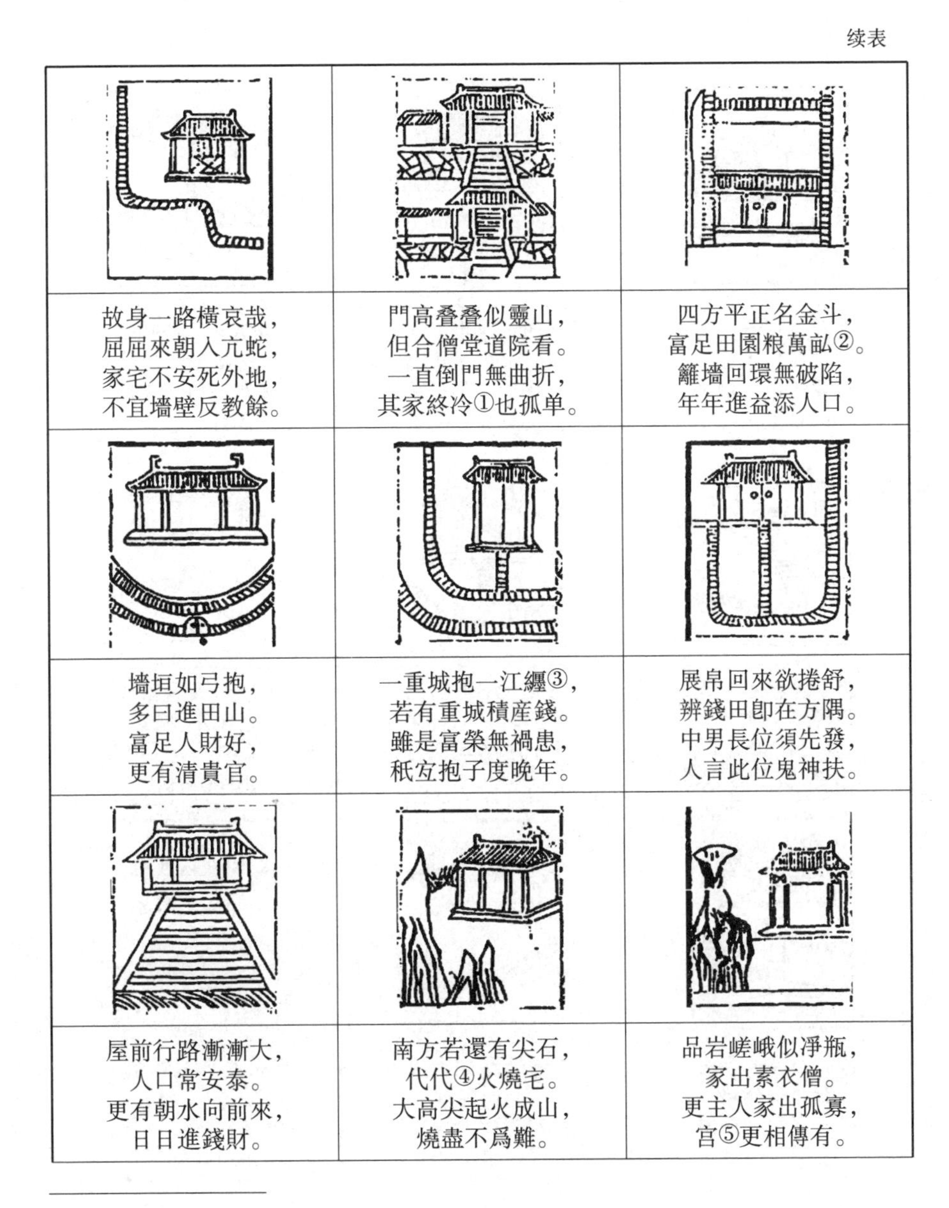

故身一路橫哀哉， 屈屈來朝入亢蛇， 家宅不安死外地， 不宜墻壁反教餘。	門高叠叠似靈山， 但合僧堂道院看。 一直倒門無曲折， 其家終冷①也孤单。	四方平正名金斗， 富足田園粮萬畆②。 籬墻回環無破陷， 年年進益添人口。
墻垣如弓抱， 多曰進田山。 富足人財好， 更有清貴官。	一重城抱一江纏③， 若有重城積産錢。 雖是富榮無禍患， 秪宜抱子度晚年。	展帛回來欲捲舒， 辨錢田卽在方隅。 中男長位須先發， 人言此位鬼神扶。
屋前行路漸漸大， 人口常安泰。 更有朝水向前來， 日日進錢財。	南方若還有尖石， 代代④火燒宅。 大高尖起火成山， 燒盡不爲難。	品岩嵯峨似淨瓶， 家出素衣僧。 更主人家出孤寡， 宫⑤更相傳有。

① 国图 B 本、天图 A 本为“冷”。

② 国图 B 本、国图 D 本、天图 A 本、中科院 D 本为“畝”。

③ 六版本此字均漫漶难以辨清。

④ 国图 D 本、中科院 D 本为“伐”，应误。

⑤ 国图 B 本、国图 D 本为“官”。

续表

 石雖屋後起三堆， 倉庫積禾囤。 石藏屋後二般般， 潭且更清閑。	 路如丁字損人丁， 前低蕩去不堪行， 或然平生猶輕可， 也主離鄉亦主貧。	 左邊七字須端正， 方斷財山定。 或然一似死鴨形， 日日鬧相爭。
 路如跪膝不風光， 輕輕乍富便更張。 只因笑死渾閑①事， 腳病常常不離床②。	 路成八字事難逃， 有口何能下一挑， 死別生離爭似苦， 門前有此非吉兆。	 土堆似人攔路抵， 自縊不由賢。 若在田中却是牛， 名爲印綬保千年。
 若見門前七字去， 斷作辨金路。 其家富貴足錢財， 金玉似山堆。	 右邊墻路如直出， 時時叫寃屈。 怨嫌無好一③夫兒， 代代出生離。	 路如衣帶細条④詳， 歲歲灾危及位當。 自嘆資身多耗散， 頻頻退失好恓惶。

① 国图 B 本、国图 D 本、中科院 D 本为“常”。

② 国图 B 本、国图 D 本、中科院 D 本无“離床”二字。

③ 国图 B 本、国图 D 本、中科院 D 本为“丈”。

④ 国图 B 本、国图 D 本为“参”。

续表

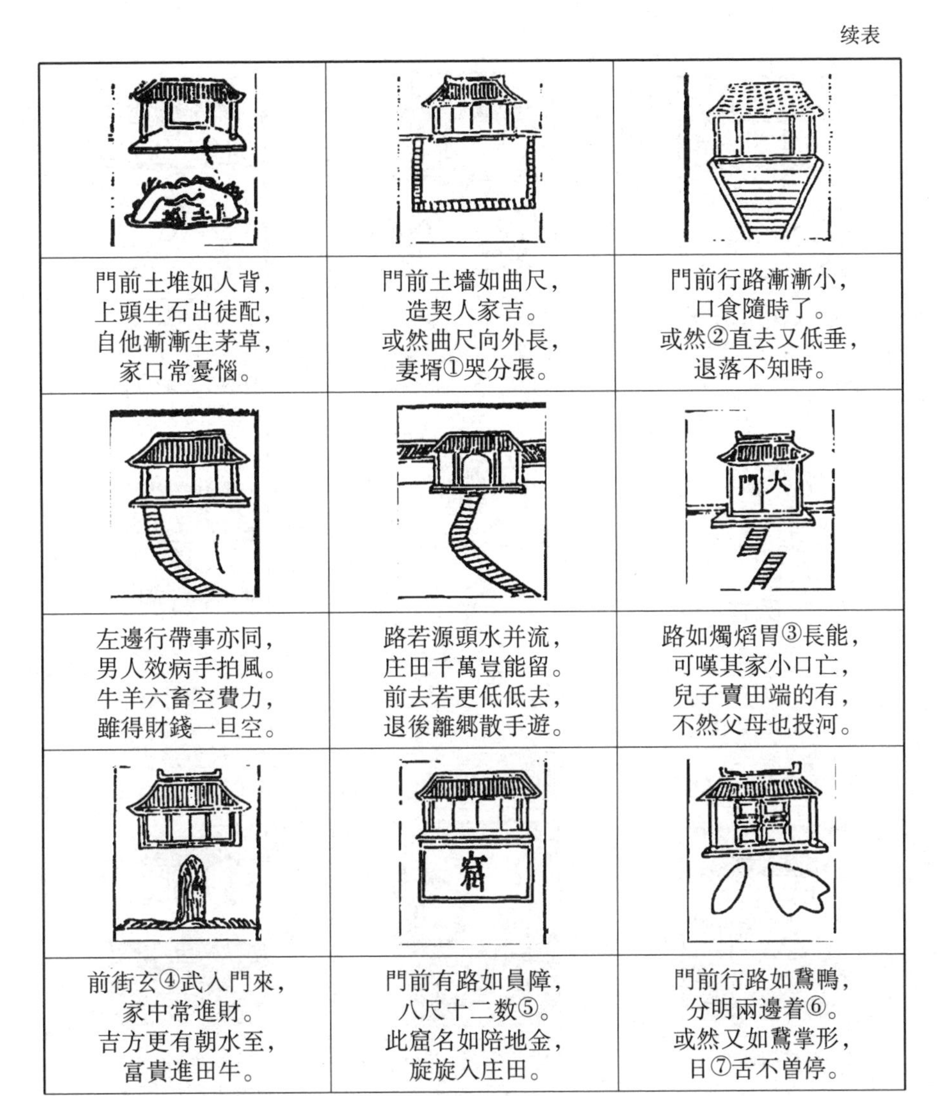

門前土堆如人背， 上頭生石出徒配， 自他漸漸生茅草， 家口常憂惱。	門前土墻如曲尺， 造契人家吉。 或然曲尺向外長， 妻壻①哭分張。	門前行路漸漸小， 口食隨時了。 或然②直去又低垂， 退落不知時。
左邊行帶事亦同， 男人效病手拍風。 牛羊六畜空費力， 雖得財錢一旦空。	路若源頭水并流， 庄田千萬豈能留。 前去若更低低去， 退後離鄉散手遊。	路如燭焰胃③長能， 可嘆其家小口亡， 兒子賣田端的有， 不然父母也投河。
前街玄④武入門來， 家中常進財。 吉方更有朝水至， 富貴進田牛。	門前有路如員障， 八尺十二数⑤。 此窟名如陪地金， 旋旋入庄田。	門前行路如鵞鴨， 分明兩邊着⑥。 或然又如鵞掌形， 日⑦舌不曾停。

① 古同“婿”。

② 国图B本、国图D本、中科院D本为“獨”。

③ 此字或为“冐”之误。

④ 国图B本、国图D本、中科院D本为“元”。

⑤ 国图B本、国图D本、中科院D本为“數”。

⑥ 国图B本、国图D本、中科院D本为“著”。

⑦ 国图B本、国图D本、中科院D本为“口”，应是。

续表

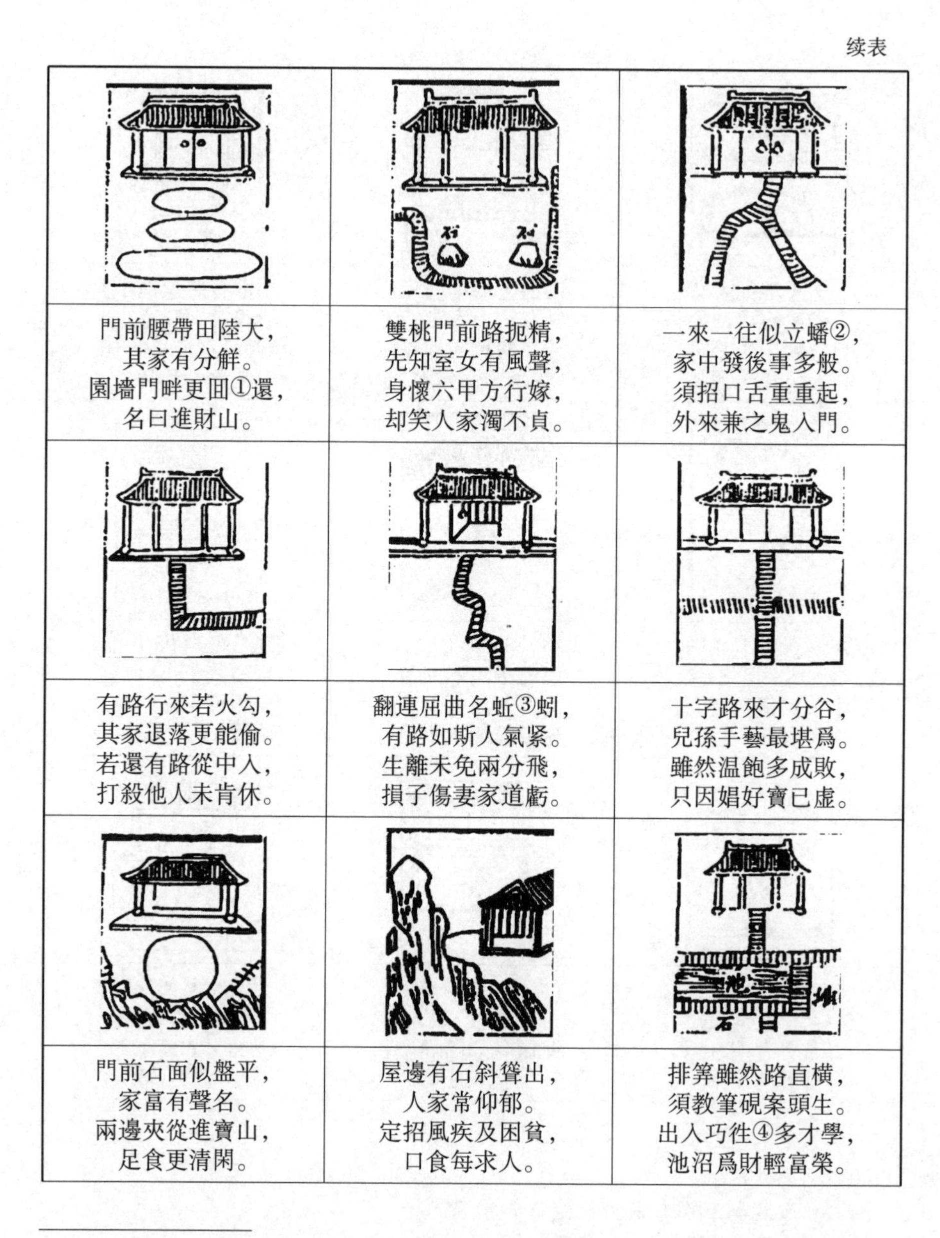

門前腰帶田陸大， 其家有分觧。 園墻門畔更囬①還， 名曰進財山。	雙桃門前路扼精， 先知室女有風聲， 身懷六甲方行嫁， 却笑人家濁不貞。	一來一往似立蟠②， 家中發後事多般。 須招口舌重重起， 外來兼之鬼入門。
有路行來若火勾， 其家退落更能偷。 若還有路從中入， 打殺他人未肯休。	翻連屈曲名蚯③蚓， 有路如斯人氣緊。 生離未免兩分飛， 損子傷妻家道虧。	十字路來才分谷， 兒孫手藝最堪爲。 雖然温飽多成敗， 只因娼好寶已虚。
門前石面似盤平， 家富有聲名。 兩邊夾從進寶山， 足食更清閑。	屋邊有石斜聳出， 人家常仰郁。 定招風疾及困貧， 口食每求人。	排筭雖然路直横， 須教筆硯案頭生。 出入巧徃④多才學， 池沼爲財輕富榮。

① 国图 B 本、国图 D 本、中科院 D 本为“囘”，古同“回”。
② 国图 B 本、国图 D 本、中科院 D 本为“旛”。
③ 国图 B 本、国图 D 本、中科院 D 本为“秋”，应误。
④ 古同“往”。

续表

 門前見有三重石， 如人坐睡直。 定主二夫共一妻， 蚕①月養春宜。	 右面四方高， 家裹産英豪。 渾如斧鑿成， 其山出貴人。	 路如人字意如何， 兄弟分推隔用多。 更主家中紅熖起， 定知此去更無芦②。
 路來重曲號爲州， 内有池塘或石頭。 若不爲官須巨富， 侵州侵縣置田疇③。	 四路直來中間曲， 此名四獸能取祿。 左來更得一刀砧， 文武兼全俱皆足。	 抱户一路兩交加， 室女遭人殺可嗟， 從行夜好家内乱④， 男⑤人致效⑥也因他。
 石如蝦蟆草似秧， 怪異入厮⑦堂。 駝腰背曲⑧家中有， 生子形容醜。	 石如酒瓶樣一般， 楼臺更满山。 其家富貴欲一求， 斛注使金銀。	 或外有石似牛眠， 山成進庄田。 更在出⑨在丑方山⑩， 六畜自興旺。

① 国图B本、国图D本、中科院D本为“蠶”。

② 国图B本、国图D本、中科院D本为“廬”。

③ 此字应为“疇”之误。

④ 国图B本、国图D本为“亂”。

⑤ 国图B本、国图D本为“更”。

⑥ 国图B本、国图D本为“死”。

⑦ 国图B本、国图D本、中科院D本为“廳”。

⑧ 国图B本、国图D本、中科院D本“背曲”为“曲背”。

⑨ 国图B本、国图D本、中科院D本“在出”为“有水”。

⑩ 国图B本、国图D本、中科院D本为“出”。

二、北图本为底本校勘

新鐫京板工師雕斵正式魯班經匠家鏡[①]

鲁班升帐图②

① 此校勘以《北京图书馆古籍丛刊》中的《工師雕斫正式魯班木經匠家鏡》(简称北图本)为底本。与此版校对的有以下五个版本:1.国图 A 本:“新鐫京板工師雕斵正式魯班經匠家鏡”卷(三卷)明 午榮 章嚴 撰(明末刻本),二册,原件收藏于北京图书馆,字迹较模糊;2.国图 G 本:“新鐫京板工師雕鏤正式魯班經匠家鏡”,明末刻本,此版十一行二十二或二十字不等,第二卷较“底本”多四条目;第三卷较“底本”多一页,即十二幅图与诗;3.中科院 C 本:“新鐫京板工師雕鏤正式魯班經匠家鏡”,十一行二十二或二十字不等,两册,首页即为“鲁班升帐图”半页,次三个半页为“鲁班仙师源流”一文,此本与国图 G 本出自同一底本,刻印质量几乎与之一模一样,藏于中科院图书馆,中科院 C 本每卷卷首第一页钤印两枚,上:满铁北支经济调查所资料(椭圆形图书章),下:南满洲铁道株式会社(图书印),阳文、繁体,为昭和 17 年 10 月 29 日钤盖;4.北大 B 本:“新刻京板工師雕鏤正式魯班經匠家鏡”,全书无行线,单边单鱼尾,此版与国图 G 本、中科院 C 本一类:十一行二十二字,首半页“鲁班升帐图”,右上有章“燕京大学图书馆藏书”,次三个半页“鲁班仙师源流”一文,藏于北京大学图书馆;5.天图 B 本:一函两册,开卷直接“鲁班升帐图”半页,“鲁班仙师源流”三个半页,前一半页正常刻印,后两半页为手抄,刻印每行二十字,手抄每行二十二字,半页九行,单边单鱼尾,手抄页无版心,之后为:新鐫工師雕斵正式魯班木經匠家鏡卷之一,此版保存较好,内容不清楚处均手写加深,手写均为简体字。这五个辅助校对的版本以下简称“五版本”。

② 中科院 C 本此图粗糙,较底本缺少细节,线条粗矿;北大 B 本此图右上角有章,疑为“怀德堂藏”。

鲁班仙師源流[①]

師諱班，姓公輸，字依智。魯之賢勝[②]路，東平村人也。其父諱賢，母吳氏。師生於魯定公三年甲戌五月初七日午時，是日白鶴[③]羣集，異香灊[④]室，經月弗散，人咸奇之。甫七歲，嬉戲不學，父母深以爲憂。迨十五歲，忽幡然，從遊於子夏[⑤]之門人端木[⑥]起[⑦]，不數月，遂妙理融通，度越時流。憤諸矦[⑧]僭稱王號，因遊說列國，志在尊周，而計不行，廼[⑨]歸而隠[⑩]于泰山之南小和山馬[⑪]，晦迹幾一十三年。偶出而遇鮑老輩，促膝讌譚，竟受業其門，注意雕鏤刻畫[⑫]，欲令中華[⑬]文物煥爾一新。故嘗語人曰："不覒[⑭]而圓，不矩而方，此乾坤自然之象[⑮]也。規以爲圓，矩以爲方，實人官兩象之能也。矧吾之明，雖足以盡制作之神，亦安得必天下萬世咸[⑯]能，師心而如吾明耶，明不如吾，則吾之明窮[⑰]，而吾之技亦窮矣。"爰是旣竭目力，復繼之以規矩準

---

① 国图A本此条目较"底本"部分文字明显清晰；中科院C本、北大B本此条目十一行二十二字，刻印质量较差，较多文字辨认不清。

② 底本与五版本均为"勝"，下文改为"勝"，不再注；底本字体笔画中"丷"均为"八"，如"平"、"梢"、"畔"等，下文亦径改为"丷"，不再注。

③ 底本、国图A本、国图G本、中科院C本、北大B本为"鶴"，下文改为"鶴"，不再注。

④ 北大B本为"滿"，应是。

⑤ 底本与五版本均为"夏"，下文改为"夏"，不再注。

⑥ 国图G本、中科院C本、北大B本为"大"，应误。

⑦ 此下划线处为人名。

⑧ 此字为"侯"之异体字。

⑨ 古同"乃"。

⑩ 古同"隐"。

⑪ 此字为"焉"之误。

⑫ 国图G本、中科院C本、天图B本为"畫"、北大B本为"書"。

⑬ 国图G本、中科院C本、天图B本为"﨔"。

⑭ 国图G本、中科院C本、天图B本、北大B本为"規"。

⑮ 底本与五版本均为"象"，下文改为"象"，不再注。

⑯ 北大B本为"或"。

⑰ 此字为"窮"之异体字，下文同，不再注。

繩。俾公私欲經營宫室，駕造舟車與置[1]設器皿，以前民用者，要不超吾一成之法，巳[2]試之方矣，然則師之。緣物盡制，緣制盡神者，顧不良且鉅哉，而其淑配雲氏，又天授一叚[3]神巧，所制器物固難枚舉，第較之於師，殆有佳處，内外贊襄[4]，用能享大名而垂不朽耳。裔[5]是年躋四十，復隱于歷山，卒遘異人授秘訣，雲遊天下，白[6]日飛昇，止留[7]斧鋸在白鹿仙巖，迄今古迹[8]昭然如睹，故戰國大義贈爲永成待詔義士。後三年陳侯[9]加贈智惠法師，歷漢、唐、宋，猶[10]能顯蹤助國，屢膺封號。我皇明永樂間，鼎刱北京龍聖殿，役使萬匠，莫不震悚。賴師降靈指示，方獲[11]洛[12]成。爰[13]建廟祀之扁曰："魯班門"，封待詔輔國太師北成[14]侯。春秋二祭，禮用太牢。今之工人，凡有祈禱[15]，靡不隨叩隨應，忱[16]懸象著明而萬古仰照者。

---

① 底本与五版本均为"置"，下文改为"置"，不再出注。
② 应为"已"字之误。
③ 此字应为"段"之误，天图B本、北大B本为"片"。
④ 天图B本为"襄"，为"襄"之异体字。
⑤ 北大B本为"高"。
⑥ 北大B本为"日"。
⑦ 国图G本、中科院C本、天图B本、北大B本为"存"。
⑧ 北大B本为"跡"。
⑨ 北大B本为"侯"。
⑩ 国图G本、中科院C本为"彵"。
⑪ 底本与五版本均为"獲"，下文改为"獲"，不再出注，北大B本为"獲"。
⑫ 北大B本为"落"，应是。
⑬ 北大B本为"爰"，应误。
⑭ 国图G本、中科院C本、天图B本、北大B本为"城"。
⑮ 国图G本、中科院C本、天图B本、北大B本此处多一"應"字。
⑯ 国图G本、中科院C本、天图B本、北大B本为"此"。

新鐫[1]京板工師雕斲[2]正式魯班經匠家鏡卷之[3]一[4]

北京提督工部　御匠司　司正　午榮　彙編

局匠所　把總　章嚴　仝[5]集

南京遞匠司　司承　周言　校正

人家起造伐木[6]

入山伐木法：凡伐木日辰及起工日，切不可犯穿山殺。匠人入山伐木起工，且[7]用看好木頭根數，具立平坦處斫伐，不可老[8]草，此用人力以所爲也。如或木植到塲[9]，不可堆[10]放黄殺方，又不可犯皇帝八座，九天大座，餘日皆吉。

伐[11]木吉日：己巳、庚午、辛未、壬申、甲戌[12]、乙[13]亥、戊寅、己[14]卯、壬午、甲申、乙酉、戊子、甲午、乙未、丙申、壬寅、丙午、丁未、戊申、己酉、甲寅、乙卯、己未、庚申、辛酉，定、成、開日吉。又宜明星、黄道、天德、月德。

---

① 北大B本为“刻”。
② 国图G本、中科院C本、北大B本为“鏤”。
③ 国图G本、中科院C本、北大B本无“之”字。
④ 北大B本此处有两图章，一为八字，一为“燕京大学图书馆”。
⑤ 底本为“仝”，应误，国图G本、中科院C本作“仝”，古同“同”，应是。
⑥ 天图B本此条目名称前一列有“鲁班仙师源流”六字；北大B本此条目名称前空一列。
⑦ 国图G本、中科院C本、北大B本为“宜”。
⑧ 国图G本、中科院C本、北大B本为“潦”。
⑨ 底本与五版本均为“塲”，下文改为“場”，不再注。
⑩ 国图G本、中科院C本、北大B本为“增”。
⑪ 国图G本、中科院C本为“我”，应误。
⑫ 国图G本、中科院C本、北大B本为“寅”。
⑬ 国图A本、天图B本为“宜”，应误。
⑭ 原文为“巳”，据上下文，应为“己”之别字。

忌刀砧殺、斧頭、龍虎、受外①、天賊、日月砧、危日、山隔、九土②鬼、正四廢、魁罡日、赤口、山痕、红觜③朱雀。

起工架馬：凡匠人興工，須用按祖留下格式，將水長④先放在吉方，然後將後步柱⑤安放馬上，起手俱用翻鋤向内動作。今有晚學木匠則先將棟柱用工，則不按魯班之法後步柱先起手者，則先後方且有前先就低而後高，自下而至上，此爲依祖式也。凡造宅用深淺闊⑥狹、高低相等⑦、尺寸合格⑧，方可⑨爲之也。

起⑩工破木：宜己巳、辛未、甲戌、乙亥、戊寅、己卯、壬午、甲申、乙酉、戊子、庚寅、乙未、己亥、壬寅、癸卯、丙午、戊申、己酉⑪、壬子、乙卯、己未、庚申、辛酉，黄道、天⑫成、月空、天月二德及合神、開日吉。

忌刀砧殺、木馬殺、斧頭殺、天賊、受死、月破、破敗、燭火、魯般殺、建日、九⑬土鬼、正四廢、四離、四絶、大小空亾⑭、荒蕪、凶敗、滅没日，凶⑮。

總　論

論新立宅架馬法：新⑯立⑰宅舍，作主人眷既已出火避宅，如起工即就

① 此字为“死”之异体字。
② 国图G本、中科院C本为“十”，应误。
③ 古同“嘴”。
④ 疑为“木馬”之误。
⑤ 国图G本、中科院C本、北大B本为“在”。
⑥ 北大B本为“澗”。
⑦ 国图G本、中科院C本“相等”二字为“目⿱”，应误。
⑧ 国图G本、中科院C本为“各”。
⑨ 国图G本、中科院C本为“了”。
⑩ 国图G本、中科院C本为“舆”，或为“興”之误。
⑪ 中科院C本、北大B本为“卯”。
⑫ 中科院C本为“失”，应误。
⑬ 中科院C本、北大B本为“凡”，应误。
⑭ 古同“亡”，中科院C本、北大B本为“亡”。
⑮ 中科院C本无“凶”字。
⑯ 中科院C本、北大B本为“折”，疑为“拆”之误。
⑰ 中科院C本、北大B本为“竪”。

坐上架馬,至如竪造吉日,亦[1]可通用。

論淨[2]盡折[3]除舊宅倒堂竪造架馬法:凡[4]盡拆除舊宅,倒堂竪造,作主人眷既已出火避宅,如起工架馬,與新立宅舍架馬法同。

論坐宫修方架馬法:凡作主不出火避宅,但就所修之方擇吉方上起工架馬,吉;或别擇吉架馬,亦利。

論移宫修方架馬法:凡移宫[5]修方,作主人眷不出火避宅[6],則就所修之方擇取吉方上起工架馬。如出火避宅,起工架馬却不問方道。

論架馬活[7]法:凡修作在柱近空屋内,或在一百步之外起寮架馬,却不問方道。

修[8]造起符便法

起符吉日:其日起造,隨事臨時,自[9]起符後,一任[10]用工[11]修造,百無所忌。

論修造起符法:凡修造家主行年得運,白[12]宜[13]用名姓昭告符。若家主行年不得運,白而以弟子行年,得運。白作造主用[14]名姓昭告符,使大抵師人行符起殺,但用作主一人名姓昭告山頭龍神,則定磉[15]扇架、竪柱日,避本

---

① 中科院C本为“方”。
② 中科院C本、北大B本为“净”。
③ 应为“拆”之别字,下文同,不再注。
④ 古同“凡”,中科院C本、天图B本、北大B本为“凡”。
⑤ 中科院C本、北大B本为“工”。
⑥ 中科院C本、北大B本为“舍”。
⑦ 中科院C本为“恬”,应误。
⑧ 底本此字无法识别,从国图G本、中科院C本、北大B本、天图B本为“修”。
⑨ 中科院C本、北大B本为“日”,应误。
⑩ 中科院C本、北大B本为“作”。
⑪ 中科院C本、北大B本为“至”,应误。
⑫ 据上下文,此字疑为“自”之别字,下文同,不再注。
⑬ 中科院C本、北大B本为“宜”,不再注。
⑭ 中科院C本、北大B本为“炤”。
⑮ 中科院C本、北大B本为“絛”。

命日及[1]對主日俟。修造完備，移香火隨符入宅，然後卸符安鎮宅舍[2]。

論東家修作西家起符照方法

凡隣家修方造作，就本家宮中置羅經，格定隣家所修之方。如值年官符、三殺、獨[3]火、月家飛宮、州縣官符、小兒杀[4]、打頭火[5]、大[6]月建、家主[7]身皇定命，就本家屋内前後左右起立符，使依移官法坐符使，從權請定祖先、福神，香火暫歸空界，將符使照起隣家所修之方，令轉而爲吉方。俟月[8]過，視本家住居當初永[9]定方道，無緊殺占，然後安奉祖先香火、福神，所有符使，待歲除方可卸也。

畫柱繩[10]墨：右吉日宜天、月二德，併三白、九紫值日時大吉。齊柱脚，宜寅申、己亥日。

總　論

論畫柱繩墨併齊木料[11]，開柱[12]眼，俱以白星爲主。葢[13]三白九紫，匠者[14]之大用也。先定日時之白，後取尺寸之白，停停當當，上合天星應昭，祥光覆護，所以住者獲福之吉，豈知乎此福於是補出，便右吉日不犯天瘟、天賊、受死、轉杀、大小火星、荒蕪、伏斷等日。

---

① 北大B本为“辰”，应误。
② 北大B本为“金”，应误。
③ 中科院C本为“烛”；北大B本为“燭”。
④ 国图G本、中科院C本、天图B本为“殺”。
⑤ 中科院C本、北大B本为“大”，应误。
⑥ 中科院C本、北大B本为“夫”，应误。
⑦ 中科院C本、北大B本“家主”作“身家”。
⑧ 国图G本、中科院C本、北大B本为“餘”，天图B本为“節”。
⑨ 北大B本为“永”。
⑩ 中科院C本、北大B本为“繩”。
⑪ 中科院C本、北大B本为“計”，应误。
⑫ 北大B本为“杜”，应误。
⑬ 中科院C本、北大B本为“盖”。
⑭ 中科院C本为“者”。

動土平[1]基:塡[2]基吉日,甲子、乙丑、丁卯、戊辰、庚午、辛未、己卯、辛巳、甲申、乙未、丁酉、己亥、丙午、丁未、壬子、癸丑、甲寅、乙卯、庚申、辛酉。築墻宜伏[3]斷、閉日吉。補築墻[4],宅龍六七月占[5]墻。伏龍六七月占西墻二壁,因再[6]傾倒,就當日起工便築,卽爲無犯。若竢[7]晴後停留三五日,過則須擇日,不可輕動。泥飾垣墻,平治道塗,甃砌皆基,宜平日吉。

總　論

論動土方:陳希夷《玉鑰匙》云:土[8]皇方犯之,令人害瘋痨、水蠱。土[9]符所在之方,取土動土犯之,主浮腫水氣。又據術者云:土瘟日并方犯之,令人兩脚浮腫。天賊日起手動土,犯之招盜。

論取土動土,坐宮修造不出避火,宅須忌年家、月家殺殺方[10]。

定磉扇架:宜甲子、乙丑、丙寅、戊辰、己巳、庚午、辛未、甲戌、乙亥、戊寅、己卯、辛巳、壬午、癸未、甲申、丁亥、戊子、己丑、庚寅、癸巳、乙未、丁酉、戊戌、己亥、庚子、壬寅、癸卯、丙午、戊申、己酉、壬子、癸丑、甲寅、乙卯、丙辰、丁巳、己未、庚申、辛酉。又宜天德、月德、黃道,併諸吉神值日,亦可通用。忌正四廢、天賊、建、破日。

竪柱吉日:宜己巳、辛丑、甲寅、乙亥、乙酉、己酉、壬子、乙巳、己未、庚申、戊子、乙未、己亥、己卯、甲申、己丑、庚寅、癸卯、戊申、壬戌、丙寅、辛巳。又宜寅、申、巳、亥爲四柱日,黃道、天月二德諸吉星,成、開日吉。

---

① 北大B本为“乎”,应误。
② 国图G本、中科院C本、天图B本为“平”。
③ 北大B本为“佚”,应误。
④ 中科院C本为“宅”。
⑤ 中科院C本为“古”,应误。
⑥ 国图G本、中科院C本、北大B本为“傾”,天图B本为“雨”,应是。
⑦ 此字为“俟”之异体字。
⑧ 中科院C本为“玉”。
⑨ 中科院C本为“上”,应误。
⑩ 中科院C本、北大B本“殺方”二字为小字。

上[1]梁[2]吉日:宜甲子、乙丑、丁卯、戊辰、己巳、庚午、辛未、壬申、甲戌、丙子、戊寅、庚辰、壬午、甲申、丙戌、戊子、庚寅、甲午、丙申、丁酉、戊戌、己亥[3]、庚子、辛丑、壬寅、癸卯、乙巳、丁未、己酉、辛亥、癸丑、乙卯、丁巳、己未、辛酉、癸亥,黄道、天月二德諸吉星,成、開日吉。

折屋吉日:宜甲子、乙丑、丙寅、戊辰、己巳、辛未、癸酉、甲戌、丁丑、戊寅、己卯、癸未、甲申、壬辰、癸巳、甲午、乙未、己亥、辛丑、癸卯、己酉、庚戌、辛亥、丙辰、丁巳、庚申、辛酉,除日吉。

蓋屋吉日:宜甲子、丁卯、戊辰、己巳、辛未、壬申、癸酉、丙子、丁丑、己卯、庚辰、癸未、甲申、乙酉、丙戌、戊子、庚寅、丁酉、癸巳、乙未、己亥、辛丑、壬寅、癸卯、甲辰、乙巳、戊申、己酉、庚戌、辛亥、癸丑、乙卯、丙辰、庚申、辛酉,定、成、開日吉。

泥屋吉日:宜甲子、乙丑、己巳、甲戌、丁丑、庚辰、辛巳、乙酉、辛亥、庚寅、辛卯、壬辰、癸巳、甲午、乙未、丙午、戊申、庚戌、辛亥[4]、丙辰、丁巳、戊午、庚申,平、成日吉。

開渠吉日:宜甲子、乙丑、辛未、己卯、庚辰、丙戌、戊申,開、平日吉。

砌地吉日:與修造動土同看。

結砌天井吉日:

詩曰:

結修天井砌堦基,須識水中放水圭。
格向天干埋[5]稽口[6],忌中順逆小兒嬉。
雷霆大殺土皇廢,土忌[7]瘟符受死離。

---

① 中科院C本为“土”。
② 北大B本为“樑”。
③ 底本原为“寅”,北大B本为“亥”,下文改为“亥”,不再注。
④ 国图G本、中科院C本为“玄”,天图B本为“亥”,下文改为“亥”,不再注。
⑤ 中科院C本为“理”。
⑥ 北大B本为“椿日”。
⑦ 北大B本此处多“氣”字。

天賊瘟囊芳[1]地破，土公土水隔痕隨[2]。

右宂以羅經放天井中，間[3]針定取方位，放水天干上，切忌大小滅没、雷霆大殺、土皇殺方。忌土[4]忌、土瘟、土符、受死、正四廢[5]、天賊、天瘟、地囊、荒蕪、地破、土公箭、土痕、水痕[6]、水隔[7]。

論逐月甃地結天井砌堦基吉日

正月：甲子、壬午、戊子、庚子、乙丑、己卯、丙午、丙子、丁卯。

二月：乙[8]丑、庚寅、戊寅、甲寅、辛未、丁未、己未、甲申、戊申。

三月：己巳、己卯、戊子、庚子、癸酉、丁酉、丙子、壬子。

四月：甲子、戊子、庚子、甲戌、乙丑、丙子。

五月：乙亥、己亥、辛亥、庚寅、甲寅、乙丑、辛未、戊寅。

六月：乙亥、己亥、戊寅、甲寅、辛卯、乙卯、己卯、甲申、戊申、庚申、辛亥、丙寅。

七月：戊子、庚子、庚午、丙午、辛未、丁未、己未、壬辰、丙子、壬子。

八月：戊寅、庚寅、乙丑、丙寅、丙辰、甲戌、庚戌。

九月：己卯、辛卯、庚午、丙午、癸卯。

十月：甲子、戊子、癸酉、辛酉、庚午、甲戌、壬午。

十一月：己未、甲戌、戊申、壬辰、庚申、丙辰、乙亥、己亥、辛亥。

十二月：戊寅、庚寅、甲寅、甲申、戊申、丙寅、庚申。

---

① 中科院C本、北大B本为“荒”。
② 中科院C本、北大B本此处无“隔痕隨”三字。
③ 北大B本“間”字后有一字，漫漶不清。
④ 国图G本、中科院C本、天图B本、北大B本为“止”，应误。
⑤ 天图B本为“棄”。
⑥ 中科院C本、北大B本无“水痕”二字。
⑦ 北大B本为“小喁”。
⑧ 北大B本为“巳”，应误。

起造立木上樑式①

凡造作立木上樑，候吉日良時，可立一香案於中亭，設安普庵仙師香火，備列五色錢、香花、燈燭、三牲、菓酒供養之儀，匠師拜請三界地王、五方宅神、魯班三郎、十極高真，其匠人秤丈②竿、墨斗、曲尺，繫放香棹米桶上，并巡官羅金安頓，照官符、三煞凶神、打退神殺，居住者永遠吉昌也。

請設三界地主魯班仙師祝上樑文

伏以日吉時良，天地開張，金爐之上，五炷明香，虔誠拜請今年、今月、今日、今時直③符使者，伏望④光臨，有事懇請。今據某⑤道⑥、某府、某縣、某鄉、某里、某社奉道信官［士］，憑術士選到今年某月某日吉時吉方，大利架造廳堂，不敢自專，仰仗直符使者，賫持香信，拜請三界四府高真、十方賢聖、諸天星斗、十二宮神、五方地主明師，虚空過往，福德靈聰，住居香火道釋，衆真門官，井竈司命六神，魯班真仙⑦公⑧輸子匠人，帶來先傳後教祖本先師，望賜降臨，伏望諸聖，跨隺⑨驂鸞，暫別宫殿之内，登車撥馬，來臨塲屋之中，既沐降臨，酒當三奠，奠酒詩曰：

初奠纔斟，聖道降臨。已享已祀，皷皷⑩皷琴⑪。布福乾坤之大，受恩

---

① 国图A本此条目部分文字墨重，漫漶不清；中科院C本此条目名称为“大起造立木上樑式”。
② 国图G本、中科院C本为“木”，应误；北图本、“天图B本”作“丈”，为“丈”之异体字。
③ 原文“直”为“直”之变体错字，下文径改，不再注。
④ 原文“望”为“望”之变体错字，下文径改，不再注。
⑤ 底本“某”字为小字，国图G本、中科院C本、北大B本为正常大字。
⑥ 国图G本、中科院C本、北大B本为“省”，从此关于行政区划的称谓可知，此三版本刊印晚于底本。
⑦ 国图G本、中科院C本为“經”。
⑧ 国图G本、中科院C本为“訣”。
⑨ 北大B本为“鶴”。
⑩ 国图G本、中科院C本、北大B本为“瑟”。
⑪ 北大B本为“琴”。

江海之深[①]。仰憑聖道，普降凡情。酒當二奠，人神喜樂。大布恩光，享來祿爵。二奠盃[②]觴，永威[③]灾殃。百福降祥，萬壽無疆。酒當三奠，自此門庭常貼泰，從兹男女永安康，仰巽聖賢流恩澤，廣𠍇[④]田産降福降祥。上來三奠已畢，七獻云週，不敢過獻。

伏願信官〖士〗某，自創造上樑之後，家門浩浩，活計昌昌，于[⑤]斯倉而萬斯箱，一曰富而二曰壽，公私兩利，門庭光顯，宅舍興隆，火盗雙消，諸事吉慶，四時不遇[⑥]水雷迍，八節常蒙地天泰。〖如或保産臨盆，有慶坐草無危，願生智慧之男，聰明富貴起家之子，云云〗。凶藏煞沒，各無干犯之方，神喜人懽，大布禎祥之兆，凡在四時，克臻萬善。次巽匠人，興工造作，拈刀弄[⑦]斧，自然目朗心開，負[⑧]重拈輕，莫不脚輕手快，仰賴神通，特垂庇祐，不敢久留聖駕，錢財奉送，來時當獻下車酒，去後當酬上馬盃，諸聖各歸宫闕。再有所請，望賜降臨錢財〖匠人出煞，云云。〗

天開地闢，日吉時良，皇帝子孫，起造高堂，〖或造廟宇、庵[⑨]堂、寺觀則云：仙師架造，先合陰陽〗。凶神退位，惡煞潛藏，此間建立，永遠吉昌。伏願榮遷之後，龍歸竇穴，鳳徙梧巢[⑩]，茂蔭兒孫，增崇産業者。

詩曰

一聲槌響透天門[⑪]，萬聖千賢左右分。

天煞打歸天上去，地煞潜[⑫]歸地裏[⑬]藏。

---

① 底本与五版本均为"滐"，下文改为"深"，不再注。

② 中科院C本、北大B本为"杯"。

③ 中科院C本、北大B本为"滅"。

④ 中科院C本、北大B本为"庇"。

⑤ 此字应为"千"之误。

⑥ 北大B本为"犯"。

⑦ 国图G本、中科院C本、北大B本为"舞"，天图B本为"丼"。

⑧ 底本与五版本均为"𧴪"，下文改为"負"。

⑨ 北大B本为"菴"。

⑩ 中科院C本、北大B本为"窠"。

⑪ 中科院C本为"闗"，为"闢"之异体字。

⑫ 北大B本为"濳"，古同"潜"。

⑬ 底本与五版本均为"褁"，古同"裏"，下文同，不再注。

大厦千間生富貴，全家百行益兒孫。

金槌敲處諸神護，惡煞凶神急①速奔。

造屋間數吉凶例

一間凶，二間自如，三間吉，四間凶，五間吉，六間凶，七間吉，八間凶，九間吉。

歌曰：五間廳，三間堂，創後三年必招殃。始五間廳，三間堂，三年内殺五人，七年荘②敗，凶。四間廳，三間堂，二年内殺四人，三年内殺七人。來③二間無子，五間絶。三架廳、七架堂，凶。七架廳，吉。三間廳，三間堂，吉。

斷水平法

莊子云："夜静④水平。"俗云，水從平則止。造此法，中立一方表，下作十字拱頭，蹄脚上横過一方，分作三分，中開水池，中表安二線垂下，將一小石頭墜正中心，水池中立三個⑤水鴨子，實要匠人定得木頭端正，壓尺十字，不可分毫走失，若依此例，無不平正也。

畫起屋様

木匠接⑥式，用精紙一幅，畫⑦地盤濶⑧狹深淺，分下間架或三架、五架、七架、九架、十一架，則王主人之意，或柱柱落地，或偷⑨柱及樑栟⑩，使過步

---

① 底本与五版本为"急"，"急"之异体字。
② 中科院 C 本、北大 B 本为"莊"，北图本、天图 B 本为"荘"，"庄"之异体字。
③ 国图 G 本、中科院 C 本、北大 B 本为"来"，天图 B 本为"來"。
④ 中科院 C 本、北大 B 本为"静"。
⑤ 国图 G 本、中科院 C 本、北大 B 本为"箇"。
⑥ 国图 G 本、天图 B 本为"按"。
⑦ 国图 G 本、天图 B 本为"畫"。
⑧ 国图 G 本、天图 B 本为"潤"。
⑨ 国图 G 本、天图 B 本为"偷"。
⑩ 北大 B 本为"枅"。

樑、眉[①]樑、眉[②]枋，或使斗磉者，皆在地盤上停當。

魯般眞尺

按魯般尺乃有曲尺一尺四寸四分，其尺間有八寸，一寸堆曲尺一寸八分。内有財、病、離、義、官、刼[③]、害、本也。凡人造門，用伏尺法也。假如單扇門，小者開二尺一寸，一白，般尺在“義”上。单[④]扇門開二尺八寸，在八白，般尺合“吉”上，雙扇門者，用四尺三寸一分，合四綠[⑤]一白，則爲本門，在“吉”上。如財門者，用四尺三寸八分，合“財”門，吉。大雙扇門，用廣五尺六寸六分，合兩[⑥]白[⑦]，又在“吉”上。今時匠人則開門濶四尺二寸，乃[⑧]爲二黑，般尺又在“吉”上，及五尺六寸者，則“吉”上二分，加六分正在“吉”中，爲佳也。皆用依法，百無一失，則爲良匠也。

魯般[⑨]尺八首

財字

財字臨門仔細詳，外門招得外才良。
若在中門常自有，積財須用大門當[⑩]。
中房若合安於[⑪]上，銀帛千[⑫]箱與萬箱。
木匠若能明此理，家中福綠自榮昌。

---

① 北大 B 本为“肩”，应误。
② 北大 B 本为“肩”，应误。
③ 北大 B 本为“刦”，古同“劫”。
④ 中科院 C 本、北大 B 本为“單”。
⑤ 中科院 C 本、北大 B 本为“六”，应误。
⑥ 中科院 C 本、北大 B 本为“前”，应误。
⑦ 北大 B 本为“自”，应误。
⑧ 中科院 C 本、北大 B 本为“合”。
⑨ 中科院 C 本、北大 B 本为“班”。
⑩ 北大 B 本为“富”。
⑪ 中科院 C 本、北大 B 本为“于”。
⑫ 北大 B 本为“于”，应误。

病字

病字臨門招疫疾，外門神鬼入中庭。

若在中門逢此字，灾須輕可免危聲。

更被①外門相照對，一年两度送户靈。

於中若要無凶禍，厠上無疑是好親。

離字

离字臨門事不祥，仔細排來在甚方。

若在外門并中户②，子南父北自分張。

房門必主生離别，夫婦恩情兩處忙。

朝夕士家常作鬧，恓惶無地禍誰當。

義字

義字臨門孝顺生，一字中字最爲眞。

若在都門招三婦，廊門淫婦戀花聲。

於中合字雖爲吉，也有興灾害及人。

若是十分無灾害，只有厨門實可親。

官字

官字臨門自要詳，莫教③安④在大門埸。

須妨公事親州府，富貴中庭房自昌。

若要房門生貴子，其家必定出官廊。

富家⑤人家有相壓，庻⑥人之屋實難量。

---

① 中科院C本、北大B本为“從”。

② 天图B本自此字之后较多地方漫漶不清，均手描加深，且有校对笔记。

③ 中科院C本、北大B本为“教”。

④ 中科院C本、北大B本为“空”。

⑤ 中科院C本、北大B本为“貴”。

⑥ 北大B本为“庶”。

劫字

劫字臨門不足誇，家中日日事如麻。
更有害門相照看，凶來疊疊[1]禍無差。
兒孫行劫[2]身遭苦[3]，作事因循害却家。
四惡四凶星不吉，偷人物件害其佗。

害字

害字安門用細尋，外人[4]多被外人臨。
若在内門多興禍，家財必被賊來侵。
兒孫行門于害字，作事須因破其家。
良匠若[5]能明此理，管教宅主永興隆。

吉字

吉字臨門最是良，中官内外一齊強[6]。
子孫夫婦皆榮貴，年年月月在蠶桑。
如有財門相照者，家道興隆大吉昌。
使有凶神在傍[7]位，也無灾害亦風光。

本門詩

本子開門大吉昌，尺頭尺尾正[8]相當。
量來尺尾須[9]當吉，此到頭來財上量。

---

① 中科院C本、北大B本为“叠叠”。
② 中科院C本、北大B本为“刦”。
③ 北大B本为“若”，应误。
④ 中科院C本、北大B本为“門”。
⑤ 北大B本为“有”。
⑥ 中科院C本、北大B本为“强”。
⑦ 中科院C本、北大B本为“徬”，为“傍”之异体字。
⑧ 中科院C本、北大B本为“上”。
⑨ 中科院C本、北大B本为“雖”。

福禄乃爲門上致，子孫必出好兒郎。
時師依此仙賢造，千倉萬廩有餘糧。

曲尺詩

一白惟如六白良，若然八白亦爲昌。
但將般尺來相凑，吉少凶多必主殃。

曲尺之啚[①]

一白、二黑、三碧、四綠、五黄、六白、七赤、八白、九紫、一[②]白。

① 北大B本为"圖"。
② 国图G本、中科院C本、天图B本、北大B本为"十"，或是。

論曲尺根由[①]

曲尺者，有十寸，一寸乃十分。凡遇起造經營、開門高低、長短度量，皆在此上。須當凑對魯般尺八[②]寸，吉凶相度，則吉多凶少，爲佳[③]。匠者但用做，此大吉也。

推起造何首合白吉星[④]

魯般經營：凡人造宅門，門一須用準，與不準及起造室院。條緝車箭[⑤]，須用準，合陰陽，然後使尺寸量度，用合"財[⑥]吉星"及"三白星"，方爲吉。其白外，但則九紫爲小吉，人要合魯般尺與曲尺，上下相仝爲好。用尅定神、人、運、宅及其年，向首大利。

按九天玄女裝門路，以玄女尺筭之，每尺止得九寸有零，却分財、病、離、義、官、刼、害、本[⑦]八位，其尺寸長短不齊，惟本門與財門相接最吉。義門惟寺觀學舍，義聚之所可裝。官門惟官府可裝，其餘民俗只粧本門與財門，相接最吉。大抵尺法，各隨匠人所傳，術者當依魯般經尺度爲法。

論開門步數：宜單不宜雙。行惟一步、三步、五步、七步、十一步吉，餘凶。每步計四尺五寸，爲一步，于屋簷滴水處起步，量至立門處，得單步合前財、義、官、本門，方爲吉也。

定盤眞尺

凡創造屋宇，先須用坦平地基，然後隨大小、濶狹，安磉平正。平者，穩

---

① 国图G本、中科院C本、北大B本无"根由"二字。
② 中科院C本、北大B本无"八"字。
③ 中科院C本、北大B本为"良"。
④ 北大B本"星"字为"屋"；国图A本此条目部分墨重而不清晰。
⑤ 国图G本、中科院C本、北大B本为"籍"，应误。
⑥ 北大B本为"則"，应误。
⑦ 北大B本为"木"，应误。

也。次①用一件木料［長一丈四五尺，有嶜②長短在人。用大四寸，厚二寸，中立表。］長短在四、五尺内實用③，壓曲尺，端正两邊，安八字，射中心，［上繫一線重，下吊④石墜，則爲平正，直也，有實搽⑤可驗。］

詩曰：

世間萬物得其平，全仗⑥權衡及準繩。

創造先量基⑦濶狹，均⑧分内外兩相停。

石磉切須安得正，地盤先宜鎮中心。

定將眞尺分平⑨正，良⑩匠當依此法眞。

推造宅舍吉凶論

造屋基，淺在市井中，人魁⑪之處，或外濶内狹爲，或内内⑫濶外狹穿，只得隨地基所作。若内濶外，乃名爲蝌⑬穴屋，則衣食自豊也。其外闊，則名為檻口屋，不爲奇也。造屋切不可前三直後二直，則爲穿心栟，不吉。如或新起栟⑭，不可與舊屋棟齊過。俗云：新屋插舊棟，不久便相送。須用放低於舊屋，則曰：次棟。又不可直棟穿中門，云：穿心棟。

---

① 中科院C本为"贝"，应误。
② 国图G本、天图B本为"欝"，古同"鬱"；中科院C本、北大B本无此字。
③ 中科院C本、北大B本无"實用"二字。
④ 中科院C本、北大B本为"以"，国图G本、天图B本为"弔"，古同"吊"。
⑤ 中科院C本、北大B本为"際"。
⑥ 底本与五版本均为"仗"，为"仗"之异体字。
⑦ 中科院C本、北大B本为"其"。
⑧ 北大B本为"物"，应误。
⑨ 中科院C本为"乎"。
⑩ 北大B本为"艮"，应误。
⑪ 此字疑为"人鬼相分"之意。
⑫ 此处多一"内"字。
⑬ 古同"蝌"，中科院C本、北大B本为"蝌"。
⑭ 中科院C本、北大B本为"併"，应误。

三架屋后车三架法

三架屋後車[1]三架法

造此小屋者，切不可高大。凡步柱只可高一丈零一寸，棟柱高一丈二尺一寸，㪷深五尺六寸，間濶一丈一尺一寸，次間一丈零一寸，此法則相稱也。

詩曰：

凡人創造三架屋，般尺須尋吉上量。

濶狹高低依此法，後來必出好兒郎。

---

① 据上下文，应为“連”之通假。

三架屋后车三架法①

五架房子格

正五架三間，拖後一柱，步用一丈零八寸，仲高一丈二尺八寸，棟高一丈五尺一寸，每段四尺六寸，中間一丈三尺六寸，次濶一丈二尺一寸，地基濶狹則在人加減，此皆壓白之法也。

詩曰：

三間五架屋偏奇，按白量材實利宜。

住坐安然多吉慶，横財入宅不拘時。

正七架三間②格

七架堂屋：大凡架造，合用前後柱高一丈二尺六寸，棟高一丈零六寸，中

① 北大B本此图右下角细节有省略。

② 北大B本为"問"，应误。

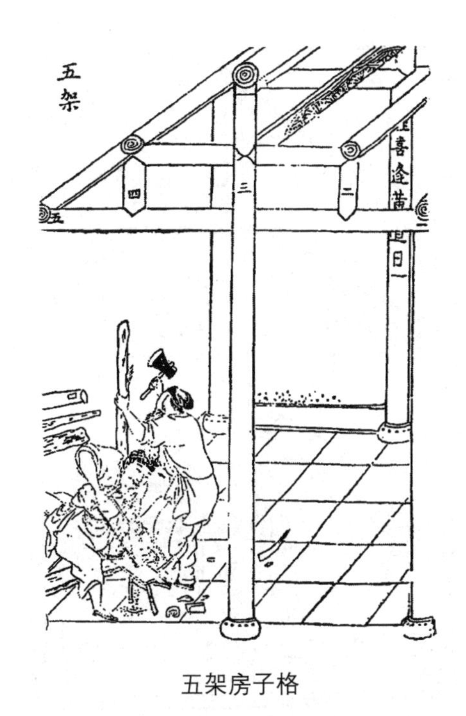

五架房子格

間用濶一丈四尺三寸，次濶一丈三尺六寸，段四尺八寸，地基濶窄①、高低、深淺隨人意加減則爲之。

詩曰：

經營此屋好華堂，並是工師巧主張。

富貴本由繩尺得，也須合用按陰陽。

正九架五間堂屋格

凡造此屋，步柱用高一丈三尺六寸，棟柱或地基廣濶，宜一丈四尺八寸，段淺者四尺三寸，成十分深，高二丈二尺棟爲妙。

詩曰：

陰陽兩字最宜先，鼎創興工好向前。

① 中科院 C 本、北大 B 本为“狭”。

正七架三间格

九架五間堂九天①,萬年千載福綿綿。

謹按仙師眞尺寸,管教②富貴足庄田。

時人若不依仙法,致使人家兩不然。

鞦韆架

鞦韆架③:今人偷棟栟爲之吉。人以如此造,其中創閑要坐起處,則可依此格,儘好。

① 中科院C本、北大B本为“尺”,应是。

② 中科院C本、北大B本为“教”。

③ “底本”鞦韆架图上人物为两位女性,北大B本图上两人均明显为男性。

正九架五间堂屋格

秋千架

小門式

凡造小門者，乃是塚墓之前所作，兩柱前重在屋，皮上出入不可十分長，露出殺，傷其家子媳，不用使木作，門蹄二邊使四隻將軍柱，不宜太高也。

摟[1]焦亭

造此亭者，四柱落[2]地，上三超四結果，使平盤方中，使福海[3]頂、藏心

① 北大B本为"摟"，下文径改为"搜"，不再注。

② 北大B本为"洛"。

③ 原作"海"，下文径改为"海"，不再注。

小门式

柱十分要聳，瓦蓋用暗鐙釘住，則無脱①落，四方可觀之。

詩曰：

枷梢門屋有兩般，方直尖斜一様言。

家有姦偷夜行子，須防横禍及道官。

詩曰：

此屋分明端正奇，暗中爲禍少人知。

只因匠者多藏素，也是時師不細詳。

使得家門長退落，緣他屋主大②隈衰。

從今若要兒孫好，除是從頭改過爲。

造作門樓

新創屋宇開門之法：一自外正大門而入，次二重較門，則就③東畔開吉門，須要屈曲，則不宜大直。内門不可較大外門，用依此例也。大凡人家外大門，千萬不可被人家屋脊④對射，則

① 原作"脕"，下文径改为"脱"，不再注。
② 原文如此，应为"太"之通假。
③ 北大B本自此字之后内容混乱，条目顺序为"诗曰一兩棟簷水流相射…..五架屋诸式图……"，页码也混乱，缺十九页页码顺序为：17、18、21、20、24、22、23、25、26……。
④ 底本与五版本均为"脊"，下文径改为"脊"，不再注。

不祥之兆也。

搜焦亭

論起廳堂門例

或起大廳屋，起門須用好筹頭向，或作槽門之時，須用放高，與第二重門同，第三重却就栿柁起，或作如意門，或作古錢門與方勝門，在主人意愛[①]。

門光星[②]（右图）

大月從下數上，小月从上數下。
白圈者吉，人字損人，丫字損畜。

門光星吉日定局

大月：初一、初二、初三、初七、初八、十二、十三、十四、十八、十九、二十、廿四、廿五、廿九、三十日。

小月：初一、初二、初六、初七、十一、十二、十三、十七、十八、十九、廿三、廿四、廿八、廿九日。

總　論

論門樓，不可專主門樓經[③]、玉輦経，誤[④]人不淺，故不編入。門向須避

① 此后底本缺卷一第二十三页。

② 国图 A 本、中科院 C 本、天图 B 本自此顺序与底本有异，国图 A 本、国图 G 本、中科院 C 本、天图 B 本原书页码第二十三页与第二十四页颠倒，从前后条目看，国图 A 本、国图 G 本、中科院 C 本、天图 B 本的顺序较底本合理。

③ 中科院 C 本、北大 B 本无此字。

④ 北大 B 本为“誤”，应是。

直①冲尖射②砂水、路道③、惡石、山㘭④、崩破、孤峯、枯木、神廟之類,謂之乘殺入門,凶。宜迎水、迎山,避水斜割、悲聲。經云:以水爲朱雀者,忌夫⑤湍。

論黄泉門路

天機訣云:庚丁坤上是黄泉,乙丙須防巽水先,甲癸向中休見艮,辛壬水路⑥怕當乾。犯王枉死少丁,殺家長,長病忤逆⑦。

庚向忌安單坤向門路水步,丙向忌安单困向門路水步,乙向忌安單⑧巽向門路水步,丙向忌安單巽向門路水,甲向癸向忌安单艮向門路水步,辛⑨……

紅嘴朱雀凶日:庚午、巳卯、戊子、丁酉、丙午、乙卯。

修門雜忌

九良星年:丁亥、癸巳占大門;壬寅、庚申占門;丁巳占前門;丁卯、巳卯占⑩後門。

丘公殺⑪:甲巳年占九月,乙庚占十一月,丙辛年占正月,丁壬年占三月,戊癸年占五月。

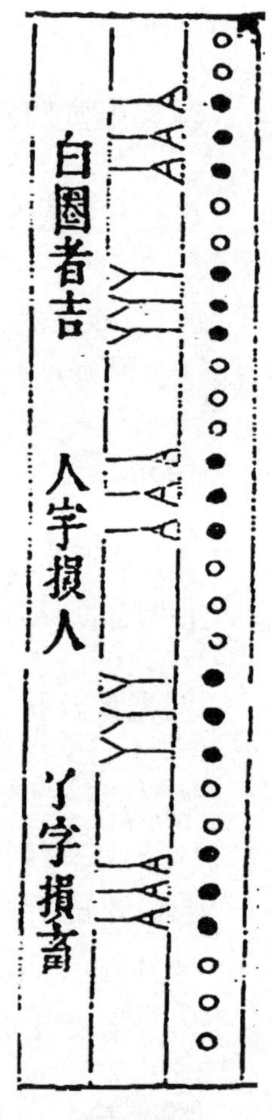

门光星图

① 中科院C本、北大B本为“犯”。
② 中科院C本、北大B本为“斜”。
③ 中科院C本、北大B本“路道”为“道路”。
④ 古同“坳”。
⑤ 北大B本为“天”。
⑥ 中科院C本、北大B本为“道”。
⑦ 北大B本此字后有一“連”字。
⑧ 中科院C本为“四”。
⑨ 国图A本、国图G本、北大B本自此字之后缺两个半页。
⑩ 中科院C本为“古”。
⑪ 中科院C本无“殺”字。

逐月修造門吉日

正月癸酉,外丁酉。二月甲寅。三月庚子,外乙巳。四月甲子、庚子,外①庚午。五月甲寅,外②丙寅。六月甲申、甲寅,外丙申、庚申。七月丙辰。八月乙亥。九月庚午、丙午。十月申③子、乙未、壬午、庚子、辛未,外庚午。十一月甲寅。十二月戊寅、甲寅、甲子、甲申、庚子,外庚申、丙寅、丙申。

右吉日不犯朱雀、天牢、天火、燭火、九空、死氣、月破、小耗、天賊、地賊、天瘟、受死、氷④消瓦䧟⑤、陰陽錯、月建、轉殺、四耗、正四廢、九土鬼、伏斷、火星、九醜、滅門、離窠⑥、次地火、四忌、五窮、耗絶、庚寅門、大夫死日、白虎、炙退、三殺、六甲胎神占門,并債木⑦星爲忌。

壬向忌安单乾向門路水步。⑧

其法乃死絶處,朝對官爲黄泉是也。

詩曰⑨:

一兩棟簷水流相射,大小常相駡,此屋名爲暗箭山,人口不平安。

據仙⑩賢云:屋前不可作欄杆,上不可使立釘,名爲暗箭,當忌之。

郭璞相宅詩三首

屋前致欄杆,名曰紙錢山。

家必多喪禍,哭泣不曾閑。

---

① 天图B本“外”字有方框。

② 天图B本“外”字有方框。

③ 原文如此,应为“甲”之误。

④ 古同“冰”。

⑤ 此字为“陷”之异体字。

⑥ 中科院C本为“巢”。

⑦ 中科院C本、天图B本为“不”,应误。

⑧ 北B无“壬向忌安单乾向門路水步”文字。

⑨ 国图G本自“诗曰”二字至“五架屋诸式图”中的“在主人之所为也”位于“五架后拖两架”一图之后。

⑩ 中科院C本、北大B本为“先”。

詩云①：

門高勝於片，後代絶人丁。

門高過於壁，其家多哭泣。

門扇两枋②欺③，夫婦不相宜。

家財當耗散，眞是不爲量。

五架屋諸式圖

五架樑栟或使方樑者，又有使界板者，及又④槽、搭楸、斗傢⑤之類，在主者之所爲也。

五架屋諸式图

① 中科院C本无“詩云”二字，但有一“又”字，且“又”字之前空一列；北大B本无“詩云”二字，但有空行。
② 北大B本为“枋”。
③ 中科院C本此句之前有一“又”字，为下一首诗。
④ 此字应为“叉”之误。
⑤ 北大B本为“磉”，应是。

五架後拖兩架

五架屋後添兩架，此正按古格，乃佳也。今時人喚①做前淺後深之說，乃生生笑隱，上吉也。如造正五架者，必是其基地如此，別有實格式，學者可驗之也。

五架后拖两架

正七架格式

正七架樑，指及七架屋、川牌栟，使斗槺或柱義桁並②，由人造作，後有圖式可佳。

① 中科院 C 本为“唤”。

② 中科院 C 本、天图 B 本为“桷”。

正七架格式

王府宫殿

凡做此殿，皇帝殿九丈五尺高，王府七丈高，飛簷找角，不必再白。重拖五架，前拖三架，上截升拱天花板，及地量至天花板，有五丈零三尺高。殿上住頭七七四十九根，餘外不必再記，隨在加減[①]。中心兩柱八角爲之天梁，輔佐後無門，俱大厚板片。進金上前無門，俱掛硃[②]簾，左邊立五宫，右邊十二院，此與民間房屋同式，直出明律。門有七重，俱有殿名，不必載之。

① 应为“减”之错字，中科院 C 本、北大 B 本为“减”。

② 中科院 C 本、北大 B 本为“珠”。

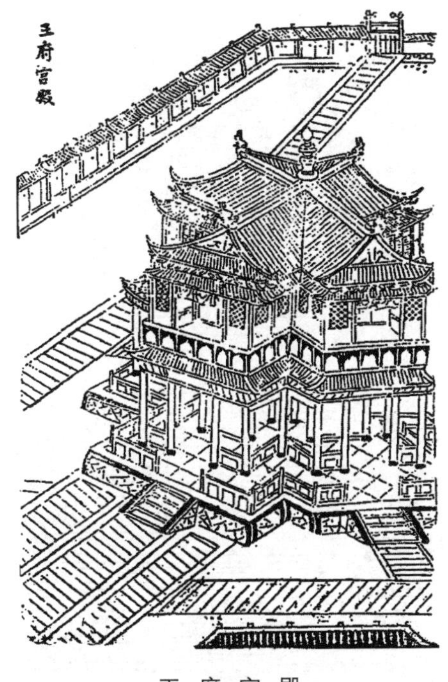

王府宫殿

司①天臺式

此臺在欽天監。左下層土磚石之類，週圍八八六十四丈濶，高三十三丈，下一十八層，上分三十三層，此應上觀天文，下察地利。至上層週②圍俱是冲天欄杆，其木裏方外圓，東西南北反③中央立起五處旗杆，又按天牌二十八面，寫定二十八宿星主，上有天盤流轉，各位星宿吉凶乾象。臺上又有冲天一直平盤闊方圓一丈三尺，高七尺，下四平脚穿枋串進，中立圓木一根。閂上平盤者，盤能轉，欽天監官每看④天文立於此處。

---

① 北大B本为“周”。

② 中科院C本、北大B本为“周”。

③ 北大B本为“及”，应是。

④ 北大B本为“看”。

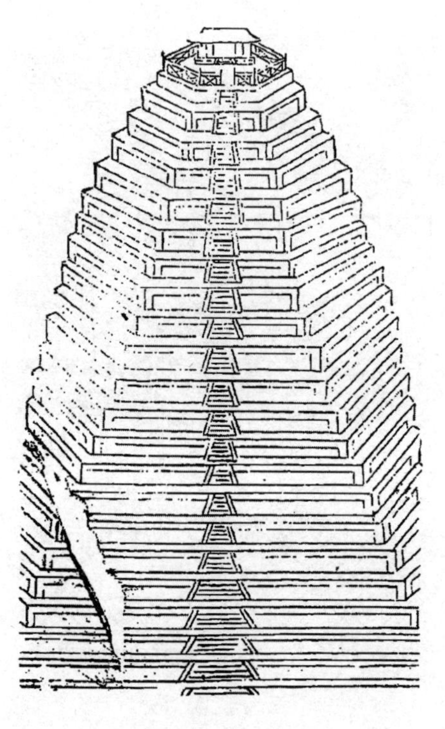

司天台式

粧①修正②廳

左右二邊，四大孔水椹③，先量每孔多少高，帶磉至一穿枋下有多少尺寸，可分爲上下一半，下水椹帶腰枋，每矮九寸零三分，其腰枋只做九寸三分。大抱柱線，平④面九分，窄上五分，上起荷葉線，下起棋盤線，腰枋上面亦然。九分下起一寸四分，窄面五分，下貼地栿，貼仔一寸三分厚，與地栿盤厚，中间分三孔或四孔，橔枋仔⑤方圓一寸六分，鬪尖一寸四分長，前楣後楣

① 北大B本此字为“凡”。
② 北大B本为“止”，应误。
③ 国图G本、天图B本此字之后有一“板”字；中科院C本也有文字，但漫漶不清。
④ 中科院C本、北大B本为“半”。
⑤ 中科院C本、北大B本为“每”。

比廳心每要高七寸三分，房間光顯冲欄二尺四寸五分，大廳心門框一寸四分厚，二寸二分大，或下四片，或下六片，尺寸要有零，子舍箱間與廳心一同尺寸，切忌兩樣尺寸，人家不和。廳上前眉①兩孔，做門上截亮格，下截上行板②，門框起聰管線，一寸四分大，一寸八分厚。

正堂粧③修與正廳一同，上框門尺寸無二，但腰枋帶下水椹，比廳上尺寸每矮一寸八分。若做一抹光水椹，如上框門，做上截起棋盤線或荷葉線，平七分，窄面五分，上合角④貼仔一⑤寸二分厚，其别雷同。

寺观庵堂庙宇式

---

① 北大B本为“肩”，古同“眉”。

② 北大B本为“核”，应误。

③ 北大B本为“桩”。

④ 中科院C本、北大B本为“角”，国图G本、天图B本为“角”。

⑤ 中科院C本、北大B本为“二”。

寺觀庵①堂廟宇式

装修祠堂式

架學造寺觀等,行人門身帶斧器,從後正龍而入,立在乾位,見本②家人出方動手,左手執六尺,右手拿斧,先量正柱,次首左邊轉身柱,再量直出山門外止。叫夥同人,起手右邊上一抱柱,次後不論。大殿中間,無水椹或欄杆斜格,必用粗大,每筭③正數,不可有零,前欄杆三④尺六寸高,以應天星。或門及抱柱,各樣要筭七十二地星。菴⑤堂廟宇中間水椹板,此人家水椹每矮一寸八分,起線抱柱尺寸一同,已載在前,不白。或做門,或亮格,尺寸俱矮一寸八分。廳上賓棹三尺六寸高,每與轉身柱一般長,深四尺面,前叠方三層,每退墨一寸八分,荷葉線下兩層花板,每孔要分成雙下脚,或雕獅象挖⑥脚,或做貼梢,用二寸半厚,記此。

粧修祠堂式

凡做祠宇爲之家廟,前三門次⑦东西走馬,廊又次之。大廳廳之後明樓

① 北大B本为“菴”。
② 北大B本为“木”,应误。
③ 北大B本为“筭”。
④ 中科院C本为“二”。
⑤ 中科院C本、北大B本为“庵”。
⑥ 国图G本、中科院C本、天图B本、北大B本为“像柱”。
⑦ 北大B本为“扻”。

茶亭，亭之後卽寢①堂。若粧修自三門做起，至內堂止。中門開四尺六寸二分濶，一②丈三尺三分高，濶合得長天尺，方在義、官位上。有等說官字上不好安門，此是祠堂，起不得官義二字，用此二字，子孫方有發達榮耀。兩邊耳門三尺六寸四分濶，九尺七寸高③大，吉財二字上，此合天星吉地德星，況中門兩邊俱后④格式。家廟不比⑤尋常人家，子弟賢否，都在此處種秀。又且寢堂及廳兩廊至三門，只可步步高，兒孫方有尊卑，毋小期大之故⑥，做者深詳記之。

粧修三門，水椹城⑦板下量起，直至一穿上平分上下一半，兩邊演⑧開八字，水椹亦然。如是大門二寸三分厚，每片用三箇⑨暗串，其門笋要圓，門斗要扁⑩，此開門方𣃁爲吉。兩廊不用粧架，廳中心四大孔，水椹上下平分，下截每矮七寸，正抱柱三寸六分大，上截起荷葉線，下或一抹光，或閗尖的，此尺寸在前可觀。廳心門不可做四片，要做六片吉。兩邊房間及耳房可做大孔田字格或窗⑪齒可合式，其門後楣要留，進退有式。明樓不須架修，其寢堂中心不用做門，下做水椹帶地栿，三尺五高，上分五孔，做田字格，此要做活的，內奉神主祖先，春秋祭祀，拿得下來。兩邊水湛前有尺寸，不必再白。又前眉做亮格門，抱柱下馬蹄抱住⑫，此亦用活的，後學觀此，謹宜詳察，不可⑬有悮。

---

① 北大 B 本为“寑”。
② 中科院 C 本、北大 B 本为“壹”。
③ 中科院 C 本、北大 B 本为“或”。
④ 中科院 C 本、北大 B 本为“合”，应是。
⑤ 天图 B 本此处三字手写为“廟不比”，其余版本均漫漶不清。
⑥ 中科院 C 本、北大 B 本为“歎”。
⑦ 中科院 C 本、北大 B 本为“或”。
⑧ 中科院 C 本、北大 B 本为“潢”。
⑨ 北大 B 本为“個”。
⑩ 中科院 C 本为“扇”。
⑪ 北大 B 本为“窅”。
⑫ 中科院 C 本、北大 B 本作“柱”，应是。
⑬ 中科院 C 本、北大 B 本作“宜”。

神 厨 搽 式

神厨搽式

下層三尺三寸，高四尺，脚每一片三寸三分大，一寸四分厚，下鎖脚方一寸四分大，一寸三分厚，要嵧①出笋。上盤仔二尺二寸深，三尺三寸闊，其框二寸五分大，一寸②三分厚，中下兩串，兩頭合角與框一般大，吉。角止佐半合角，好開柱。脚相二個，五寸高，四分厚，中下土厨只做九寸，深一尺③。窗齒欄杆，止好下五根步步高。上層柱四尺二寸高，帶嶺在內，柱子方圓一寸四分大，其下六根，中兩根，係交進的裏半做一尺二寸深，外空一尺，內中

① 中科院C本、北大B本为“留”。

② 中科院C本自此字之后装订出错，此字之后重复前文“寺觀庵堂廟宇式”一条目，而“神厨搽式”一条目自此字之后文字缺，且缺“誉寨格式”一图，至“誉寨格式”文字开始接上。

③ 北大B本为“寸”。

或做二層，或做三①層，步步退墨。上層下散柱二個，分三孔，耳孔只做六寸五分濶，餘留中上。拱樑二寸大，拱樑上方樑一尺八大，下層下嚾眉勒水。前柱磉一寸四分高，二寸二分大，雕播荷葉。前楣帶嶺八寸九分大，切忌大了不威勢。上或下火焰②屏，可分爲三截，中五寸高，兩邊三寸九分高，餘或主家用大用小，可依此尺寸退墨，無錯③。

营 寨 格 式

營④寨格式

立寨之日，先下纍杆⑤，次看羅經，再看地勢山形生絶之處，方令木匠伐

---

① 北大B本为“二”。
② 北大B本为“焰”。
③ 国图G本、北大B本此处为“無錯退墨”，且为双排小字。
④ 国图G本、中科院C本、北大B本无此字；天图B本有文字，但漫漶不清。
⑤ 天图B本手写为“柱”。

木,踃定裹①外營壘。内營方用廳者,其木②不俱③大小,止前選定二根,下定前門,中五直木,九丈爲中央主旗杆,内分間架,裏外相串。次看外營週圍,疊分金木水火土,中立二十八宿,下"伏生傷杜日景死驚開"此行文,外代④木交架而⑤下週建。祿角旗鎗之勢,並不用木作之工。但裏營⑥要鉋砍找接下門之勞,其餘不必木匠。

凉　亭

凉亭水閣式

粧修四圍欄杆,靠背下一尺五寸五分高,坐板一尺三寸大,二寸厚。坐

① 古同"裏",中科院C本、北大B本为"裹",应是。
② 中科院C本为"水",应误。
③ 中科院C本、北大B本为"拘",应是。
④ 据上下文,应为"伐"之别字。
⑤ 中科院C本为"土";天图B本手写为"上"。
⑥ 中科院C本为"营"。

板下或橫下板片，或十字掛欄杆上。靠背一尺四寸高，此上靠背尺寸在前不白，斜四寸二分方好坐。上至一穿枋做遮陽，或做亮格門。若下遮陽，上油一穿下，離一尺六寸五分是遮[①]陽。穿枋三寸大，一寸九分原[②]，中下二根斜的，好開光[③]窗。

水　　阁

新鐫[④]京板工師雕斲正式魯班經匠家鏡卷之一終[⑤]

---

① 底本原为“遮”。

② 中科院 C 本、北大 B 本为“厚”，应是。

③ 中科院 C 本、北大 B 本无此字。

④ 北大 B 本为“刻”字。

⑤ 北图本此处“終”字为小字，仅占半格，而国图 G 本、中科院 C 本、北大 B 本、天图 B 本为正常文字大小，但天图 B 本为手写。

鲁班經匠家鏡卷之二①

倉敖②式

依祖格九尺六寸高，七尺七分濶，九尺六寸深，枋每下四片③，前立二柱，開門只一尺五寸七分濶，下做一尺六寸高，至一穿④要留五尺二寸高，上楣⑤枋槍門要成對，刀⑥忌成单⑦，不吉。開之日不可内中飲食，又不可用墨斗曲尺，又不可柱枋上⑧留字留墨，學者記之，切忌。

仓敖式

橋梁式

凡橋無粧修，或有神厨做，或有欄杆者，若徙雙日而起，自下而上；若单日而起，自西而東，看⑨屋几⑩高几⑪濶，欄杆二尺五寸高，坐櫈一尺五寸高。

---

① 国图G本、中科院C本、北大B本此处为“新鐫京板工師雕斲正式鲁班經匠家鏡卷之二”；国图G本、中科院C本卷名之后有“北京提督工部御匠司司正　午榮彙編　局匠所　把總　章嚴　仝集　南京逓匠司司承　周言　校正”。
② 国图G本为“厫”。
③ 国图G本、中科院C本、天图B本、北大B本为“井”，应误。
④ 国图G本、中科院C本、天图B本、北大B本为“穿”。
⑤ 国图G本、中科院C本、天图B本、北大B本为“眉”，应为“楣”之通假。
⑥ 国图G本、中科院C本、天图B本、北大B本为“力”，应误。
⑦ 国图G本、中科院C本、天图B本、北大B本为“單”。
⑧ 国图G本、中科院C本、天图B本、北大B本无此字。
⑨ 古同“看”，国图G本、中科院C本、天图B本、北大B本为“看”。
⑩ 国图G本、天图B本、北大B本为“凡”。
⑪ 国图G本、天图B本、北大B本为“九”。

桥 梁 式

郡 殿 角 式

郡殿角式

凡殿角之式，垂①昂插②序，則規横③深奥，用升斗拱相稱。深淺濶狹，用合尺寸，或地基濶二丈，柱用高一丈，不可走祖，此爲大畧，言不盡意，宜細詳之。

建鐘樓格式

凡起造鐘樓，用風字脚，四柱並用渾成梗木，宜高大相稱，散水不可大低，低④則掩鐘聲，不嚮⑤于四方。更不宜在右畔，合在左逐寺廊之下，或有

① 国图 G 本、中科院 C 本、天图 B 本、北大 B 本为“垂”。
② 国图 G 本、中科院 C 本、天图 B 本、北大 B 本为“揷”，古同“插”。
③ 国图 G 本、中科院 C 本、天图 B 本、北大 B 本为“横”。
④ 国图 G 本、北大 B 本无此字。
⑤ 此字应为“響”之通假，国图 G 本、中科院 C 本、天图 B 本、北大 B 本为“响”。

就樓盤，下作佛堂，上作平棊，盤頂結中開樓，盤心透上眞見鐘。作六角欄杆，則風送鐘聲，遠出於百里之外，則爲也①。

建钟楼格式

建造禾仓格

建造禾倉格

凡造倉敖②，並③要用名術之士，選擇吉日良時，興工匠人，可先將一好木爲柱，安向北方。

五音造牛欄法

夫牛者本姓李，元是大力菩薩，切見凡間人力不及，特降天牛來助人力。凡造牛欄者，先須用術人揀擇④吉方，切不可犯倒欄殺、牛黃⑤殺，可用左畔

---

① 国图 G 本、中科院 C 本、天图 B 本、北大 B 本无“則爲也”三字，原文空两行。
② 国图 G 本、天图 B 本为“厫”。
③ 国图 G 本、中科院 C 本、天图 B 本为“竝”，当是“並”之误。
④ 国图 G 本、天图 B 本、北大 B 本为“拣”。
⑤ 国图 G 本、中科院 C 本、天图 B 本、北大 B 本为“黄”。

是坑，右右畔是田王①，牛犢必得長壽也。

造欄用木尺寸法度

用尋向陽木②一根，作楝柱用，近在人屋在③畔，牛性怕④寒，使牛温暖。其柱長短尺寸用壓白⑤，不可犯在黑上。舍下作欄者，用東方採倸⑥木一根，作左邊角柱用，高六尺一⑦寸，或是二間四間，不得作单⑧間也。人家各别椽子用，合四隻則按春夏秋冬陰⑨陽四氣，則大吉也。不可犯五尺五寸，乃爲五黄，不祥⑩也。千萬不可使損壞的爲牛欄開門，用合二尺六寸大，高四尺六寸，乃爲六白，按六畜爲好也。若八寸係八白，則爲八敗，不可使之，恐損羣隊也。

诗曰：

鲁般法度剏⑪牛欄，先用推尋吉上安，
必使工師求好木，次將尺寸細詳看。
但須不可當人屋，實要相宜對草崗⑫，
时師依此規模作，致使牛牲食禄寬。

合音指詩：

不堪巨石在欄前，必主牛遭虎咬遭，
切忌欄前大水⑬窟，主牛難使鼻難穿。

---

① 北大B本为“不”。
② 国图G本、中科院C本、天图B本为“末”；北大B本为“未”，皆误。
③ 国图G本、中科院C本、天图B本、北大B本为“左”。
④ 国图G本、中科院C本、天图B本、北大B本为“伯”，应误。
⑤ 国图G本、中科院C本、天图B本、北大B本为“日”，应误。
⑥ 天图B本、北大B本为“俫”。
⑦ 国图G本、中科院C本、天图B本、北大B本为“三”。
⑧ 国图G本、中科院C本、天图B本为“單”；北大B本为“早”，应为“单”之误。
⑨ 国图G本、中科院C本、天图B本为“陰”。
⑩ 北大B本为“群”。
⑪ 北大B本为“刅”。
⑫ 北大B本为“岡”。
⑬ 国图G本、中科院C本、北大B本为“小”。

又诗：

牛欄休[1]在污溝邊，定堕牛胎損子連，

欄後不堪有行路，主牛必損爛蹄肩。

牛黄詩

牛黄一十起于[2]坤，二十還歸震巽門[3]，

四十宫中[4]歸乾位，此是神仙妙訣根。

定牛入欄刀砧[5]詩

春天大忌亥子位，夏月須在寅卯方，

秋日休逢在巳午，冬時申酉不可裝。

起欄日辰

起欄不得犯[6]空亡，犯着之時牛必亡，

癸[7]日不堪行起造，牛瘟必定兩相妨。

占[8]牛神出入

三月初一日，牛神出欄。九月初一日，牛神歸欄，宜修造，大吉也。牛黄八月入欄，至次年三月方出，並不可[9]修造，大凶也。

---

① 北大B本为“体”，应误。
② 国图G本、中科院C本、天图B本为“子”；北大B本为“下”，皆误。
③ 北大B本为“間”，应误。
④ 北大B本为“申”，应误。
⑤ 国图G本、中科院C本、天图B本、北大B本为“砧”，应误。
⑥ 国图G本、中科院C本、天图B本、北大B本为“児”。
⑦ 北大B本为“葵”，应误。
⑧ 国图G本、中科院C本、天图B本、北大B本为“古”，应误。
⑨ 北大B本无此字。

造牛欄樣式

凡做牛欄，主家中心用羅線踃看，做在奇羅星上吉。門要向東，切忌向北。此用雜木五根爲柱，七尺七寸高，看地基寬窄而佐不可取，方圓依古式，八尺二寸深，六尺八寸濶，下中上下枋用①圓木，不可使扁枋，爲吉。

住門對牛欄，羊棧一同看，年年官事至，牢獄出應難。

論逐月造作牛欄吉日

正月：庚寅；

二月：戊寅；

三月：己②巳；

四月：庚午、壬午；

五月：己巳、壬辰、丙辰、乙未；

六月：庚申、甲申、乙未；

七月：戊申、庚申；

八月：乙丑③；

九月：甲戌；

十月：甲子、庚子、壬子、丙子；

十一月：乙亥、庚寅；

十二月：乙丑、丙寅、戊寅、甲寅。

右不犯魁罡④、約絞、牛火、血忌、牛飛廉、牛腹脹、牛刀砧、天瘟、九空、受死、大小耗、土⑤鬼、四廢。

---

① 北大B本为“月”，应误。

② 北大B本为“巳”，应误。

③ 北大B本此字空缺。

④ 北大B本为“罡”。

⑤ 中科院C本、天图B本、北大B本为“上”，应误。

造牛栏样式　　　羊栈格式

馬厩式

此亦看羅經，一德星在何方，做在一德星上吉。門向東，用一色杉木，忌雜木。立六根柱子，中用小圓樑二根扛過，好下夜間①掛②馬索。四圍下高水椹板，每邊用模方③四根纔④堅固。馬多者隔斷巳⑤間，每間三尺三寸濶深，馬槽下向門左邊吉。

馬槽椽⑥式

前脚二尺四寸，後脚三尺五寸高，長三尺，濶一尺四寸，柱子方圓三寸

① 中科院C本、天图B本为“開”。
② 中科院C本、天图B本为“將”。
③ 中科院C本、天图B本为“枋”，应是。
④ 北大B本为“纔”。
⑤ 此字应为“几”之误。
⑥ 北大B本为“椽”。

大，四圍横下板片，下脚空一尺高。

馬鞍[①]架[②]

前二脚高三尺三寸，後二[③]隻二尺七寸高，中下半[④]柱，每高三寸四分，其脚方[⑤]圓一寸三分大，濶八寸二分，上三根直枋，下中腰每邊一根横，每頭二根，前二脚與後正脚取平，但前每上高五寸，上[⑥]下搭頭，好放馬鈴。

逐月作馬枋吉日

正月[⑦]：丁卯、己卯、庚午；
二月：辛未、丁未、己未；
三月：丁卯、己卯、甲申、乙巳；
四月：甲子、戊子、庚子、庚午；
五月：辛未、壬辰、丙辰；
六月：辛未、乙亥、甲申、庚申；
七月：甲子、戊子、丙子、庚子、壬子、辛未；
八月：壬辰、乙丑[⑧]、甲戌、丙辰；
九月：辛酉；
十月：甲子、辛未、庚子、壬午、庚午、乙未；
十一月：辛未、壬辰、乙亥；
十二月：甲子、戊子、庚子、丙寅、甲寅。

---

① 中科院C本、天图B本、北大B本为"鞯"。
② 中科院C本、天图B本、北大B本为"架"，应误。
③ 中科院C本、天图B本、北大B本为"三"。
④ 北大B本为"牛"，应误。
⑤ 中科院C本为"万"，应误；北大B本无此字。
⑥ 中科院C本、天图B本、北大B本为"土"，应误。
⑦ 国图G本此处格式不同。
⑧ 中科院C本为"丑"，"丑"之变体错字。

马 厩 式

猪椆[1]槼式

此亦要看三台星居何方，做在三台星上方吉。四柱二尺六寸高，方圓七尺，横下穿枋，中直下大粗窗，齒用雜方堅固。猪要向西北，良工者識之，初學者切忌亂爲。

逐月作猪椆[2]吉日

正月：丁卯、戊寅；

① 国图G本、中科院C本、北大B本、天图B本为“欄”，应是。
② 中科院C本为“稠”。

二月:乙未、戊寅、癸未、己未;

三月:辛卯[1]、丁卯、己巳;

四月:甲子、戊[2]子、庚子、甲午、丁丑、癸丑;

五月:甲戌、乙未、丙辰;

六月:甲申;

七月:甲子、戊子、庚子、壬子、戊申;

八月:甲戌、乙丑、癸丑;

九月:甲戌、辛酉;

十月:甲子、乙未、庚子、壬午、庚午、辛未;

十一月:丙辰;

十二月:甲子、庚子、壬子[3]、戊寅。

六畜肥日

春申子辰,夏亥卯未,秋寅午戌[4],冬巳酉丑日。

鵞[5]鴨鷄栖式

此看禽大小而做,安貪狼方。鵞椆二尺七寸高,深四尺六寸,濶二尺七寸四分,週圍下小窗齒,每孔分一寸濶。鷄鴨椆二尺高,三尺三寸深,二尺三寸濶,柱子方圓二寸半,此亦看主家禽鳥多少而做,學者亦用,自思之。

鷄槍様式

兩柱高二尺四寸,大一寸二分,厚一寸。樑大二寸五分、一寸二分。大牕[6]高一尺三寸,濶一尺二寸六分,下車脚二寸大,八分厚,中下齒仔五分

① 中科院C本、天图B本、北大B本为“巳”。

② 中科院C本、北大B本为“丙”。

③ 北大B本为“午”。

④ 中科院C本、天图B本、北大B本为“申”。

⑤ 中科院C本、天图B本、北大B本作“鹅”。

⑥ 北大B本作“聰”,应误。

大，八分厚，上①做滔環二寸四大，兩邊獎腿與下層窻仔一般高，每邊四寸大。

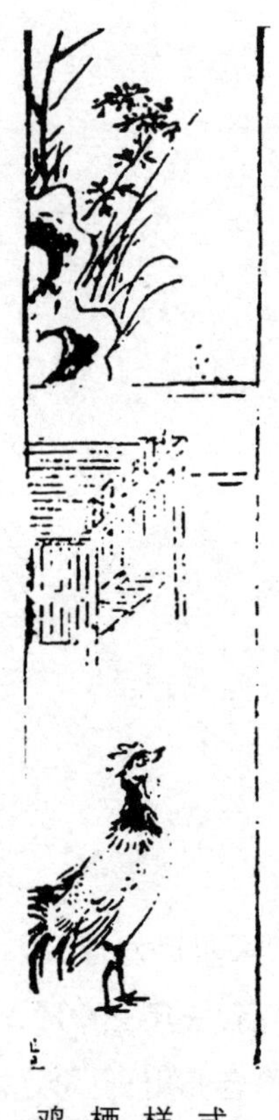

鸡栖样式

屏风式

屏風式

大者高五尺六寸，帶脚在内。濶六尺九寸，琴脚六寸六分②大，長二尺，雕日月掩象鼻格，獎腿工③尺四分高，四寸八分大，四框一寸六分大，厚一寸

① 北大B本作“土”，应误。
② 北大B本作“八”，应误。
③ 中科院C本、天图B本、北大B本作“二”，应是。

四分。外起改竹圓[①],内起棋盤線,平靣[②]六分,窄靣三分,縧環上下俱六寸四分,要分成单,下勒水花分作兩孔,彫四寸四分,相屋闊窄[③],餘大小長短依此,長做[④]此。

圍屏式

每做此行用八片,小者六片,高五尺四寸正,每片[⑤]大一片[⑥]四寸三分零,四框八分大[⑦],六分原[⑧],做成五分厚,筭定共四寸厚,内較田字[⑨]格,六分原,四分大,做者切忌碎[⑩]框。

牙轎式

宦家明轎徛[⑪]下一尺五寸高,屏一尺二寸高,深一尺四寸,濶一尺八寸,上圓手一寸三分大[⑫],斜七分纔圓,轎杠方圓一寸五分大,下踃[⑬]帶轎二尺三寸五分深。

衣籠様式

一尺六寸五分高,二尺二寸長,一尺三寸大,上葢役[⑭]九[⑮]分,一寸八分

---

① 中科院C本、天B版、北大B本作"圓"。
② 中科院C本、天图B本、北大B本为"面"。
③ 中科院C本、天图B本、北大B本为"濶狹"。
④ 中科院C本、天图B本、北大B本为"做"。
⑤ 中科院C本、天图B本、北大B本为"井",应误。
⑥ 中科院C本为"井";北大B本为"非",应误。
⑦ 中科院C本、天图B本、北大B本为"次",应误。
⑧ 中科院C本、天图B本、北大B本为"厚",应是。
⑨ 中科院C本、天图B本、北大B本为"子",应误。
⑩ 中科院C本、天图B本、北大B本为"單"。
⑪ 中科院C本、天图B本、北大B本为"椅",应是。
⑫ 中科院C本、天图B本、北大B本为"六",应误。
⑬ 中科院C本、天图B本、北大B本为"琑",应误。
⑭ 中科院C本、天图B本、北大B本为"役"。
⑮ 中科院C本、天图B本、北大B本作"几"。

牙 轿 式

大 床

高，蓋上板片三分厚，籠板片四分厚，内子口八分大，三分厚，下車脚一寸六分大。或雕三灣，車脚上①要下二根横②橫仔，此籠尺寸無加。

大 牀③

下脚帶床方共高式尺二寸二分，正床方七寸七分大，或④五寸七分大，上屏四尺五寸二分高，後屏二片，兩⑤頭二片濶者，四尺零二分，窄者三尺二

① 中科院C本、天图B本、北大B本为"土"，应误。
② 北大B本为"櫎"。
③ 中科院C本、北大B本、国图G本大牀图上为一人，且画面缺少细节。
④ 中科院C本、天图B本、北大B本无"大或"二字。
⑤ 中科院C本、天图B本、北大B本无"片兩"二字。

寸三分[1],長六尺二一[2],正領一寸四分厚,做大小片下,中間要做陰陽相合。前踏板五寸六分高,一尺八寸闊[3],前楣帶頂一尺零一分,下門四片,每片一尺四分大,上腦板八寸,下穿藤一[4]尺八寸零四分,餘留下板片。門框一寸四分大,一寸二分厚,下門檻一寸四分,三接。裏面轉芝門[5]九寸二分,或九寸九分,切忌一尺大,後學專[6]用,記此。

凉床式

此與藤床無二樣,但踏板上下欄杆要下長,柱子四根,每[7]根一寸四分大。上楣八寸大,下欄杆前一片,左右兩二萬字或十字,掛前二片,止作一寸四分大,高二尺二尺[8]五分,橫[9]頭隨踏板大小而做,無悞。

藤床式

下帶床方一尺九寸五分高,長五尺七寸零八分,濶三尺一寸五分半。上柱子四尺一寸高,半屏一尺八寸四分高,床嶺三尺濶,五尺六寸長,框一寸三分厚,床方五寸二分大,一寸二分厚,起一字線好穿籐。踏板一尺二寸大,四寸高,或上框做一寸二分,後脚二寸六分大,一寸三分厚,半合角記。

逐月安牀[10]設帳吉日

正月:丁酉、癸酉、丁卯、巳卯、癸丑;

二月:丙寅、甲寅、辛未、乙未、巳未、乙亥、巳亥、庚寅;

三月:甲子、庚子、丁酉、乙卯、癸酉、乙巳;

---

① 中科院C本、天图B本为“八”,应误。
② 中科院C本、天图B本、北大B本为“寸”,应是。
③ 中科院C本、天图B本、北大B本为“濶”。
④ 中科院C本、天图B本、北大B本为“二”。
⑤ 北大B本为“圍”。
⑥ 中科院C本、天图B本、北大B本无此字。
⑦ 中科院C本、天图B本、北大B本为“每”,应是。
⑧ 中科院C本、天图B本、北大B本为“寸”,应是。
⑨ 中科院C本、天图B本、北大B本为“横”。
⑩ 中科院C本、天图B本、北大B本为“床”,应是。

四月:丙戊、乙卯、癸卯、庚子、甲子、庚辰;

五月:丙寅、甲寅、辛未、乙未、巳未、丙辰、壬辰、庚寅;

六月:丁酉、乙亥、丁亥、癸酉、丙寅、甲寅、乙卯;

七月:甲子、庚子、辛未、乙未、丁未;

八月:乙丑、丁丑、癸丑、乙亥;

九月:庚午、丙午、丙子、辛卯、乙亥;

十月:甲子、丁酉、丙辰、丙戌、庚子;

十一月:甲寅、丁亥、乙亥、丙寅;

十二月:乙丑、丙寅、甲寅、甲子、丙子、庚子。

藤 床 式

禪床式

此寺觀庵①堂,纔有這做。在後殿或禪堂兩邊,長依屋寬窄,但濶五尺,

① 中科院C本、天图B本、北大B本为“菴”。

面前高一尺五寸五分，床矮一尺。前平面板八寸八分大，一寸二分厚，起六个柱，每柱三才①方圓。上②下一穿，方好掛禪衣及帳幃。前平面板下要下水椹板，地上離③二寸，下方仔盛板片，其板片要密。

禪椅式

一尺六寸三分高，一尺八寸二分深，一尺九寸五分深，上屏二尺高，兩力手二尺二寸長，柱子方圓一寸三分大，屏，上七寸，下七寸五分，出笋三寸，閗枕頭下，盛脚盤子，四寸三分高，一尺六寸長，一④尺三寸大⑤，長短大小俲⑥此。

禅床禅椅式

镜架镜箱面架式

① 此字应为“寸”之误。
② 北大 B 本为“土”。
③ 北大 B 本为“[illegible]”。
④ 中科院 C 本、天图 B 本、北大 B 本为“二”。
⑤ 北大 B 本为“衣”，应误。
⑥ 北大 B 本为“做”。

鏡架勢及鏡箱式

鏡架及鏡箱有大小者。大者一尺零五分深,濶九寸,高八寸零六分,上層下鏡架二寸深,中層下抽相一①寸二分,下層抽相三②尺,蓋一寸零五分,底四分厚,方圓雕車脚。内中下鏡架七寸大,九寸高。若雕花者,雕雙鳳朝陽,中雕古③錢,兩邊睡草花,下佐連花托,此大小依此尺寸退墨,无误④。

雕花面架式

後兩脚五尺三寸高,前⑤四脚二尺零八分高,每落墨⑥三寸七分大,方能役轉,雕刻花草。此用樟木或南木,中心四脚,摺進用陰陽笋,共濶一尺五寸二分零。

大方扛箱样式⑦

① 中科院C本、天图B本、北大B本为“四”。
② 中科院C本、天图B本、北大B本为“二”。
③ 北大B本为“中”。
④ 中科院C本、天图B本、北大B本此处“尺寸退墨无误”六字为双列小字。
⑤ 中科院C本、北大B本为“无”,应误。
⑥ 中科院C本、天图B本、北大B本此字之后有一“前”字。
⑦ 国图G本此图与底本差异较大,凳子在图中的位置均不一致。

大方扛箱樣式

柱高二尺八寸，四層。下一層高八寸，二層高五寸，三層高三寸七分，四層高三寸三分，蓋高二寸，空一寸五分，樑一寸五分，上淨瓶頭共五寸，方層板片四分半厚。内子口三①分厚，八分大。兩根將軍柱，一寸五分大。一寸二分厚，獎腿②四隻，每隻一尺九寸五分高，四寸大。每層二尺六寸五分長，一尺六寸濶，下車脚二寸二分大，一寸二分厚，合角閂進雕虎爪雙鈞③。

案 棹 式

高二尺五寸，長短濶狹看按面而做。中分兩孔，按面下抽箱或六寸深或五寸深，或分三孔或兩孔。下踏脚方與脚一同大，一寸四分厚，高五寸，其脚方圓一寸六分大，起麻櫎線。

搭④脚仔櫈

長二尺二寸，高五寸，大四寸五分，大脚一寸二分大，一寸一分厚，面⑤起釰春⑥線，脚上廳竹圓。

諸樣垂魚正式

凡作垂⑦魚者，用按營造之正式。今人又嘆作繁針，如用此又用做遮風及偃桷⑧者，方可使之。今之匠人又有不使垂魚者，只使直板作，如意只作彫雲樣者，亦好，皆在主人之所好也。

---

① 北大B本为“二”。
② 中科院C本、北大B本为“脚”。
③ 中科院C本、天图B本、北大B本为“鈎”，应是。
④ 国图G本、中科院C本、北大B本、天图B本为“踏”。
⑤ 中科院C本、天图B本、北大B本为“而”，应误。
⑥ 此字应为“脊”之误。
⑦ 中科院C本、天图B本、北大B本为“垂”。
⑧ 中科院C本、天图B本、北大B本为“桷偃”。

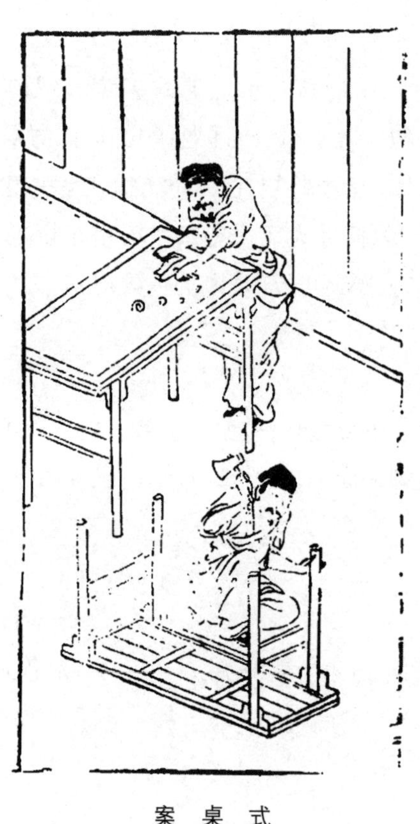

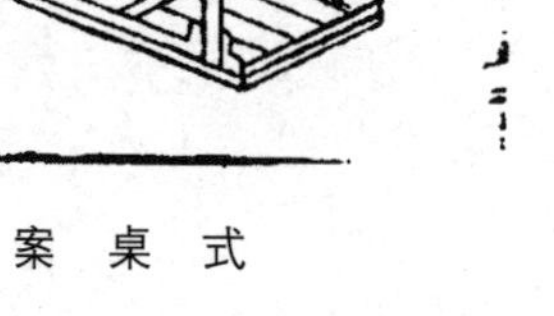

案桌式

案桌式

駝峯正[①]格

駞峯之格,亦無正樣。或有彫雲樣,又有做氈笠樣,又有做虎爪如意樣,又有彫瑞草者,又有彫花頭者,有做毬捧格,又有三蚌,或今之人多只愛使斗,立又[②]童,乃爲時格也[③]。

---

① 天图B本、北大B本手写为“止”,应误。

② 此字应为“叉”之误。

③ 中科院C本、天图B本、北大B本“格也”为双行小字。

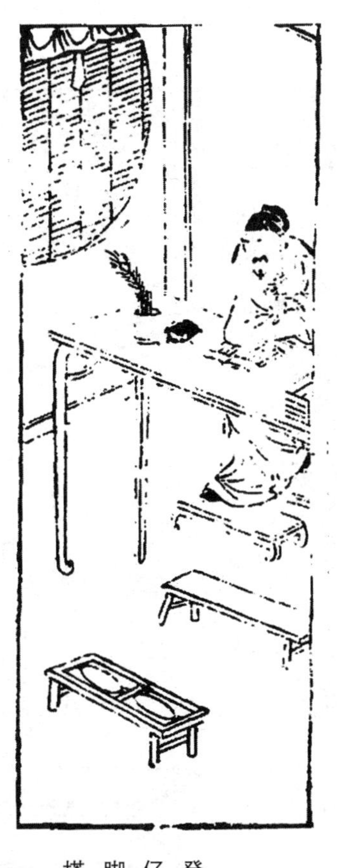

搭 脚 仔 登

诸样垂鱼正式

風箱樣式

長三尺，高一尺一寸，濶八寸，板片八分厚，内開風板六寸四分大，九寸四分長，抽風𣝅仔八分大，四分厚。扯手七寸四分長，抽風①𣝅仔八分大，四分厚，扯手七寸長，方圓一寸大，出風眼②要取③方圓一寸八分大，平中爲主。兩頭吸風眼，每頭一箇④，濶一寸八分，長二寸二分，四邊板片都用上行做準。

---

① 中科院C本、北大B本为“仙開”。

② 中科院C本、北大B本为“⿰鼠艮”，应误。

③ 北大B本为“⿰目攵”。

④ 北大B本为“个”。

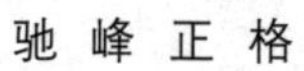
驰峰正格

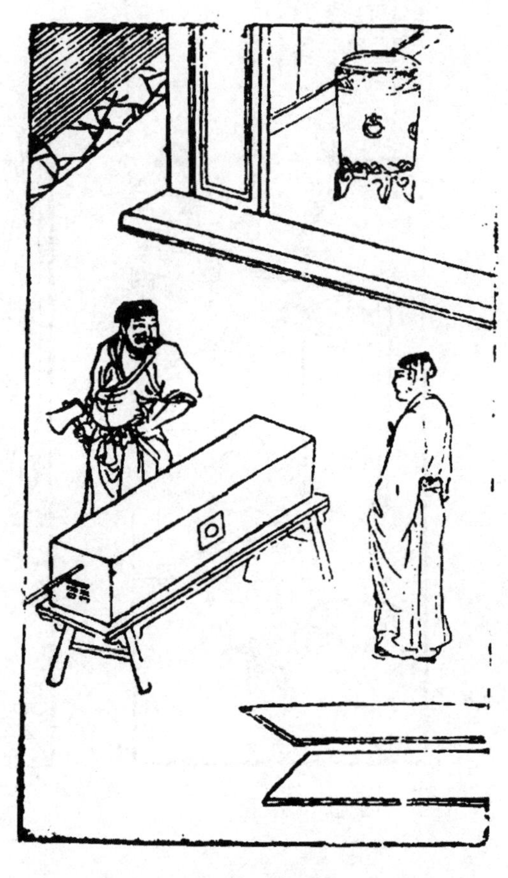
风箱样式

衣架雕花式

雕花者五尺高，三尺七寸濶，上搭頭每邊長四寸四分，中絛環三片，槳①腿二尺三寸五分大，下脚一尺五寸三分高，柱框一寸四分大，一寸二分厚。

---

① 北大B本为“奬”，“槳”之通假。

素衣架式

高四尺零一①寸,大三尺,下脚一尺二寸,長四寸四分,大柱子一寸二分大,厚一寸,上搭腦出頭二寸七分,中下光框一根,下二根窗齒每成雙,做一尺三分高,每眼齒仔八分厚、八分大。

面 架 式

前兩柱一尺九寸高,外頭二寸三分,後二脚四尺八寸九分,方員②一寸一分大,或三脚者,内要交象眼,除笋畫③進一寸零四分,斜六分,無悮。

鼓 架 式

① 中科院C本、北大B本为“二”。
② 中科院C本、天图B本、北大B本为“圓”。
③ 中科院C本、天图B本、北大B本为“畫”。

鼓架式

二尺二寸七分高，四脚方圓，一寸二分大，上雕淨①瓶頭三寸五分高，上層穿枋仔四捌根，下層八根，上②層雕花板，下層下絛環，或做八方者。柱子横横仔尺寸一樣，但畫③眼上每邊要斜三分半，筭是正的，此尺寸不可走分毫，謹記④。

銅鼓架式

高三尺七寸，上搭腦雕衣架頭花，方圓一寸五分大，兩邊柱子俱一般，起棋⑤盤線，中間穿枋仔要三尺高，銅鼓掛起，便手好打。下脚雕屏風脚樣式，獎脚一尺八寸高，三寸三分大。

花架式

大⑥者六脚或四脚，或二⑦脚。六脚大者，中下騎相一尺七寸高，兩邊四尺高，中高六尺，下枋二根，每根三⑧寸大，直枋二根，三寸大，直枋二根，三寸大⑨，五尺濶，七尺長，上盛花盆板一寸五分厚，八寸大，此亦看人家天井⑩大小而做⑪，只依此尺寸退墨，有準。

---

① 中科院C本、天图B本、北大B本为“净”。
② 中科院C本、天图B本、北大B本为“二”。
③ 北大B本为“畫”。
④ 中科院C本、天图B本、北大B本“分毫謹記”四字为双行小字。
⑤ 中科院C本、天图B本为“綦”；北大B本为“綦”，皆为“棊”之误。
⑥ 中科院C本、天图B本为“人”，应误。
⑦ 中科院C本为“三”。
⑧ 中科院C本、北大B本为“二”。
⑨ 中科院C本、天图B本、北大B本此处无“直枋二根三寸大”七字，应是底本复刻。
⑩ 北大B本为“并”。
⑪ 中科院C本为“作”。

凉傘架式①

二尺三寸高,二尺四寸長,中間下傘柱仔二尺三寸高,帶琴脚在内筭,中柱仔二寸二分大,一寸六分厚,上除三寸三分,做淨②平頭。中心下傘櫟一寸三分厚,二寸二③分大,下托傘柄,亦然而是。兩邊柱子方圓一寸四分大,窻④齒八分大,六分厚,琴脚五寸大,一寸六分厚,一尺五寸長。

凉 伞 架 式

① 国图 G 本、中科院 C 本、北大 B 本此条目名称为“凉扇格式”。
② 中科院 C 本、天图 B 本、北大 B 本为“净”。
③ 中科院 C 本、天图 B 本、北大 B 本为“三”。
④ 中科院 C 本、天图 B 本、北大 B 本为“窗”。

校 椅 式

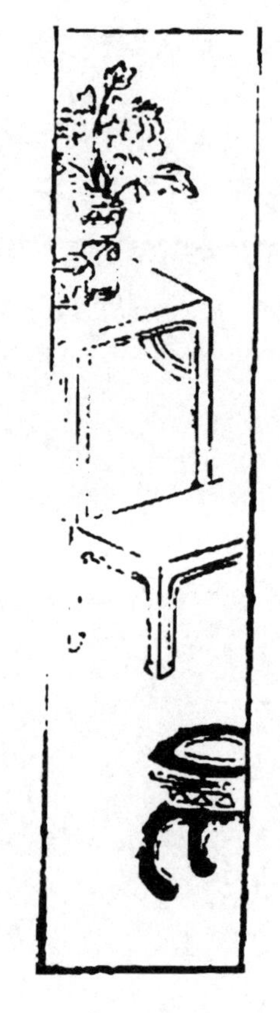

琴 凳 式

校椅式

做椅先看好光梗木頭及節,次用解開,要乾枋纔下手做。其柱子一寸大,前脚二尺一寸高,後脚式尺①九寸三分高,盤子深一尺二寸六分,濶一尺六寸七分,厚一寸一分。屏,上五寸大,下六寸大,前花牙一寸五分大,四分厚,大小長短依此格。

① 北大B本为“入”,应误。

板櫈式

每做一尺六寸高，一寸三分厚，長三尺八寸五分，櫈要三寸八分半長，脚一寸四分大，一寸二分厚，花牙勒水三寸七分大，或看櫈面長短及①，粗櫈尺寸一同，餘倣此。

琴櫈式

大者看廳堂濶狹淺深而做。大者高一尺七寸，面三寸五分厚，或三寸厚，卽軟坐不得。長一丈三尺三分，櫈面一尺三寸三分大，脚七寸分大。雕捲草雙鈎，花牙四寸五分半，櫈頭②一尺三寸一分長，或脚下做貼仔，只可一寸三分厚，要除矮脚一寸三分纔相稱。或做靠背櫈尺寸一同。但靠背只高一尺四寸，則止横仔做一寸二分大，一尺五分厚，或起棋盤線，或起釰③脊線，雕花亦而之。不下花者同様。餘長短寬濶④在此尺寸上分，凖⑤此。

杌子式

面⑥一尺二寸長，濶九寸或八寸，高一尺六寸，頭空一寸零六分畫⑦眼，脚方圓一寸四分大，面上眼斜六分半，下横⑧仔一寸一分厚，起釰脊線，花牙三寸五分。

杌子式

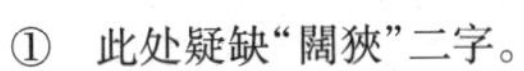

① 此处疑缺"闊狹"二字。
② 中科院C本、天图B本、北大B本为"脚"。
③ 中科院C本、天图B本为"鈎"；北大B本为"鈞"。
④ 中科院C本、天图B本、北大B本为"闊"。
⑤ 北大B本为"准"。
⑥ 北大B本为"囬"，应误。
⑦ 中科院C本、天图B本、北大B本为"書"。
⑧ 北大B本此字处空缺。

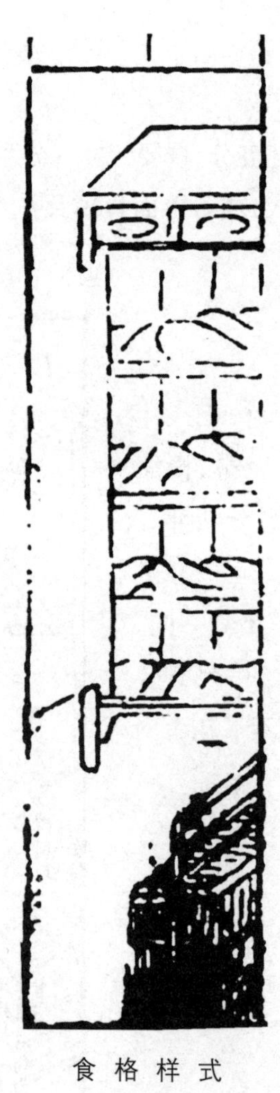

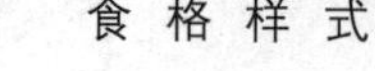
食格样式

衣折样式

棹[①]

高二尺五寸,長短濶狹看按面而做,中分兩孔,按面下抽箱或六寸深,或五寸深,或分三孔,或兩孔。下踃脚方與脚一同大,一寸四分厚,高五寸,其脚方員一寸六分大,起麻櫎線。

① 底本此字漫漶不清,据五版本补出。

八仙棹

高二尺五寸，長三尺三寸，大二尺四寸，脚一寸五分大。若下爐盆，下層四寸七分高，中間方員九寸八分無悮。勒水三寸七分大，脚上方員二分線，棹框二寸四分大，一寸二分厚，時師依此式大小，必無一悮。

小琴棹式

長二尺三寸，大一尺三①寸，高二尺三寸，脚一寸八分大，下梢一寸二分大，厚一寸一分上下，琴脚勒水二寸大，斜閅六分。或大者放長尺寸，與一字棹同。

棋盤方棹式

方圓二尺九寸三分，脚二尺五寸高，方員一寸五分大，棹框一寸二分厚，二寸四分大，四齒吞頭四箇。

衣厨樣式

高五尺零五分，深一尺六寸五分，濶四尺四寸，平分爲兩柱，每柱一寸六分大，一寸四分厚。下衣横一寸四分大，一寸三分厚，上嶺一寸四分大，一寸二分厚，門框每根一寸四分大，一寸一分厚，其厨上梢一寸二分。

食格樣式

柱二根，高二尺二寸三分，帶淨②平頭在内。一寸一分大，八分厚。樑尺③分厚④，二⑤寸九分大，長一尺六寸一分，濶九寸六分。下層五寸四分

---

① 中科院C本、天图B本、北大B本为“二”。
② 北大B本为“净”。
③ 此字应为“八”之误。
④ 中科院C本、北大B本无“樑尺分厚”四字；国图G本、天图B本“樑”为“二”。
⑤ 中科院C本、北大B本为“二”。

高,二層三寸五分高,三層三寸四分高①,蓋三②寸高,板片三分半厚。裏子口八分大,三分厚。車脚二③寸大,八分厚,獎腿一尺五寸三分高,三寸二分大,餘大小依此退墨做。

衣摺式

大者三尺九寸長,一寸四分大,内柄五寸,厚六分,小者二尺六寸長,一寸四分大,柄三寸八分,厚五分。此做如劍④樣。

衣　箱　式

衣箱式

長一尺九寸二分,大一尺六分,高一尺三寸,板片只用四分厚,上層蓋一

① 中科院C本、天图B本、北大B本此处无"二層三寸五分高三層三寸四分高"十四字。

② 中科院C本、天图B本、北大B本为"二"。

③ 中科院C本、天图B本、北大B本为"三"。

④ 北大B本为"劍"。

寸九分高,子口出五分或[1],下車脚一寸三分大,五分厚,車脚只是三灣。

燭臺式[2]

高四尺,柱子方圓[3]一寸三分大,分上盤仔八寸大,三分倒掛花牙。每一隻脚下交進三片,每片高五寸二分,雕轉鼻帶葉,交脚之時,可拿板片畫成,方員八寸四分,定三方長短,照[4]墨方準。

圓爐式[5]

方圓二尺一寸三分大,帶脚及車脚共[6]上盤子一應高六尺五分,正上面[7]盤子一寸三分厚,加盛爐盆貼仔八分厚,做成二寸四分大,豹脚六隻,每隻二寸大,一寸三分厚,下貼梢一寸厚,中圓九寸五分正。

看爐式

九寸高,方圓式[8]尺四分大,盤仔下絲環式[9]寸,框一寸厚,一寸六分大,分佐亦方。下豹脚,脚二寸二分大,一寸六分厚,其豹脚要雕吞頭,下貼梢一寸五分厚,一寸六分大,雕三灣勒水,其框合角笋眼要斜八分半方鬪得起,中間孔[10]方[11]員一尺,無悮。

方爐式

高五寸五分,圓尺内圓九寸三分,四脚二寸五分大,雕雙蓮挽雙鈎。下

---

① 此处疑缺字。
② 中科院C本此条目中有多处污迹,漫漶难辨。
③ 中科院C本、天图B本、北大B本为“員”。
④ 中科院C本、天图B本“照”字处空缺。
⑤ 国图A本此条目部分文字较底本清晰;中科院C本此条目中有多处污迹,漫漶难辨。
⑥ 北大B本为“其”。
⑦ 中科院C本、天图B本、北大B本为“而”,应误。
⑧ 中科院C本、天图B本、北大B本为“二”,应是。
⑨ 中科院C本、天图B本、北大B本为“二”,应是。
⑩ 中科院C本无“孔”字。
⑪ 中科院C本此处模糊不清;北大B本此处“孔方”为“方孔”。

貼梢一寸厚，二寸大。盤仔一寸二分厚，絲環一寸四分大，雕[1]螳螂肚接豹脚相秤[2]。

香爐樣式

細樂者長一尺四寸，闊八寸二分，四框三分厚，高一寸四[3]分，底三分厚，與上[4]樣樣闊大，框上斜三分，上加水邊，三分厚，六分大，[5]厰竹線。下豹脚，下六隻，方圓八分，大一寸二分。大貼梢[6]三分厚，七分大，雕三灣。車脚或粗的不用豹脚，水邊寸尺一同。又大小做者，尺寸依此加減。

學士灯[7]掛

前柱一尺五寸五分高，後柱子式尺七寸高，方圓一寸大。盤子一尺三寸闊，一尺一寸深。框一寸一分厚，二寸二[8]分大，切忌有節樹木，無用。

香 几[9] 式

九[10]佐[11]香九[12]，要看人家屋大小若[13]何而[14]。大者上層三寸高，二層三寸五分高，三層脚一尺三寸長，先用六寸大，役[15]做一寸四分大，下層五寸

---

① 中科院C本、北大B本无“雕”字。
② 中科院C本、天图B本为“稱”，应为“稱”之误。
③ 北大B本为“即”，应误。
④ 中科院C本、天图B本为“土”，应误。
⑤ 中科院C本、天图B本、北大B本此处多一“起”字。
⑥ 中科院C本为“稍”。
⑦ 中科院C本、天B版、北大B本为“燈”。
⑧ 北大B本为“三”。
⑨ 中科院C本为“凡”，应误。
⑩ 中科院C本、天图B本为“凡”。
⑪ 中科院C本、天图B本为“作”，应是。
⑫ 中科院C本、天图B本为“几”，应是。
⑬ 中科院C本、天图B本、北大B本为“如”。
⑭ 此处疑缺“定”字。
⑮ 中科院C本、天图B本为“後”。

高，下車脚一寸五分厚。合角花牙五寸三分大，上層欄杆仔三寸二[1]分高，方圓做五分大[2]，餘看長短大小而行。

招牌式

大[3]者六尺五寸高，八寸三分闊[4]；小者三尺二寸高，五寸五分大。

洗浴[5]坐板式[6]

二尺一寸長，三寸大，厚五分，四圍起劍[7]脊線。

藥　厨

高五尺，大一尺七寸，長六尺，中分兩眼，每層五寸，分作七層，每層抽箱兩個。門共四片，每邊兩片。脚方圓一寸五分大，門框一寸六分大，一寸一分厚，抽相[8]板四分厚。

藥　箱

二尺高，一尺七寸大，深九，中分三層，内下抽相[9]只做二寸高，内中方圓交佐巳孔，如[10]田字格様，好下藥，此是杉木板片合進，切忌雜木。

火斗式[11]

方圓五[12]寸五分，高四寸七分，板片三分半厚。上柄柱子共高八寸五

---

① 中科院C本、北大B本为“三”。
② 中科院C本为“六”，应误。
③ 中科院C本为“六”，应误。
④ 北大B本为“濶”。
⑤ 中科院C本、天图B本为“洛”，应误。
⑥ 国图A本此条目部分文字较底本清晰。
⑦ 北大B本为“劍”。
⑧ 中科院C本、北大B本为“箱”，应是。
⑨ 中科院C本、北大B本为“箱”，应是。
⑩ 中科院C本、天图B本为“姐”，应误。
⑪ 中科院C本、北大B本自“火斗式”之后，变为十一行二十字。
⑫ 中科院C本、天图B本、北大B本为“式”。

分，方圓六分大，下或刻車脚上掩。火窗齒仔四分大，五分厚，横二根，直六根或五根。此行灯警[1]高一尺二寸，下盛板三寸長，一封書做一寸五分厚，上留頭一寸三分，照得遠近，無悮。

櫃　式[2]

大櫃上框者，二尺五寸高，長六尺六寸四分，闊三尺三寸。下脚高七寸，或下轉輪閂在脚上，可以推動。四住[3]每住[4]三寸大，二寸厚，板片下叩框方密。小者板片合進，二尺四寸高，二尺八寸闊，長五尺零二寸，板片一寸厚，板此及量斗及星跡，各项謹記。

象棋盤式

大者一尺四寸長，共大一尺二[5]寸。内中間河路一寸二分大。框七分方圓，内起線三[6]分。方圓横共十路，直共九路，何路笋要内做重貼，方能堅固。

圍棋[7]盤式

方圓一尺四寸六分，框六分厚，七分大，内引六十四路長通路，七十二小斷[8]

---

① 此字应为“檠”之误。

② 天图B本自“櫃式”转下一页，变为手写，九行二十二字，手抄条目为：“櫃式”、“象棋盤式”、“算盤式”、“茶盤托盤样式”、“手水車式”、“踏水車式”、“推車式”、“牌扁式”八条；之后有“冉（疑为‘再’）附各欵圖式”。

③ 中科院C本、天图B本为“柱”，应是。

④ 中科院C本、天图B本为“柱”，应是。

⑤ 北大B本为“一”。

⑥ 北大B本为“二”。

⑦ 天图B本为“旗”，应误。

⑧ 中科院C本、天图B本、北大B本为“断”。

路，板片只用三分厚。①

二卷终

起造房屋類②

立柱喜逢黄道日，上梁正遇紫微星。

天宫赐福图

① 国图G本、中科院C本此处另有条目："算盤式"，"茶盤托盤樣式"，"手水車式"，"踏水車"四条目，且无"二卷终"等字样，直接就是第三卷内容；北大B本此处另有："算盤式"，"茶盤托盤樣式"，"手水車式"，"踏水車"、"推車式"、"牌匾式"六条目，后有"再附各欵圖式"六字，之后为第三卷内容。

② 底本此卷共五十九条目，且其中两条有缺，国图G本、中科院C本、北大B本此两条完整，且较北图本多一整页，即十二条图与诗；中科院C本此卷开始处无"起造房屋類"字样及"天官赐福"一图，直接就是图与诗。中科院B本与北图本内容基本完全一致，但此页之后即为"唐李淳风代人择日"九个半页，之后第三卷内容十二个半页，后又有"禳解类"十八个半页，之后才有"鲁班经匠家镜卷之三终"。

詩曰	詩曰	詩曰
門高勝於廳， 後代絕人丁。 門高勝於壁， 其法①多哭泣。	門扇或斜欹， 夫婦不相宜。 家財常耗散， 更防人謀散。	門柱補接主凶灾， 仔細巧安排。 上頭目②患中勞吐， 下補脚疾苦。
	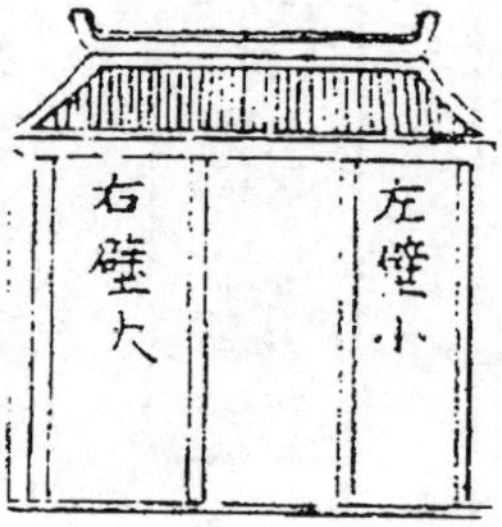	
詩曰	詩曰	詩曰
門柱不端正， 斜欹多招病。 家退禍頻③生， 人亡空怨命。	門邊土壁要④一般， 左大換妻更遭⑤官。 右邊或大勝左邊， 孤寡兒⑥孫常呌天。	門上莫作仰供裝， 此物不爲祥⑦。 兩邊相指或無升， 論訟口⑧交爭。

① 北大 B 本为“家”。
② 北大 B 本为“日”，应误。
③ 北大 B 本为“頓”，应误。
④ 北大 B 本为“開”，应误。
⑤ 北大 B 本为“壇”，应误。
⑥ 北大 B 本为“兒”，应误。
⑦ 北大 B 本为“解”。
⑧ 中科院 C 本、北大 B 本为“日”，应误。

续表

 詩曰	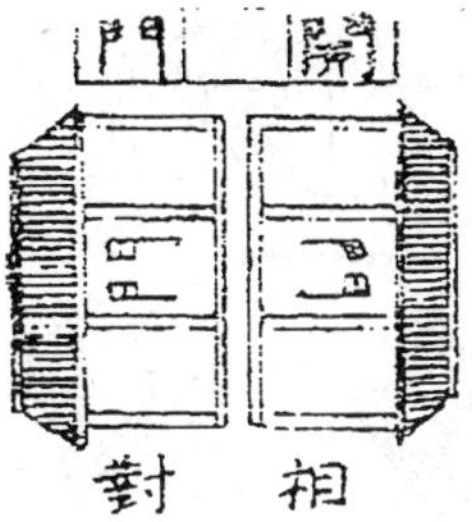 詩曰	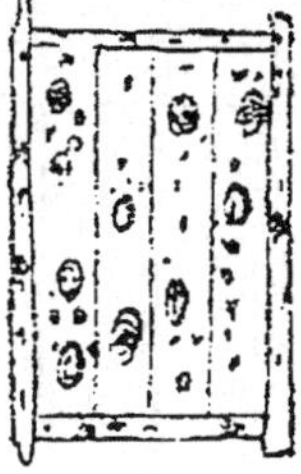 詩曰
門前壁破街磚①缺， 家中長不悦。 小口枉死藥②無醫， 急要修整莫遲遲。	二③家不可門相對， 必主一家退。 開門不得兩相衝， 必有一家凶。	門板莫令多樹節， 生瘡疔不歇。 三三兩兩或成行， 徒配④出軍郎⑤。

詩曰	詩曰	詩曰
門戶中間窟痕多， 灾禍事交訛⑥。 家招刺配遭非禍， 瘟黄定不差。	門板⑦多穿破， 怪異爲凶禍。 定注退才產， 修補免貧寒。	一家不可開二門， 父子沒慈恩。 必招進舍塡⑧門客， 時師須會識。

① 中科院C本、天图B本为“傅”。
② 中科院C本、天图B本为“菓”，应误。
③ 中科院C本为“三”。
④ 中科院C本为“酉”，应误。
⑤ 北大B本为“卽”，应误。
⑥ 北大B本为“託”，应误。
⑦ 中科院C本、天图B本为“坊”。
⑧ 中科院C本、天图B本为“補”。

续表

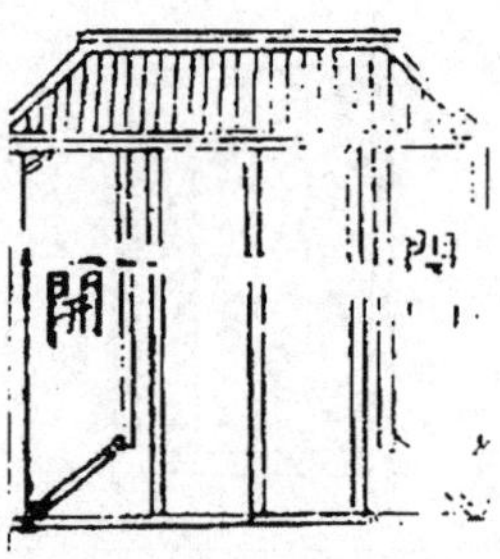 詩曰①	 詩曰②	 詩曰③
一家若作兩門出， 鰥寡多寃屈。 不論家中正主人， 大小自相淩。	廳屋兩頭有屋横， 吹禍起汾汾。 便言名曰擡④喪山， 人口不平安。	門外置欄杆， 名曰紙錢山。 家必多喪禍， 恓惶實可憐⑤。
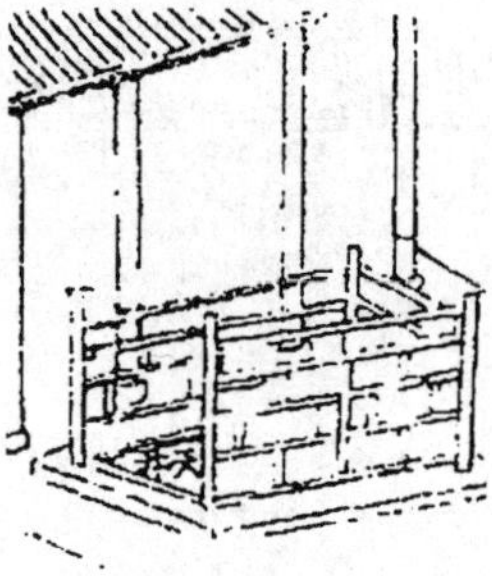		
詩曰	詩曰	詩曰
人家⑥天井置欄杆， 心痛藥醫難。 更招眼障暗昏蒙， 雕花極是凶。	當廳若作穿心梁， 其家定不祥。 便言名曰停喪山， 哭泣不曾閑。	人家相對倉門開， 定斷有凶灾。 風疾時時不可醫， 世上少人知。

① 国图 G 本此处纸张破损，插图无法辨认，文字尚存。
② 国图 G 本此处纸张破损，插图无法辨认，文字尚存。
③ 国图 G 本此处纸张破损，插图无法辨认，文字尚存。
④ 北图本模糊不清，中科院 C 本、天图 B 本、北大 B 本为“檯”。
⑤ 中科院 C 本、天图 B 本无此字；北大 B 本“恓惶實可憐”为“恓輕官可”，应误。
⑥ 北大 B 本为“來”。

续表

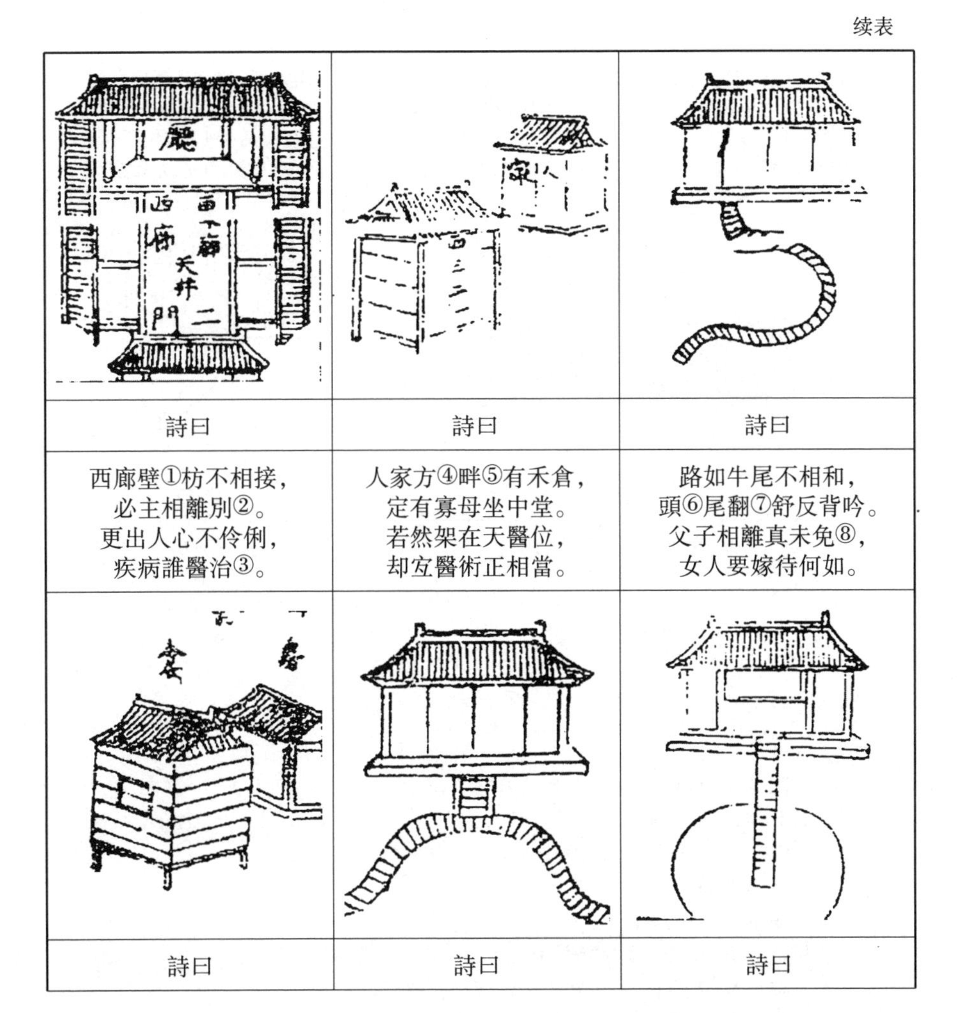

詩曰	詩曰	詩曰
西廊壁①枋不相接， 必主相離別②。 更出人心不伶俐， 疾病誰醫治③。	人家方④畔⑤有禾倉， 定有寡母坐中堂。 若然架在天醫位， 却宜醫術正相當。	路如牛尾不相和， 頭⑥尾翻⑦舒反背吟。 父子相離真未免⑧， 女人要嫁待何如。
詩曰	詩曰	詩曰

---

① 北大B本为“壁”，应误。
② 中科院C本为“人”，应误。
③ 中科院C本为“沼”，应误。
④ 中科院C本北大B本为“左”。
⑤ 北大B本为“解”，应误。
⑥ 中科院C本、天图B本、北大B本为“首”。
⑦ 北大B本为“翻”。
⑧ 中科院C本、天图B本为“人”，应误。

续表

<table>
<tr><td>禾倉①背后作房間，
名爲②疾病山③。
連年困臥不離床，
勞病最恓④惶。</td><td>有路行來似鉄⑤了⑥，
父南子北不寧家。
更言一拙誠堪拙，
典賣田園難⑦免他。</td><td>路⑧若鈔羅與銅⑨角⑩，
積⑪招疾病無⑫人覺⑬。
瘟瘟麻⑭痘若相⑮侵，
痢⑯疾師巫反有法。</td></tr>
<tr><td colspan="2"> </td><td> </td></tr>
<tr><td colspan="2">詩曰</td><td>詩曰</td></tr>
<tr><td colspan="2">人家不宐⑰居水閣，
過房并接脚。
兩邊池水太侵門，
流傳兒孫好大脚。</td><td>方來不滿破分田，
十相人中有不全。
成敗又多徒費力⑱，
生⑲離出去豈無還。</td></tr>
</table>

① 北大 B 本为“舍”。
② 中科院 C 本、天图 B 本、北大 B 本为“馮”，应误。
③ 北大 B 本为“出”，应误。
④ 中科院 C 本、天图 B 本为“兩”；北大 B 本为“西”。
⑤ 北大 B 本为“鈌”，应误。
⑥ 北大 B 本为“子”，应误。
⑦ 中科院 C 本、天图 B 本为“[illegible]”。
⑧ 中科院 C 本、天图 B 本、北大 B 本为“合”，应误。
⑨ 中科院 C 本、天图 B 本、北大 B 本为“兄”，应误。
⑩ 北大 B 本为“賢”，应误。
⑪ 中科院 C 本、天图 B 本、北大 B 本为“不”。
⑫ 中科院 C 本、天图 B 本、北大 B 本此处“病無”二字为“可手”。
⑬ 北大 B 本为“曽”。
⑭ 北大 B 本“瘟麻”二字为“免用”。
⑮ 中科院 C 本、天图 B 本此处“瘟麻痘若相”五字为“免用若后相”。
⑯ 北大 B 本为“病”。
⑰ 中科院 C 本、天图 B 本为“宜”。
⑱ 北大 B 本为“方”，应误。
⑲ 北大 B 本为“牛”，应误。

续表

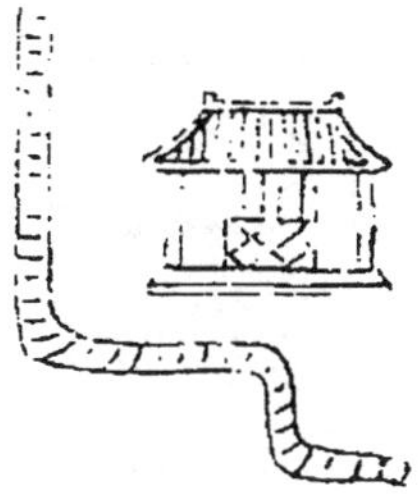	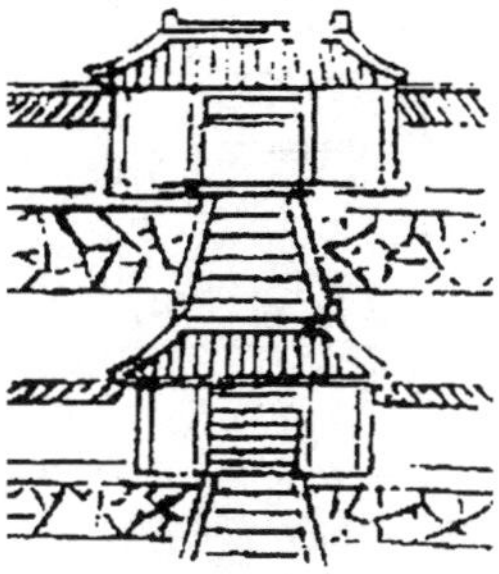	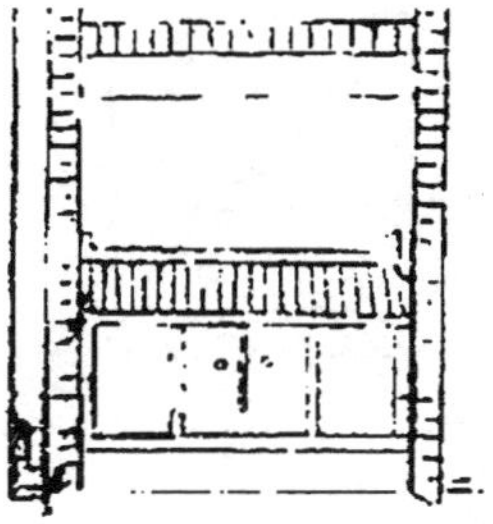
詩曰	詩曰	詩曰
故身一路横哀哉， 屈屈來朝入亢①蛇， 家宅不安死外地， 不宜墻壁反教餘。	門高叠叠似靈山， 但合僧堂道院看。 一直倒門無曲折， 其家終冷也孤单。	四方平正名金斗， 富足田園糧萬畆。 篱②墻回環無破陷③， 年年進益添人口。
	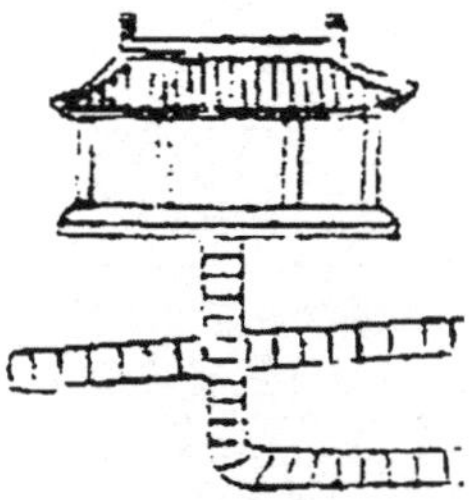	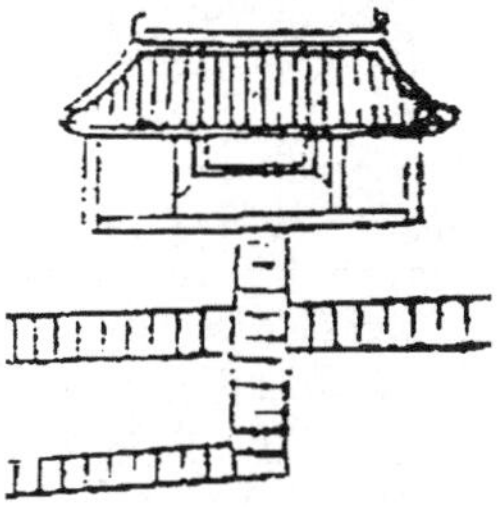
詩曰	詩曰	詩曰
墻圳如弓④抱， 名曰進田山。 富足人財好， 更有清貴官。	左邊七字須端正， 方斷財山定。 反⑤然一刀⑥死鴨形， 日日鬧相爭。	若見門前七字去， 斷⑦作辨金路。 其家富貴足錢財， 金玉似山堆。

① 底本原为“亢”。
② 北大 B 本为“籬”。
③ 国图 G 本、中科院 C 本、天图 B 本为“陷”。
④ 北图本原为“弓”，中科院 C 本、北大 B 本为“方”。
⑤ 中科院 C 本、北大 B 本为“或”。
⑥ 中科院 C 本、天图 B 本、北大 B 本为“似”。
⑦ 中科院 C 本、天图 B 本为“断”。

续表

 詩曰	 詩曰	 詩曰
屋前行路漸漸大， 人口常安泰①。 更有朝水向前來， 日日進錢財。	土堆似人攔路抵， 自②縊不③由賢。 若在田④中⑤却是牛， 名爲印綬保千⑥年。	門前上⑦堆如人背， 上⑧頭生石出徒配， 自他漸漸生茅草， 家口常憂惱。

詩曰	詩曰	詩曰
右邊墻路如直出， 時時㸃寃屈。 怨嫌無好一夫兒， 代代出生離⑨。	路如衣帶細⑩叅詳， 歲歲灾危反位當。 自嘆⑪資身多耗散， 頻頻退失好恓惶。	左⑫邊行帶事亦同， 男人效病手拍風。 牛羊⑬六畜空费力， 雖得財錢一旦空。

① 北大B本为“桼”,“泰”之异体字。
② 中科院C本为“白”,应误。
③ 北大B本为“文”。
④ 北大B本为“山”。
⑤ 中科院C本为“申”,应误。
⑥ 北大B本此字漫漶,但非“千”字。
⑦ 此字应为“土”之误。
⑧ 中科院C本、北大B本为“土”。
⑨ 北大B本为“誰”,应误。
⑩ 中科院C本、天图B本、北大B本为“相”,应误。
⑪ 北大B本为“冀”,应误。
⑫ 中科院C本为“庄”,应误。
⑬ 中科院C本、北大B本为“寺”,应误。

续表

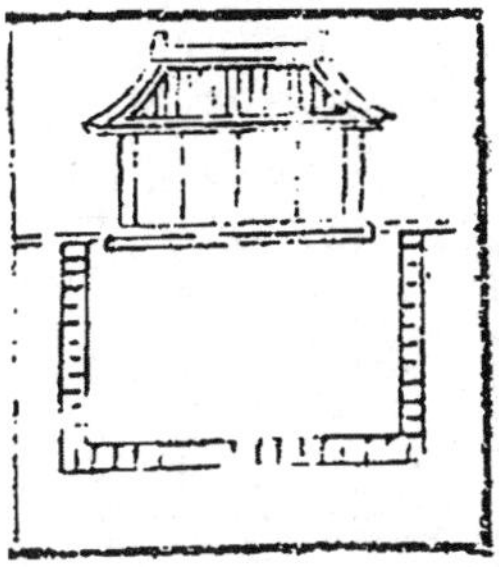	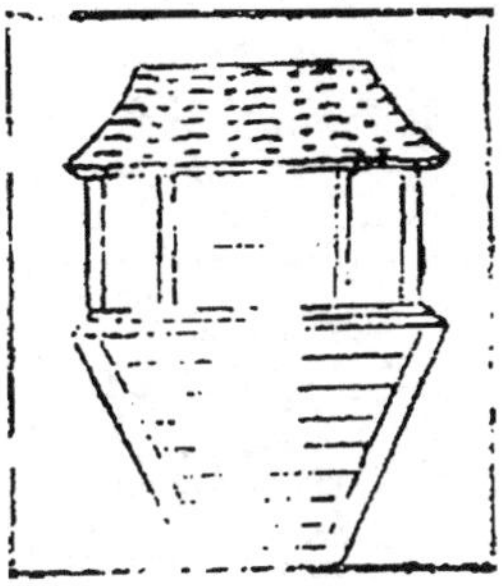	
詩曰	詩曰	詩曰
門前土墻如曲尺， 進契人家吉。 或然曲尺向外長， 妻壻①哭②分張。	門前行路漸漸小， 口食隨時了。 或然直去又低垂③， 退落不知時。	前街④玄武入門來， 家中常進⑤財。 吉方更有朝水至， 富貴進田牛。
	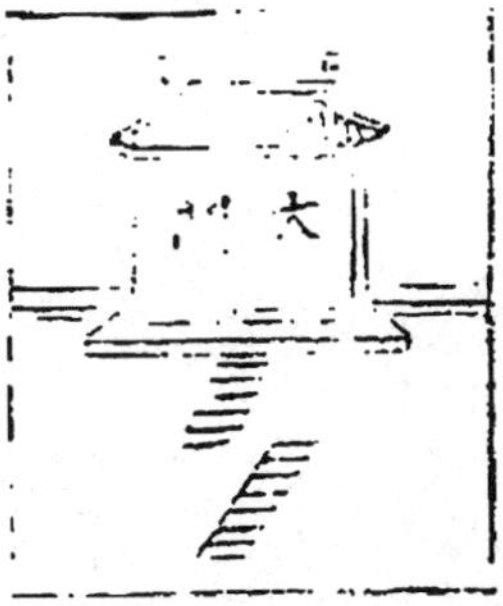	
詩曰	詩曰	詩曰

① 古同“婿”。

② 中科院 C 本、北大 B 本为“尖”，应误。

③ 中科院 C 本为“重”。

④ 北大 B 本为“相”。

⑤ 北大 B 本为“有”。

续表

路若源①頭水并流， 庄田千萬豈能留。 前去若②更低低③去， 退後離鄉④散⑤手遊。	路如燭焰⑥冒長⑦能， 可嘆⑧其家小口亡， 兒子賣田端的有， 不然父母也投河。	門前腰帶田陸大， 其家有分解。 園⑨墻四畔更囬⑩還， 名曰進財山。
	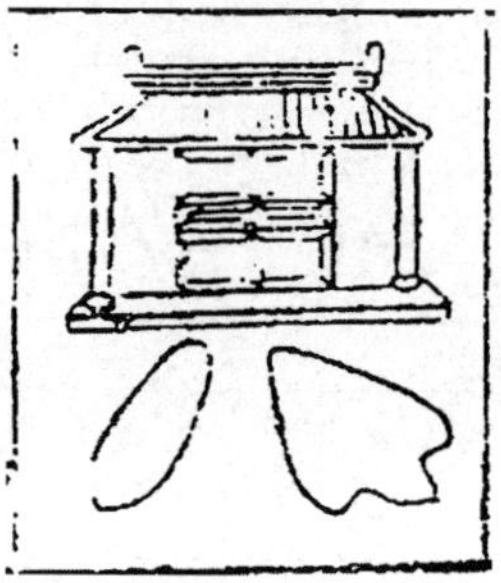	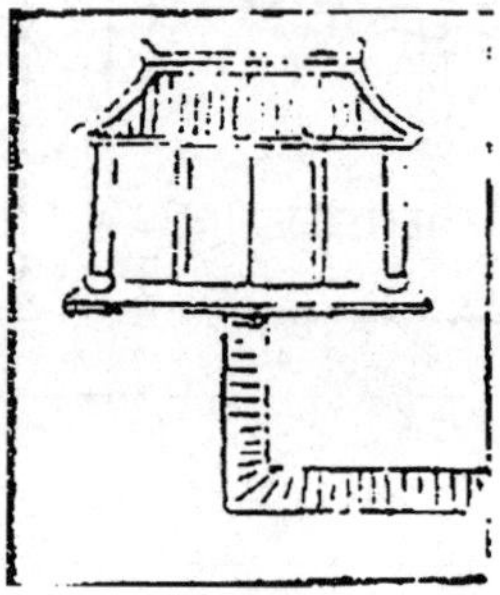
詩曰	詩曰	詩曰
門前有路如員障， 八尺十二数⑪。 此窟名如陪⑫地⑬金， 旋⑭旋入庄田。	門前行路如鵞鴨， 分明兩邊⑮着。 或然又如鵞掌形， 日舌不曾停。	有路行來若火勾， 其家退落更能偷⑯。 若還有路從中入， 打殺他人未肯休。

① 中科院 C 本、天图 B 本、北大 B 本为“流”,应误。

② 中科院 C 本、天图 B 本、北大 B 本为“茉”。

③ 中科院 C 本、天图 B 本为“伐”;北大 B 本“低低”二字为“隹伐”。

④ 中科院 C 本、北大 B 本为“郊”。

⑤ 中科院 C 本、天图 B 本、北大 B 本为“故”。

⑥ 中科院 C 本、天图 B 本、北大 B 本为“鄉”,应误。

⑦ 中科院 C 本为“旻”;北大 B 本为“能”。

⑧ 中科院 C 本、天图 B 本、北大 B 本为“奠”。

⑨ 北大 B 本为“圓”。

⑩ 中科院 C 本、天图 B 本、北大 B 本为“回”。

⑪ 中科院 C 本、天图 B 本、北大 B 本为“數”。

⑫ 中科院 C 本为“噴”;北大 B 本为“啃”。

⑬ 北大 B 本为“池”。

⑭ 北 B 版为“旋”。

⑮ 中科院 C 本“兩邊”为“西游”;北大 B 本为“西邊”,应误。

⑯ 中科院 C 本、天图 B 本、北大 B 本“能偷”为“洼竹”。

续表

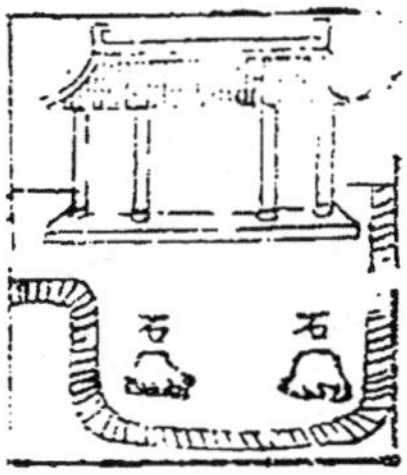 詩曰①	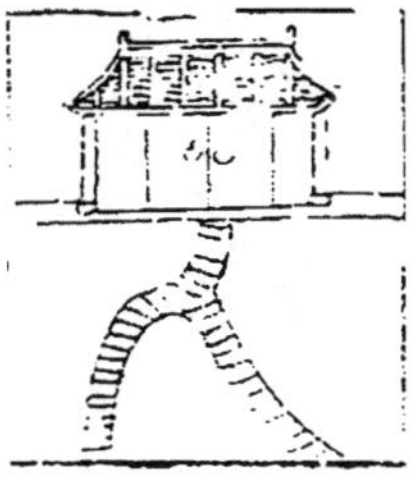 詩曰	 詩曰
雙槐門前路扼②精， 先知室女有風聲， 身懷六甲方行嫁， 却笑人家濁不貞。	一來一往似立蟠， 家中發後事多般。 須招口舌重重起， 外來兼之鬼入門。	門前石面似盤平， 家富有聲名。 南③邊夾④從進寶山， 足食更⑤清閑⑥。
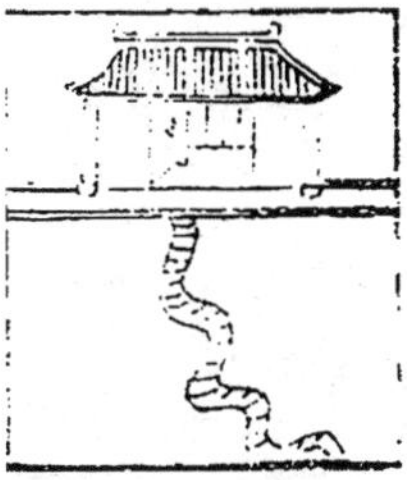	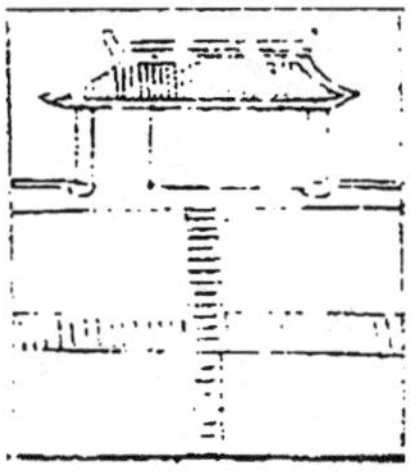	
詩曰	詩曰	詩曰
翻⑦連屈曲名蚯蚓， 有路如斯人氣緊。 生⑧離未免兩分飛， 損子傷妻家道虧。	十字路來才分谷， 兒孫手藝最堪爲。 雖然温飽多成敗， 只因娼好寶已⑨虚。	門前見有三重石， 如人坐睡直。 定主二夫共一妻， 蚕月養春宜。

① 天图 B 本自此首诗之前较北图本多一页，即十二首诗。
② 中科院 C 本、天图 B 本、北大 B 本为“折”。
③ 原文漫漶，北大 B 本为“兩”，应是。
④ 中科院 C 本为“[illegible]”。
⑤ 中科院 C 本、北大 B 本为“土”。
⑥ 中科院 C 本、北大 B 本为“有”。
⑦ 中科院 C 本为“残”；北大 B 本为“剳”。
⑧ 中科院 C 本为“主”。
⑨ 中科院 C 本为“巳”。

续表

		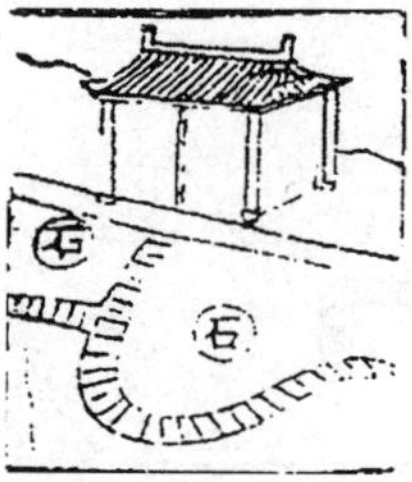
詩曰①	詩曰	詩曰
屋邊有石斜聳出, 人家常仰郁。 定招風疾及困貧, 口食每求人。	排筭雖然路直横, 須教筆②硯案頭生。 出入巧性③多才學, 池沼④爲財輕富榮。	路來重曲號爲州, 内有池⑤塘或石頭。 若不爲官須巨富, 侵州侵縣置田疇。
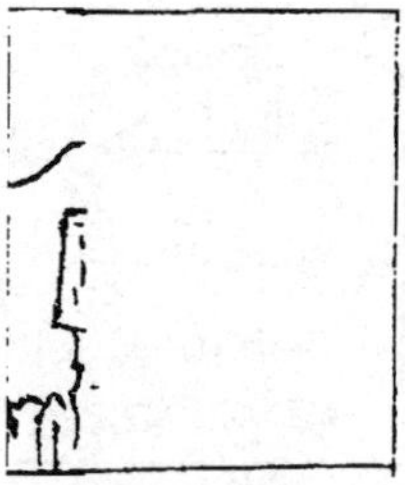		
詩曰⑥	詩曰	詩曰
右面四方高, 家裏産英豪。 渾如斧鑿成, 其山出貴人。	路如人字意如何, 兄弟分推隔用多。 更主家中紅焰起, 定知此去更無蘆。	石如蝦蟆草似秧, 怪異入廳堂。 駝腰背曲家中有, 生子形容醜⑦。

① 北图本此条目图与文字均有缺,国图G本、中科院C本、北大B本此首完整,现据中科院C本补充完整,包括对应插图。

② 中科院C本为“豈”,应误。

③ 原文漫漶,或为“徃”之误,中科院C本、天图B本为“枉”。

④ 中科院C本、天图B本为“𠜂加”,应误。

⑤ 中科院C本、天图B本为“泣”,应误。

⑥ 底本此条目图与文字均有缺,国图G本、中科院C本、北大B本此诗完整,现据中科院C本补充完整。

⑦ 此字原文漫漶,据故宫珍本补出,中科院C本、天图B本、北大B本“丑”字空缺。

三、故宫珍本为底本校勘

新鐫京板工師雕斵[①] 正式魯班經匠家鏡卷之一[②]

北京提督工部御[③]匠司司正　午榮　彙編
局匠所　把總　章嚴　仝[④]集
南京遞[⑤]匠司司承　周言　校正[⑥]

人家起造伐木[⑦]

入山伐木法：凡伐木日辰及起工日，切不可犯穿山殺。匠人入山伐木起工，且[⑧]用看好木頭根數，具立平坦處斫伐，不可老[⑨]草，此用人力以所爲也。如或木植[⑩]到塲[⑪]，不可堆放黄殺方，又不可犯皇[⑫]帝八座，九天大座，餘日皆吉。

伐木吉日：己巳、庚午、辛未、壬申、甲戌[⑬]、乙亥、戊寅、己卯、壬午、甲申、乙酉、戊子、甲午、乙未、丙申、壬寅、丙午、丁未、戊申、己酉、甲寅、乙卯、己未、庚申、辛酉，定、成、開日吉[⑭]。又宐[⑮]明星、黄道、天德、月德。

---

① 中科院B本为“斵”。

② 此校勘以《故宫珍本叢刊》中的《新鐫京板工師雕斵正式魯班經匠家鏡》（以下简称故宫珍本）为底本；与此版校对的是中科院B本：新鐫京板工師雕斵正式魯班經匠家鏡　三卷　秘訣仙机一卷，明末刻本，有图，卷一抄配，九行二十字，三册一函；辅以北大B本：新刻京板工師雕鏤正式魯班經匠家鏡；天图B本：新鐫工師雕斵正式魯班木經匠家鏡。

③ 中科院B本为“御”。

④ 故宫珍本为“仝”，中科院B本为“仝”。

⑤ 中科院B本为“御”。

⑥ 天图B本在作者信息之后，“人家起造伐木”条目之前有“魯班仙师源流”六字。

⑦ 底本此条目前空一行，中科院B本无空行。

⑧ 中科院B本为“宜”。

⑨ 中科院B本为“潦”。

⑩ 故宫珍本为“植”，中科院B本为“植”。

⑪ 中科院B本为“塲”，下文同，不再注。

⑫ 中科院B本为“星”。

⑬ 中科院B本为“寅”。

⑭ 中科院B本为“告”。

⑮ 古同“宜”，中科院B本为“宜”，下文同，不再注。

忌刀砧殺、斧頭、龍虎、受сп[1]、天賊、日月砧、危日、山隔、九土鬼、正四廢[2]、魁罡日、赤口、山痕、红觜朱雀。

起工架馬:凡匠人興工,須用按祖留下格式,將水長先放在吉方,然後將後步柱[3]安放馬上,起看俱用翻鋤向内動作。今有晚學木匠則先將棟柱用工,則不按魯班之法後步柱先起手者,則先後方且有前先就低而後高,自下而至上,此爲依祖式也。凡造宅用深淺闊[4]狹、高低相等、尺寸合格,方可爲之也。

起工破木:宜己巳、辛未、甲戌、乙亥、戊寅、己卯、壬午、甲申、乙酉、戊子、庚寅、乙未、己亥、壬寅、癸卯、丙午、戊申、己酉[5]、壬子、乙卯、己未、庚申、辛酉,黄道、天成、月空、天月二德及合神、開日吉。

忌刀砧殺、木馬殺、斧頭殺、天賊、受死、月破、破敗、燭火、魯般殺、建日、九[6]土鬼、正四廢、四離[7]、四絶、大小空亾[8]、荒蕪、凶敗、滅没日,凶。

總　論

論新立宅架馬法:新立[9]宅舍,作主人眷既[10]巳[11]出火避宅,如起工卽[12]就[13]坐上架馬,至如竪造吉日,亦可通用。

論淨盡拆除舊宅倒堂竪造架馬法:九[14]盡拆除舊宅、倒堂竪造,作主人

---

① 此字应为“死”之异体字,中科院B本为“死”。
② 中科院B本为“瘥”,不再出注。
③ 中科院B本为“在”。
④ 中科院B本为“濶”。
⑤ 中科院B本为“卯”。
⑥ 中科院B本为“凡”。
⑦ 中科院B本为“絶”。
⑧ 中科院B本为“亡”。
⑨ 中科院B本“新立”为“拆竪”。
⑩ 中科院B本为“既”。
⑪ 此字应为“已”之误。
⑫ 古同“即”,中科院B本为“即”,下文同,不再注。
⑬ 中科院B本为“號”。
⑭ 古同“凡”,中科院B本为“凡”,下文同,不再注。

眷既已出火避宅，如起工架馬，與新立宅舍架馬法同。

論坐宮修方架馬法：凡作主不出火避宅，但就所修之方擇吉方上起工架馬，吉；或別擇吉架馬，亦利[①]。

論移宮修方架馬法：凡移宮修方，作主人眷不出火避宅[②]，則就所修之方擇取吉方上起工架馬。如出火避宅，起工架馬却不問方道。

論架馬活法[③]：凡修作在柱近空屋內，或在一百步之外起寮架，凡修作在柱近空屋內，或在一百[④]，脩造起符便馬，却不問方道。

起符吉日其法

用工修造百無日起造隨事臨時自起符後一任

論修造起符所忌

昭告符若法凡修造家主行年得運自宜用年得運白作造家主行年不得運白而以弟子行符起[⑤]殺，但用作主一人名姓昭告山頭龍神，則定磉[⑥]扇架、竪柱日，避本命日及[⑦]對主日俟。修造完備，移香火隨符入宅，然後卸符安鎮宅舍[⑧]。

論東家修作西家起符照方法

凡隣家修方造作，就本家宮中置羅經，格定隣家所修之方。如值年官符、三殺、獨[⑨]火、月家飛宫、州縣官符、小兒杀[⑩]、打頭火[⑪]、大月建、家主[⑫]

① 中科院B本为“吉利”，字体小一号。
② 中科院B本为“舍”。
③ 故宫珍本、北大B本此条目内容乱，为第三页的前半页刻印错位。
④ 故宫珍本此处“凡修作在柱近空屋内或在一百”十三字重复。
⑤ 因前行复刻十三字，导致下划线处文字错乱，无法成句。
⑥ 中科院B本为“條”。
⑦ 中科院B本为“辰”。
⑧ 中科院B本为“金”。
⑨ 中科院B本为“燭”。
⑩ 中科院B本为“殺”。
⑪ 中科院B本无此字。
⑫ 中科院B本“家主”为“身家”。

身皇定命,就本家屋内前後左右起立符,使依移官法坐符使,從權請定祖先、福神,香火暫歸空界,將符使照起隣家所修之方,令轉而爲吉方。俟月𥫗[①]過,視本家住居當初永定方道,無緊杀占,然後安奉祖先香火、福神,所有符使,待歲除方可卸也。

畫柱繩墨:右吉日宜天、月二德,併三白、九紫值日時大吉。齊柱脚,宜寅申、己亥日。

總 論

論𦘕[②]柱繩墨併齊木料[③],開柱眼,俱以白星爲主。葢[④]三白九紫,匠者之大用也。先定日時之白,後取尺寸之白,停停當當,上合天星應昭,祥光覆護[⑤],所以住者獲福之吉,豈知乎此福於是補出,便右吉日不犯天瘟、天賊、受死、轉殺、大小火星、荒蕪、伏斷等日。

動土平基:塡[⑥]基吉日。甲子、乙丑、丁卯、戊辰、庚午、辛未、己卯、辛巳、甲申、乙未、丁酉、己亥、丙午、丁未、壬子、癸丑、甲寅、乙卯、庚申、辛酉。築墻宜伏斷、閉日吉。補築墻,宅龍六七月占墻。伏龍六七月占西墻二壁,因雨[⑦]傾倒,就當日起工便築,卽爲無犯。若竢[⑧]晴後停留三五日,過則[⑨]須擇日,不可輕動。泥飾垣墻,平治道塗,甃砌皆基,宜平日吉。

總 論

論動土方:陳希夷《玉鑰匙》云:土[⑩]皇方犯之,令人害瘋痨、水蠱。土[⑪]

---

① 中科院B本为“餘”。
② 中科院B本为“畫”,下文不再出注。
③ 中科院B本为“計”。
④ 中科院B本为“盖”。
⑤ 故宫珍本原为“䕶,今改。
⑥ 中科院B本为“平”。
⑦ 中科院B本为“傾”。
⑧ 中科院B本为“鈇”。
⑨ 中科院B本为“期”。
⑩ 中科院B本为“玉”。
⑪ 中科院B本为“上”。

符所在之方，取土動土犯之，主浮腫水氣。又據[1]術者云：土瘟日并方犯之，令人兩脚浮腫。天賊日起手動土，犯之招盜。

論取土動土，坐宮修造不出避火，宅須忌年家、月家殺殺方。

定磉扇架：宜甲子、乙丑、丙寅、戊辰、己巳、庚午、辛未、甲戌、乙亥、戊寅、己卯、辛巳、壬午、癸未、甲申、丁亥、戊子、己丑、庚寅、癸巳、乙未、丁酉、戊戌、己亥、庚子、壬寅、癸卯、丙午、戊申、己酉、壬子、癸丑、甲寅、乙卯、丙辰、丁巳、己未、庚申、辛酉。又宜天德、月德、黄道，併諸吉神值日，亦可通用。忌正四廢、天賊、建、破日。

竪柱吉日：宜己巳、辛丑、甲寅、乙亥、乙酉、己酉、壬子、乙巳、己未、庚申、戊子、乙未、己𠅘[2]、己卯、甲申、己丑、庚寅、癸卯、戊申、壬戌、丙寅、辛巳。又宜寅、申、巳、亥爲四柱日，黄道、天月二德諸吉星，成、開日吉。

上梁[3]吉日：宜甲子、乙丑、丁卯、戊辰、己巳、庚午、辛未、壬申、甲戌、丙子、戊寅、庚辰、壬午、甲申、丙戌、戊子、庚寅、甲午、丙申、丁酉、戊戌、己亥、庚子、辛丑、壬寅、癸卯、乙巳、丁未、己酉、辛亥、癸丑、乙卯、丁巳、己未、辛酉、癸亥，黄道、天月二德諸吉星，成、開日吉。

拆屋吉日：宜甲子、乙丑、丙寅、戊辰、己巳、辛未、癸酉、甲戌、丁丑、戊寅、己卯、癸未、甲申、壬辰、癸巳、甲午、乙未、己亥、辛丑、癸卯、己酉、庚戌、辛亥、丙辰、丁巳、庚申、辛酉，除日吉。

葢屋吉日：宜甲子、丁卯、戊辰、己巳、辛未、壬申、癸酉、丙子、丁丑、己卯、庚辰、癸未、甲申、乙酉、丙戌、戊子、庚寅、丁酉、癸巳、乙未、己亥、辛丑、壬寅、癸卯、甲辰、乙巳、戊申、己酉、庚戌、辛亥、癸丑、乙卯、丙辰、庚申、辛酉，定、成、開日吉。

泥屋吉日：宜甲子、乙丑、己巳、甲戌、丁丑、庚辰、辛巳、乙酉、辛亥、庚寅、辛卯、壬辰、癸巳、甲午、乙未、丙午、戊申、庚戌、辛亥、丙辰、丁巳、戊午、

① 中科院B本为“㨿”。
② 中科院B本为“亥”，应是。
③ 中科院B本为“樑”。

庚申，平、成日吉。

開渠吉日：宜甲子、乙丑、辛未、己卯、庚辰、丙戌、戊申，開、平日吉。

砌地吉日：與修造動土同看。

結砌天井吉日：

詩曰：

結修天井砌堦基，須識水中放①水圭。

格向天干埋②棓③口④，忌中順逆小兒⑤嬉。

雷霆大殺土皇廢，土忌⑥瘟符受死離。

天賊瘟囊芳⑦地破，土公土水隔痕隨⑧。

右宜以羅經放天井中，間針定取方位，放水天干上，切忌大小滅没、雷霆大殺、土皇殺方。忌土忌、土瘟、土符、受死、正四廢、天賊、天瘟、地囊、荒蕪、地破、土公箭、土痕、水痕、水⑨隔⑩。

論逐月甃地結天井砌堦基吉日

正月：甲子、壬午、戊子、庚子、乙丑、己卯、丙午、丙子、丁卯。

二月：乙⑪丑、庚寅、戊寅、甲寅、辛未、丁未、己未、甲申、戊申。

三月：己巳、己卯、戊子、庚子、癸酉、丁酉、丙子、壬子。

四月：甲子、戊子、庚子、甲戌、乙丑、丙子。

五月：乙亥、己亥、辛亥、庚寅、甲寅、乙丑、辛未、戊寅。

---

① 中科院B本为“及”。
② 中科院B本为“理”。
③ 中科院B本为“椿”。
④ 中科院B本为“日”。
⑤ 中科院B本为“鬼”。
⑥ 中科院B本“忌”字后多一“氣”字。
⑦ 中科院B本为“荒”。
⑧ 中科院B本无“隔痕隨”三字。
⑨ 中科院B本无“痕水”二字。
⑩ 中科院B本为“嗝”，当为“隔”。
⑪ 中科院B本为“己”。

六月:乙亥、己亥、戊寅、甲寅、辛卯、乙卯、己卯、甲申、戊申、庚申、辛亥、丙寅。

七月:戊子、庚子、庚午、丙午、辛未、丁未、己未、壬辰、丙子、壬子。

八月:戊寅、庚寅、乙丑、丙寅、丙辰、甲戌、庚戌。

九月:己卯、辛卯、庚午、丙午、癸卯。

十月:甲子、戊子、癸酉、辛酉、庚午、甲戌、壬午。

十一月:己未、甲戌、戊申、壬辰、庚申、丙辰、乙亥、己亥、辛亥。

十二月:戊寅、庚寅、甲寅、甲申、戊申、丙寅、庚申。

起造立木上樑式①

凡造作立木上樑,候吉日良時,可立一香案於中亭,設安普庵仙師香火,備列五色錢、香花、燈燭、三牲、菓酒供養之儀,匠師拜請三界地王②、五方宅神、鲁班三郎、十極高眞,其匠人秤丈③竿、墨斗、曲尺,繫放香棹米桶上,并巡官羅金安頓,照官符、三煞凶神、打退神殺,居住者永遠吉昌也。

請設三界地主魯班仙師祝上樑文

伏以日吉時良,天地開張,金爐之上,五炷明香,虔誠拜請今年、今月、今日、今時直④符使者,伏望光臨,有事懇請。今據某道⑤、某府、某縣、某鄉、某里、某社奉道信官[士],憑術士選到今年某月某日吉時吉方,大利架造廳堂,不敢自專,仰仗直符使者,賫持香信,拜請三界四府高眞、十方賢聖、諸天星斗、十二宮神、五方地主明師,虚空過往,福德靈聰,住居香火道释,衆眞⑥門官,井竈司命六神,魯班眞仙公輸子匠人,帶來先傳後教祖本先師,望賜降

---

① 故宫珍本此条目文字较不清晰;天A版此条目清晰。

② 中科院B本为“主”。

③ 此字为“丈”之异体字,中科院B本为“丈”,下文同,不再注。

④ 中科院B本为“直”,下文同,不再注。

⑤ 中科院B本为“省”。

⑥ 古同“真”,中科院B本为“真”。

臨，伏望諸聖，跨雀①鵌②鸞，暫别宫殿之内，登車撥馬，來臨塲屋之中，既沭降臨，酒當三奠，奠酒詩曰：

初奠纔斟，聖道降臨。已享已祀，皷皷③皷琴④。布福乾坤之大，受恩江海之滚⑤。仰憑聖道，普降凡情。酒當二奠，人神喜樂。大布恩光，享來禄爵。二奠盃觴，永威⑥灾殃。百福降祥，萬壽無疆。酒當三奠，自此門庭常貼泰，從兹男女永安康，仰荑聖賢流恩澤，廣置⑦田産降福降祥。上來三奠已畢，七獻云週，不敢過獻。

伏願信官［士］某，自創造上樑之後，家門浩浩，活計昌昌，千斯倉而萬斯箱，一曰富而二曰壽，公私兩利，門庭光顯，宅舍興隆，火盜雙消，諸事吉慶，四時不遇水雷迍，八節常蒙地天泰。［如或保産臨盆，有慶坐草無危，願生智慧之男，聰明富貴起家之子，云云］。凶藏煞没，各無干犯之方，神喜人懽，大布禎祥之兆。凡在四時，克臻萬善。次荑匠人，興工造作，拈刀弄⑧斧，自然目朗心開，負重拈輕⑨，莫不脚輕手快，仰賴神通，特垂庇祐，不敢久留聖駕，錢財奉送，來時當獻下車酒，去後當酬上馬盃，諸聖各歸宫闕。再有所請，望賜降臨錢財［匠人出煞，云云］。

天開地闢，日吉時良，皇帝子孫，起造高堂，［或造廟宇、庵堂、寺觀則云：仙師架造，先合陰陽］。凶神退位，惡煞潛藏，此間建立，永遠⑩吉昌。伏願榮遷之後，龍歸竇穴，鳳徙枯⑪巢，茂蔭兒孫，增崇産業者。

詩曰：

---

① 中科院 B 本为“鶴”。
② 中科院 B 本为“驂”。
③ 上图 A 本、南图 C 本、南图 D 本、上图 E 本、浙图 D 本为“瑟”。
④ 中科院 B 本、上图 E 本、南工本为“鼕”。
⑤ 此字为“深”之异体字，中科院 B 本为“深”。
⑥ 中科院 B 本为“滅”，应是。
⑦ 中科院 B 本为“庇”。
⑧ 中科院 B 本为“舞”。
⑨ 中科院 B 本为“軽”。
⑩ 中科院 B 本为“逺”。
⑪ 中科院 B 本为“梧”。

一聲槌響透天門，萬聖千賢左右分。
天煞打歸天上去，地煞潛①歸地裏藏。
大厦千間生富貴，全家百行益兒孫。
金槌敲處諸神護，惡煞凶神急②速奔。

造屋間數③吉凶例

一間凶，二間自如，三間吉，四間凶，五間吉，六間凶，七間吉，八間凶，九間吉。

歌曰：五間廳三間堂，創後三年必招殃。始五間廳，三間堂，三年内殺五人，七年庒④敗，凶。四間廳，三間堂，二年内殺四人，三年内殺七人。來二間無子，五間絶。三架廳、七架堂，凶。七架廳，吉，三間廳，三間堂，吉。

斷水平法

莊子云："夜静⑤水平。"俗⑥云，水從平則止。造此法，中立一方表，下作十字拱頭，蹄脚上横過一方，分作三分，中開水池，中表安二線垂⑦下，將一小石頭墜正中心，水池中立三個水鴨子，實要匠人定得木⑧頭端正，壓尺十字，不可分毫走失，若依此例，無不平正也。

畫⑨起屋様

木匠接式，用精紙一幅，畫地盤濶狹深淺，分下間架或三架、五架、七架、

① 中科院B本为"濳"。
② 此字为"急"之异体字，中科院B本为"急"。
③ 中科院B本为"数"。
④ 此字为"庄"之异体字，中科院B本为"莊"。
⑤ 中科院B本为"静"。
⑥ 中科院B本为"林"。
⑦ 古同"垂"，中科院B本为"垂"。
⑧ 中科院B本为"水"。
⑨ 中科院B本为"畫"。

九架、十一架，則王[1]主人之意，或柱柱落地，或偷柱及樑栟[2]，使過步樑、眉樑、眉枋，或使斗磉者，皆在地盤上停當。

魯般眞[3]尺

按魯般尺乃有曲尺一尺四寸四分，其尺間有八寸，一寸堆[4]曲尺一寸八分。內有財、病、離、義、官、刼[5]、害、本也。凡人造門，用伏尺法也。假如單扇門，小者開二尺一寸，一白，般尺在"義"上，单[6]扇門開二尺八寸，在八[7]白，般尺合"吉"上[8]，雙扇門者，用四尺三寸一分，合四綠[9]一白，則爲本門，在"吉"上。如財門者，用四尺三寸八分，合"財"門，吉。大雙扇門，用廣五尺六寸六分，合兩白[10]，又在"吉"上。今時匠人則開門濶四尺二寸，乃[11]爲二黑，般尺又在"吉"上，及五尺六寸者，則"吉"上二分，加六分正在"吉"中，爲佳也。皆用依法，百無一失，則爲良匠也。

魯般尺八首

財字

財字臨門仔細詳，外門招得外才良。
若在中門常自有，積財須用大門當。
中房若合安於[12]上，銀帛[13]千箱與萬箱。

---

① 此字应为"在"之别字。
② 中科院B本为"枅"。
③ 中科院B本为"真"。
④ 此处"堆"字疑为"准"字，亦或为"对"之通假。
⑤ 中科院B本为"刦"。
⑥ 中科院B本为"單"。
⑦ 中科院B本为"本"。
⑧ 中科院B本为"立"。
⑨ 中科院B本为"六"。
⑩ 中科院B本"兩白"为"前自"。
⑪ 中科院B本为"合"。
⑫ 中科院B本为"于"。
⑬ 中科院B本为"吊"。

木匠若能明此理，家中福綠自榮昌。

病字

病字臨門招疫疾，外門神鬼入中庭。
若在中門逢此字，灾須輕可免危聲。
更被①外門相照對，一年两度送尸靈。
於中若要無凶禍，厠上無疑是好親。

離字

离字臨門事不祥，仔細排來在甚方。
若在外門并中户，子南父北自分張。
房門必主生離别，夫婦恩情兩處忙。
朝夕士家常作鬧，恓②惶無地禍誰當。

義字

義字臨門孝順生，一字中字最爲眞③。
若在都門招三婦，廊門淫婦戀花聲。
於中合字雖爲吉，也有興灾害及人。
若是十分無灾害，只有厨門實可親。

官字

官字臨門自要詳，莫教安在大門場。
須妨公事親州府，富貴中庭房自昌。
若要房門生貴子，其家必定出官廊④。

① 中科院B本为“俻”。
② 中科院B本为“栖”。
③ 中科院B本为“真”。
④ 中科院B本为“郎”。

富家①人家有相壓,庻②人之屋實難量。

刧③字

刧④字臨門不足誇,家中日日事如麻。

更有害門相照看,凶來疊疊⑤禍無差。

兒孫行刧⑥身遭苦,作事因循害刼家。

四惡四凶星不吉,偷人物件害其佗。

害字

害字安門用細尋,外人多被外人臨。

若在内門多興禍,家財必被賊來侵。

兒孫行門于害字,作事須因破其家。

良匠若能明此理,管教宅主永興隆。

吉字

吉字臨門最是良,中官内外一齊強⑦。

子孫夫婦皆榮貴,年年月月在蠶桑。

如有財門相照者⑧,家道興隆大吉昌。

使有凶神在傍⑨位,也無災害亦風光。

---

① 中科院B本为“貴”。

② 中科院B本为“庶”。

③ 中科院B本为“劫”。

④ 中科院B本为“劫”。

⑤ 中科院B木为“叠叠”。

⑥ 中科院B本为“刦”。

⑦ 中科院B本为“强”。

⑧ 中科院B本为“看”。

⑨ 中科院B本为“傍”。

本門詩

本子[1]開門大吉昌，尺頭尺尾正[2]相當。

量來尺尾須[3]當吉，此到頭來財上量。

福祿乃爲門上致，子孫必出好兒郎。

時師依此仙賢造，千倉萬廩有餘糧。

曲尺詩

一白惟如六白良，若然八白亦爲昌。

但將般尺來相湊，吉少凶多必主殃。

---

① 中科院B本为“字”。
② 中科院B本为“上”。
③ 中科院B本为“雖”。

曲尺之啚[1]

一白、二黑、三碧、四綠[2]、五黄、六白、七赤、八白、九紫、一[3]白。

論曲尺根由[4]

曲尺者,有十寸,一寸乃十分。凡遇起造經營,開門高低、長短度量,皆在此上。須當凑對魯般尺八[5]寸,吉凶相度,則吉多凶少,爲佳[6]。匠者但用做,此大吉也。

惟[7]起造何首合白吉星

魯般經營:凡人造宅門,門[8]一須用準,與不準及起造室院。條緝[9]車箭[10],須用準,合陰陽,然後使尺寸量度,用合“財[11]吉星”及“三白星”,方爲吉。其白外,但則九紫爲小吉。人要合魯般尺與曲尺,上下相仝爲好。用尅定神、人[12]、運、宅及其年,向首大利。

按九天玄女裝門路,以玄女尺筭之,每尺止[13]得九寸有零,却分財、病、離、義、官、刼、害、本八位,其尺寸長短不齊,惟本門與財門相接最吉。義門惟寺觀學舍,義聚之所可裝。官門惟官府可裝,其餘民俗只粧本門與財門,相接最吉。大抵尺法,各随匠人所傳,術者當依魯般經尺度爲法。

---

① 中科院B本为“圖”。
② 中科院B本为“緑”。
③ 中科院B本为“十”,应是。
④ 中科院B本无“根由”二字。
⑤ 中科院B本无此字。
⑥ 中科院B本为“良”。
⑦ 中科院B本为“惟”。
⑧ 中科院B本为“闆”。
⑨ 中科院B本为“楫”。
⑩ 中科院B本为“籍”。
⑪ 中科院B本为“則”。
⑫ 中科院B本为“八”。
⑬ 此字应为“只”之通假,下文同,不再注。

論開門步數：宜單不宜雙。行惟一步、三步、五步、七步、十一步吉，餘凶。每步計四尺五寸，爲一步，于屋簷滴水處起步，量至立門處，得單步合前財、義、官、本門，方爲吉也。

定盤眞尺

凡創造屋宇，先須用坦平地基，然後隨大小、濶狹，安磉平正。平者，穩[①]也。次用一件木料［長一丈四、五尺，有𩨨[②]，長短在人。用大四寸，厚二寸，中立表］。長短在四、五尺内實用[③]，壓曲尺，端正两邊，安八字，射[④]中心，［上繫一線重，下吊[⑤]石墜，則爲平正，直也，有實㨂[⑥]可驗[⑦]］。

詩曰：

世間萬物得其平，全仗[⑧]權衡及準繩。

創造先量基濶狹，均[⑨]分内外兩相停。

石磉切須安得正，地盤先宜鎮中心。

定將眞尺分平正，良匠當依此法眞。

推造宅舍吉凶論[⑩]

造屋基，淺在市井中，人魁之處，或外濶内狹爲[⑪]，或内内[⑫]濶外狹穿，

① 中科院B本为“稳”。
② 中科院B本此字空缺。
③ 中科院B本无“實用”二字。
④ 中科院B本为“肘”。
⑤ 中科院B本为“以”。
⑥ 中科院B本为“際”
⑦ 中科院B本为“用”。
⑧ 中科院B本為“仗”。
⑨ 中科院B本为“物”。
⑩ 中科院B本此条目位于图2之后。
⑪ 此处疑多一字。
⑫ 此处应多一字。

只得随地基所作。若内濶外①,乃名爲蝴②穴屋,則衣食自豐也。其外闊,則名為檻口屋,不爲奇也。造屋切不可前三直後二直,則爲穿心栟③,不吉。如或新起栟④,不可與舊屋棟齊過。俗云:新屋插舊棟,不久便相送。須用放低於舊屋,則曰:次棟。又不可直棟穿中門,云:穿心棟。

三架屋后车三架法

① 此处疑缺“狹”字。
② 中科院 B 本为“蝌”。
③ 中科院 B 本为“拼”。
④ 中科院 B 本为“拼”。

三架屋後車[1]三架法

造此小屋者，切不可高大。凡步柱只可高一丈零一寸，棟柱高一丈二尺一寸，段深五尺六寸，間濶一丈一尺一寸，次間一丈零一寸，此法則相稱也。

詩曰：[2]

凡人創造三架屋，般尺須尋吉上量。

濶狹高低依此法，後來必出好兒郎。

三架屋后车三架法

① 此字为"連"之通假。

② 中科院B本至"詩曰"二字之后手写部分止。

五架房子格

正五架三間，拖後一柱，步用一丈零八寸，仲高一丈二尺八寸，棟高一丈五尺一寸，每段四尺六寸，中間一丈三尺六寸，次濶一丈二尺一寸，地基濶狹則在人加減，此皆壓白之法也。

詩曰：

三間五架屋偏奇，按白量材實利宜。

住坐安然多吉慶，橫財入宅不拘時。

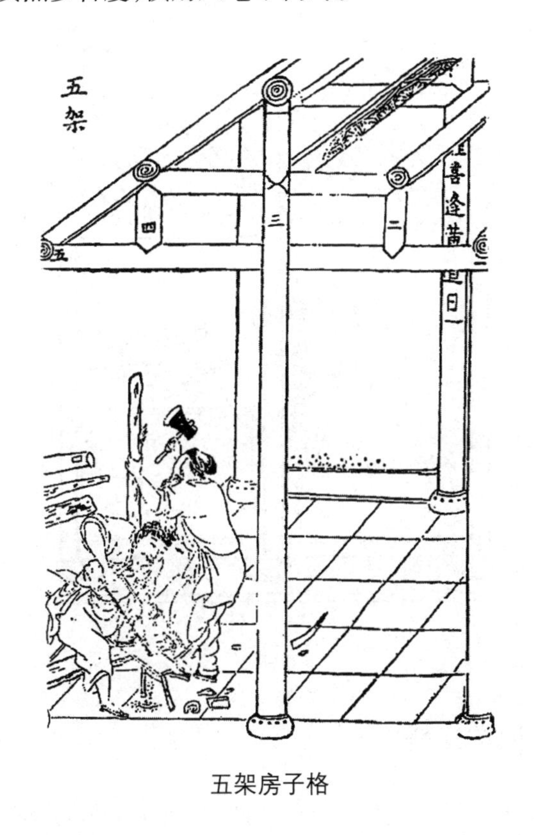

五架房子格

正七架三間格

七架堂屋，大凡架造，合用前後柱高一丈二尺六寸，棟高一丈零六寸，中間用濶一丈四尺三寸，次濶一丈三尺六寸，段四尺八寸，地基濶窄、高低、深淺隨人意加減則爲之。

詩曰：

經營此屋好華堂，並是工師巧主張。

富貴本由繩尺得，也須合用按陰陽。

正七架三间格

正九架五間堂屋格

凡造此屋，步柱用高一丈三尺六寸，棟柱或地基廣濶，宜一丈四尺八寸，段淺者四尺三寸，成十分深，高二丈二尺棟爲妙。

詩曰：

陰陽兩字最宜先，鼎創興工好向前。

九架五間堂九天①,萬年千載福綿綿。
謹按仙師眞尺寸,管教富貴足庄田。
時人若不依仙法,致使人家兩不然。

正九架五间堂屋格

鞦韆架

鞦韆架:今人偷棟栟爲之吉。人以如此造,其中創閑要坐起處,則可依此格,儘好。

① 此字疑为“尺”之误。

秋 千 架

小門式

凡造小門者，乃是塚墓之前所作，兩柱前重在屋，皮上出入不可十分長，露出殺，傷其家子媳，不用使木作，門蹄二邊使四隻將軍柱，不宜太高也。

攢焦亭

造此亭者，四柱落地，上三超四結果，使平盤方中，使福海頂、藏心柱十分要聳，瓦蓋用暗鐙釘住，則無脫①落，四方可觀之。

① 中科院B本为“脱”。

小 门 式

詩曰：

枷梢門屋有兩般，方直尖斜一様言。家有姦偷夜行子，須防横禍及道官。

詩曰：

此屋分明端正奇，暗中爲禍少人知。

只因匠者多藏素，也是時師不細詳。

使得家門長退落，緣他屋主大限衰。

從今若要兒孫好，除是從頭改過爲。

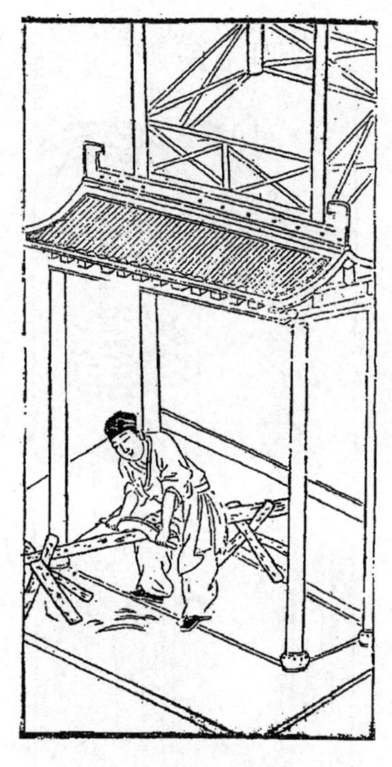

搜 焦 亭

造作門樓

新創屋宇開門之法：一自外正大門而入，次二重較門，則就東畔開吉門，須要屈曲，則不宜大直。内門不可較大外門，用依此例也。大凡人家外大門，千萬不可被人家屋脊對射，則不祥之兆也。

論起廳堂門例

或起大廳屋，起門須用好筹頭向，或作槽門之時，須用放高，與第二重門同，第三重却就栿柁起，或作如意門，或作古錢門與方勝門，在主人意愛①。

① 底本此处缺一页，中科院 B 本此处多“而爲之如不做槽門只作都門作胡字門亦佳矣”十九字；另外，中科院 B 本此条目后有“诗曰”、“上户門”、“小户門”、“庶人門”、“房門”、“债不星逐年定局方位”、“债不星逐年定局”七条目。

紅嘴朱雀凶日:庚午、己卯、戊子、丁酉、丙午、乙卯。

修門雜忌

九良星年:丁亥、癸巳占大門;壬寅、庚申占門;丁巳占前門;丁卯、己卯占後門。

丘公殺:甲巳年占九月,乙庚占十一月,丙辛年占正月,丁壬年占三月,戊癸年占五月。

逐月修造門吉日

正月癸酉,外丁酉。二月甲寅。三月庚子,外乙巳。四月甲子、庚子,外庚午。五月甲寅,外丙寅。六月甲申、甲寅,外丙申、庚申。七月丙辰。八月乙亥。九月庚午、丙午。十月申①子、乙未、壬午、庚子、辛未,外庚午。十一月甲寅。十二月戊寅、甲寅、甲子、甲申、庚子,外庚申、丙寅、丙申。

右吉日不犯朱雀、天牢、天火、燭火、九空、死氣、月破、小耗、天賊、地賊、天瘟、受死、氷②消瓦陷、陰陽錯、月建、轉殺、四耗、正四廢、九土鬼、伏斷、火星、九醜、滅門、離窠、次地火、四忌、五窮、耗絶、庚寅門、大夫死日、白虎、炙退、三殺、六甲胎神占門,并債木星爲忌。

門 光 星

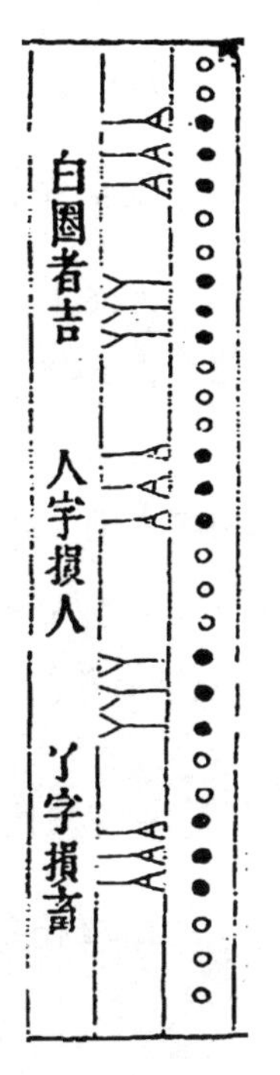

门 光 星

大月從下數上,小月从上數下。

白圈者吉,人字損人,丫字損畜。

門光星吉日定局

大月:初一、初二、初三、初七、初八、十二、十三、十四、十

① 原文如此,应为"甲"之别字。

② 古同"冰"。

八、十九、二十、廿四、廿五、廿九、三十日。

小月：初一、初二、初六、初七、十一、十二、十三、十七、十八、十九、廿三、廿四、廿八、廿九日。

總　論

論門樓，不可專主門樓經、玉輦経，誤人不淺，故不編入。門向須避直冲尖射砂水、路道、惡石、山坳[1]、崩破、孤峯、枯木、神廟之類，謂之乘殺入門，凶。宜迎水、迎山，避水斜割、悲聲。經云：以水爲朱雀者，忌夫湍。

論黄泉門路

天機訣云：庚丁坤上是黄泉，乙丙須防巽水先，甲癸向中休見艮，辛壬水路怕當乾。犯王[2]枉死少丁，殺家長，長病忤逆。

庚向忌安單坤向門路水步，丙向忌安单坤向門路水步，乙向忌安單巽向門路水步，丙向忌安單巽向門路水，甲向癸向忌安单艮向門路水步，辛壬向忌安单乾向門路水步。其法乃死絶處，朝對宮爲黄泉是也。

詩曰：

一[3]兩棟簷水流相射，大小常相罵，此屋名爲暗箭山，人口不平安。

據仙賢云：屋前不可作欄杆，上不可使立釘，名爲暗箭，當忌之。

郭璞相宅詩三首

屋前致欄杆，名曰紙錢山。

家必多喪禍，哭泣不曾閑。

詩云：

門高勝於片，後代絶人丁。

門高過於壁，其家多哭泣。

① 此字为“坳”之异体字。

② 此字疑为“主”之别字。

③ 此处疑多一字。

門扇两榜欺,夫婦不相宜。

家財當耗散,眞是不爲量。

五架屋諸式圖

五架樑栟或使方樑者,又有使界板者,及又槽搭栿斗⿰亻桑①之類,在主人之所爲也。

五架屋诸式图

五架後拖兩架

五架屋後添兩架,此正按古格,乃佳也。今時人嗅做前淺後深之說,乃

① 中科院B本为“磉”。

生生笑隠，上吉也。如造正五架者，必是其基地如此，别有實格式，學者可驗之也。

五架后拖两架

正七架格式

正七架樑，指及七架屋、川牌栟，使斗橾或柱義桁並，由人造作，後有圖式可佳。

王府宫殿

凡做此殿，皇帝殿九丈五尺高，王府七丈高，飛簷找角，不必再白。重拖五架，前拖三架，上截升拱天花板，及地量至天花板，有五丈零三尺高。

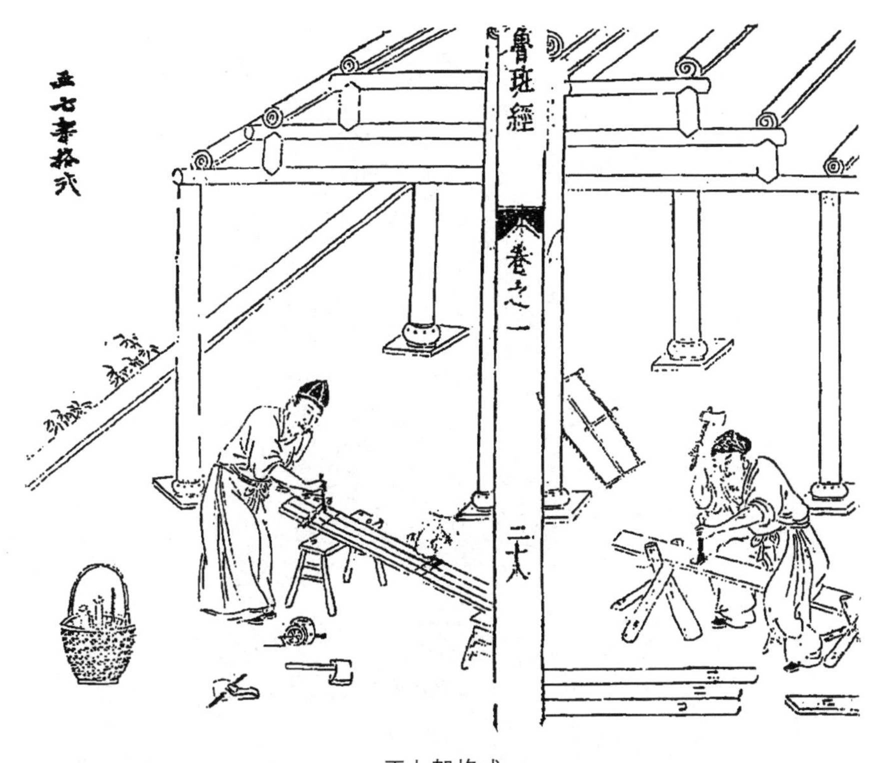

正七架格式

殿上住①頭七七四十九根,餘外不必再記,隨在加減。中心兩柱八角爲之天梁,輔佐後無門,俱大厚板片。進金上前無門,俱掛硃簾,左邊立五宫,右邊十二院,此與民間房屋同式,直出明律。門有七重,俱有殿名,不必載之。

司②天臺式

此臺在欽天監。左下層土磚石之類,週圍八八六十四丈濶,高三十三丈,下一十八層,上分三十三層,此應上觀天文,下察地利。至上層週圍俱是冲天欄杆,其木裹方外圓,東西南北反③中央立起五處旗杆,又按天牌二十

① 此字应为“柱”之通假。

② 中科院 B 本此字模糊不清。

③ 据上下文,此字应为“及”之别字。

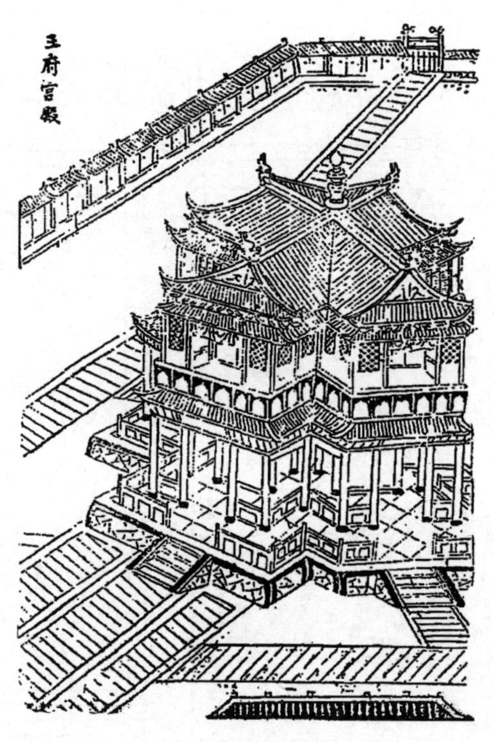

王府宫殿

八面，寫定二十八宿星主，上有天盤流轉，各位星宿吉凶乾象。臺上又有冲天一直平盤，闊方圓一丈三尺，高七尺，下四平脚穿枋串進，中立圓木一根。閂上平盤者，盤能轉，欽天監官每看①天文立於此處。

粧修正廳

左右二邊，四大孔水椹板，先量每孔多少高，帶磉至一穿枋下有多少尺寸，可分爲上下一半，下水椹帶腰枋，每矮九寸零三分，其腰枋只做九寸三分。大抱柱線，平面九分，窄上五分，上起荷葉線，下起棋盤線，腰枋上面亦然。九分下起一寸四分，窄面五分，下貼地栿，貼仔一寸三分厚，與地栿盤厚，中间分三孔或四孔，楸枋仔方圓一寸六分，閂尖一寸四分長，前楣後楣

① 古同“看”。

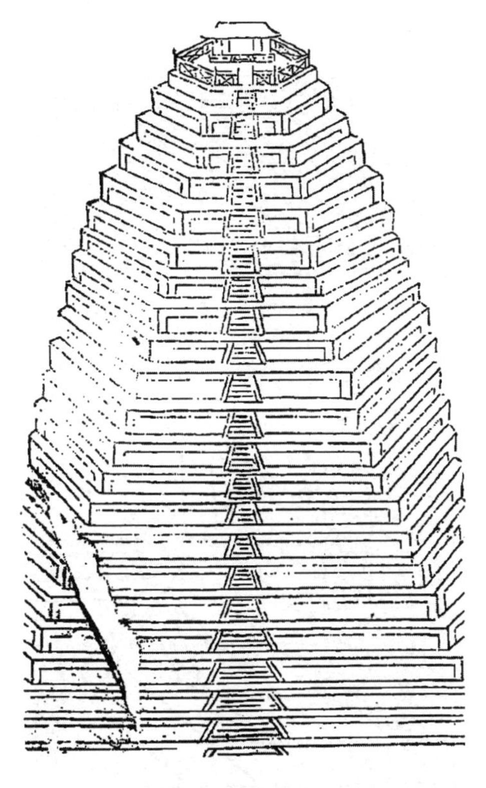

司天台式

比廳心每要高七寸三分，房間光顯冲欄二尺四寸五分，大廳心門框一寸四分厚，二寸二分大，或下四片，或下六片，尺寸要有零，子舍箱間與廳心一同尺寸，切忌兩樣尺寸，人家不和。廳上前眉兩孔，做門上截亮格，下截上行板，門框起聰管線，一寸四分大，一寸八分厚。

正堂粧修與正廳一同，上框門尺寸無二，但腰枋帶下水椹，比廳上尺寸每矮一寸八分。若做一抹光水椹，如上框門，做上截起棋盤線或荷葉線，平七分，窄面五分，上合角貼仔一寸二分厚，其別雷同。

寺觀庵堂廟宇式

架學造寺觀等，行人門身帶斧器，從後正龍而入，立在乾位，見本家人出方動手，左手執六尺，右手拿斧，先量正柱，次首左邊轉身柱，再量直出山門

寺观庵堂庙宇式

外止。吗夥同人,起手右邊上一抱柱,次後不論。大殿中間,無水椹或欄杆斜格,必用粗大,每𥮾正數,不可有零。前欄杆三尺六寸高,以應天星。或門及抱柱,各樣要筭七十二地星。菴①堂廟宇中間水椹板,此人家水椹每矮一寸八分,起線抱柱尺寸一同,已載在前,不白。或做門,或亮格,尺寸俱矮一寸八分。廳上寳棹三尺六寸高,每與轉身柱一般長,深四尺面,前叠方三層,每退墨一寸八分,荷葉線下兩層花板,每孔要分成雙下脚,或雕獅象挖脚,或做貼梢,用二寸半厚,記此。

① 古同"庵"。

装修祠堂式

粧修祠堂式

凡做祠宇爲之家廟，前三門次東西走馬，廊又次之。大廳廳之後明樓茶亭，亭之後卽寢堂。若粧修自三門做起，至内堂止。中門開四尺六寸二分濶，一丈三尺三分高，濶合得長天尺，方在義、官位上。有等說官字上不好安門，此是祠堂，起不得官、義二字，用此二字，子孫方有發達榮耀。兩邊耳門三尺六寸四分濶，九尺七寸高大，吉、財二字上，此合天星吉地德星，况中門兩邊，俱后格式。家廟不比尋常人家，子弟賢否，都在此處種秀。又且寢堂及廳兩廊至三門，只可步步高，兒孫方有尊卑，毋小期大之故，做者深詳記之。

粧修三門，水椹城板下量起，直至一穿上平分上下一半，兩邊演開八字，水椹亦然。如是大門二寸三分厚，每片用三箇暗串，其門笋要圓，門斗要扁，此開門方䨻①爲吉。兩廊不用粧架，廳中心四大孔，水椹上下平分，下截每矮七寸，正抱柱三寸六分大，上截起荷葉線，下或一抹光，或閆尖的，此尺寸在前可觀。廳心門不可做四片，要做六片，吉。兩邊房間及耳房，可做大孔田字格或窗齒可合式，其門後楣要留，進退有式。明樓不須架修，其寢堂中心不用做門，下做水椹帶地栿，三尺五高，上分五孔，做田字格，此要做活的，内奉神主祖先，春秋祭祀，拿得下來。兩邊水湛，前有尺寸，不必再白。又前眉做亮格門，抱柱下馬蹄抱住，此亦用活的，後學觀此，謹宜宓詳察，不可有悞。

神 厨 搽 式

① 中科院B本为“䨻”，据上下文，应为“嚮”之异体字。

神厨搽式

下層三尺三寸,高四尺,脚每一片三寸三分大,一寸四分厚,下鎖脚方一寸四分大,一寸三分厚,要留出笋。上盤仔二尺二寸深,三尺三寸闊,其框二寸五分大,一寸三分厚,中下兩串,兩頭合角與框一般大,吉。角止佐半合角,好開柱。脚相二個,五寸高,四分厚,中下土厨只做九寸,深一尺。窗齒欄杆,止好下五根步步高。上層柱四尺二寸高,帶嶺在内,柱子方圓一寸四分大,其下六根,中兩根,係交進的裏半做一尺二寸深,外空一尺,内中或做二層,或做三層,步步退墨。上層下散柱二個,分三孔,耳孔只做六寸五分潤,餘留中上。拱樑二寸大,拱樑上方樑一尺八大,下層下嚾眉勒水。前柱磉一寸四分高,二寸二分大,雕播荷葉。前楣帶嶺八寸九分大,切忌大了不威勢。上或下火焰屏,可分爲三截,中五寸高,兩邊三寸九分高,餘或主家用大用小,可依此尺寸退墨,無錯。

营寨格式

營寨格式

立寨之日，先下纍杆，次看羅經，再看地勢山形生絶之處，方令木匠伐木，踃定裹外營壘。内營方用廳者，其木不俱①大小，止前選定二根，下定前門，中五直木，九丈爲中央主旗杆，内分間架，裹外相串。次看外營週圍，叠分金木水火土，中立二十八宿，下“伏生傷杜日景死驚開”此行文，外代②木交架而下週建。祿角旗鎗之勢，並不用木作之工。但裹營要鉋砍找接下門之勢，其餘不必木匠。

凉　亭

① 此字应为“拘”之通假。

② 此字应为“伐”之误。

凉亭水閣式

粧修四圍欄杆，靠背下一尺五寸五分高，坐板一尺三寸大，二寸厚。坐板下或橫下板片，或十字掛欄杆上。靠背一尺四寸高，此上靠背尺寸在前不白，斜四寸二分方好坐。上至一穿枋做遮陽，或做亮格門。若下遮陽，上油一穿下，離一尺六寸五分是遮陽。穿枋三寸大，一寸九分原[1]，中下二根斜的，好開光窗。

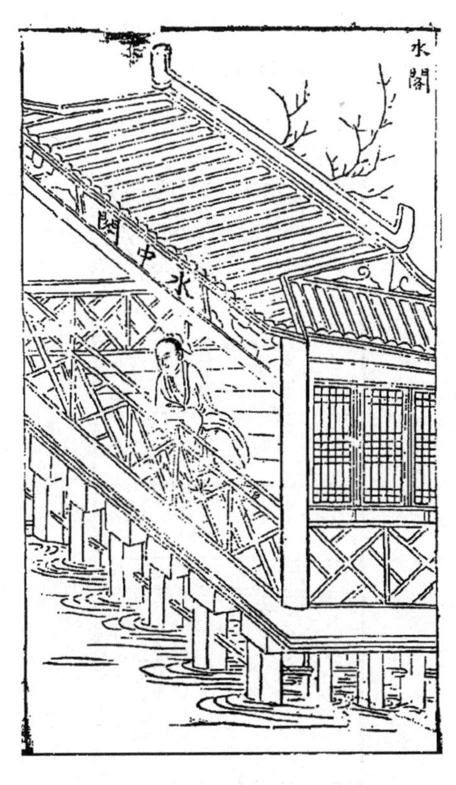

水　阁

新鐫京板工師雕斲正式魯班經匠家鏡卷之一終[2]

① 此字应为“厚”之别字。

② 故宫珍本、中B本“終”为小字。

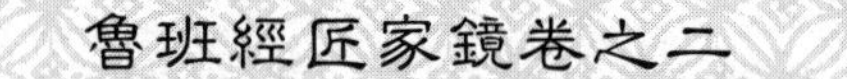

倉敖式

依祖格九尺六寸高，七尺七分濶，九尺六寸深，枋每下四片，前立二柱，開門只一尺五寸七分濶，下做一尺六寸高，至一穿要留五尺二寸高，上楣[1]枋槍門要成對，刀[2]忌成单，不吉。開之日不可内中飲食，又不可用墨斗曲尺，又不可柱枋上留字留墨，學者記之，切忌。

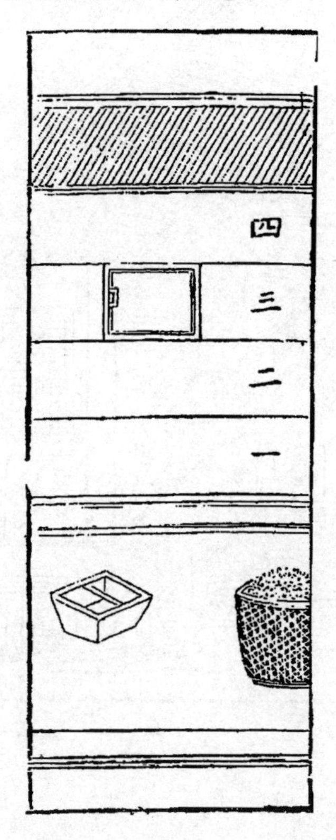

仓 敖 式

① 此字应为“楣”之通假。
② 此字应为“切”之误。

橋梁式

凡橋無粧修，或有神厨做，或有欄杆者，若從雙日而起，自下而上；若单日而起，自西而東，看屋几高几濶，欄杆二尺五寸高，坐櫈一尺五寸高。

桥 梁 式

郡殿角式

凡殿角之式，垂昂插序，則規横深奥，用升斗拱相稱。深淺濶狹，用合尺寸，或地基濶二丈，柱用高一丈，不可走祖，此爲大畧，言不盡意，宜細詳之。

郡殿角式

建鐘樓格式

凡起造鐘樓，用風字脚，四柱並用渾成梗木，宜高大相稱，散水不可大低，低則掩①鐘聲，不嚮于四方。更不宜在右畔，合在左逐寺廊之下，或有就樓盤，下作佛堂，上作平棊，盤頂結中開樓，盤心透上眞見鐘。作六角欄杆，則風送鐘聲，遠出於百里之外，則爲也。

建造禾倉格②

凡造倉敖，並要用名術之士，選擇吉日良時，興工匠人，可先將一好木爲

① 此字为“掩”之异体字。

② 中科院B本此条目完整，另有“造倉禁忌并擇方所”一条。

建钟楼格式

柱,安向北方①。

五音造牛欄法

夫牛者本姓李,元是大力菩薩,切見凡間人力不及,特降天牛來助人力。凡造牛欄者,先須用術人揀擇吉方,切不可犯倒欄殺、牛黄殺,可用左畔是坑,右②右畔是田王,牛犢必得長壽也。

造欄用木尺寸法度

用尋向陽木一根,作棟柱用,近在人屋在畔,牛性怕寒,使牛温暖。其柱長短尺寸用壓白,不可犯在黑上。舍下作欄者,用東方採保木一根,作左邊

① 故宫珍本此后缺失第四页。
② 此字应为复刻字,可略去。

建造禾仓格

角柱用,高六尺一寸,或是二間四間,不得作单間也。人家各别椽子用,合四隻則按春夏秋冬陰陽四氣,则大吉也。不可犯五尺五寸,乃爲五黄,不祥也。千萬不可使損壞的爲牛欄開門,用合二尺六寸大,高四尺六寸,乃爲六白,按六畜爲好也。若八寸係八白,则爲八敗,不可使之,恐損羣隊也。

诗曰:

魯般法度刱牛欄,先用推尋吉上安,
必使工師求好木,次將尺寸細詳看。
但須不可當人屋,實要相宜對草崗,
时師依此規模作,致使牛牲食祿寬。

合音指詩:

不堪巨石在欄前,必主牛遭虎咬邅,
切忌欄前大水窟,主牛難使鼻難穿。

又诗：

牛欄休在污溝邊，定堕牛胎損子連，

欄後不堪有行路，主牛必損爛蹄肩。

牛黄詩

牛黄一十起于坤，二十還歸震巽門，

四十宫中歸乾位，此是神仙妙訣根。

定牛入欄刀砧詩

春天大忌亥子位，夏月須在寅卯方，

秋日休逢在巳午，冬時申酉不可裝。

起欄日辰

起欄不得犯空亡，犯着之時牛必亡，

癸日不堪行起造，牛瘟必定兩相妨。

占牛神出入

三月初一日，牛神出欄。九月初一日，牛神歸欄，宜修造，大吉也。牛黄八月入欄，至次年三月方出，並不可修造，大凶也。

造牛欄樣式

凡做牛欄，主家中心用羅線踃看，做在奇羅星上吉。門要向東，切忌向北。此用雜木五根爲柱，七尺七寸高，看地基寬窄而佐不可取，方圓依古式，八尺二寸深，六尺八寸濶，下中上下枋用圓木，不可使扁枋，爲吉。

住門對牛欄，羊棧一同看，年年官事至，牢獄出應難。

論逐月造作牛欄吉日

正月：庚寅；

二月:戊寅;

三月:己巳;

四月:庚午、壬午;

五月:己巳、壬辰、丙辰、乙未;

六月:庚申、甲申、乙未;

七月:戊申、庚申;

八月:乙丑;

九月:甲戌;

十月:甲子、庚子、壬子、丙子;

十一月:乙亥、庚寅;

十二月:乙丑、丙寅、戊寅、甲寅。

右不犯魁罡、絇絞、牛火、血忌、牛飛𢊁①、牛腹脹、牛刀砧、天瘟、九空、受死、大小耗、土鬼、四廢。②

造牛栏样式

① 此字有些漫漶,应为"廉"之异体字。

② 故宫珍本此后缺失第九页。

羊 栈 格 式

馬 厩 式①

此亦看羅經，一德星在何方，做在一德星上吉。門向東，用一色杉木，忌雜木。立六根柱子，中用小圓樑二根扛過，好下夜間掛馬索。四圍下高水椹板，每邊用模方四根纔堅固。馬多者隔斷巳②間，每間三尺三寸濶深，馬槽下向門左邊吉。

馬槽椂式

前脚二尺四寸，後脚三尺五寸高，長三尺，濶一尺四寸，柱子方圓三寸大，四圍橫下板片，下脚空一尺高。

① 中科院 B 本此条目前较故宫珍本多“五音造羊棧格式”一条目，因故宫珍本此处第九页有缺，而中科院 B 本完整。

② 此字应为“几”之通假。

馬鞍架

前二脚高三尺三寸,後二隻二尺七寸高,中下半柱,每高三寸四分,其脚方圓一寸三分大,濶八寸二分,上三根直枋,下中腰每邊一根横,每頭二根,前二脚與後正脚取平,但前每上高五寸,上下搭頭,好放馬鈴。

逐月作馬枋吉日

正月:丁卯、己卯、庚午;
二月:辛未、丁未、己未;
三月:丁卯、己卯、甲申、乙巳;
四月:甲子、戊子、庚子、庚午;
五月:辛未、壬辰、丙辰;
六月:辛未、乙亥、甲申、庚申;
七月:甲子、戊子、丙子、庚子、壬子、辛未;
八月:壬辰、乙丑、甲戌、丙辰;
九月:辛酉;
十月:甲子、辛未、庚子、壬午、庚午、乙未;
十一月:辛未、壬辰、乙亥;
十二月:甲子、戊子、庚子、丙寅、甲寅。

猪椆様式

此亦要看三台星居何方,做在三台星上方吉。四柱二尺六寸高,方圓七尺,横下穿枋,中直下大粗窗,齒用雜方堅固。猪要向西北,良工者識之,初學者切忌亂爲。

逐月作猪椆吉日

正月:丁卯、戊寅;
二月:乙未、戊寅、癸未、己未;

马 厩 式

三月:辛卯、丁卯、己巳;

四月:甲子、戊子、庚子、甲午、丁丑、癸丑;

五月:甲戌、乙未、丙辰;

六月:甲申;

七月:甲子、戊子、庚子、壬子、戊申;

八月:甲戌、乙丑、癸丑;

九月:甲戌、辛酉;

十月:甲子、乙未、庚子、壬午、庚午、辛未;

十一月:丙辰;

十二月:甲子、庚子、壬子、戊寅。

六畜肥日

春申子辰,夏亥卯未,秋寅午戌,冬巳酉丑日。

鵞鴨鷄栖式

此看禽大小而做,安貪狼方。鵞椆二尺七寸高,深四尺六寸,潤二尺七寸四分,週圍下小窗齒,每孔分一寸潤。鷄鴨椆二尺高,三尺三寸深,二尺三寸潤,柱子方圓二寸半,此亦看主家禽鳥多少而做,學者亦用,自思之。

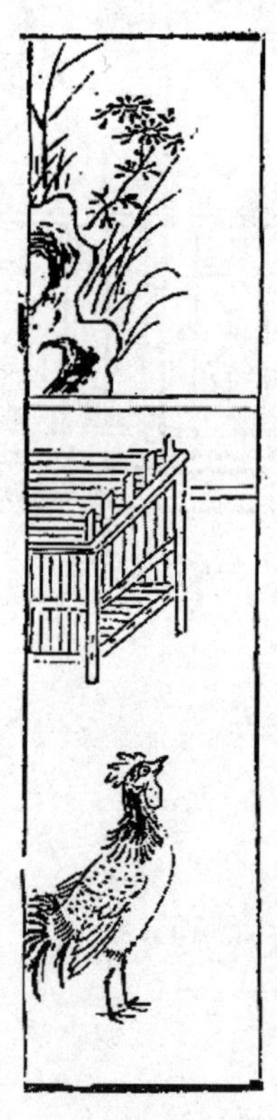

鸡 栖 样 式

屏 风 式

鷄槍様式

兩柱高二尺四寸,大一寸二分,厚一寸。樑大二寸五分、一寸二分。大牕高一尺三寸,濶一尺二寸六分,下車脚二寸大,八分厚,中下齒仔五分大,八分厚,上做滔環二寸四大,兩邊獎腿與下層窻仔一般高,每邊四寸大。

屏 風 式

大者高五尺六寸,帶脚在內。濶六尺九寸,琴脚六寸六分大,長二尺,雕日月掩象鼻格,獎腿工①尺四分高,四寸八分大,四框一寸六分大,厚一寸四分。外起改竹圓,内起棋盤線,平靣②六分,窄靣三分,絛環上下俱六寸四分,要分成单,下勒水花分作兩孔,彫四寸四分,相屋闊窄,餘大小長短依此,長倣此。

① 此字应为“二”之误。
② 中科院 B 本为“面”。

圍屏式

每做此行用八片，小者六片，高五尺四寸正，每片大一片四寸三分零，四框八分大，六分原①，做成五分厚，筭定共四寸厚，内較田字格，六分厚，四分大，做者切忌碎框。

牙 轿 式

牙轎式

宦家明轎徛下一尺五寸高，屏一尺二寸高，深一尺四寸，濶一尺八寸，上圓手一寸三分大，斜七分纔圓，轎杠方圓一寸五分大，下踃帶轎二尺三寸五分深。

① 此字应为“厚”之误。

衣籠樣式

一尺六寸五分高，二尺二寸長，一尺三寸大，上蓋役九分，一寸八分高，蓋上板片三分厚，籠板片四分厚，内子口八分大，三分厚，下車脚一寸六分大。或雕三灣，車脚上要下二根橫櫎仔，此籠尺寸無加。

大　床

大　牀

下脚帶床方共高式①尺二寸二分，正床方七寸七分大，或五寸七分大，上屏四尺五寸二分高，後屏二片，兩頭二片濶者，四尺零二分，窄者三尺二寸

① 此字应为“弍”之通假。

三分，長六尺二寸，正領一寸四分厚，做大小片下，中間要做陰陽相合。前踏板五寸六分高，一尺八寸闊，前楣帶頂一尺零一分，下門四片，每片一尺四分大，上腦板八寸，下穿藤一尺八寸零四分，餘留下板片。門框一寸四分大，一寸二分厚，下門檻一寸四分，三接。裹面轉芝門九寸二分，或九寸九分，切忌一尺大，後學專用，記此。

凉床式

此與藤床無二樣，但踏板上下欄杆要下長，柱子四根，每根一寸四分大。上楣八寸大，下欄杆前一片，左右兩二萬字或十字，掛前二片，止作一寸四分大，高二尺二尺[1]五分，横頭隨踃板大小而做，無悮。

藤床式

下帶床方一尺九寸五分高，長五尺七寸零八分，濶三尺一寸五分半。上柱子四尺一寸高，半屏一尺八寸四分高，床嶺三尺濶，五尺六寸長，框一寸三分厚，床方五寸二分大，一寸二分厚，起一字線好穿籐[2]。踏板一尺二寸大，四寸高，或上框做一寸二分，後脚二寸六分大，一寸三分厚，半合角記。

逐月安牀設帳吉日

正月：丁酉、癸酉、丁卯、己卯、癸丑；
二月：丙寅、甲寅、辛未、乙未、己未、乙亥、己亥、庚寅；
三月：甲子、庚子、丁酉、乙卯、癸酉、乙巳；
四月：丙戌、乙卯、癸卯、庚子、甲子、庚辰；
五月：丙寅、甲寅、辛未、乙未、己未、丙辰、壬辰、庚寅；
六月：丁酉、乙亥、丁亥、癸酉、丙寅、甲寅、乙卯；
七月：甲子、庚子、辛未、乙未、丁未；

① 故宫珍本、中科院B本此处“二尺”均重复，应为“二尺二寸”之误。
② 古同“藤”。

八月：乙丑、丁丑、癸丑、乙亥；
九月：庚午、丙午、丙子、辛卯、乙亥；
十月：甲子、丁酉、丙辰、丙戌、庚子；
十一月：甲寅、丁亥、乙亥、丙寅；
十二月：乙丑、丙寅、甲寅、甲子、丙子、庚子。

藤 床 式

禪床式

此寺觀庵堂，纔有這做。在後殿或禪堂兩邊，長依屋寬窄，但濶五尺，面前高一尺五寸五分，床矮一尺。前平面板八寸八分大，一寸二分厚，起六个柱，每柱三才方圓。上下一穿，方好掛禪衣及帳幃。前平面板下要下水椹板，地上離二寸，下方仔盛板片，其板片要密。

禪椅式

一尺六寸三分高，一尺八寸二分深，一尺九寸五分深，上屏二尺高，兩力手二尺二寸長，柱子方圓一寸三分大。屏，上七寸，下七寸五分，出笋三寸，閗枕頭下，盛脚盤子，四寸三分高，一尺六寸長，一尺三寸大，長短大小倣此。

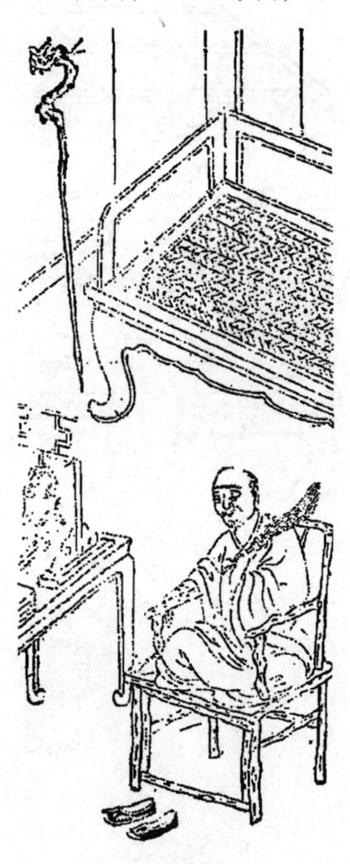

禅床禅椅式

鏡架式及鏡箱式

鏡架及鏡箱有大小者。大者一尺零五分深，濶九寸，高八寸零六分，上層下鏡架二寸深,中層下抽相一寸二分,下層抽相三尺①,蓋一寸零五分,底四分厚,方圓雕車脚。内中下鏡架七寸大,九寸高。若雕花者,雕雙鳳朝陽,中雕古錢,兩邊睡草花,下佐連②花托,此大小依此尺寸退墨,無悮。

雕花面架式

後兩脚五尺三寸高,前四脚二尺零八分高,每落墨三寸七分大,方能役轉,雕刻花草。此用樟木或南③木,中心四脚,摺進用陰陽笋,共濶一尺五寸二分零。

镜架镜箱面架式④

① 据上下文,此字应为"寸"之误。
② 此字应为"蓮"之通假。
③ 此字应为"楠"之通假。
④ 中科院B本此图后多"棹"、"八仙棹"、"小琴棹式"、"棋盤方棹式"、"圓棹式"、"一字棹式"、"摺棹式"七条目。

大方扛箱样式

大方扛箱樣式[①]

柱高二尺八寸,四層。下一層高八寸,二層高五寸,三層高三寸七分,四層高三寸三分,蓋高二寸,空一寸五分,樑一寸五分,上淨瓶頭共五寸,方層板片四分半厚。内子口三分厚,八分大。兩根將軍柱,一寸五分大,一寸二分厚,獎腿四隻,每隻一尺九寸五分高,四寸大。每層二尺六寸五分長,一尺六寸濶,下車脚二寸二分大,一寸二分厚,合角閂進,雕虎爪雙[②]釣[③]。

① 中科院B本此条目图与内容,即第二卷第二十页位于二十九页后。

② 此字为“双”之异体字。

③ 原文如此,应为“鈎”之误。

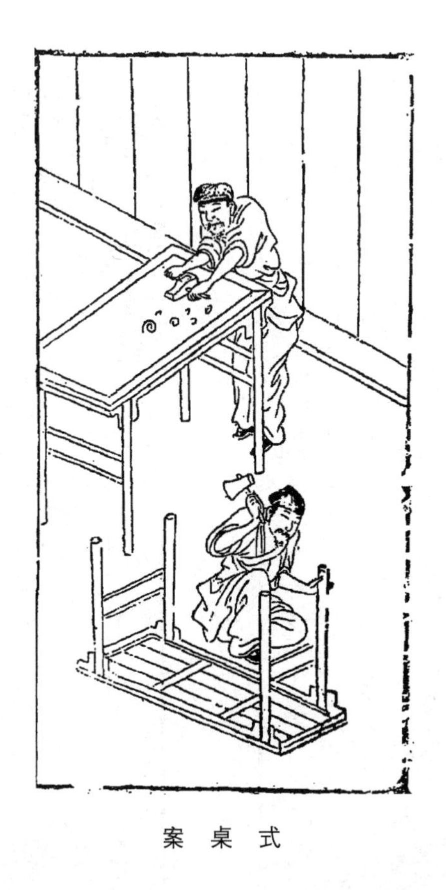

案 桌 式

案棹式

高二尺五寸，長短濶狹看按面而做。中分兩孔，按面下抽箱，或六寸深，或五寸深，或分三孔，或兩孔。下踏脚方與脚一同大，一寸四分厚，高五寸，其脚方圓一寸六分大，起麻櫎線。

搭脚仔櫈

長二尺二寸，高五寸，大四寸五分，大脚一寸二分大，一寸一分厚，面起釰春①線，脚上廰竹圓。

① 此字应为“脊”之误。

案桌式

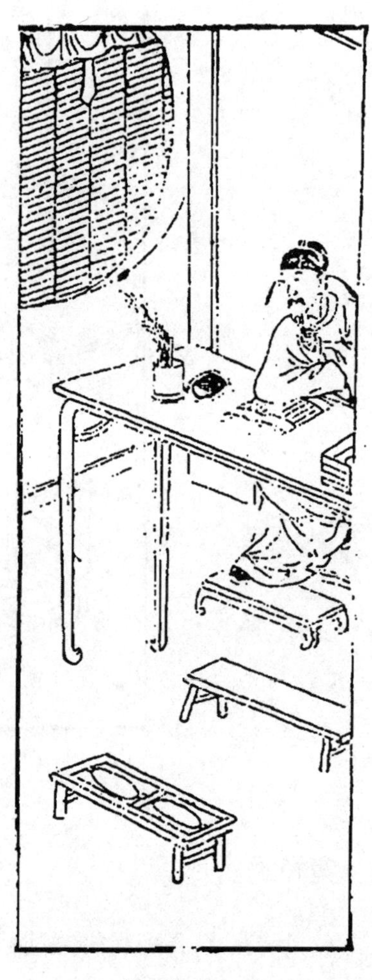

搭脚仔登

諸様垂魚正式

凡作垂魚者，用按營造之正式。今人又嘆作繁針，如用此又用做遮風及偃桷者，方可使之。今之匠人又有不使垂魚者，只使直板作，如意只作彫雲様者，亦好，皆在主人之所好也。

诸样垂鱼正式

馳峯正格

馳峯之格，亦無正樣。或有彫雲樣，或有做氈笠樣，又有做虎爪如意樣，又有彫瑞草者，又有彫花頭者，有做毬捧格，又有三蚌，或今之人多只愛使斗，立又[1]童，乃爲時格也。

風箱樣式

長三尺，高一尺一寸，濶八寸，板片八分厚，内開風板六寸四分大，九寸四分長，抽風櫎仔八分大，四分厚。扯手七寸四分長，抽風櫎仔八分大，四分

① 此字疑为“叉”之误。

驰 峰 正 格

厚，扯手七寸長，方圓一寸大，出風眼要取方圓，一寸八分大，平中爲主。兩頭吸風眼，每頭一箇，濶一寸八分，長二寸二分，四邊板片都用上行做準。

衣架雕花式

雕花者五尺高，三尺七寸濶，上搭頭每邊長四寸四分，中縧環三片，桀腿二尺三寸五分大，下脚一尺五寸三分高，柱框一寸四分大，一寸二分厚。

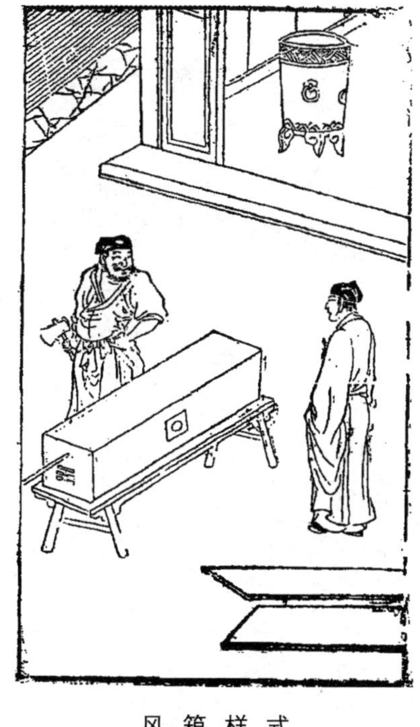

风 箱 样 式

素衣架式

高四尺零一寸，大三尺，下脚一尺二寸，長四寸四分，大柱子一寸二分大，厚一寸，上搭腦出頭二寸七分，中下光框一根，下二根窗齒每成雙，做一尺三分高，每眼齒仔八分厚、八分大。

面 架 式

前兩柱一尺九寸高，外頭二寸三分，後二脚四尺八寸九分，方員①一寸一分大，或三脚者，内要交象眼，除笋畫進一寸零四分，斜六分，無悮。

① 此字应为“圓”之通假。

鼓 架 式

鼓架式

二尺二寸七分高，四脚方圓一寸二分大，上雕淨瓶頭三寸五分高，上層穿枋仔四捌根，下層八根，上層雕花板，下層下絛環，或做八方者。柱子横櫎仔尺寸一樣，但畫眼上每邊要斜三分半，笋是正的，此尺寸不可走分毫，謹记。

銅鼓架式

高三尺七寸，上搭腦雕衣架頭花，方圓一寸五分大，兩邊柱子俱一般，起棋盤線，中間穿枋仔要三尺高，銅鼓掛起，便手好打。下脚雕屏風脚樣式，獎腿一尺八寸高，三寸三分大。

花架式

大者六脚或四脚，或二脚。六脚大者，中下騎相一尺七寸高，兩邊四尺高，中高六尺，下枋二根，每根三寸大，直枋二根，三寸大，直枋二根，三寸大，①五尺濶，七尺長，上盛花盆板一寸五分厚，八寸大，此亦看人家天井大小而做，只依此尺寸退墨有準。

凉傘架式

二尺三寸高，二尺四寸長，中間下傘柱仔二尺三寸高，帶琴脚在内筭，中柱仔二寸二分大，一寸六分厚，上除三寸三分，做淨平頭。中心下傘櫟一寸三分厚，二寸二分大，下托傘柄，亦然而是。兩邊柱子方圓一寸四分大，窻齒八分大，六分厚，琴脚五寸大，一寸六分厚，一尺五寸長。

凉伞架式

校椅式

做椅先看好光梗木頭及節，次用解開，要乾枋纔下手做。其柱子一寸大，前脚二尺一寸高，後脚式②尺九寸三分高，盤子深一尺二寸六分，濶一尺六寸七分，厚一寸一分。屏，上五寸大，下六寸大，前花牙一寸五分大，四分厚，大小長短依此格。

板櫈式

每做一尺六寸高，一寸三分厚，長三尺八寸五分，櫈要三寸八分半長，脚一寸四分大，一寸二分厚，花牙勒水三寸七分大，或看櫈

① 此下划线处应为重复，可略去。

② 故宫珍本、中科院B本均为“式”，应为“式”之误。

校 椅 式

面長短及①，粗櫈尺寸一同，餘倣此。

琴櫈式

大者看廳堂濶狹淺深而做。大者高一尺七寸，面三寸五分厚，或三寸厚，卽軟②坐不得。長一丈三尺三分，櫈面一尺三寸三分大，脚七寸分大。雕捲草雙鈞③，花牙四寸五分半，櫈頭一尺三寸一分長，或脚下做貼仔，只可一寸三分厚，要除矮脚一寸三分纔相稱。或做靠背櫈，尺寸一同。但靠背只高一尺四寸則止。横仔做一寸二分大，一尺五分厚，或起棋盤線，或起釰

① 此处或缺“闊狹”二字。

② 此字为“畝”之异体字，王世襄先生认为应是“软”之误。

③ 此字应为“鈎”之误。

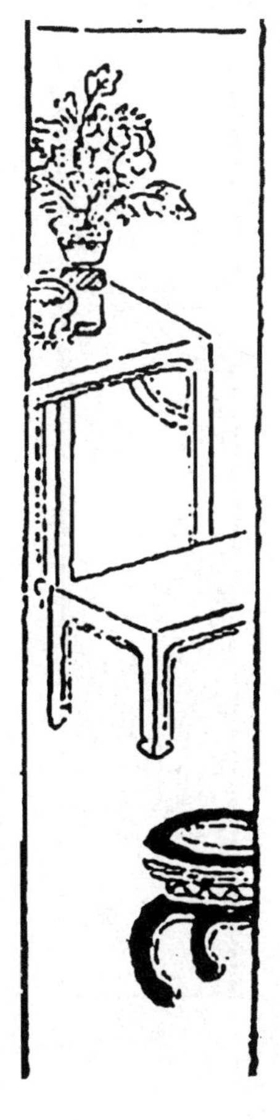

琴登式

眷①線,雕花亦而之,不下花者同樣,餘長短寬濶在此尺寸上分,準此。

杌子式

面一尺二寸長,濶九寸或八寸,高一尺六寸,頭空一寸零六分畫眼,脚方圓一寸四分大,面上眼斜六分半,下檔仔一寸一分厚,起釖眷線,花牙三寸五分。

① 此字应为“脊”之误,下文同,不再注。

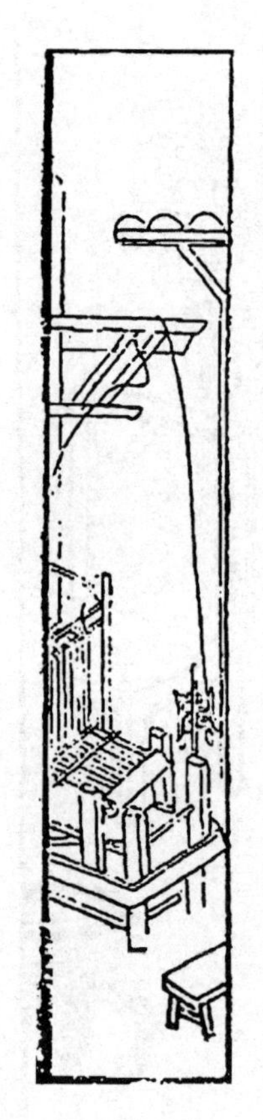

杌子式

棹

高二尺五寸，長短濶狹看按面而做，中分兩孔，按面下抽箱或六寸深，或五寸深，或分三孔，或兩孔。下踃脚方與脚一同大，一寸四分厚，高五寸，其脚方員一寸六分大，起麻櫎線。

八仙棹

高二尺五寸，長三尺三寸，大二尺四寸，脚一寸五分大。若下爐盆，下層四寸七分高，中間方員九寸八分無悮。勒水三寸七分大，脚上方員二分線，棹框二寸四分大，一寸二分厚，時師依此式大小，必無一悮。

小琴棹式

長二尺三寸,大一尺三寸,高二尺三寸,脚一寸八分大,下梢一寸二分大,厚一寸一分上下,琴脚勒水二寸大,斜閂六分。或大者放長尺寸,與一字棹同。

棋盤方棹式

方圓二尺九寸三分,脚二尺五寸高,方員一寸五分大,棹框一寸二分厚,二寸四分大,四齒吞頭四箇。①

衣厨樣式

高五尺零五分,深一尺六寸五分,濶四尺四寸,平分爲兩柱,每柱一寸六分大,一寸四分厚。下衣櫎一寸四分大,一寸三分厚,上嶺一寸四分大,一寸二分厚,門框每根一寸四分大,一寸一分厚,其厨上梢一寸二分。

食格樣式

柱二根,高二尺二寸三分,帶淨平頭在内。一寸一分大,八分厚。樑尺分厚,二寸九分大,長一尺六寸一分,濶九寸六分。下層五寸四分高,二層三寸五分高,三層三寸四分高,葢三寸高,板片三分半厚。裏子口八分大,三分厚。車脚二寸大,八分厚,獎腿一尺五寸三分高,三寸二分大,餘大小依此退墨做。

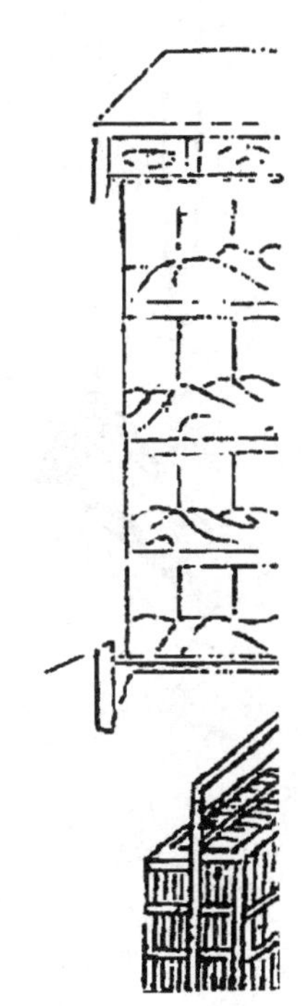

食格样式

衣摺式

大者三尺九寸長,一寸四分大,内柄五寸,厚六分。

① 原文此处应缺字。

小者二尺六寸長，一寸四分大，柄三寸八分，厚五分，此做如劒樣。

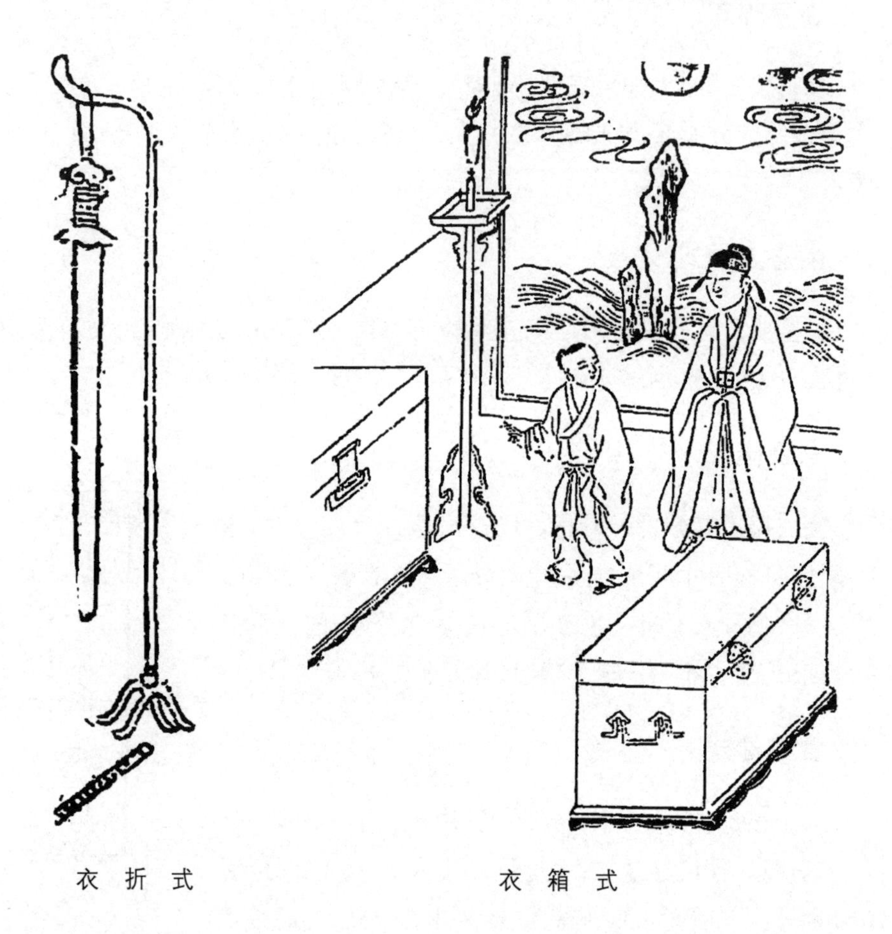

衣折式　　　　衣箱式

衣箱式

長一尺九寸二分，大一尺六分，高一尺三寸，板片只用四分厚，上層蓋一寸九分高，子口出五分或①，下車脚一寸三分大，五分厚，車脚只是三灣。

① 原文此处应缺字。

燭臺式

高四尺，柱子方圓一寸三分大，分上盤仔八寸大，三分倒掛花牙。每一隻①脚下交進三片，每片高五寸二分，雕轉鼻帶葉。交脚之時，可拿板片畫成，方員八寸四分，定三方長短，照墨方準。

圓爐式

方圓二尺一寸三分大，帶脚及車脚共上盤子一應高六尺五分，正上面盤子一寸三分厚，加盛爐盆貼仔八分厚，做成二寸四分大，豹脚六隻，每隻二寸大，一寸三分厚，下貼梢一寸厚，中圓九寸五分正。

看爐式

九寸高，方圓式②尺四分大，盤仔下絛環式寸，框一寸厚，一寸六分大，分佐亦方。下豹脚，脚二寸二分大，一寸六分厚，其豹脚要雕吞頭，下貼梢一寸五分厚，一寸六分大，雕三灣勒水，其框合角笋眼要斜八分半方閂得起，中間孔方員一尺，無悮。

方爐式

高五寸五分，圓尺内圓九寸三分，四脚二寸五分大，雕雙蓮挽雙鈎。下貼梢一寸厚，二寸大。盤仔一寸二分厚，絛環一寸四分大，雕螳螂肚接豹脚相秤。

香爐樣式

細樂者長一尺四寸，闊八寸二分，四框三分厚，高一寸四分，底三分厚，

---

① 此字为“隻”之异体字。

② 此字应为“式”之误，下文同，不再注。

與上樣樣闊大,框上斜三分,上加水邊,三分厚,六分大,①**厫**竹線。下豹脚,下六**歛**②,方圓八分,大一寸二分。大貼梢三分厚,七分大,雕三灣。車脚或粗的不用豹脚、水邊寸尺一同。又大小做者,尺寸依此加減。

學士灯掛

前柱一尺五寸五分高,後柱子式③尺七寸高,方圓一寸大。盤子一尺三寸闊,一尺一寸深。框一寸一分厚,二寸二分大,切忌有節樹木,無用。

香 几 式

九佐香九④,要看人家屋大小若何而。大者上層三寸高,二層三寸五分高,三層脚一尺三寸長,先用六寸大,役⑤做一寸四分大,下層五寸高。下車脚一寸五分厚。合角花牙五寸三分大,上層欄杆仔三寸二分高,方圓做五分大,餘看長短大小而行。

招 牌 式

大者六尺五寸高,八寸三分闊;小者三尺二寸高,五寸五分大。

洗浴坐板式

二尺一寸長,三寸大,厚五分,四圍起劍脊線。

藥 厨

高五尺,大一尺七寸,長六尺,中分兩眼,每層五寸,分作七層。每層抽箱兩個。門共四片,每邊兩片。脚方圓一寸五分大,門框一寸六分大,一寸

---

① 此处故宫珍本、北大 B 本空缺一字。
② 同“畝”。
③ 故宫珍本、北大 B 本均为“式”,应为“弍”之误。
④ 故宫珍本、北大 B 本均为“九”,恐误,疑为“几”。
⑤ 故宫珍本、北大 B 本均为“役”,恐误,疑为“後”。

一分厚。抽相板四分厚。

藥 箱

二尺高，一尺七寸大，深九①，中分三層，内下抽相只做二寸高，内中方圓交佐巳②孔，如田字格様，好下藥，此是杉木板片合進，切忌雜木。

火斗式

方圓五寸五分，高四寸七分，板片三分半厚。上柄柱子共高八寸五分，方圓六分大，下或刻車脚上掩。火窗齒仔四分大，五分厚，横二根，直六根或五根。此行灯警③高一尺二寸，下盛板三寸長，一封書做一寸五分厚，上留頭一寸三分，照得遠近，無悮。

櫃 式

大櫃上框者，二尺五寸高，長六尺六寸四分，闊三尺三寸。下脚高七寸，或下轉輪閂在脚上，可以推動。四住④每住三寸大，二寸厚，板片下叩框方密。小者板片合進，二尺四寸高，二尺八寸闊，長五尺零二寸，板片一寸厚，板此及量斗及星跡各項謹記。

象棋盤式

大者一尺四寸長，共大一尺二寸。内中間河路一寸二分大。框七分方圓，内起線三分。方圓横共十路，直共九路，何路笋要内做重貼，方能堅固。

圍棋盤式

方圓一尺四寸六分，框六分厚，七分大，内引六十四路長通路，七十二小

---

① 此处疑缺“寸”字。
② 此字应为“几”之通假。
③ 此字应为“檠”之通假，为“灯架”之意。
④ 此字应为“柱”之通假，下文同，不再注。

斷路，板片只用三分厚。

二卷終

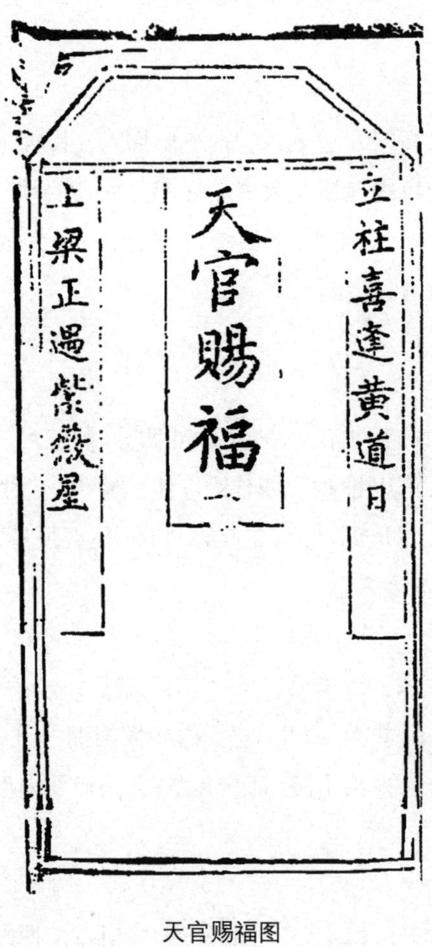

天官赐福图

起造房屋類[①]

（立柱喜逢黄道日，上梁正遇紫微星。）[②]

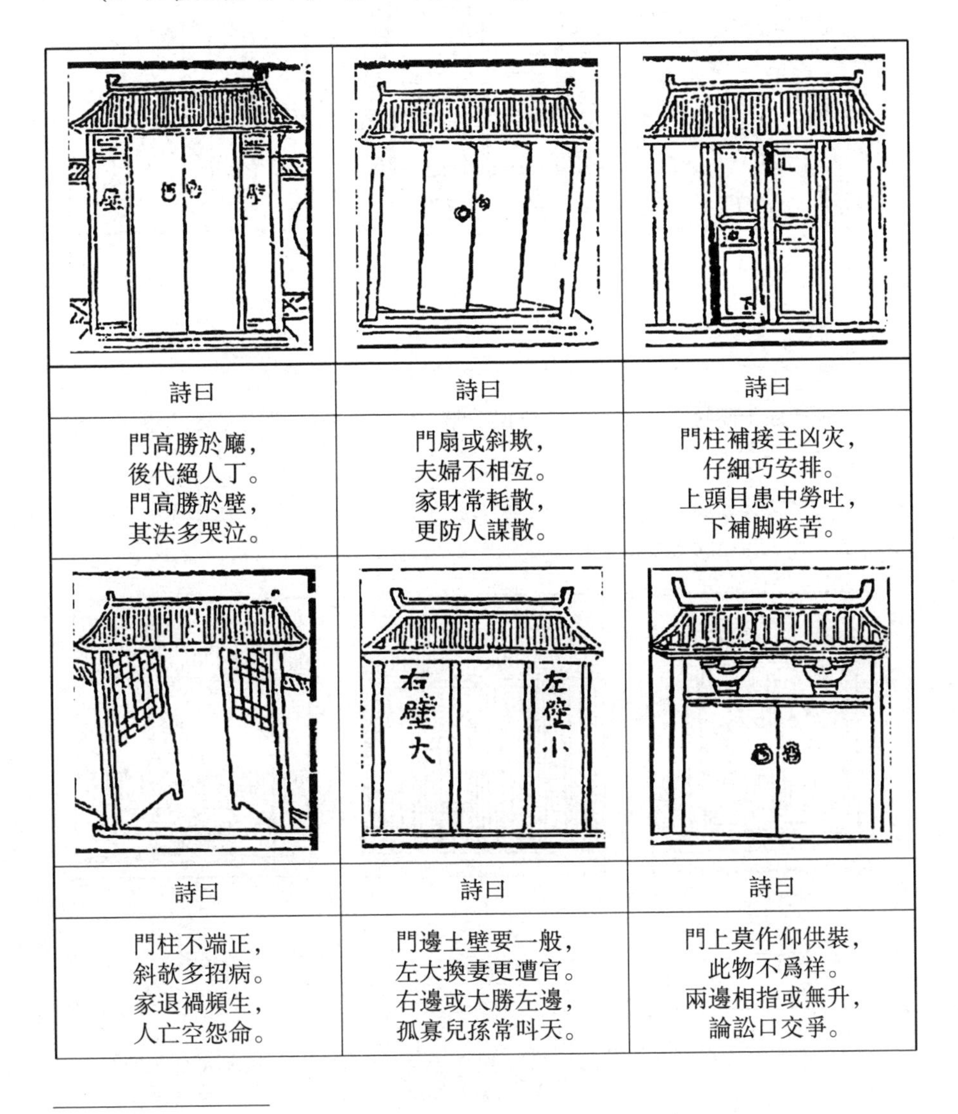

詩曰	詩曰	詩曰
門高勝於廳，後代絕人丁。門高勝於壁，其法多哭泣。	門扇或斜欺，夫婦不相宜。家財常耗散，更防人謀散。	門柱補接主凶灾，仔細巧安排。上頭目患中勞吐，下補脚疾苦。
詩曰	詩曰	詩曰
門柱不端正，斜欹多招病。家退禍頻生，人亡空怨命。	門邊土壁要一般，左大換妻更遭官。右邊或大勝左邊，孤寡兒孫常叫天。	門上莫作仰供裝，此物不爲祥。兩邊相指或無升，論訟口交爭。

① 故宫珍本、北大B本“起造房屋類”五字与“二卷終”同一列，但在“二卷終”之前，疑为页面空间不足所致。

② 此为天官赐福图内文字。

续表

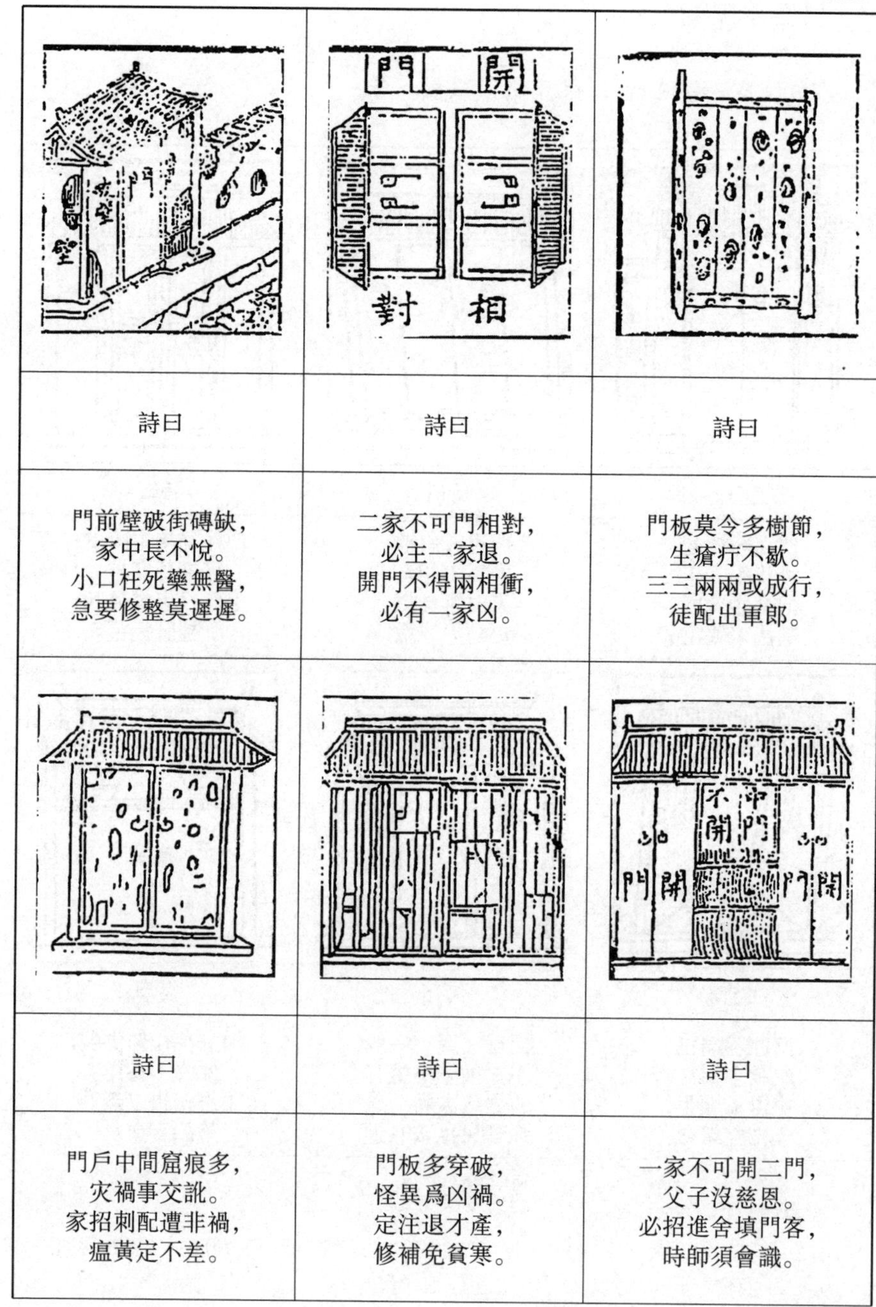

詩曰	詩曰	詩曰
門前壁破街磚缺， 家中長不悅。 小口枉死藥無醫， 急要修整莫遲遲。	二家不可門相對， 必主一家退。 開門不得兩相衝， 必有一家凶。	門板莫令多樹節， 生瘡疔不歇。 三三兩兩或成行， 徒配出軍郎。
詩曰	詩曰	詩曰
門戶中間窟痕多， 灾禍事交訛。 家招刺配遭非禍， 瘟黃定不差。	門板多穿破， 怪異爲凶禍。 定注退才產， 修補免貧寒。	一家不可開二門， 父子沒慈恩。 必招進舍填門客， 時師須會識。

续表

 詩曰	 詩曰	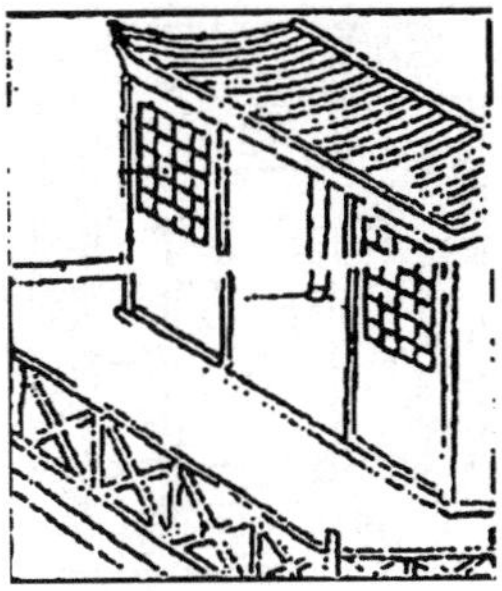 詩曰
一家若作兩門出， 鰥寡多寃屈。 不論家中正主人， 大小自相凌。	廳屋兩頭有屋横， 吹禍起汾汾。 便言名曰擡喪山， 人口不平安。	門外置欄杆， 名曰紙錢山。 家必多喪禍， 恓惶實可憐。
 詩曰	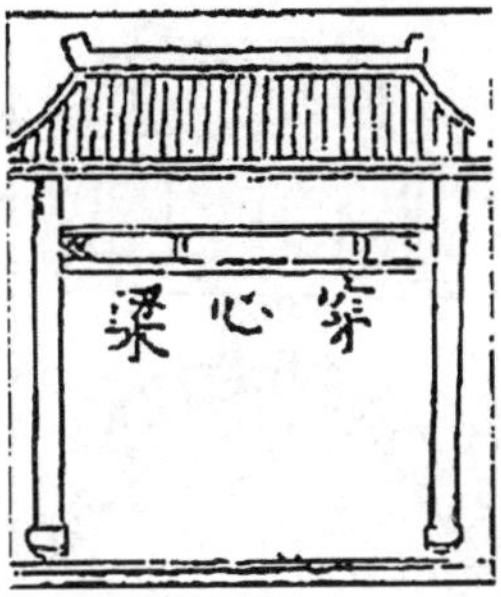 詩曰	 詩曰
人家天井置欄杆， 心痛藥醫難。 更招眼障暗昏蒙， 雕花極是凶。	當廳若作穿心梁， 其家定不詳。 便言名曰停喪山， 哭泣不曾閑。	人家相對倉門開， 定斷有凶灾。 風疾時時不可醫， 世上少人知。

续表

詩曰	詩曰	詩曰
西廊壁枋不相接， 必主相離別。 更出人心不伶俐， 疾病誰醫治。	人家方畔有禾倉， 定有寡母坐中堂。 若然架在天醫位， 却宜醫術正相當。	路如牛尾不相和， 頭尾翻舒反背吟。 父子相離真未免， 女人要嫁待何如。
	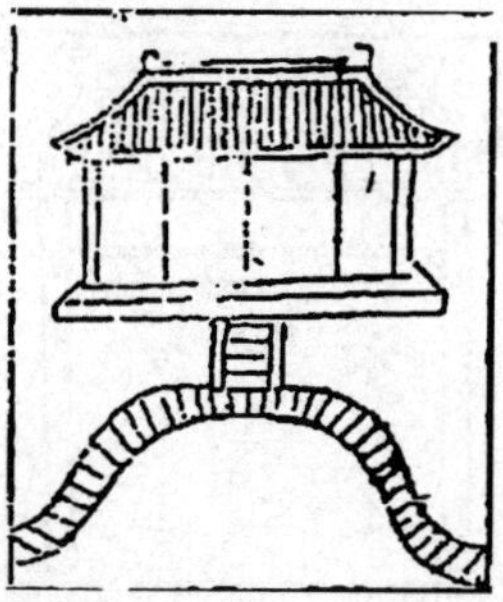	
詩曰	詩曰	詩曰
禾倉背后作房間， 名爲疾病山。 連年困臥不離床， 勞病最恓惶。	有路行來似鉄了， 父南子北不寧家。 更言一拙誠堪拙， 典賣田園難免他。	路若鈔羅與銅角， 積招疾病無人覺。 瘟瘟麻痘若相侵， 痢疾師巫反有法。

续表

詩曰	詩曰
人家不宐居水閣， 過房并接脚。 兩邊池水太侵門， 流傳兒孫好大脚。	方來不滿破分田， 十相人中有不全。 成敗又多徒費力， 生離出去豈無還。

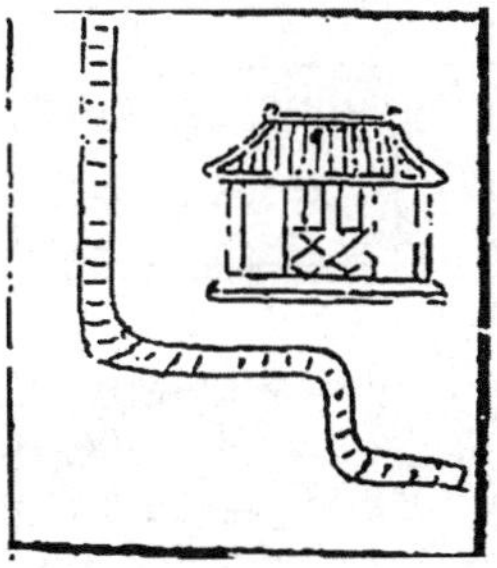	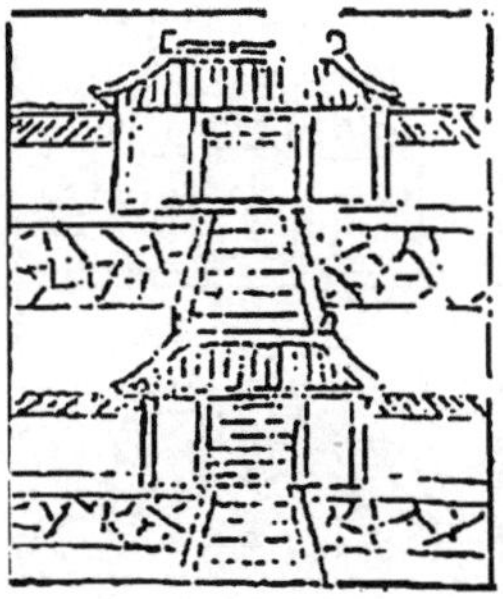	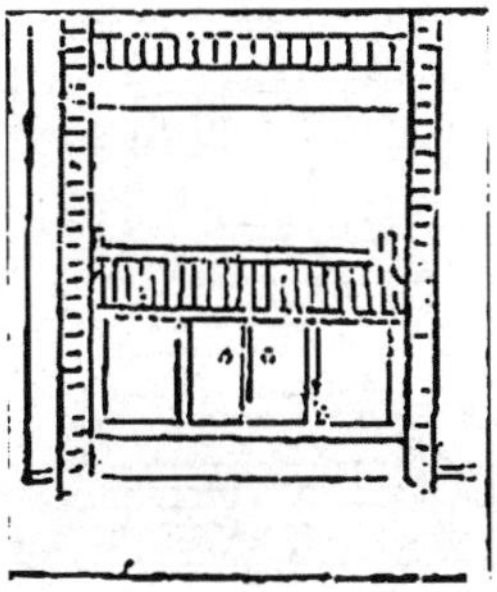
詩曰	詩曰	詩曰
故身一路横哀哉， 屈屈來朝入穴蛇， 家宅不安死外地， 不宐墻壁反教餘。	門高叠叠似靈山， 但合僧堂道院看。 一直倒門無曲折， 其家終泠也孤单。	四方平正名金斗， 富足田園糧萬畆。 篱墻回環無破陷， 年年進益添人口。

续表

 詩曰	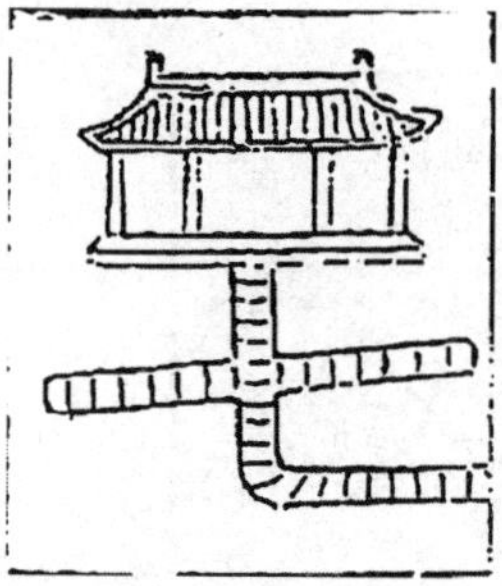 詩曰	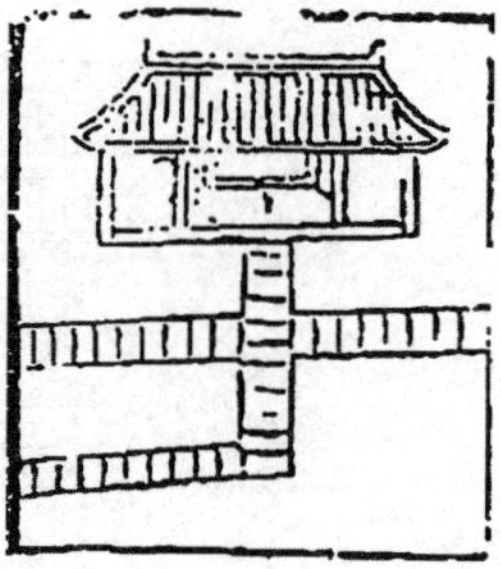 詩曰
墻圳如弓抱， 名曰進田山。 富足人財好， 更有清貴官。	左邊七字須端正， 方斷財山定。 或然一似死鴨形， 日日鬧相爭。	若見門前七字去， 斷作辨金路。 其家富貴足錢財， 金玉似山堆。

詩曰	詩曰	詩曰
屋前行路漸漸大， 人口常安泰。 更有朝水向前來， 日日進錢財。	土堆似人攔路抵， 自縊不由賢。 若在田中却是牛， 名爲印綬保千年。	門前土堆如人背， 上頭生石出徒配， 自他漸漸生茅草， 家口常憂惱。

续表

 詩曰	 詩曰	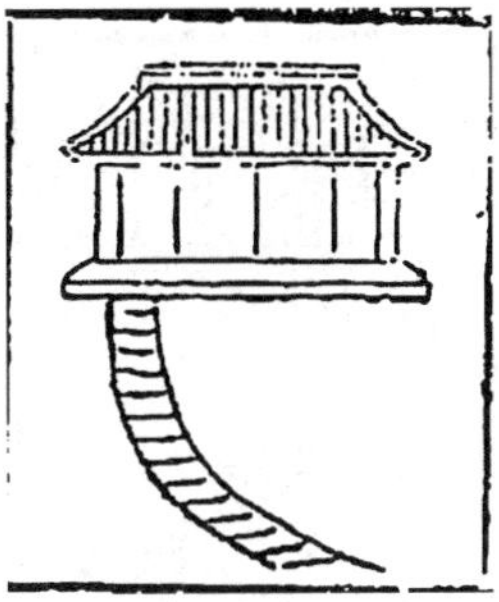 詩曰
右邊墻路如直出， 時時叫冤屈。 怨嫌無好一夫兒， 代代出生離。	路如衣帶細条詳， 歲歲灾危反位當。 自嘆資身多耗散， 頻頻退失好恓惶。	左邊行帶事亦同， 男人效病手拍風。 牛羊六畜空費力， 雖得財錢一旦空。
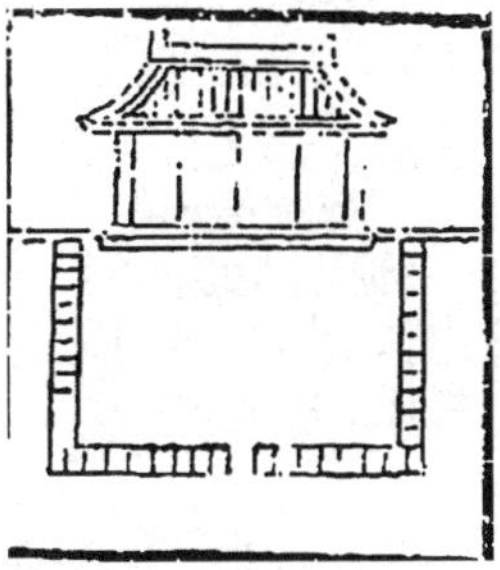	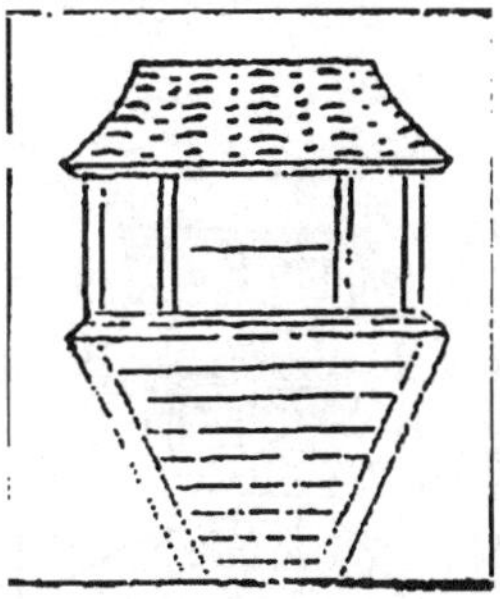	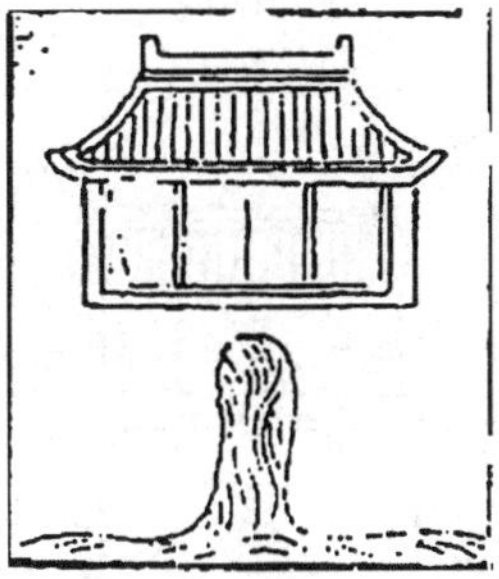
詩曰	詩曰	詩曰
門前土墻如曲尺， 造契人家吉。 或然曲尺向外長， 妻壻①哭分張。	門前行路漸漸小， 口食隨時了。 或然直去又低垂， 退落不知時。	前街玄武入門來， 家中常進財。 吉方更有朝水至， 富貴進田牛。

① 此字应为“婿”之通假。

续表

	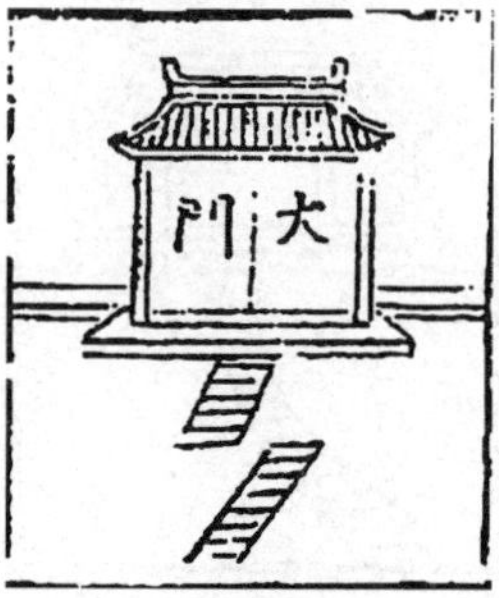 大門	
詩曰	詩曰	詩曰
路若源頭水并流， 庄田千萬豈能留。 前去若更低低去， 退後離鄉散手遊。	路如燭熖冒長能， 可嘆其家小口亡， 兒子賣田端的有， 不然父母也投河。	門前腰帶田陸大， 其家有分解。 園墻四畔更囬還， 名曰進財山。
 窟	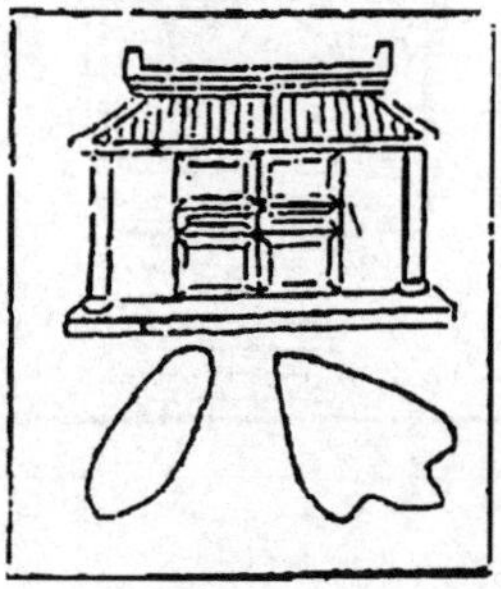	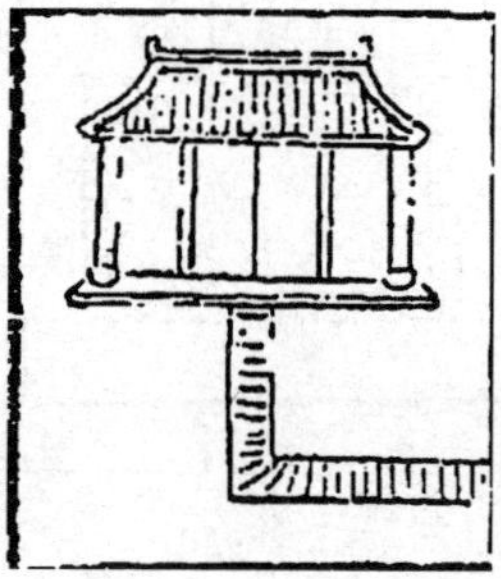
詩曰	詩曰	詩曰
門前有路如員障， 八尺十二數。 此窟名如陪地金， 旋旋入庄田。	門前行路如鵞鴨， 分明兩邊着。 或然又如鵞掌形， 口舌不曾停。	有路行來若火勾， 其家退落更能偷。 若還有路從中入， 打殺他人未肯休。

续表

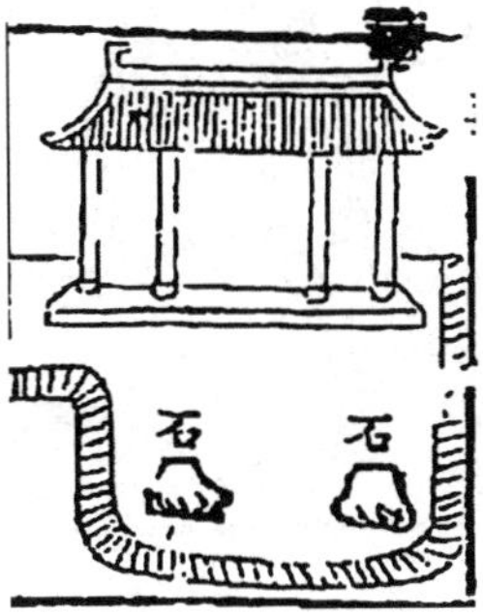	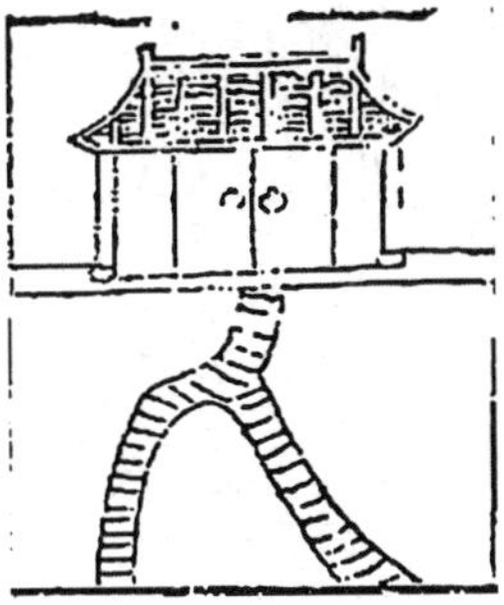	
詩曰	詩曰	詩曰
雙槐門前路扼精， 先知室女有風聲， 身懷六甲方行嫁， 却笑人家濁不貞。	一來一往似立幡， 家中發後事多般。 須招口舌重重起， 外來兼之鬼入門。	門前石面似盤平， 家富有聲名。 兩邊夾從進寶山， 足食更清閑。
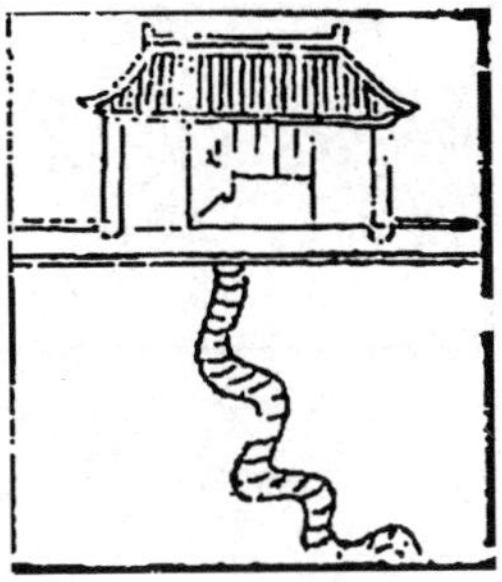		
詩曰	詩曰	詩曰
翻連屈曲名蚯蚓， 有路如斯人氣緊。 生離未免兩分飛， 損子傷妻家道虧。	十字路來才分谷， 兒孫手藝最堪爲。 雖然温飽多成敗， 只因娼好寶已虛。	門前見有三重石， 如人坐睡直。 定主二夫共一妻， 蚕月養春宜。

续表

詩曰	詩曰	詩曰
屋邊有石斜聳出， 人家常仰①郁。 定招風疾及困貧， 口食每求人。	排筭雖然路直横， 須教筆硯案頭生。 出入巧性多才學， 池沼爲財輕富榮。	路來重曲號爲州， 内有池塘或石頭。 若不爲官須巨富， 侵州侵縣置田疇。

詩曰	詩曰	詩曰
右面四方高， 家裹産英豪。 渾如斧鑿成， 其山出貴人。	路如人字意如何， 兄弟分推隔用多。 更主家中紅熖起， 定知此去更無蘆。	石如蝦蟆草似秧， 怪異入廳堂。 駝腰背曲家中有， 生子形容醜。

① 此字应为“抑”之误。

续表

		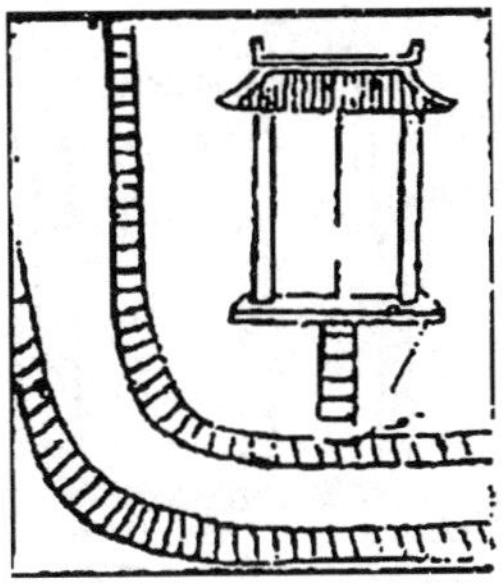
詩曰	詩曰	詩曰
四路直來中間曲， 此名四獸能取祿。 左來更得一刀砧， 文武兼全俱皆足。	抱尸①一路兩交加， 室女遭人殺可嗟， 從行夜好家内亂， 男人致死也因他。	一重城抱一江纏②， 若有重城積産錢。 雖是富榮無禍患， 秖宜抱子度晚年。
	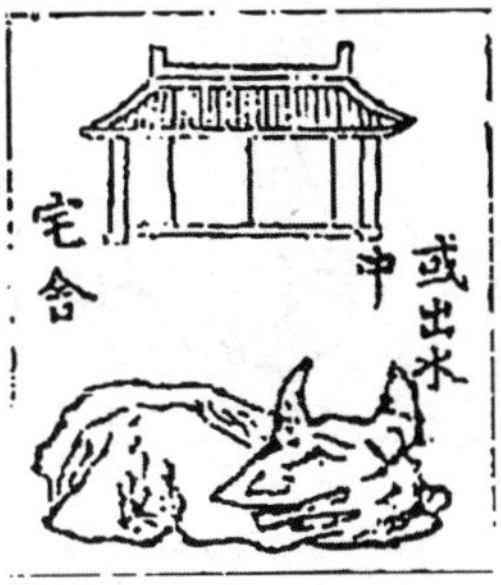	
詩曰	詩曰	詩曰
石如酒瓶樣一般， 樓臺更満山。 其家富貴欲一求， 斛注使金銀。	或外有石似牛眠， 山成進庄田。 更在出在丑方山， 六畜自興旺。	南方若還有尖石， 代代火燒宅。 大高尖起火成山， 燒盡不爲難。

① 此字应为“户”之误。

② 此字原文漫漶难辨。

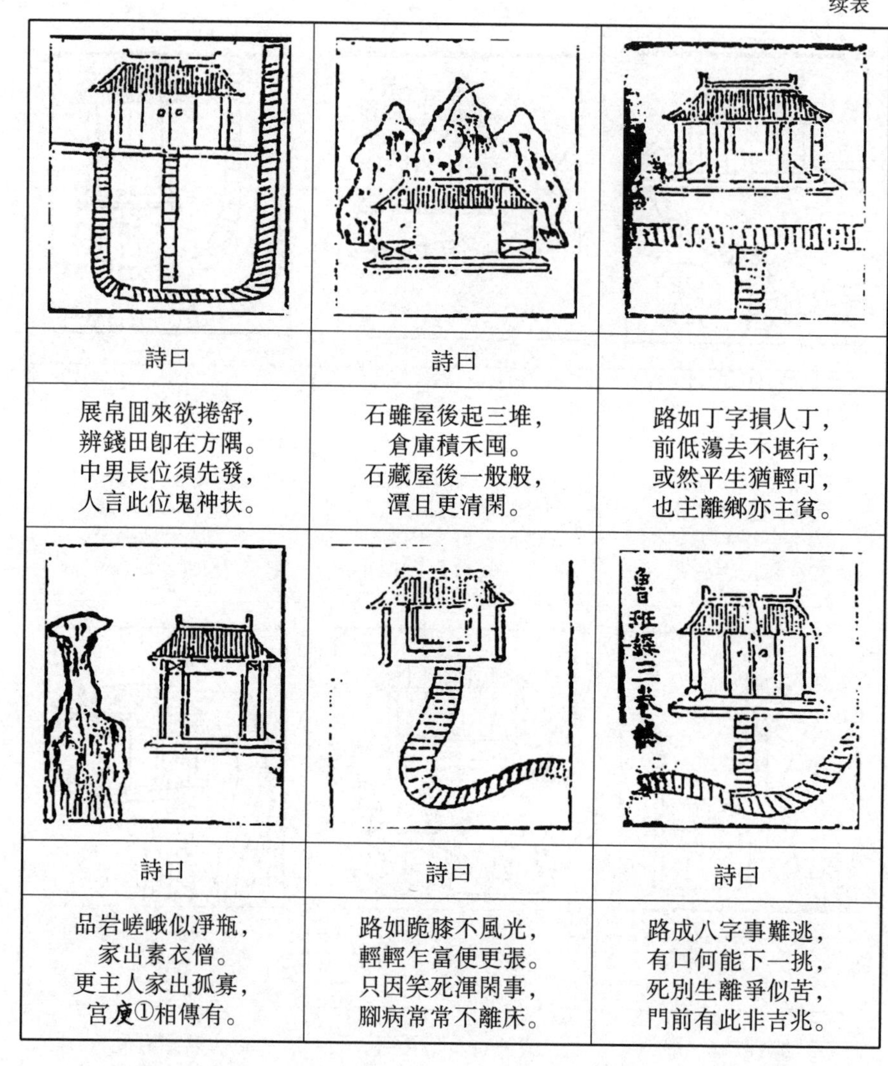

詩曰	詩曰	
展帛囬來欲捲舒， 辨錢田卽在方隅。 中男長位須先發， 人言此位鬼神扶。	石雖屋後起三堆， 倉庫積禾囤。 石藏屋後一般般， 潭且更清閑。	路如丁字損人丁， 前低蕩去不堪行， 或然平生猶輕可， 也主離鄉亦主貧。
詩曰	詩曰	詩曰
品岩嵯峨似淨瓶， 家出素衣僧。 更主人家出孤寡， 宮庚①相傳有。	路如跪膝不風光， 輕輕乍富便更張。 只因笑死渾閑事， 腳病常常不離床。	路成八字事難逃， 有口何能下一挑， 死別生離爭似苦， 門前有此非吉兆。

魯班經三卷終②

① 此字为“庚”之异体字，或为“更”之误。

② 此六字原文为小字。

鲁班升帐图

鲁班仙師源流①

師諱班,姓公輸,字依智。魯之賢勝路,東平村人也。其父諱賢,母吴氏。師生於魯定公三年甲戌五月初七日午時,是日白鶴羣集,異香滿室,經月弗散,人咸奇之。甫七歲,嬉戲不學,父母深以爲憂。迨十五歲,忽幡然,從遊於子夏之門人端木起,不數月,遂妙理融通,度越時流。憤諸矦②僭稱王號,因遊説列國,志在尊周,而計不行,廼歸而隱于泰山之南小和山馬③,晦迹幾一十三年。偶出而遇鮑老輩,促膝讌譚,竟受業其門,注意雕鏤刻畫,

① 天图 B 本无上图及“鲁班仙师源流”一条,第三卷之后有“唐李淳风代人择日”一页,为手抄;“灵驱解法洞明真言秘书”十页;“家宅多祟禳解”四页,为手抄,且纸张与之前明显不同,应为后加的。

② 此字为“侯”之异体字。

③ 此字应为“焉”之误。

欲令中華文物煥爾一新。故嘗語人曰:"不規而圓,不矩而方,此乾坤自然之象也。規以爲圓,矩以爲方,實人官兩象之能也。矧[①]吾之明,雖足以盡制作之神,亦安得必天下萬世咸能,師心而如吾明耶?明不如吾,則吾之明窮[②],而吾之技亦窮矣。"爰是既竭目力,復繼之以規矩準繩。俾公私欲經營宮室,駕造舟車與置設器皿,以前民用者,要不超吾一成之法,巳[③]試之方矣,然則師之。緣物盡制,緣制盡神者,顧不良且鉅哉。而其淑配雲氏,又天授一叚[④]神巧,所制器物固難枚舉,第較之於師,殆有佳處,内外贊襄,用能享大名而垂不朽耳。裔是年躋四十,復隱于歷山,卒遘異人授秘訣,雲遊天下,白日飛昇,止畱[⑤]斧鋸在白鹿仙巖,迄今古迹昭然如睹,故戰國大義贈爲永成待詔義士。後三年陳侯加贈智惠法師,歷漢、唐、宋,猶能顯蹤助國,屢膺封號。我皇明永樂間,鼎剏北京龍聖殿,役使萬匠,莫不震悚。賴師降靈指示,方獲洛[⑥]成。爰建廟祀之扁[⑦]曰:"魯班門",封待詔輔國太師北成侯。春秋二祭,禮用太牢。今之工人,凡有祈禱,靡不隨叩隨應,忱懸象著明而萬古仰照者。

---

① 此字为"况且"之意。
② 此字应为"窮"之异体字。
③ 此字应为"已"之别字。
④ 此字应为"段"之误。
⑤ 古同"留"。
⑥ 此字应为"落"之通假。
⑦ 此字应为"匾"之通假。

四、续四库本与北图——故宫本对比校勘

新鐫工師雕斲正式魯班木經匠家鏡[1]

正架式

三架式

正(五)架式[2]

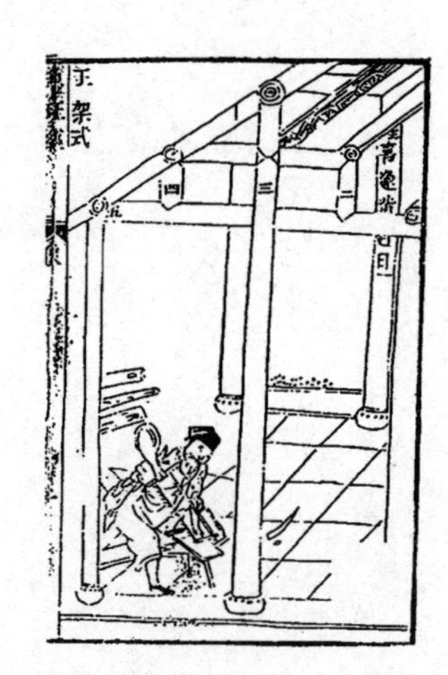

正(七)架式[3]

---

① 此校勘以《續修四庫全書》第879册中的《新鐫工師雕斲正式魯班木經匠家鏡》(上海古籍出版社,北京国家图书馆藏)为底本,以《北京圖書館古籍叢刊》中的《工師雕斲正式魯班木經匠家鏡》(以下简称北图本)和《故宫珍本叢刊》中的《新鐫京板工師雕斲正式魯班經匠家鏡》(以下简称故宫珍本)为辅本进行对比校勘。

② 图中文字疑缺“五”,应为“正五架式”。

③ 图中文字疑缺“七”,应为“正七架式”。

九 架 式

秋 千 架 式

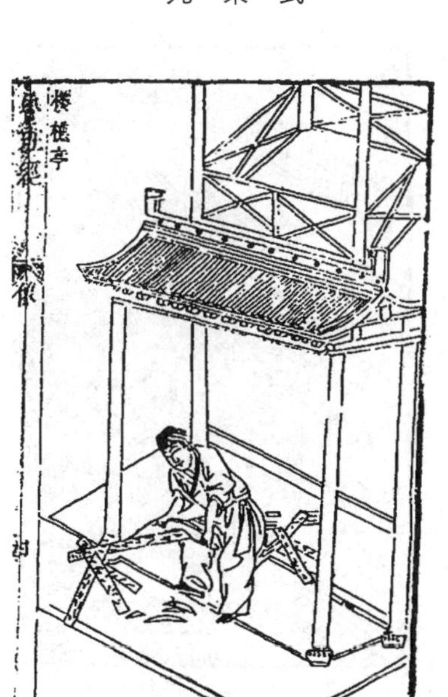

搜 樵 亭

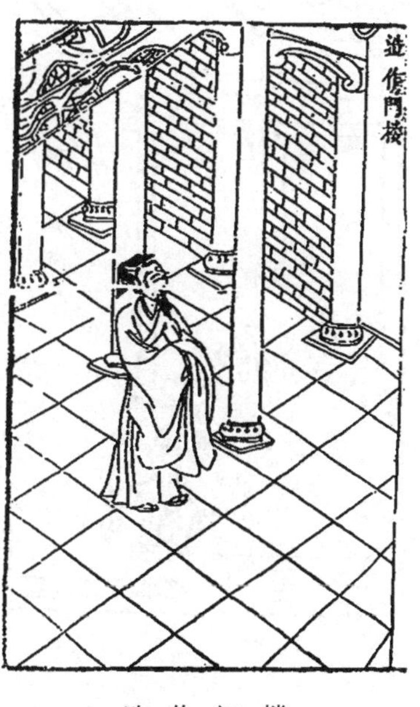

造 作 门 楼

五架後拖两架式

正 七 架 式

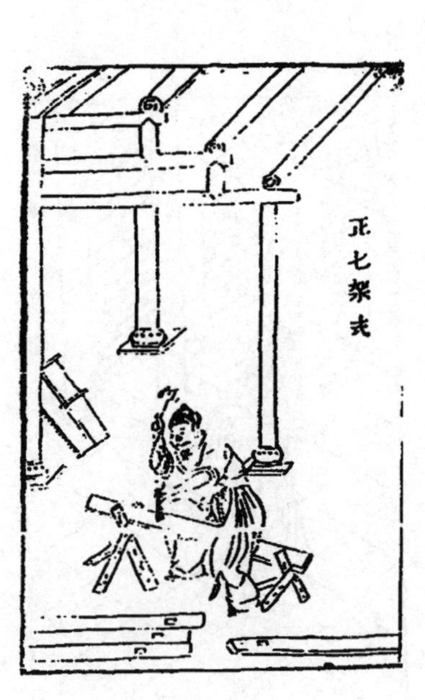

正 七 架 式

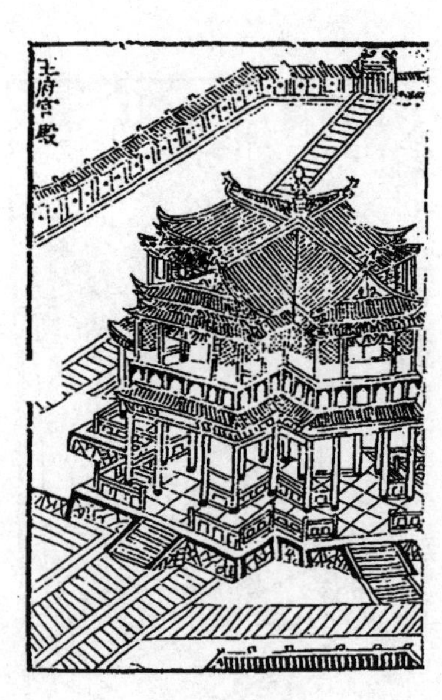

王 府 宫 殿

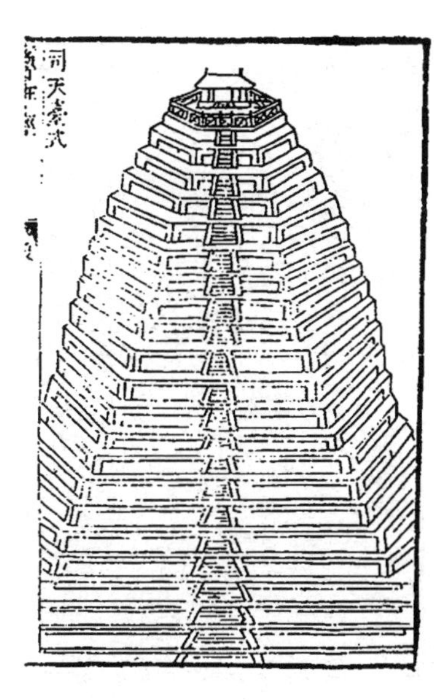

司天台式

庵堂廟宇

祠堂

凉亭式

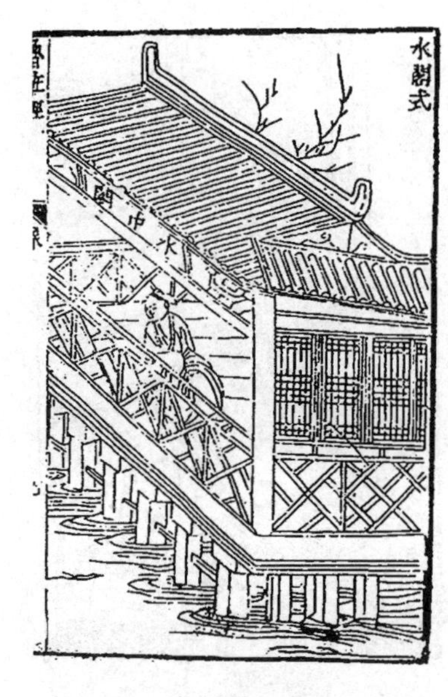

水 閣 式

橋 亭 式

鐘 鼓 楼 式

禾 仓 格 式①

① 据原文题补出。

牛 欄 式

马 厩 式

大 床 式

镜 架 式

新鐫工師雕斲正式魯班木經匠家鏡卷之一

北京提督工部　御匠司　司正　午榮彙編
局匠所　把總　章嚴　仝集
南京　遞匠司　司承　周言　校正①

鲁班升帐图②

① 北图本作者信息与底本一致,位于此条目之后。
② 此图内容及位置从北图本,底本无此图,故宫珍本此图位于卷后。

鲁班仙師源流①

師諱班,姓公輸,字依智。魯之賢勝②路,東平村人也。其父諱賢,母吳氏。師生於魯定公三年甲戌五月初七日午時,是日白鶴③羣集,異香滿室,經月弗散,人咸奇之。甫七歲,嬉戲不學,父母深以爲憂。迨十五歲,忽幡然,從遊於子夏④之門人端木起⑤,不數月,遂妙理融通,度越時流。憤諸侯僭稱王號,因遊說⑥列國,志在尊周,而計不行,乃歸而隱⑦于泰山之南小和山焉⑧,晦迹幾一十三年。偶出而遇鮑老輩⑨,促膝⑩讌譚,竟受業其門,注意雕鏤刻畫,欲令中華⑪文物煥爾一新。故嘗語人曰:"不規⑫而圓,不矩而方,此乾坤自然之象⑬也。規以爲圓,矩以爲方,實人官兩象之能也。矧吾之明,雖足以盡制作之神,亦安得必天下萬世咸能,師心而如吾明耶?明不如吾,則吾之明窮⑭,而吾之技亦窮矣。"爰是既竭目力,復繼之以規矩準繩。俾⑮公私欲經營宮室,駕造舟車與置⑯設器皿,以前民用者,要不超吾一成

① 北图本此条目前有一幅图,故宫珍本此条目与底本一致位于文后。
② 底本原为"勝",北图本、故宫珍本为"勝",下文亦径改为"勝",不再出注;底本、北图本、故宫珍本汉字中"丷"均为"八",如"平"、"梢"、"畔"等,下文亦径改为"丷",不再出注。
③ 底本、北图本、故宫珍本原为"鶴",下文亦径改为"鶴",不再出注。
④ 底本、北图本、故宫珍本原为"夏",下文亦径改为"夏",不再出注。
⑤ 底本、北图本、故宫珍本原为"起",今改。
⑥ "遊"古同"游","說"古同"说",此即为"游说"。
⑦ 底本、北图本、故宫珍本原为"隱",今改。
⑧ 故宫珍本为"馬",应误。
⑨ 底本原为"輩",北图本、故宫珍本为"輩",古同"辈",下文径改,不再注。
⑩ 此字为"膝"之异体字。
⑪ 北图本、故宫珍本为"華",下文径改为"華",不再注。
⑫ 此字为"規"之异体字。
⑬ 底本、北图本、故宫珍本原为"象",应为"象"之变体错字。
⑭ 北图本、故宫珍本为"窮"。
⑮ 底本为"俾",故宫珍本、北图本为"俾",皆为"俾"之误。
⑯ 底本、北图本、故宫珍本原为"置",下文亦径改为"置",不再注。

之法，巳①試之方矣，然則師之。緣物盡制，緣制盡神者，顧不良且鉅哉，而其淑配雲氏，又天授一叚②神巧，所制器物固難枚舉，第較之於師，殆③有佳處，内外贊襄，用能享大名而垂不朽耳。裔是年躋四十，復隱于歷山，卒遘異人授秘訣，雲遊天下，白日飛昇，止留④斧鋸在白鹿仙巖，迄今古迹昭然如睹，故戰國大義贈爲永成待詔義士。後三年陳侯加贈智惠法師，歷漢、唐、宋，猶能顯蹤助國，屢膺封號。明朝⑤永樂間，鼎剏北京龍聖殿，役使萬匠，莫不震悚。賴師降靈指示，方獲⑥洛成。爰建廟祀之扁曰："魯班門"，封待詔輔國太⑦師北成侯⑧，春秋二祭，禮用太牢。今之工人，凡有祈禱，靡不隨叩隨應，忱懸象著明而萬古仰照者。

人家起造伐木

入山伐木法：凡伐木日辰及起工日，切不可犯穿山殺。匠人入山伐木起工，且用看好木頭根數，具立平坦處斫伐，不可老草，此用人力以所爲也。如或木植到塲⑨，不可堆放黄殺方，又不可犯皇帝八座，九天大座，餘日皆吉。

伐木吉日：己巳、庚午、辛未、壬申、甲戌、乙亥、戊寅、已⑩卯、壬午、甲申、乙酉、戊子、甲午、乙未、丙申、壬寅、丙午、丁未、戊申、己酉、甲寅、乙卯、己未、庚申、辛酉，定、成、開日吉。又宜⑪明星、黄道、天德、月德。

---

① 此字应为"已"之误。

② 原文如此，应为"段"之误。

③ 底本原为"**殆**"，从北图本、故宫珍本改为"殆"。

④ 北图本、故宫珍本为"畱"，从底本改为"留"，不再注。

⑤ 北图本、故宫珍本此处"明朝"二字为"我皇明"，且"皇"字换行顶格。

⑥ 底本、北图本、故宫珍本原为"**獲**"，下文亦径改为"獲"，不再注。

⑦ 底本原为"大"，从北图本、故宫珍本改为"太"。

⑧ 底本原为"**侯**"，从北图本、故宫珍本改为"侯"，不再注。

⑨ 北图本、故宫珍本为"**塲**"，下文均从底本为"塲"，不再注。

⑩ 此字为"己"之误，下文同，径改，不再注。

⑪ 北图本、故宫珍本皆为"宐"，"宜"之异体字，下文均从底本为"宜"，不再注。

忌刀砧殺、斧頭、龍虎、受死①、天賊、日刀②砧③、危日、山隔、九土鬼、正四廢、魁罡日、赤口、山痕、红觜④朱雀。

起工架馬:凡匠人興工,須用按祖留下格式,將水長⑤先放在吉方,然後將後步柱安放馬上,起看俱用翻鋤向内動作。今有晚學木匠則先將棟柱用正,則不按魯班之法後步柱先起手者,則先後方且有前先就低而後高,自下而至上,此爲依祖式也。凡造宅用深淺闊狹、高低相等、尺寸合格,方可爲之也。

起工破木:宜己巳、辛未、甲戌、乙亥、戊寅、己卯、壬午、甲申、乙酉、戊子、庚寅、乙未、己亥、壬寅、癸卯、丙午、戊申、己酉、壬子、乙卯、己未、庚申、辛酉,黄道、天成、月空、天、月二德及合神、開日吉。

忌刀砧殺、木馬殺、斧頭殺、天賊、受死、月破、破敗、燭火、魯般殺、建日、九土鬼、正四廢、四離、四絶、大小空亾、荒蕪、凶敗、滅没日,凶。

總 論

論新立宅架馬法:新立宅舍,作主人眷既已出火避宅,如起工卽就坐上架馬,至如竪造吉日,亦可通用。

論淨盡拆除舊宅倒堂竪造架馬法:凡⑥盡拆除舊宅,倒堂竪造,作主人眷既已出火避宅,如起工架馬,與新立宅舍架馬法同。

論坐宫修方架馬法:凡作主不出火避宅,但就所修之方擇吉方上起工架馬,吉;或别擇吉架馬,亦利。

論移宫修方架馬法:凡移宫修方,作主人眷不出火避宅,則就所修之方擇取吉方上起工架馬。如出火避宅,起工架馬却不問方道。

---

① 北图本、故宫珍本为“歹人”,“死”之异体字。

② 北图本、故宫珍本此字为“月”。

③ 底本为“砧”,北图本、故宫珍本为“砧”,应是。

④ 古同“嘴”。

⑤ 此下划线处应为“木馬”之误。

⑥ 北图本、故宫珍本做“几”,下文均从底本做“凡”,不再注。

論架馬活法[1]：凡修作在柱近空屋内，或在一百步之外起寮架馬，却不問方道。

修造起符便法[2]

起符吉日：其日起造，隨事臨時，自起符後，一任用工修造，百無所忌。

論修造起符法[3]：凡修造家主行年得運，自宜用名姓昭告符。若家主行年不得運，自而以弟子行年得運。白作造主用名姓昭告符，使大抵師人行符起殺，但用作主一人名姓昭告山頭龍神，則定磉扇架、竪柱日，避本命日及對主日俟。修造完備，移香火隨符入宅，然後卸符安鎮宅舍。

論東家修作西家起符照方法

凡隣家修方造作，就本家宫中置羅經，格定隣家所修之方。如值年官符、三殺、獨火、月家飛宫、州縣官符、小兒殺[4]、打頭火、大月建、家主身皇定命，就本家屋内前後左右起立符，使依移官法坐符使，從權請定祖先、福神，香火暫歸空界，將符使照起隣家所修之方，令轉而爲吉方。俟月節[5]過，視本家住居當初永定方道，無緊殺占，然後安奉祖先、香火福神，所有符使，待歲除方可卸也。

畫柱繩墨：右吉日宜天、月二德，併三白、九紫値日時大吉。齊柱脚，宜寅、申、巳、亥日。

總　論

論畫柱繩墨併齊木料，開柱眼，俱以白星爲主。蓋三白九紫，匠者之大

① 故宫珍本此条目内容乱，正文从底本与北图本。
② 故宫珍本此条目内容乱，正文从底本与北图本。
③ 故宫珍本此条目名为"論修造起符所忌"，且内容乱，正文从底本与北图本。
④ 北图本为"杀"，从底本改为"殺"，不再注。
⑤ 北图本、故宫珍本为"[illegible]"，下文均从底本为"節"，不再注。

用也。先定日時之白，後取尺寸之白，停停當當，上合天星應昭，祥光覆護[1]，所以住者獲福之吉，豈知乎此福於是補出，便右吉日不犯天瘟、天賊、受死、轉殺、大小火星、荒蕪、伏斷等日。

動土平基：平[2]基吉日，甲子、乙丑、丁卯、戊辰、庚午、辛未、己卯、辛巳、甲申、乙未、丁酉、己亥、丙午、丁未、壬子、癸丑、甲寅、乙卯、庚申、辛酉。築墻宜伏斷、閉日[3]吉。補築墻，宅龍六七月占墻。伏龍六七月占西墻二壁，因雨傾倒，就當日起工便築，卽爲無犯。若候[4]晴後停留三五日，過則須擇日，不可輕動。泥飾垣墻，平治道塗，甃砌皆基，宜平日吉。

總　論

論動土方：陳希夷《玉鑰匙》云：土皇方犯之，令人害瘋痨、水蠱。土符所在之方，取土動土犯之，主浮腫水氣。又據術者云：土瘟日并方犯之，令人兩脚浮腫。天賊日起手動土，犯之招盜。

論取土動土，坐宫修造不出避火，宅須忌年家、月家殺殺方。

定磉扇架：宜甲子、乙丑、丙寅、戊辰、己巳、庚午、辛未、甲戌、乙亥、戊寅、己卯、辛巳、壬午、癸未、甲申、丁亥、戊子、己丑、庚寅、癸巳、乙未、丁酉、戊戌、己亥、庚子、壬寅、癸卯、丙午、戊申、己酉、壬子、癸丑、甲寅、乙卯、丙辰、丁巳、己未、庚申、辛酉。又宜天德、月德、黄道，併諸吉神值日，亦可通用。忌正四廢、天賊、建、破日。

竪柱吉日：宜己巳、辛丑、甲寅、乙亥、乙酉、己酉、壬子、乙巳、己未、庚申、戊子、乙未、己亥、己卯、甲申、己丑、庚寅、癸卯、戊申、壬戌、丙寅、辛巳。又宜寅、申、巳、亥爲四柱日，黄道、天月二德諸吉星，成、開日吉。

上梁吉日：宜甲子、乙丑、丁卯、戊辰、己巳、庚午、辛未、壬申、甲戌、丙

---

① 底本、北图本、故宫珍本原为“䕶”，今改。

② 北图本、故宫珍本为“填”。

③ 北图本为“且”。

④ 北图本、故宫珍本为“竢”。

子、戊寅、庚辰、壬午、甲申、丙戌、戊子、庚寅、甲午、丙申、丁酉、戊戌、己亥[①]、庚子、辛丑、壬寅、癸卯、乙巳、丁未、己酉、辛亥、癸丑、乙卯、丁巳、己未、辛酉、癸亥，黄道、天月二德諸吉星，成、開日吉。

拆屋吉日：宜甲子、乙丑、丙寅、戊辰、己巳、辛未、癸酉、甲戌、丁丑、戊寅、己卯、癸未、甲申、壬辰、癸巳、甲午、乙未、己亥、辛丑、癸卯、己酉、庚戌、辛亥、丙辰、丁巳、庚申、辛酉，除日吉。

蓋屋吉日：宜甲子、丁卯、戊辰、己巳、辛未、壬申、癸酉、丙子、丁丑、己卯、庚辰、癸未、甲申、乙酉、丙戌、戊子、庚寅、丁酉、癸巳、乙未、己亥、辛丑、壬寅、癸卯、甲辰、乙巳、戊申、己酉、庚戌、辛亥、癸丑、乙卯、丙辰、庚申、辛酉，定、成、開日吉。

泥屋吉日：宜甲子、乙丑、己巳、甲戌、丁丑、庚辰、辛巳、乙酉、辛亥、庚寅、辛卯、壬辰、癸巳、甲午、乙未、丙午、戊申、庚戌、辛亥、丙辰、丁巳、戊午、庚申，平、成日吉。

開渠吉日：宜甲子、乙丑、辛未、己卯、庚辰、丙戌、戊申，開、平日吉。

砌地吉日：與修造動土同看。

結砌天井吉日：

詩曰：

結修天井砌堦基，須識水中放水圭。

格向天干埋楷口，忌中顺逆小兒嬉。

雷霆大殺土皇廢，土忌瘟符受死離。

天賊瘟囊芳地破，土公土水隔痕隨。

右宜以羅經放天井中，間針定取方位，放水天干上，切忌大小滅没、雷霆大殺、土皇殺方。忌止[②]忌、土瘟、土符、受死、正四廢、天賊、天瘟、地囊、荒蕪、地破、土公箭、土痕、水痕、水隔。

① 北图本、故宫珍本为“夷”，应误。
② 北图本、故宫珍本为“土”，应是。

論逐月甃地結天井砌堦基吉日

正月:甲子、壬午、戊子、庚子、乙丑、己卯、丙午、丙子、丁卯。

二月:乙丑、庚寅、戊寅、甲寅、辛未、丁未、己未、甲申、戊申。

三月:己巳、己卯、戊子、庚子、癸酉、丁酉、丙子、壬子。

四月:甲子、戊子、庚子、甲戌、乙丑、丙子。

五月:乙亥、己亥、辛亥、庚寅、甲寅、乙丑、辛未、戊寅。

六月:乙亥、己亥、戊寅、甲寅、辛卯、乙卯、己卯、甲申、戊申、庚申、辛亥、丙寅。

七月:戊子、庚子、庚午、丙午、辛未、丁未、己未、壬辰、丙子、壬子。

八月:戊寅、庚寅、乙丑、丙寅、丙辰、甲戌、庚戌。

九月:己卯、辛卯、庚午、丙午、癸卯。

十月:甲子、戊子、癸酉、辛酉、庚午、甲戌、壬午。

十一月:己未、甲戌、戊申、壬辰、庚申、丙辰、乙亥、己亥、辛亥。

十二月:戊寅、庚寅、甲寅、甲申、戊申、丙寅、庚申。

起造立木上樑式

凡造作立木上樑,候吉日良時,可立一香案於中亭,設安普庵仙師香火,備列五色錢、香花、燈燭、三牲、菓酒供養之儀,匠師拜請三界地王、五方宅神、魯班三郎、十極高真,其匠人秤丈①竿、墨斗、曲尺,繫放香棹米桶上,并巡官羅金安頓,照官符、三煞凶神、打退神殺,居住者永遠吉昌也。

請設三界地主魯班仙師祝上樑文

伏以日吉時良,天地開張,金爐之上,五炷明香,虔誠拜請今年、今月、今日、今時直②符使者,伏望③光臨,有事懇請。今據某省④、某府、某縣、某鄉、

① 北图本、故宫珍本为“𠀋”,下文均从底本为“丈”,不再注。

② 底本、北图本、故宫珍本为“直”,下文均从底本为“直”,不再注。

③ 底本、北图本、故宫珍本为“望”,下文均从底本为“望”,不再注。

④ 北图本、故宫珍本为“省”。

某里、某社奉道信官[士],憑術士選到今年某月某日吉時吉方,大利架造廳堂,不敢自專,仰仗直符使者,賫持香信,拜請三界四府高眞、十方賢聖、諸天星斗、十二宫神、五方地主明師,虚空過往,福德靈聰,住居香火道释,衆眞門官,井竈司命六神,魯班眞仙公輸子匠人,帶來先傳後教[①]祖本先師,望賜降臨,伏望諸聖,跨雀騂鸞,暫别宫殿之内,登車撥馬,來臨塲屋之中,既沭降臨,酒當三奠,奠酒詩曰:

初奠纔斟,聖道降臨。巳[②]享巳祀,皷皷[③]皷琴。布福乾坤之大,受恩江海之深[④]。仰憑聖道,普降凡情。酒當二奠,人神喜楽。大布恩光,享來祿爵。二奠盃觴,永[⑤]滅[⑥]灾殃。百福降祥,萬壽無疆。酒當三奠,自此門庭常貼泰,從兹男女永安康,仰巢聖賢流恩澤,廣置田産降福降祥。上來三奠巳畢,七獻云週,不敢過獻。

伏願信官[士]某,自創造上樑之後,家門浩浩,活計昌昌,千斯倉而萬斯箱,一曰富而二曰壽,公私兩利,門庭光顯,宅舍興隆,火盗雙消,諸事吉慶,四時不遇水雷迍,八節常蒙地天泰。[如或臨産臨盆,有慶坐草無危,願生智慧之男,聰明富貴起家之子,云云]。凶藏煞没,各無干犯之方,神喜人懽,大布禎祥之兆。凡在四時,克臻萬善。次巢匠人興工造作,拈刀弄斧,自然目朗心開,負[⑦]重拈輕,莫不脚輕手快,仰賴神通,特垂庇祐,不敢久留聖駕,錢財奉送,來時當獻下車酒,去後當酬上馬盃,諸聖各歸宫闕。再有所請,望賜降臨錢財[匠人出煞,云云]。

天開地闢,日吉時良,皇帝子孫,起造高堂,[或造廟宇、庵堂、寺觀則云:仙師架造,先合陰陽]。凶神退位,惡煞潜藏,此間建立,永遠吉昌。伏願榮遷之後,龍歸寶穴,鳳徙梧巢,茂蔭兒孫,增崇産業者。

---

① 北图本为“教”,从底本改为“教”。
② 此字应为“已”之误,下文同,不再注。
③ 此字或为“瑟”之误。
④ 北图本、故宫珍本为“深”,为“深”之异体字,下文同,不再注。
⑤ 底本、北图本、故宫珍本原为“永”,为“永”之异体字,下文同,不再注。
⑥ 北图本、故宫珍本为“威”。
⑦ 北图本、故宫珍本为“負”。

詩曰：

一聲槌響透天門，萬聖千賢左右分。

天煞打歸天上去，地煞潛歸地裹①藏。

大厦千間生富貴，全家百行益兒孫。

金槌敲處諸神護，惡煞凶神急②速奔。

造屋間數吉凶例

一間凶，二間自如，三間吉，四間凶，五間吉，六間凶，七間吉，八間凶，九間吉。

歌曰：五間廳、三間堂，創後三年必招殃。始五間廳、三間堂，三年内殺五人，七年庄③敗，凶。四間廳、三間堂，二年内殺四人，三年内殺七人來。二間無子，五間絶。三架廳、七架堂，凶，七架廳，吉，三間廳、三間堂，吉。

斷水平法

莊子云："夜静水平。"俗云，水從平則止。造此法，中立一方表，下作十字拱頭，蹄脚上横過一方，分作三分，中開水池，中表安二線垂下，將一小石頭墜正中心，水池中立三個水鴨子，實要匠人定得木頭端正，壓尺十字，不可分毫走失，若依此例，無不平正也。

畫起屋樣

木匠按④式，用精紙一幅，畫地盤濶狹深淺，分下間架或三架、五架、七架、九架、十一⑤架，則王主人之意，或柱柱落地，或偷柱及樑栟，使過步樑、眉樑、眉枋，或使斗磉者，皆在地盤上停當。

---

① 北图本、故宫珍本此处为"裏"，下文均从底本为"裹"，不再注。

② 底本、北图本、故宫珍本为"急"，下文亦径改为"急"，不再注。

③ 底本、北图本、故宫珍本为"庄"，下文亦径改为"庄"，不再注。

④ 北图本、故宫珍本为"接"。

⑤ 底本原为"十二"，应误，从北图本、故宫珍本改为"十一"。

魯般眞尺

按魯般尺乃有曲尺一尺四寸四分，其尺間有八寸，一寸准①曲尺一寸八分。內有財、病、離、義、官、刼、害、本也。凡人造門，用依②尺法也。假如單扇門，小者開二尺一寸，一白，般尺在“義”上，单扇門開二尺八寸在八白，般尺合“吉”上，雙扇門者用四尺三寸一分，合四綠一白，則爲本門，在“吉”上。如財門者，用四尺三寸八分，合“財”門，吉。大雙扇門，用廣五尺六寸六分，合兩白，又在“吉”上。今時匠人則開門濶四尺二寸，乃爲二黑，般尺又在“吉”上，及五尺六寸者，則“吉”上二分，加六分正在“吉”中，爲佳也。皆用依法，百無一失，則爲良匠也。

魯般尺八首

財字

財字臨門仔細詳，外門招得外才良。
若在中門常自有，積財須用大門當。
中房若合安於上，銀帛千箱與萬箱。
木匠若能明此理，家中福祿自榮昌。

病字

病字臨門招③疫疾，外門神鬼入中庭。
若在中門逄④此字，灾須輕可免危聲。
更被外門相照對，一年兩度送尸靈。
於中若要無凶禍，厠上無疑是好親。

---

① 底本、北图本、故宫珍本为“堆”，应为“准”之误。
② 北图本、故宫珍本此处为“伏”，从底本改为“依”。
③ 底本原为“招”，从北图本、故宫珍本改为“招”。
④ 此字应为“逢”之误。

離字

离字臨門事不祥，仔細排來在甚方。
若在外門并中户，子南父北自分張。
房門必主生離別，夫婦恩情兩處忙。
朝夕士家常作鬧，悽①惶無地禍誰當。

義字

義字臨門孝順生，一字中字最爲眞。
若在都門招三婦，廊門淫婦戀花聲。
於中合字雖爲吉，也有興灾害及人。
若是十分無灾害，只有厨門實可親。

官字

官字臨門自要詳，莫教安在大門場。
須妨公事親州府，富貴中庭房自昌。
若要房門生貴子，其家必定出官廊。
富家人家有相壓，庶②人之屋實難量。

刧字

刧字臨門不足誇，家中日日事如麻。
更有害門相照看，凶來疊疊禍無差。
兒孫行刧身遭苦，作事因循害却家。
四惡四凶星不吉，偷人物件害其佗。

害字

害字安門用細尋，外人多被外人臨。
若在内門多興禍，家財必被賊來侵。

---

① 北图本、故宫珍本为“恓”，从底本改为“悽”。
② 北图本、故宫珍本为“庻”，从底本改为“庶”。

兒孫行門于害字，作事須因破其家。

良匠若能明此理，管教宅主永興隆。

吉字

吉字臨門最是良，中官内外一齊强[1]。

子孫夫婦皆榮貴，年年月月在蠶桑。

如有財門相照者，家道興隆大吉昌。

使有凶神在傍位，也無灾害亦風光。

本門詩

本子[2]開門大吉昌，尺頭尺尾正相當。

量來尺尾須當吉，此到頭來財上量。

福祿乃爲門上致，子孫必出好兒郎。

時師依此仙賢造，千倉萬廪有餘糧。

曲尺詩

一白惟如六白良，若然八白亦爲昌。

但將般尺來相湊，吉少凶多必主殃。

曲尺之畾

一白、二黑、三碧、四綠、五黄、六白、七赤、八白、九紫、一[3]白。

論曲尺根由

曲尺者，有十寸，一寸乃十分。凡遇起造經營、開門高低、長短度量，皆在此上。須當湊對魯般尺八寸，吉凶相度，則吉多凶少，爲佳。匠者但用倣

① 北图本、故宫珍本为“強”。
② 此字应为“字”之通假。
③ 据上下文，此字应为“十”之误。

此，大吉也。

推[①]起造何首合白吉星

魯般經營：凡人造宅門，門一須用準，與不準及起造室院。條緝車箭，須用準，合陰陽，然後使尺寸量度，用合"財吉星"及"三白星"，方爲吉。其白外，但則九紫爲小吉。人要合魯般尺與曲尺，上下相仝爲好。用尅定神、人、運、宅及其年，向首大利。

按九天玄女裝門路，以玄女尺筭之，每尺止得九寸有零，却分財、病、離、義、官、刼、害、本八位，其尺寸長短不齊，惟本[②]門與財門相接最吉。義門惟寺觀學舍，義聚之所可裝。官門惟官府可裝，其餘民俗只粧本門與財門，相接最吉。大抵尺法，各隨匠人所傳，術者當依魯般經尺度爲法。

論開門步數：宜單不宜雙。行惟一步、三步、五步、七步、十一步吉，餘凶。每步計四尺五寸，爲一步，于屋簷滴水處起步，量至立門處，得單步合前財義官本門，方爲吉也。

定盤眞尺

凡創造屋宇，先須用坦平地基，然後隨大小、濶狹，安磉平正。平者，穩也。次用一件木料〖長一丈四、五尺，有欝，長短有[③]人。用大四寸，厚二寸，中立表〗。長短在四、五尺內實用，壓曲尺，端正兩邊，安八字，射中心，〖上繫一線重，下弔[④]石墜，則爲平正，直也，有實㨾可驗〗。

詩曰：

世間萬物得其平，全仗[⑤]權衡及準繩。
創造先量基濶狹，均分內外兩相停。

---

① 故宫珍本为"惟"，应误。
② 底本原为"木"，应误，今从北图本、故宫珍本为"本"。
③ 北图本、故宫珍本为"在"。
④ 古同"吊"，北图本、故宫珍本为"吊"。
⑤ 北图本、故宫珍本为"仗"。

石磉切須安得正，地盤先宜鎭中心。

定將眞尺分平正，良匠當依此法眞。

推造宅舍吉凶論

造屋基，淺在市井中，人魁之處，或外濶内狹爲，或内[1]濶外狹穿，只得隨地基所作。若内濶外，乃名爲蟹[2]穴屋，則衣食自豊也。其外闊，則名為檻口屋，不爲奇也。造屋切不可前三直後二直，則爲穿心栟，不吉。如或新起栟，不可與舊屋棟齊過。俗云：新屋插舊棟，不久便相送。須用放低於舊屋，則曰：次棟。又不可直棟穿中門，云：穿心棟。

三架屋後車[3]三架法

造此小屋者，切不可高大。凡步柱只可高一丈零一寸，棟柱高一丈二尺一寸，段[4]深五尺六寸，間濶一丈一尺一寸，次間一丈零一寸，此法則相稱也。

詩[5]曰：

凡人創造三架屋，般尺須尋吉上量。

濶狹高低依此法，後來必出好兒郎。

五架房子格

正五架三間，拖後一柱，步用一丈零八寸，仲高一丈二尺八寸，棟高一丈五尺一寸，每段四尺六寸，中間一丈三尺六寸，次濶一丈二尺一寸，地基濶狹則在人加減，此皆壓白之法也。

詩曰：

---

① 北图本、故宫珍本此处多一“内”字。

② 北图本、故宫珍本为“蝌”，“蟹”之异体字。

③ 此字应为“連”之通假。

④ 此字应为“段”之误，下文同，不再注。

⑤ 底本原为“評”，今从北图本、故宫珍本改为“詩”。

三間五架屋偏奇，按白量材實利宜。

住坐安然多吉慶，横財入宅不拘時。

正七架三間格

七架堂屋：大凡架造，合用前後柱高一丈二尺六寸，棟高一丈零六寸，中間用濶一丈四尺三寸，次濶一丈三尺六寸，段四尺八寸，地基濶窄、高低、深淺，隨人意加減則爲之。

詩曰：

經營此屋好華堂，並是工師巧主張。

富貴本由繩尺得，也須合用按陰陽。

正九架五間堂屋格

凡造此屋，步柱用高一丈三尺六寸，棟柱或地基廣濶，宜一丈四尺八寸，段淺者四尺三寸，成十分深，高二丈二尺棟爲妙。

詩曰：

陰陽兩字最宜先，鼎創興工好向前。

九架五間堂九天，萬年千載福綿綿。

謹按仙師眞尺寸，管教富貴足庄田。

時人若不依仙法，致使人家兩不然。

鞦 韆 架

鞦韆架：今人偷棟栟爲之吉。人以如此造，其中創閑要坐起處，則可依此格儘好。

小 門 式

凡造小門者，乃是塚墓之前所作，兩柱前重在屋，皮上出入不可十分長，露出殺，傷其家子媳，不用使木作，門蹄二邊使四隻將軍柱，不宜大高也。

搜[①] 焦 亭

造此亭者，四柱落地，上三超[②]四結果，使平盤方中，使福海[③]頂、藏心柱十分要聳，瓦[④]蓋用暗鐙釘住，則無脱[⑤]落，四方可觀之。

詩曰：

枷梢門屋有兩般，方直尖斜一樣言。家有姦偷夜行子，須防横禍及遭[⑥]官。

詩曰：

此屋分明端正奇，暗中爲禍少人知。
只因匠者多藏素，也是時師不細詳。
使得家門長退落，緣他屋主大限衰。
從今若要兒孫好，除是從頭改過爲。

造作門樓

新創屋宇開門之法：一自外正大門而入，次二重較門，則就東畔開吉門，須要屈曲，則不宜大[⑦]直。内門不可較大外門，用依此例也。大凡人家外大門，千萬不可被人家屋脊[⑧]對射，則不祥之兆也。

論起廳堂門例[⑨]

或起大廳屋，起門須用好籌[⑩]頭向，或作槽門之時，須用放高，與第二重

① 底本、北图本、故宫珍本为“摉”，下文径改为“搜”，不再注。
② 底本原为“超”，从北图本、故宫珍本改为“超”。
③ 北图本、故宫珍本为“海”，从底本改为“海”。
④ 底本、北图本、故宫珍本为“瓦”，下文亦径改为“瓦”，不再注。
⑤ 北图本、故宫珍本为“脱”，从底本改为“脱”。
⑥ 北图本、故宫珍本为“道”，从底本改为“遭”。
⑦ 此字应为“太”之误。
⑧ 底本、北图本、故宫珍本均为“脊”，今改。
⑨ 北图本、故宫珍本此条目有缺。
⑩ 北图本、故宫珍本为“筹”。

門同,第三重却就栿柁起,或作如意門,或作古錢門與方勝門,在主人意愛而爲之。如不做槽門,只做都門、作胡字門,亦佳矣。

詩曰:

大門安者莫在東,不按仙賢法一同。

更被别人屋棟射,須教禍事又重重。

上下門①:計六尺六寸;中户門:計三尺三寸;小户門:計一尺一寸;州縣寺觀門:計一丈一尺八寸,濶②;庶人門:高五尺七寸,濶四尺八寸;房門:高四尺七寸,濶二尺三寸。

春不作東門,夏不作南門,秋不作西門,冬不作北門。

債不星逐年定局方位③

戊癸年〖坤申方〗,甲巳年〖占辰方〗,乙庚年〖兑坎寅方〗,丙辛年〖占午方〗,丁壬年〖乾方〗。

債不星逐月定局④

大月:初三、初六、十一、十四、十九、廿二、廿七,〖日凶〗。

小月:初二、初七、初十、十五、十八、廿三、廿六,〖日凶〗。

庚寅日:門大夫死甲巳日六甲胎神,〖占門〗。

塞門吉日:宜伏斷、閉目⑤,忌丙寅、己巳、庚午、丁巳。

紅嘴朱雀凶⑥日:庚午、己卯、戊子、丁酉、丙午、乙卯。

修門雜忌

九良星年:丁亥,癸巳占大門;壬寅、庚申占門;丁巳占前門;丁卯、己卯

---

① 北图本、故宫珍本无此条目。

② 此处应遗缺数字。

③ 北图本、故宫珍本无此条目。

④ 北图本、故宫珍本无此条目。

⑤ 此字应为“日”之误。

⑥ 底本此处不清,从北图本、故宫珍本改为“凶”。

占後門。

丘公殺：甲巳年占九月，乙庚占十一月，丙辛年占正月，丁壬年占三月，戊癸年占五月。

逐月修造門吉日

正月癸酉，外丁酉。二月甲寅。三月庚子，外乙巳。四月甲子、庚子，外庚午。五月甲寅，外丙寅。六月甲申、甲寅，外丙申、庚申。七月丙辰。八月乙亥。九月庚午、丙午。十月甲[1]子、乙未、壬午、庚子、辛未，外庚午。十一月甲寅。十二月戊寅、甲寅、甲子、甲申、庚子，外庚申、丙寅、丙申。

右吉日不犯朱雀、天牢、天火、燭火、九空、死氣、月破、小耗、天賊、地賊、天瘟、受死、氷[2]消瓦陷[3]、陰陽錯、月建、轉殺、四耗、正四廢、九[4]土鬼、伏斷、火星、九醜、滅門、離窠、次地火、四忌、五窮、耗絶、庚寅門、大夫死日、白虎、炙退、三殺、六甲胎神占門，并债木[5]星爲忌。

門光星

大月從下數上，小月从上數下。

白圈者吉，人字損人，丫字損畜。

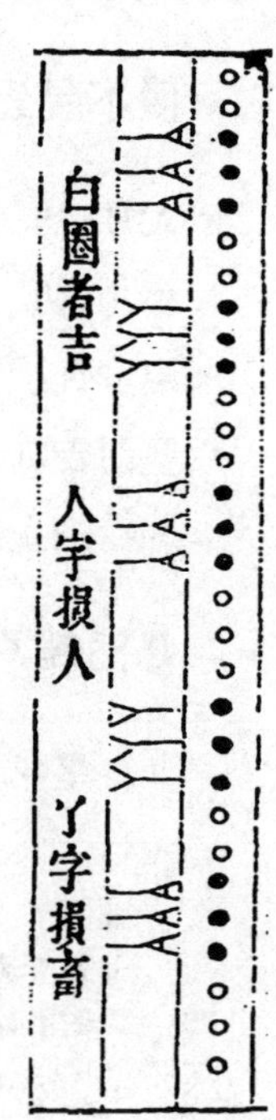

門光星图

門光星吉日定局

大月：初一、初二、初三、初七、初八、十二、十三、十四、十八、十九、二十、廿四、廿五、廿九、三十日。

小月：初一、初二、初六、初七、十一、十二、十三、十七、十八、十九、廿三、廿四、廿八、廿九日。

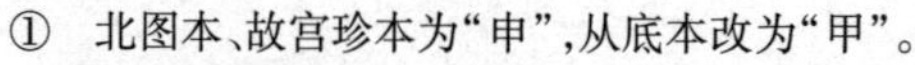

① 北图本、故宫珍本为“申”，从底本改为“甲”。

② 古同“冰”。

③ 此字为“陷”之异体字。

④ 底本原为“瓦”，从北图本、故宫珍本改为“九”。

⑤ 底本原为“不”，从北图本、故宫珍本改为“木”。

總　論

論門樓，不可專主門樓經、玉輦經①，誤②人不淺，故不編入。門向須避直冲尖射砂水、路道、惡石、山坳③、崩破、孤峰④、枯木、神廟之類，謂之乘殺入門，凶。宜迎水、迎山，避水斜割，悲聲。經云：以水爲朱雀者，忌夫湍。

論黄泉門路

天機訣云：庚丁坤上是黄泉，乙丙須防巽水先，甲癸向中休見艮，辛壬水路怕當乾。犯主⑤枉死少丁，殺家長，長病忤逆。

庚向忌安單坤向門路水步，丙向忌安单坤向門路水步，乙向忌安單巽向門路水步，丙向忌安單巽向門路水，甲向癸向忌安单艮向門路水步，辛壬向忌安单乾向門路水步。其法乃死絶處，朝對官爲黄泉是也。

詩曰：

一兩棟簷水流相射，大小常相罵，此屋名爲暗箭山，人口不平安。

據仙賢云：屋前不可作欄杆，上不可使立釘，名爲暗箭，當忌之。

郭璞相宅詩三首

屋前致欄杆，名曰紙錢山。

家必多喪⑥禍，哭泣不曾閑。

詩云：

門高勝於廳⑦，後代絶人丁。

---

① 北图本、故宫珍本为“経”。
② 北图本、故宫珍本为“悮”。
③ 古同“坳”。
④ 北图本、故宫珍本为“峯”，从底本为“峰”。
⑤ 北图本、故宫珍本为“王”，从底本为“主”。
⑥ 北图本、故宫珍本为“丧”，下文均从底本为“喪”。
⑦ 北图本、故宫珍本为“片”，应为“庁”之误。

門高過於壁,其家多哭泣。

門扇两𣏌欺,夫婦不相宜。
家財當耗散,眞是不爲量。

五架屋諸式圖

五架樑栟或使方樑者,又有使界板者,及又①槽、搭栿、斗槳②之類,在主者之所爲也。

五架後拖兩架

五架屋後添兩架,此正按古格,乃佳也。今時人喚做前淺後深之說,乃生生笑隱,上吉也。如造正五架者,必是其基地如此,别有實格式,學者可驗之也。

正七架格式

正七架樑,指及七架屋、川牌栟,使斗槳或柱義桁並,由人造作,有③圖式可佳。

王府宫殿

凡做此殿,皇帝殿九丈五尺高,王府七丈高,飛簷找角,不必再白。重拖五架,前拖三架,上截升拱天花板,及地量至天花板,有五丈零三尺高。殿上柱④頭七七四十九根,餘外不必再記,隨在加減。中心兩柱八角爲之天梁,輔佐後無門,俱大厚板片。進金上前無門,俱掛硃簾,左邊立五官⑤,右邊十

① 此字应为“叉”之误。
② 北图本、故宫珍本为“㒓”,从底本改为“槳”。
③ 北图本、故宫珍本此处为“後有”。
④ 北图本、故宫珍本为“住”,应为“柱”之通假。
⑤ 北图本、故宫珍本为“宫”,应是。

二院，此與民間房屋同式，直出明律。門有七重，俱有殿名，不必載之。

司天臺式

此臺在欽天監。左下層土磚石之類，週圍八八六十四丈濶，高三十三丈，下一十八層，上分三十三層，此應上觀天文，下察地利。至上層週圍俱是冲天欄杆，其木裹方外圓，東西南北反①中央立起五處旗杆，又按天牌二十八面，寫定二十八宿星主，上有天盤流轉，各位星宿吉凶乾象。臺上又有冲天一直平盤，闊方圓一丈三尺，高七尺，下四平脚穿枋串進，中立圓木一根。閗上平盤者，盤能轉，欽天監官每看天文立於此處。

粧修正廳

左右二邊，四大孔水椹板，先量每孔多少高，帶磉至一穿枋下有多少尺寸，可分爲上下一半，下水椹帶腰枋，每矮九寸零三分，其腰枋只做九寸三分。大抱柱線，平面九分，窄上五分，上起荷葉線，下起棋盤線，腰枋上面亦然。九分下起一寸四分，窄面五分，下貼地栿，貼仔一寸三分厚，與地栿盤厚，中间分三孔或四孔，槛枋仔方圓一寸六分，閗尖一寸四分長，前楣後楣比廳心每要高七寸三分，房間光顯冲欄二尺四寸五分，大廳心門框一寸四分厚，二寸二分大，底下四片，或下六片，尺②寸要有零，子舍箱間與廳心一同尺寸，切忌兩様尺寸，人家不和。廳上前眉③兩孔，做門上截亮格，下截上行板，門框起聰管線，一寸四分大，一寸八分厚。

正堂粧修與正廳一同，上框門尺寸無二，但腰枋帶下水椹，比廳上尺寸每矮一寸八分。若做一抹光水椹，如上框門，做上截起棋盤線或荷葉線，平七分，窄面五分，上合角貼仔一寸二分厚，其别雷同。

---

① 此字应为“及”之误。

② 底本原为“八”，从北图本、故宫珍本改为“尺”。

③ 古同“眉”。

寺觀庵堂廟宇式

架學造寺觀等，行人門身帶斧器，從後正龍而入，立在乾位，見本家人出方動手，左手執六尺，右手拿斧，先量正柱，次首左邊轉身柱，再量直出山門外止。吽①夥②同人，起手右邊上一抱柱，次後不論。大殿中間，無水椹或欄杆斜格，必用粗大，每筭③正數，不可有零。前欄杆三尺六寸高，以應天星。或門及抱柱，各様要筭七十二地星。菴堂廟宇中間水椹板，此人家水椹每矮一寸八分，起線抱柱尺寸一同，已載在前，不白。或做門，或亮格，尺寸俱矮一寸八分。廳上實棹三尺六寸高，每與轉身柱一般長，深四尺面，前叠方三層，每退墨一寸八分，荷葉線下兩層花板，每孔要分成雙下脚，或雕獅象挖脚，或做貼梢，用二寸半厚，記此。

粧修祠堂式

凡做祠宇爲之家廟，前三門次东西走馬，廊又次之。大廳廳之後明樓茶亭，亭之後卽寢堂。若粧修自三門做起，至内堂止。中門開四尺六寸二分濶，一丈三尺三分高，濶合得長天尺，方在義、官位上。有等説官字上不好安門，此是祠堂，起不得官、義二字，用此二字，子孫方有發達榮耀。兩邊耳門三尺六寸四分濶，九尺七寸高大，吉、財二字上，此合天星吉地德星，况中門兩邊俱后④格式。家廟不比尋常人家，子弟賢否，都在此處種秀。又且寢堂及廳兩廊至三門，只可步步高，兒孫方有尊卑，毋⑤小期大之故，做者深詳記之。

粧修三門，水椹城板下量起，直至一穿上平分上下一半，兩邊演開八字，水椹亦然。如是大門二寸三分厚，每片用三箇暗串，其門筭要圓，門斗要扁，

---

① 古同“叫”。

② 此字为“伙”之异体字。

③ 原文为“筭”，下文亦径改为“筭”，不再注。

④ 此字应为“合”之误。

⑤ 底本原做“母”，从北图本、故宫珍本改为“毋”。

此開門方㗊①爲吉。兩廊不用粧架，廳中心四大孔，水椹上下平分，下截每矮七寸，正抱柱三寸六分大，上截起荷葉線，下或一抹光，或閗尖的，此尺寸在前可觀。廳心門不可做四片，要做六片吉。兩邊房間及耳房可做大孔田字格或窗齒可合式，其門後楣要留，進退有式。明樓不須架修，其寢堂中心不用做門，下做水椹帶地栿，三尺五高，上分五孔，做田字格，此要做活的，内奉神主祖先，春秋祭祀，拿得下來。兩邊水湛前有尺寸，不必再白。又前啚做亮格門，抱柱下馬蹄抱住，此亦用活的，後學觀此，謹宜詳察，不可有悮。

神厨搽式

下層三尺三寸，高四尺，脚每一片三寸三分大，一寸四分厚，下鎖脚方一寸四分大，一寸三分厚，要留出笋。上盤仔二尺二寸深，三尺三寸闊，其框二寸五分大，一寸三分厚，中下兩串，兩頭合角與框一般大，吉。角止佐半合角，好開柱。脚相二個，五寸高，四分厚，中下土厨只做九寸，深一尺。窗齒欄杆，止好下五根步步高。上層柱四尺二寸高，帶嶺在内，柱子方圓一寸四分大，其下六根，中兩根，係交進的裏半做一尺二寸深，外空一尺，内中或做二層，或做三層，步步退墨。上層下散柱二個，分三孔，耳孔只做六寸五分濶，餘留中上。拱樑二寸大，拱樑上方樑一尺八大，下層下嚾啚勒水。前柱磉一寸四分高，二寸二分大，雕播荷葉。前楣帶嶺八寸九分大，切忌大了不威勢。上或下火焰屏，可分爲三截，中五寸高，兩邊三寸九分高，餘或主家用大用小，可依此尺寸退墨，無錯。

營寨格式

立寨之日，先下纍杆，次看羅經，再看地勢山形生絶之處，方令木匠伐木，踃定裏外營壘。内營方用廰者，其木不俱大小，止前選定二根，下定前門，中五直木，九丈爲中央主旗杆，内分間架，裏外相串。次看外營週圍，叠

---

① 此字应为“嚮”之误。

分金木水火土，中立二十八宿，下“休[1]生傷杜日景死驚開”此行文，外代木交架而下週建。祿角旗鎗之勢，並不用木作之工。但裏營要鉋砍找接下門之勞，其餘不必木匠。

凉亭水閣式

粧修四圍欄杆，靠背下一尺五寸五分高，坐板一尺三寸大，二寸厚。坐板下或横下板片，或十字掛欄杆上。靠背一尺四寸高，此上靠背尺寸在前不白，斜四寸二分方好坐。上至一穿枋做遮陽，或做亮格門。若下遮陽，上油一穿下，離一尺六寸五分是遮[2]陽。穿枋三寸大，一寸九分原[3]，中下二根斜的，好開光窗。

魯班木經卷一終[4]

新鐫工師雕斵正式魯班木經匠家鏡卷之二[5]

倉敖式

依祖格九尺六寸高，七尺七分濶，九尺六寸深，枋每下四片，前立二柱，開門只一尺五寸七分濶，下做一尺六寸高，至一穿要留五尺二寸高，上楣枋槍門要成對，切[6]忌成单，不吉。開之日不可内中飲食，又不可用墨斗曲尺，又不可柱枋上留字留墨，學者記之，切忌。

---

① 北图本、故宫珍本为“伏”。

② 北图本、故宫珍本为“遮”。

③ 此字应为“厚”之误。

④ 北图本此处为“新鐫京板工師雕斵正式魯班木經匠家鏡卷之一終”。

⑤ 北图本、故宫珍本为“魯班經匠家镜卷之二”；续四库本卷内均无插图，故本校勘插图内容及位置均从北图本、故宫珍本。

⑥ 北图本、故宫珍本为“刀”，应误。

郡 殿 角 式

橋梁式

凡橋梁①無粧修，或有神厨做，或有欄杆者，若從②雙日而起，自下而上；若单日而起，自西而東，看屋几高几濶，欄杆二尺五寸高，坐櫈一尺五寸高。

郡殿角式

凡殿角之式，垂昂插序，則規横深奥，用升斗拱相稱。深淺濶狹，用合尺寸，或地基濶二丈，柱用高一丈，不可走祖，此爲大畧，言不盡意，宜細詳之。

---

① 北图本、故宫珍本此处无“梁”字。

② 北图本、故宫珍本为“徙”，应误。

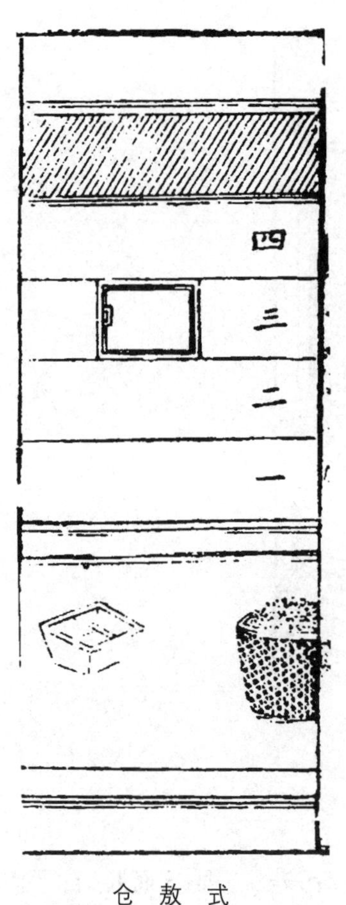

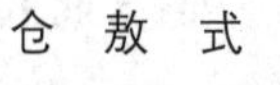
仓 敖 式

桥 梁 式

建鐘樓格式

凡起造鐘樓，用風字脚，四柱並用渾成梗木，宜高大相稱，散水不可大①低，低則掩鐘聲，不嚮于四方。更不宜在右畔，合在左逐寺廊之下，或有就樓盤，下作佛堂，上作平棊②，盤頂結中開樓，盤心透上眞見鐘。作六角欄杆，則風送鐘聲，遠出於百里之外，則爲③也。

---

① 此字应为“太”之误。

② 古同“棋”，“平棊”为古代天花吊顶的一种做法。

③ 此处疑缺“吉”字。

建钟楼格式

建造禾仓格

建造禾倉格[①]

凡造倉敖，並要用名術之士，選擇吉日良時，興工匠人，可先將一好木爲柱，安向北方。其匠人却歸左邊立，就斧向内斫入則吉也。或大小長短高低濶狹，皆用按二黑，須然留下十寸，八白，則各有用。其它者合白，但與做倉廒不同，此用二黑，則鼠耗[②]不侵，此爲正例也。

造倉禁忌并擇方所[③]

造倉其間多有禁忌，造作場上切忌將墨斗籖在于口中銜，又忌在作場之

① 北图本、故宫珍本此条目内容有缺。

② 底本缺此字，据北图本、故宫珍本补出。

③ 北图本、故宫珍本无此条目。

上吃食諸物。其倉成後,安門匠人不可着草鞋入内,只宜赤脚進去。修造匠後,匠者凡依此例無不吉慶、豐盈也。

凡動用尋進何之年,方大吉,利有進益,如過背田破田之年,非特退氣,又主荒却田園,仍禾稻無收也。

論逐月修作倉庫吉日[①]

正月:丙寅、庚寅;

二月:丙寅、己亥、庚寅、癸未、辛未;

三月:己巳、乙巳、丙子、壬子;

四月:丁卯、庚午、己卯;

五月:己未;

六月:庚申、甲寅、外甲申;

七月:丙子、壬子;

八月:乙丑、癸丑、乙亥、己亥;

九月:庚午、壬午、丙午、戊午;

十月:庚午、辛未、乙未、戊申;

十一月:庚寅、甲寅、丙寅、壬寅;

十二月:丙寅、甲寅、甲申、庚申、壬寅。

五音造牛欄法

夫牛者本姓李,元是大力菩薩,切見凡間人力不及,特降天牛來助人力。凡造牛欄者,先須用術人揀擇吉方,切不可犯倒欄殺、牛黄殺,可用左畔是坑,右右畔是田王,牛犢必得長壽也。

造欄用木尺寸法度

用尋向陽木一根,作棟柱用,近在人屋在畔,牛性怕寒,使牛温暖。其柱

① 北图本、故宫珍本无此条目。

長短尺寸用壓白,不可犯在黑上。舍下作欄者,用東方採株[1]木一根,作左邊角柱用,高六尺一寸,或是二間四間,不得作单間也。人家各别椽子用,合四隻則按春夏秋冬陰陽四氣,則大吉也。不可犯五尺五寸,乃爲五黄,不祥也。千萬不可使損壞的爲牛欄開門,用合二尺六寸大,高四尺六寸,乃爲六白,按六畜爲好也。若八寸係八白,則爲八敗,不可使之,恐損羣隊也。

诗曰:

魯般法度剏牛欄,先用推尋吉上安,

必使工師求好木,次將尺寸細詳看。

但須不可當人屋,實要相宜對草崗,

时師依此規模作,致使牛牲食祿寬。

合音指詩:

不堪巨石在欄前,必主牛遭虎咬邅,

切忌欄前大水窟,主牛難使鼻難穿。

又诗:

牛欄休在污溝邊,定墮牛胎損子連,

欄後不堪有行路,主牛必損爛蹄肩。

牛黄詩[2]:

牛黄一十起于坤,二十還歸震巽門,

四十宫中歸乾位,此是神仙妙訣根。

定牛入欄刀砧詩:

春天大忌亥子位,夏月須在寅卯方,

秋日休逢[3]在巳午,冬時申酉不可裝。

起欄日辰:

起欄不得犯空亡,犯着之時牛必亡,

① 北图本、故宫珍本为“保”。

② 底本原为“牛”,从北图本、故宫珍本改为“牛黄詩”。

③ 北图本、故宫珍本为“逄”,应误。

癸日不堪行起造,牛瘟必定兩相妨。

占牛神出入

三月初一日,牛神出欄。九月初一日,牛神歸欄,宜修造,大吉也。牛黄八月入欄,至次年三月方出,並不可修造,大凶也。

造牛欄樣式

凡做牛欄,主家中心用羅線踃看,做在奇羅星上吉。門要向東,切忌向北。此用雜木五根爲柱,七尺七寸高,看地基寬窄而佐不可取,方圓依古式,八尺二寸深,六尺八寸濶,下中上下枋用圓木,不可使扁枋,爲吉。

住門對牛欄,羊棧一同看,年年官事至,牢獄出應難。

論逐月造作牛欄吉日

正月:庚寅;

二月:戊寅;

三月:己巳;

四月:庚午、壬午;

五月:己巳、壬辰、丙辰、乙未;

六月:庚申、甲申、乙未;

七月:戊申、庚申;

八月:乙丑;

九月:甲戌;

十月:甲子、庚子、壬子、丙子;

十一月:乙亥、庚寅;

十二月:乙丑、丙寅、戊寅、甲寅。

右不犯魁罡、約絞、牛火、血忌、牛飛廉、牛腹脹、牛刀砧、天瘟、九空、受死、大小耗、土鬼、四廢。

造牛栏格式

羊 栈 格 式

五音造羊棧格式①

按《啚經》云：羊本姓朱，人家養羊作棧者，用選好素菜菓子，如椑树之類爲好，四柱乃象四時。四季生花緣子長青之木爲美，最忌切不可使枯木。柱子用八條，乃按八節。柱子用二十四根，乃按二十四炁。前高四尺一寸，下三尺六寸，門濶一尺六寸，中間作羊栟並用，就地三尺四寸高，主生羊子綿綿不絶，長遠成羣，吉。不可②信，實爲大驗也。

紫氣上宜安四主③，三尺五寸高，深六尺六寸，闊四尺零二寸，柱子方圓三寸三分，大長枋二十六四根，短枋共四根，中直下牕齒，每孔分一寸八分，空齒孔二寸二分，大門開向西方吉。底上止用小竹串進，要疎些，不用密。

---

① 北图本、故宫珍本无此条目。

② 此处疑缺“不”字。

③ 此字应为“柱”之通假。

逐月作羊棧吉日①

正月:丁卯、戊寅、己卯、甲寅、丙寅;

二月:戊寅、庚寅。

三月:丁卯、己卯、甲申、己巳。

四月:庚子、癸丑、庚午、丙子、丙午。

五月:壬辰、癸丑、乙丑、丙辰。

六月:甲申、壬辰、庚申、辛酉、辛亥。

七月:庚子、壬子、甲午、庚申、戊申。

八月:壬辰、壬子、癸丑、甲戌、丙辰。

九月:癸丑、辛酉、丙戌。

十月:庚子、壬子、甲午、庚子。

十一月:戊寅、庚寅、壬辰、甲寅、丙辰。

十二月:戊寅、癸丑、甲寅、甲子、乙丑。

右吉日,不犯天瘟、天賊、九空、受死、飛廉、血忌、刀砧②、小耗、大耗、九土鬼、正四廢、凶敗。

馬厩式

此亦看羅經,一德星在何方,做在一德星上吉。門向東,用一色杉木,忌雜木。立六根柱子,中用小圓樑二根扛過,好下夜間掛馬索。四圍下高水椹板,每邊用模方四根纔堅固。馬多者隔斷巳③間,每間三尺三寸濶深,馬槽下向門左邊吉。

① 北图本、故宫珍本无此条目。

② 此字应为“砧”之误。

③ 此字应为“几”之误。

馬槽㮴[1]式

前脚二尺四寸，後脚三尺五寸高，長三尺，濶一尺四寸，柱[2]子方圓三寸大，四圍横下板片，下脚空一尺高。

馬 鞍 架

前二脚高三尺三寸，後二隻二尺七寸高，中下半柱，每高三寸四分，其脚方圓一寸三分大，濶八寸二分，上三根直枋，下中腰每邊一根横，每頭二根，前二脚與後正脚取平，但前每上高五寸，上下搭頭，好放馬鈴。

逐月作馬枋吉日

正月：丁卯、己卯、庚午；
二月：辛未、丁未、己未；
三月：丁卯、己卯、甲申、乙巳；
四月：甲子、戊子、庚子、庚午；
五月：辛未、壬辰、丙辰；
六月：辛未、乙亥、甲申、庚申；
七月：甲子、戊子、丙子、庚子、壬子、辛未；
八月：壬辰、乙丑、甲戌、丙辰；
九月：辛酉；
十月：甲子、辛未、庚子、壬午、庚午、乙未；
十一月：辛未、壬辰、乙亥；
十二月：甲子、戊子、庚子、丙寅、甲寅。

猪椆様式

此亦要看三台星居何方，做在三台星上方吉。四柱二尺六寸高，方圓七

---

① 此字应为“様”之误。
② 底本原为“桂”，从北图本、故宫珍本改为“柱”。

马厩式

尺,横下穿枋,中直下大粗窗,齒用雜方堅固。猪要向西北,良工者識之,初學者切忌亂爲。

逐月作猪椆吉日

正月:丁卯、戊寅;

二月:乙未、戊寅、癸未、己未;

三月:辛卯、丁卯、己巳;

四月:甲子、戊子、庚子、甲午、丁丑、癸丑;

五月:甲戌、乙未、丙辰;

六月:甲申;

七月:甲子、戊子、庚子、壬子、戊申;
八月:甲戌、乙丑、癸丑;
九月:甲戌、辛酉;
十月:甲子、乙未、庚子、壬午、庚午、辛未;
十一月:丙辰;
十二月:甲子、庚子、壬子、戊寅。

六畜肥日

春申子辰,夏亥卯未,秋寅午戌,冬巳酉丑日。

鵞鴨鷄棲[①]式

此看禽大小而做,安貪狼方。鵞椆二尺七寸高,深四尺六寸,濶二尺七寸四分,週圍下小窗齒,每孔分一寸濶。鷄鴨椆二尺高,三尺三寸深,二尺三寸濶,柱子方圓二寸半,此亦看主家禽鳥多少而做,學者亦用,自思之。

鷄槍[②]様式

兩柱高二尺四寸,大一寸二分,厚一寸。樑大二寸五分、一寸二分。大牕高一尺三寸,濶一尺二寸六分,下車脚二寸大,八分厚,中下齒仔五分大,八分厚,上做滔[③]環二寸四大,兩邊獎腿與下層窻仔一般高,每邊四寸大。

屏 風 式

大者高五尺六寸,帶脚在内。濶六尺九寸,琴脚六寸六分大,長二尺。雕日月掩象鼻格,獎腿工[④]尺四分高,四寸八分大。四框一寸六分大,厚一

① 北图本、故宫珍本为“栖”。
② 此字或为“棲”之误。
③ 此字应为“絛”之通假。
④ 此字应为“二”之误。

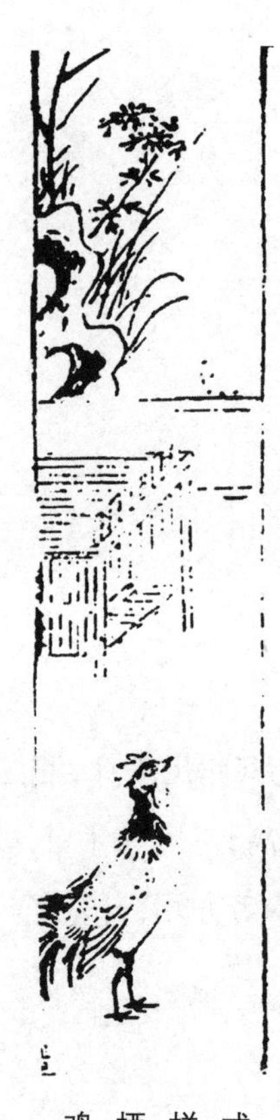

鸡栖样式

屏风式

寸四分。外起改竹圆,内起棋盤線,平面①六分,窄面三分。絛環上下俱六寸四分,要分成单,下勒水花,分作兩孔,彫四寸四分,相屋闊窄,餘大小長短依此,長倣此。

圍屏式

每②做此行用八片,小者六片,高五尺四寸正。每片大一片四寸三分

① 北图本、故宫珍本为"靣",下文均从底本为"面",不再出注。

② 古同"每"。

零，四框八分大，六分原①，做成五分厚，箅定共四寸厚，内較田字格，六分厚，四分大，做者切忌碎框。

牙轎式

牙 轿 式

大 床

宦家明轎徛下一尺五寸高，屏一尺二寸高，深一尺四寸，濶一尺八寸，上圓手一寸三分大，斜七分纔圓，轎杠方圓一寸五分大，下踃帶轎二尺三寸五分深。

---

① 此字应为“厚”之误。

衣籠樣式

一尺六寸五分高，二尺二寸長，一尺三寸大，上蓋役九分，一寸八分高。蓋上板片三分厚，籠板片四分厚，内子口八分大，三分厚。下車脚一寸六分大。或雕三灣，車脚上要下二根横櫎仔，此籠尺寸無加。

大　牀

下脚帶床[1]方共高式[2]尺二寸二分正。床方七寸七分大，或五寸七分大，上屏四尺五寸二分高。後屏二片，兩頭二片。濶者四尺零二分，窄者三尺二寸三分，長六尺二寸。正領一寸四分厚，做大小片。下中間要做陰陽相合。前踏板五寸六分高，一尺八寸闊，前楣帶頂一尺零一分。下門四片，每片一尺四分大。上腦板八寸，下穿藤一尺八寸零四分，餘留下板片。門框一寸四分大，一寸二分厚。下門檻一寸四分，三接。裏而轉芝門九寸二分，或九寸九分，切忌一尺大，後學專用，記此。

涼床式

此與藤床無二様，但踏板上下欄杆要下長柱子四根，每根一寸四分大。上楣八寸大，下欄杆前一片左右兩二萬字，或十字，掛前二片，止作一寸四分大，高二尺二尺[3]五分，横頭隨踃板大小而做，無悮。

藤床式

下帶床方一尺九寸五分高，長五尺七寸零八分，濶三尺一寸五分半。上柱子四尺一寸高，半屏一尺八寸四分高，床嶺三尺濶，五尺六寸長。框一寸三分厚，床方五寸二分大，一寸二分厚，起一字線好穿藤。踏板一尺二寸大，

---

① 底本原为“求”，应误，从北图本、故宫珍本改为“床”。
② 此字应为“式”之误，下文同，不再注。
③ 据上下文，此字应为“寸”之误。

四寸高。或上框做一寸二分後①,脚二寸六分大,一寸三分厚,半合角記。

藤　床　式

逐月安牀設帳吉日

正月:丁酉、癸酉、丁卯、己卯、癸丑;

二月:丙寅、甲寅、辛未、乙未、己未、乙亥、己亥、庚寅;

三月:甲子、庚子、丁酉、乙卯、癸酉、乙巳;

四月:丙戊、乙卯、癸卯、庚子、甲子、庚辰;

五月:丙寅、甲寅、辛未、乙未、己未、丙辰、壬辰、庚寅;

① 此字应为"厚"之通假。

六月：丁酉、乙亥、丁亥、癸酉、丙寅、甲寅、乙卯；

七月：甲子、庚子、辛未、乙未、丁未；

八月：乙丑、丁丑、癸丑、乙亥；

九月：庚午、丙午、丙子、辛卯、乙亥；

十月：甲子、丁酉、丙辰、丙戌、庚子；

十一月：甲寅、丁亥、乙亥、丙寅；

十二月：乙丑、丙寅、甲寅、甲子、丙子、庚子。

禪床式

此寺觀庵堂，纔有這做。在後殿或禪堂兩邊，長依屋寬窄，但濶五尺，面前高一尺五寸五分，床矮一尺。前平面板八寸八分大，一寸二分厚，起六个柱，每柱三才①方圓。上下一穿，方好掛禪衣及帳幃。前平面板下要下水椹板，地上離二寸，下方仔盛板片，其板片要密。

禪椅式

一尺六寸三分高，一尺八寸二分深，一尺九寸五分深，上屏二尺高，兩力手二尺二寸長，柱子方圓一寸三分大。屏，上七寸，下七寸五分，出笋三寸，鬧枕頭下。盛脚盤子，四寸三分高，一尺六寸長，一尺三寸大，長短大小倣此。

鏡架勢及鏡箱式

鏡架及鏡箱有大小者。大者一尺零五分深，濶九寸，高八寸零六分，上層下鏡架二寸深，中層下抽相②一寸二分，下層抽相三尺，葢一寸零五分，底四分厚，方圓雕車脚。内中下鏡架七寸大，九寸高。若雕花者，雕雙鳳朝陽，中雕古錢，兩邊睡草花，下佐連③花托，此大小依此尺寸退墨，無悞。

---

① 此字应为“寸”之误。

② 此字为“箱”之通假。

③ 此字为“蓮”之通假。

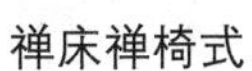

禅床禅椅式

镜架镜箱面架式

雕花面架式

後兩脚五尺三寸高，前四脚二尺零八分高，每落墨三寸七分大，方能役轉，雕刻花草。此用樟木或南①木，中心四脚，摺進用陰陽笋，共濶一尺五寸二分零。

① 此字为“楠”之通假。

棹[1]

高二尺五寸，長短濶狹看按面而做，中分兩孔，按面下抽箱或六寸深，或五寸深，或分三孔，或兩孔。下踃脚方與脚一同大，一寸四分厚，高五寸，其脚方員一寸六分大，起麻櫎線。

八仙棹

高二尺五寸，長三尺三寸，大二尺四寸，脚一寸五分大。若下爐盆，下層四寸七分高，中間方員九寸八分無悮。勒水三寸七分大，脚上方員二分線，棹框二寸四分大，一寸二分厚，時師依此式大小，必無一悮。

小琴棹式

長二尺三寸，大一尺三寸，高二尺三寸，脚一寸八分大，下梢一寸二分大，厚一寸一分上下，琴脚勒水二寸大，斜閂六分。或大者放長尺寸，與一字棹同。

棋盤方棹式

方圓二尺九寸三分，脚二尺五寸高，方員一寸五分大，棹框一寸二分厚，二寸四分大，四齒吞頭四箇，每箇七寸長，一寸九分大，中截下絛環脚或人物，起麻出色線。

圓棹式

方三尺零八分，高二尺四寸五分，面厚一寸三分。串進兩半邊做，每邊棹脚四隻，二隻大，二隻半邊做，合進都一般大，每隻一寸八分大，一寸四分厚，四圍三灣勒水。餘倣此。

① 北图本、故宫珍本至此条目顺序乱。

一字棹式

高二尺五寸,長二尺六寸四分,濶一尺六寸,下梢一寸五分,方好合進。做八仙棹勒水花牙,三寸五分大,棹頭三寸五分長,框一寸九分大,乙①寸二分厚,框下關頭八分大,五分厚。

摺 棹 式

框一寸三分厚,二寸二分大。除框脚高二尺三寸七分正,方圓一寸六分大,下要稍去些。豹脚五寸七分長,一寸一分厚,二寸三分大,雕雙線起雙鈎②,每脚上二筭閂,豹脚上要二筭閂,豹脚③上方穩,不會動。

案 棹 式

高二尺五寸,長短濶狹看按面而做。中分兩孔,按面下抽箱,或六寸深,或五寸深,或分三孔,或兩孔。下踏脚方與脚一同大,一寸四分厚,高五寸,其脚方圓一寸六分大,起麻櫎線。

搭脚仔櫈

長二尺二寸,高五寸,大四寸五分,大脚一寸二分大,一寸一分厚,面起釰春④線,脚上廰竹圓。

諸様垂魚正式

凡作垂魚者,用按營造之正式。今人又歎作繁針,如用此又用做遮風及偃桷者,方可使之。今之匠人又有不使垂魚者,只使直板作,如意只作彫雲様者,亦好,皆在主人之所好也。

---

① 此字应为"一"之通假。
② 此字应为"鈎"之误。
③ 此下划线处七字为复刻。
④ 此字应为"脊"之误。

案 桌 式　　　　案 桌 式

駝峰[①]正格

駝峰之格，亦無正樣。或有彫[②]雲樣，又有做邅[③]笠樣，又有做虎爪如意樣，又有彫瑞草者，又有彫花頭者，有做捄[④]捧格，又有三蚌，或今之人多只愛使斗，立又[⑤]童，乃爲時格也。

---

① 北图本、故宫珍本为“峯”，下文均从底本为“峰”，不再注。
② 古同“雕”。
③ 北图本、故宫珍本为“氊”，应是。
④ 北图本、故宫珍本为“毬”，应是。
⑤ 此字或为“叉”之误。

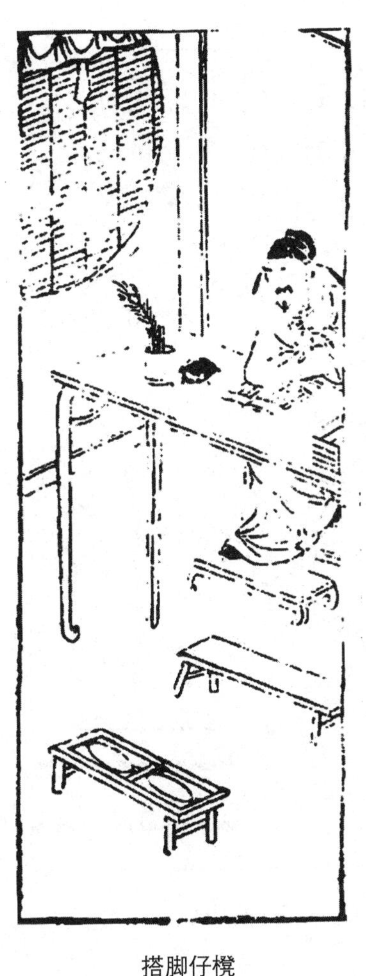

搭脚仔櫈

诸样垂鱼正式

風箱樣式

長三尺，高一尺一寸，濶八寸，板片八分厚，内開風板六寸四分大，九寸四分長，抽風櫕仔八分大，四分厚。扯手七寸四分長，抽風櫕仔八分大，四分厚，扯手七寸長，方圓一寸大，出風眼要取方圓，一寸八分大，平中爲主。兩頭吸風眼，每頭一箇，濶一寸八分，長二寸二分，四邊板片都用上行做準。

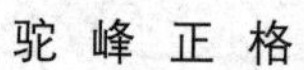

驼峰正格

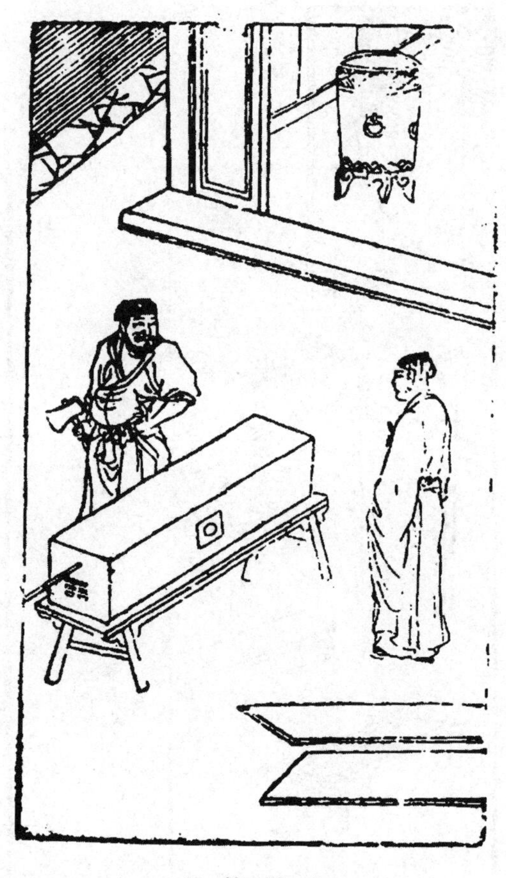

风箱样式

衣架雕花式

雕花者五尺高，三尺七寸濶，上搭頭每邊長四寸四分，中絛環三片，獎腿二尺二①寸五分大，下脚一尺五寸三分高，柱框一寸四分大，一寸二分厚。

① 北图本、故宫珍本为“三”。

鼓 架 式

素衣架式

高四尺零一寸,大三尺,下脚一尺二寸,長四寸四分,大柱子一寸二分大,厚一寸,上搭腦出頭二寸七分,中下光框一根,下二根窗齒每成雙,做一尺三分高,每眼齒仔八分厚、八分大。

面架式

前兩柱一尺九寸高,外頭二寸三分,後二脚四尺八寸九分,方員一寸一分大,或三脚者,内要交象眼,除①笋畫進一寸零四分,斜六分,無悮。

① 底本无"除"字,从北图本、故宫珍本加此字。

鼓架式

二尺二寸七分高,四脚方圓一寸二分大,上雕淨瓶頭三寸五分高,上層穿枋仔四捌根,下層八根,上層雕花板,下層下絲環,或做八方者。柱子橫櫎仔尺寸一樣,但畫眼上每邊要斜三分半,笄是正的,此尺寸不可走分毫,謹此。

銅鼓架式

高三尺七寸,上搭腦雕衣架頭花,方圓一寸五分大,兩邊柱子俱一般,起棋盤線,中間穿枋仔要三尺高,銅鼓掛起,便手好打。下脚雕屏風脚樣式,獎腿一尺八寸高,三寸三分大。

花架式

大者六脚或四脚,或二脚。六脚大者,中下騎相一尺七寸高,兩邊四尺高,中高六尺,下枋二根,每根三寸大,直枋二根,三寸大,直枋二根,三寸大[1],五尺濶,七尺長,上盛花盆板一寸五分厚,八寸大,此亦看人家天井大小而做,只依此尺寸退墨有準。

凉傘架式

三[2]尺三寸高,二尺四寸長,中間下傘柱仔二尺三寸高,帶琴脚在内笄,中柱仔二寸二分大,一寸六分厚,上除三寸三分,做淨平頭。中心下傘櫟一寸三分厚,二寸二分大,下托傘柄,亦然而是。兩邊柱子方圓一寸四分大,窗齒八分大,六分厚,琴脚五寸大,一寸六分厚,一尺五寸長。

校椅式

做椅先看好光梗木頭及節,次用解開,要乾枋纔下手做。其柱子一寸

① 此下划线处为复刻。

② 北图本、故宫珍本为“二”。

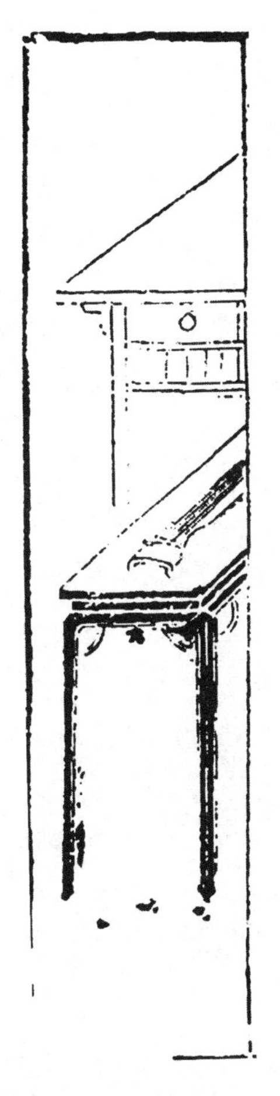

凉 伞 架 式

校 椅 式

大，前脚二尺一寸高，後脚式①尺九寸三分高，盤子深一尺二寸六分，濶一尺六寸七分，厚一寸一分。屏，上五寸大，下六寸大，前花牙一寸五分大，四分厚，大小長短依此格。

① 此字应为“式”之误。

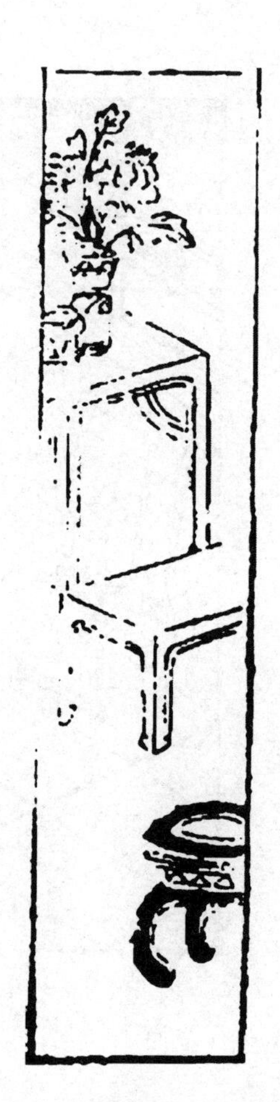

琴 櫈 式

板 櫈 式

每做一尺六寸高,一寸三分厚,長三尺八寸五分,櫈要三寸八分半長,脚一寸四分大,一寸二分厚,花牙勒水三寸七分大,或看櫈面長短及,粗櫈尺寸一同,餘倣此。

琴 櫈 式

大者看廳堂濶狹淺深而做。大者高一尺七寸,面三寸五分厚,或三寸厚,即欹坐不得。長一丈三尺三分,櫈面一尺三寸三分大,脚七寸分大。雕捲草雙鈞①,花牙四寸五分半,櫈頭一尺三寸一分長,或脚下做貼仔,只可一寸三分厚,要除矮脚一寸三分纔相稱。或做靠背櫈,尺寸一同。但靠背只高一尺四寸則止。横②仔做一寸二分大,一尺五分厚,或起棋盤線,或起釰脊線,雕花亦如③之。不下花者同様。餘長短寬濶在此尺寸上分,準此。

杌子式

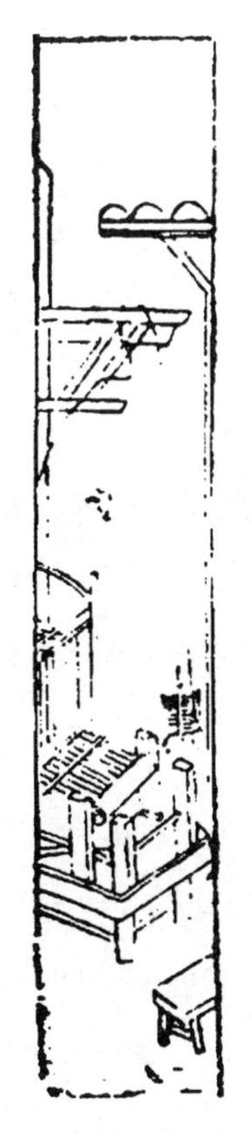

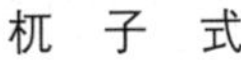

杌 子 式

大方扛箱样式

① 此字应为“鉤”之误。

② 古同“横”,北图本、故宫珍本为“橫”。

③ 北图本、故宫珍本为“而”。

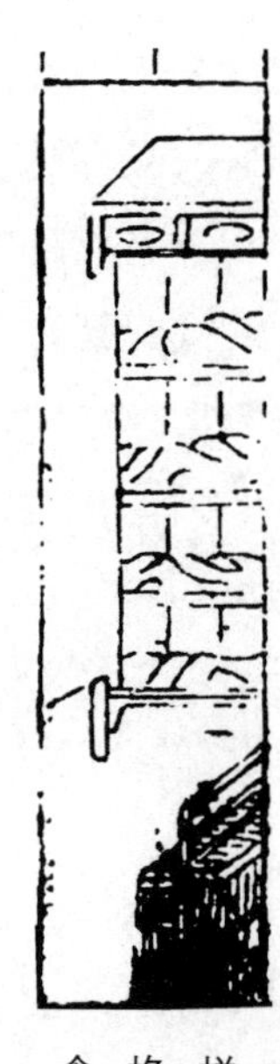
食格样式

面一尺二寸長，濶九寸或八寸，高一尺六寸，頭空一寸零六分畫眼，脚方圓一寸四分大，面上眼斜六分半，下橫仔一寸一分厚，起釰脊線，花牙三寸五分。

大方扛箱様式

柱高二尺八寸，四層。下一層高八寸，二層高五寸，三層高三寸七分，四層高三寸三分，葢高二寸，空一寸五分，樑一寸五分，上淨瓶頭共五寸，方層板片四分半厚。內子口三分厚，八分大。兩根將軍柱一寸五分大，一寸二分厚，獎腿四隻，每隻一尺九寸五分高，四寸大。每層二尺六寸五分長，一尺六寸濶，下車脚二寸二分大，一寸二分厚，合角閂進，雕虎爪雙鈎①。

衣厨様式

高五尺零五分，深一尺六寸五分，濶四尺四寸。平分爲兩柱，每柱一寸六分大，一寸四分厚。下衣橫一寸四分大，一寸三分厚，上嶺一寸四分大，一寸二分厚，門框每根一寸四分大，一寸一分厚，其厨上梢一寸二分。

食格様式

柱二根，高二尺二寸三分，帶淨平頭在內。一寸一分大，八分厚。樑尺②分厚，二寸九分大，長一尺六寸一分，濶九寸六分。下層五寸四分高，二層三寸五分高，三層三寸四分高，葢三寸高，板片三分半厚。裏子口八分大，三分厚。車脚二寸大，八分厚。獎腿一尺五寸三分高，三寸二分大，餘大小依此退墨做。

---

① 底本原为“的”，应误，从北图本改为“鈎”。
② 据上下文，此字应为“八”之误。

衣摺式

大者三尺九寸長，一寸四分大，内柄五寸，厚六分。小者二尺六寸長，一寸四分大，柄三寸八分，厚五分。此做如劒様。

衣 折 式

衣 箱 式

衣箱式

長一尺九寸二分，大一尺六分，高一尺三寸，板片只用四分厚，上層蓋一寸九分高，子口出五分或，下車脚一寸三分大，五分厚。車脚只是三灣。

燭臺式

高四尺,柱子方圓一寸三分大,分上盤仔八寸大,三分倒掛花牙。每一隻脚下交進三片,每片高五寸二分,雕轉鼻帶葉,交脚之時,可拿板片畫成,方員八寸四分,定三方長短,照墨方準。

圓爐式

方圓二尺一寸三分大,帶脚及車脚共上盤子一應高六尺五分,正上面盤子一寸三分厚,加盛爐盆貼仔八分厚,做成二寸四分大,豹脚六隻,每隻二寸大,一寸三分厚,下貼梢一寸厚,中圓九寸五分正。

看爐式

九寸高,方圓式[①]尺四分大,盤仔下絲環式寸框,一寸厚,一寸六分大,分佐亦方。下豹脚,脚二寸二分大,一寸六分厚,其豹脚要雕吞頭。下貼梢一寸五分厚,一寸六分大,雕三灣勒水,其框合角笋眼要斜八分半方閗得起,中間孔方員一尺,無悮。

方爐式

高五寸五分,圓尺内圓九寸三分,四脚二寸五分大,雕雙蓮挽雙鈎。下貼梢一寸厚,二寸大。盤仔一寸二分厚,絲環一寸四分大,雕螳螂肚接豹脚相稱。

香爐樣式

細樂者長一尺四寸,闊八寸二分,四框三分厚,高一寸四分,底三分厚,與上樣樣闊大,框上斜三分,上加水邊,三分厚,六分大,起[②]**厫**竹線。下豹

① 此字应为“式”之误,下文同,不再注。
② 北图本、故宫珍本无此字。

脚,下六隻,方圓八分,大一寸二分。大貼梢三分厚,七分大,雕三灣。車脚或粗的不用豹脚,水邊寸尺一同。又大小做者,尺寸依此加減。

學士燈[①]掛

前柱一尺五寸五分高,後柱子式尺七寸高,方圓一寸大。盤子一尺三寸闊,一尺一寸深。框一寸一分厚,二寸二分大,切忌有節樹木,無用。

香几式

凡佐香九[②],要看人家屋大小若何而[③]。大者上層三寸高,二層三寸五分高,三層脚一尺三寸長。先用六寸大,役[④]做一寸四分大,下層五寸高。下車脚一寸五分厚,合角花牙五寸三分大。上層欄杆仔三寸二分高,方圓做五分大,餘看長短大小而行。

招牌式

大者六尺五寸高,八寸三分闊;小者三尺二寸高,五寸五分大。

洗浴坐板式

二尺一寸長,三寸大,厚五分,四圍起劒脊線。

藥　厨

高五尺,大一尺七寸,長六尺,中分兩眼。每層五寸,分作七層。每層抽箱兩個。門共四片,每邊兩片。脚方圓一寸五分大。門框一寸六分大,一寸一分厚。抽相板四分厚。

---

① 北图本、故宫珍本为“灯”。

② 此字应为“几”之误。

③ 此处疑缺“定”字。

④ 此字应为“後”之误,据上下文,当是“厚”之通假。

藥 箱

二尺高，一尺七寸大，深九[1]，中分三層，内下抽相只做二寸高，内中方圓交佐巳[2]孔，如田字格様，好下藥。此是杉木板片合進，切忌雜木。

火斗式

方圓式[3]寸五分，高四寸七分，板片三分半厚。上柄柱子共高八寸五分，方圓六分大，下或刻車脚上掩。火窗齒仔四分大，五分厚，横二根，直六根或五根。此行灯警[4]高一尺二寸，下盛板三寸長，一封書做一寸五分厚，上留頭一寸三分，照得遠近，無悮。

櫃 式

大櫃上框者，二尺五寸高，長六尺六寸四分，闊三尺三寸。下脚高七寸，或下轉輪閂在脚上，可以推動。四住[5]每住三寸大，二寸厚，板片下叩框方密。小者板片合進，二尺四寸高，二尺八寸闊，長五尺零二寸，板片一寸厚，板此及量斗及星跡各项謹記。

象棋盤式

大者一尺四寸長，共大一尺二寸。内中間河路一寸二分大。框七分方圓，内起線三分。方圓横共十路，直共九路，何路笋要内做重貼，方能堅固。

圍棋盤式

方圓一尺四寸六分，框六分厚，七分大，内引六十四路長通路，七十二小

---

① 此处疑缺“寸”字。
② 此字应为“几”之误。
③ 此字北图本、故宫珍本为“五”。
④ 此字或为“檠”之通假，为“灯架”之意。
⑤ 此字为“柱”之通假，下文同，不再注。

斷路，板片只用三分厚。①

算盤式

一尺二寸長，四寸二分大，框六分厚，九分大，起碗底線，上二子一寸一分，下下五子三寸一分，長短大小，看子而做。

茶盤托盤樣式

大者長一尺五寸五分，濶九寸五分。四框一寸九分高，起邊線，三分半厚，底三分厚。或做斜托盤者，板片一盤子大，但斜二分八鼇，底是鉄釘釘住，大小依此格加減無悞。有做八角盤者，每片三寸三分長，一寸六分大，三分厚，共八片，每片斜二分半，中笋一個，陰陽交進。

手水車式

此做踃水车式同，但只是小。這箇上有七尺長，或六尺長，水廂四寸高，帶面上粱貼仔高九寸，車頭用兩片樟木板，二寸半大，閂在车廂上面，輪上關板刺依然八箇，二寸長，車子二尺三寸長，餘依前踃車尺寸扯短是。

踏水車

四人車頭梁八尺五寸長，中截方，两头圓。除中心車槽七寸濶，上下車板刺八片，次分四人，已濶下十字横仔一尺三寸五分長，横仔之上閂棰仔圓的，方圓二寸六分大，三寸二分長。兩邊車脚五尺五寸高，柱子二寸五分大，下盛盤子長一尺六寸正，一尺大，三寸厚方穩。車桶一丈二尺長，下水廂八寸高，五分厚，貼仔一尺四寸高，共四十八根，方圓七分大。上車面粱一寸六分大，九分厚，與水廂一般長；車底四寸大，八分厚，中一龍舌，與水廂一樣長，二寸大，四分厚；下尾上椹水仔圓的，方圓三寸大，五寸長。刺水板亦然，八片，關水板骨八寸長，大一寸零二分，一半四方，一半薄四分，做陰陽笋閂，

① 北图本、故宫珍本至此第二卷止，无此后六个条目，并有“二卷終”字样。

在拴骨上板片五寸七分大，共記四十八片，闌水板依此様式，尺寸不悞。

推車式

凡做推車，先定車屑，要五尺七寸長，方圓一寸五分大，車軏方圓二尺四寸大，車角一尺三寸長，一寸二分大；兩邊棋鎗一尺二寸五分長，每一邊三根，一寸厚，九分大；車軏中間横仔一十八根，外軏板片九分厚，重①外共一十二片合進。車脚一尺二寸高，鎖脚八分大，車上盛羅盤，羅盤六寸二分大，一寸厚，此行俱用硬樹的方堅勞固。

牌扁式

看人家大小屋宇而做，大者八尺長，二尺大，框一寸六分大，一寸三分厚，内起棋盤線，中下板片上行下。

鲁班經卷二終

天官赐福图

① 此字应为“裏”之误。

起造房屋類①

（立柱喜逢黄道日，上梁正遇紫微星。）

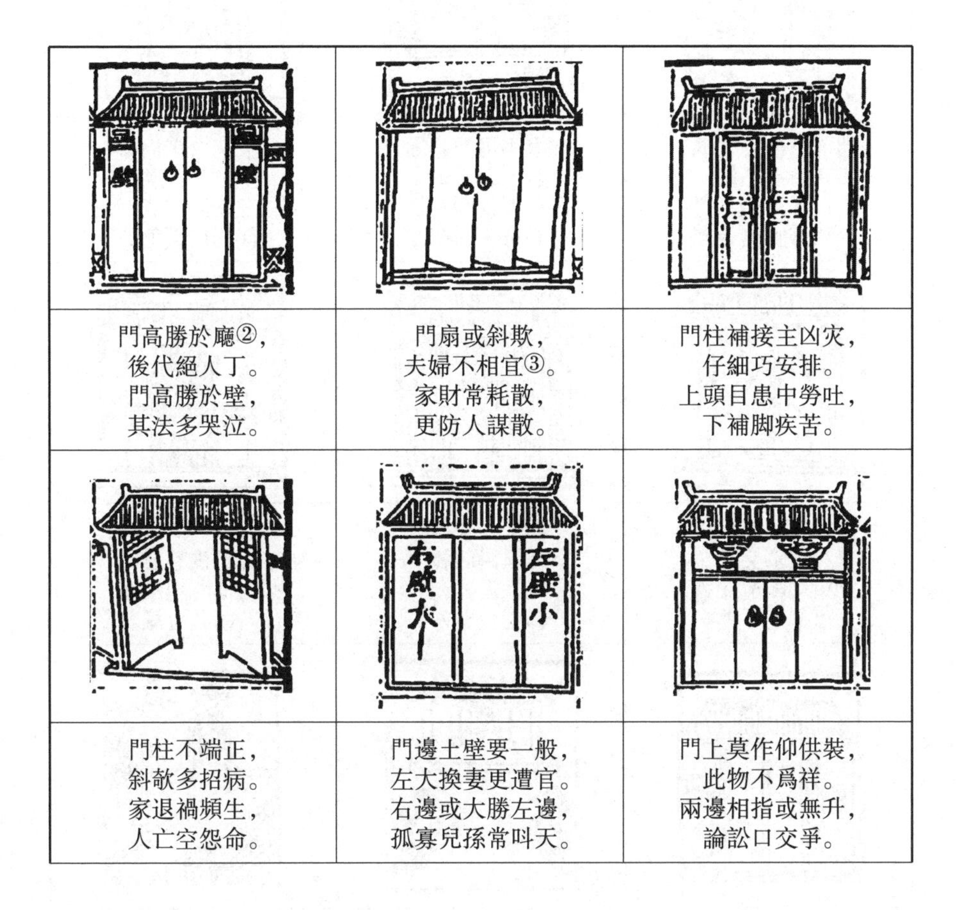

門高勝於廳②， 後代絕人丁。 門高勝於壁， 其法多哭泣。	門扇或斜欺， 夫婦不相宜③。 家財常耗散， 更防人謀散。	門柱補接主凶灾， 仔細巧安排。 上頭目患中勞吐， 下補脚疾苦。
門柱不端正， 斜欹多招病。 家退禍頻生， 人亡空怨命。	門邊土壁要一般， 左大換妻更遭官。 右邊或大勝左邊， 孤寡兒孫常叫天。	門上莫作仰供裝， 此物不爲祥。 兩邊相指或無升， 論訟口交爭。

① 底本无此条目及“天官赐福”图。其后内容，底本、故宫珍本均为七十一首诗全，北图本仅五十九首，且其中两首有缺。

② 北图本、故宫珍本此字为“廰”，且以下每首诗前均有“詩曰”二字，本次校勘从底本不加。

③ 北图本、故宫珍本此字为“宐”，古同“宜”，下文同，皆从底本，不再注。

续表

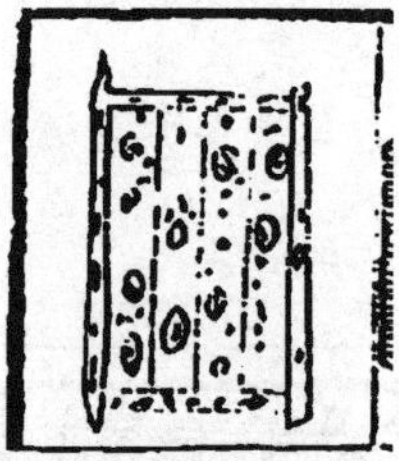

門前壁破街磚缺， 家中長不悦。 小口枉死藥無醫， 急要修整莫遲遲。	二家不可門相對， 必主一家退。 開門不得兩相衝， 必有一家凶。	門板莫令多樹節， 生瘡疔不歇。 三三兩兩或成行， 徒配出軍郎。
門戶中間窟痕多， 灾禍事交訛。 家招刺配遭非禍， 瘟黄定不差。	門板多穿破， 怪異爲凶禍。 定注退才産， 修補免貧寒。	一家不可開二門， 父子沒慈恩。 必招進舍填門客， 時師須會議。
一家若作兩門出， 鰥寡多冤屈。 不論家中正主人， 大小自相凌。	廳屋兩頭有屋横， 吹禍起紛紛①。 便言名曰擡喪山， 人口不平安。	門外置欄杆， 名曰紙錢山。 家必多喪禍， 恓惶實可憐。

① 北图本、故宫珍本为“汾汾”。

续表

人家天井置欄杆， 心痛藥醫難。 更招眼障暗昏蒙， 雕花極是凶。	當廳若作穿心梁， 其家定不詳。 便言名曰停喪山， 哭泣不曾閑。	人家相對倉門開， 定斷有凶灾。 風疾時時不可醫， 世上少人知。
西廊壁枋不相接， 必主相離別。 更出人心不伶俐， 疾病誰醫治。	人家方畔有禾倉， 定有寡母坐中堂。 若然架在天醫位， 却宜醫術正相當。	路如牛尾不相和， 頭尾翻舒反背吟。 父子相離真未免， 女人要嫁待何如。
禾倉背后作房間， 名爲疾病出①。 連年困臥不離床， 勞病最恓惶。	有路行來似鉄丫②， 父南子北不寧家。 更言一拙誠堪拙， 典賣田園難免他。	路若鈔羅與銅③， 積招疾病無人覺。 瘟瘟麻痘若相侵， 痢疾師巫方④有法。

① 北图本、故宫珍本为“山”。
② 北图本、故宫珍本为“了”。
③ 北图本、故宫珍本为“角”。
④ 北图本、故宫珍本为“反”。

续表

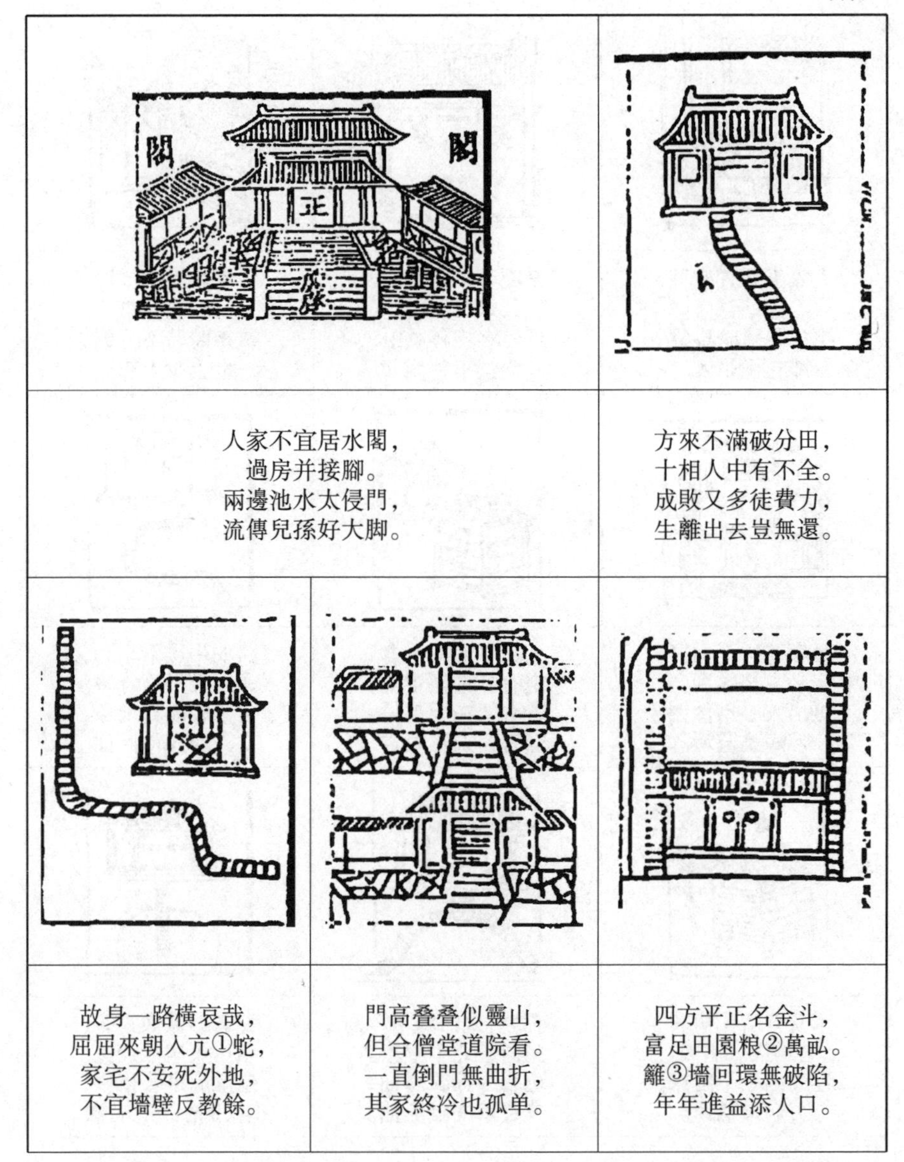

人家不宜居水閣， 過房并接脚。 兩邊池水太侵門， 流傳兒孫好大脚。		方來不滿破分田， 十相人中有不全。 成敗又多徒費力， 生離出去豈無還。
故身一路橫哀哉， 屈屈來朝入亢①蛇， 家宅不安死外地， 不宜墻壁反教餘。	門高疊疊似靈山， 但合僧堂道院看。 一直倒門無曲折， 其家終冷也孤单。	四方平正名金斗， 富足田園粮②萬畒。 籬③墻回環無破陷， 年年進益添人口。

① 北图本、故宫珍本为“亢”。
② 北图本、故宫珍本为“糧”。
③ 北图本、故宫珍本为“篱”。

续表

	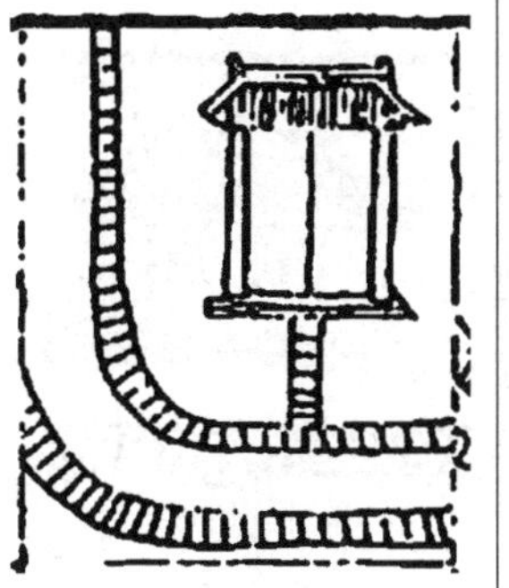	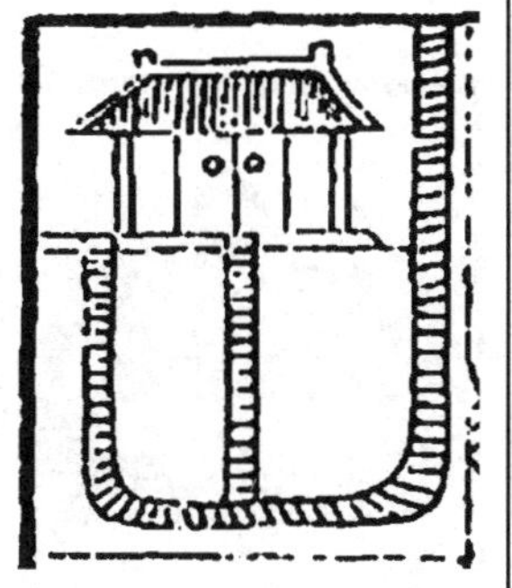
墻垣①如弓②抱， 多③曰進田山。 富足人財好， 更有清貴官。	一重城抱一江纏， 若有重城積産錢。 雖是富榮無禍患， 秖宜抱子度晚年。	展帛回④來欲捲舒， 辨錢田卽在方隅。 中男長位須先發， 人言此位鬼神扶。

屋前行路漸漸大， 人口常安泰。 更有朝水向前來， 日日進錢財。	南方若還有尖石， 代代火燒宅。 大高火⑤起火成山， 燒盡不爲難。	品岩嵯峨似淨瓶， 家出素衣僧。 更主人家出孤寡， 宫更⑥相傳有。

① 北图本、故宫珍本为“圳”。
② 北图本、故宫珍本为“弓”。
③ 北图本、故宫珍本为“名”，应是。
④ 北图本、故宫珍本为“面”。
⑤ 北图本、故宫珍本为“尖”。
⑥ 北图本、故宫珍本为“宫庚”。

续表

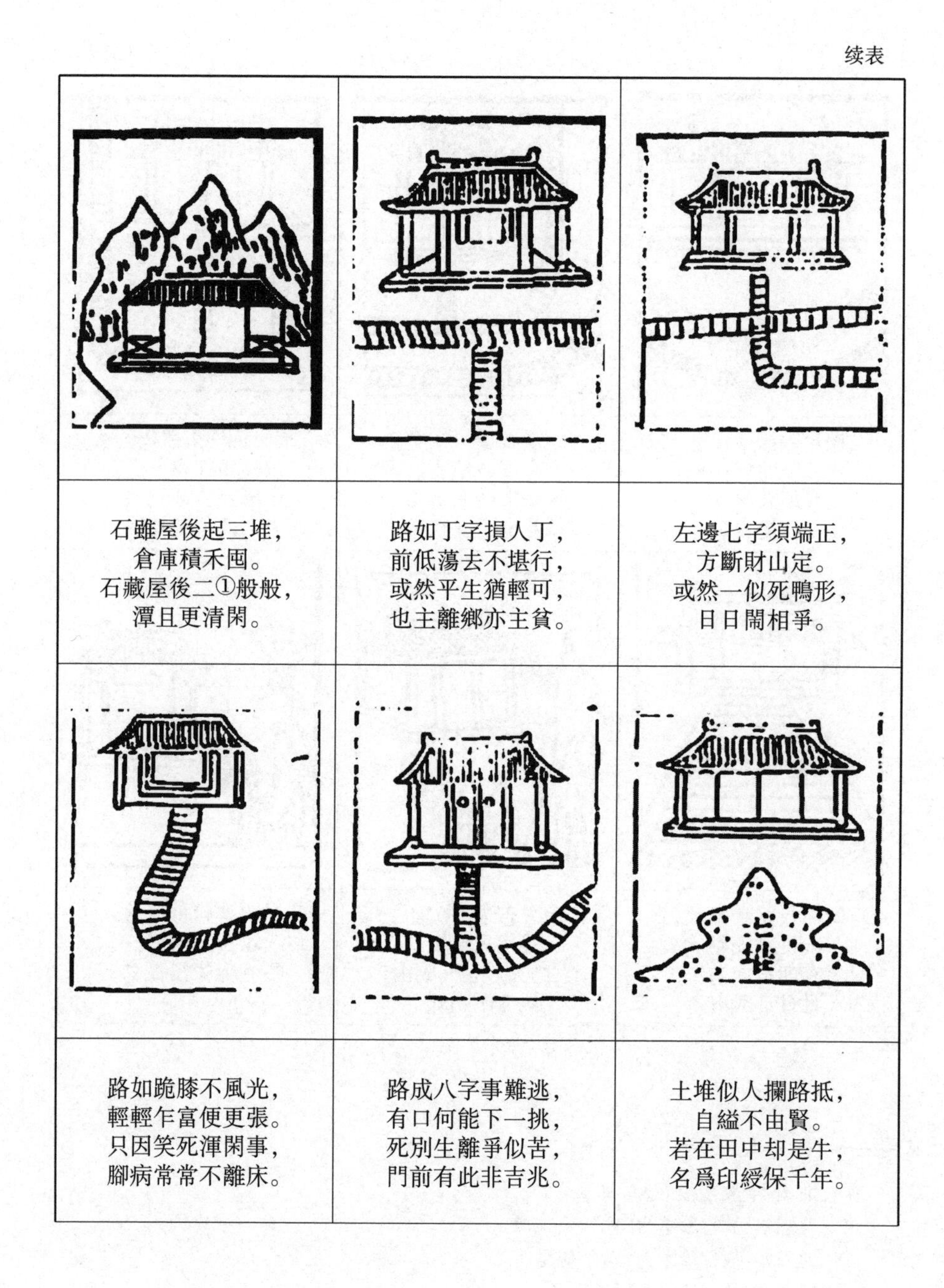

石雖屋後起三堆， 倉庫積禾囤。 石藏屋後二①般般， 潭且更清閑。	路如丁字損人丁， 前低蕩去不堪行， 或然平生猶輕可， 也主離鄉亦主貧。	左邊七字須端正， 方斷財山定。 或然一似死鴨形， 日日鬧相爭。
路如跪膝不風光， 輕輕乍富便更張。 只因笑死渾閑事， 腳病常常不離床。	路成八字事難逃， 有口何能下一挑， 死別生離爭似苦， 門前有此非吉兆。	土堆似人攔路抵， 自縊不由賢。 若在田中却是牛， 名爲印綬保千年。

① 北图本、故宫珍本为“一”，应是。

续表

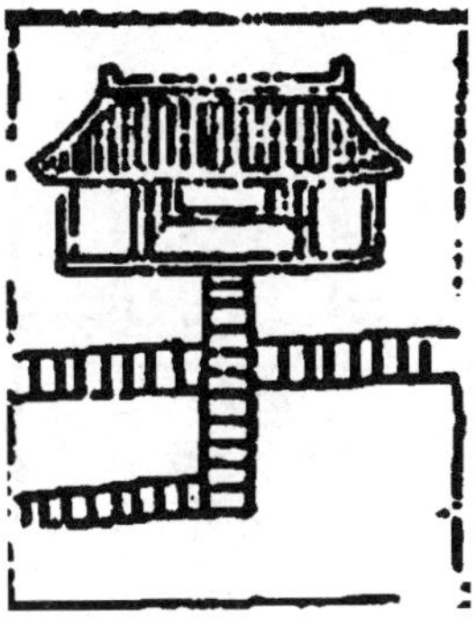 若見門前七字去， 斷作辨金路。 其家富貴足錢財， 金玉似山堆。	 右邊墻路如直出， 時時叫冤屈。 怨嫌無好一夫兒， 代代出生離。	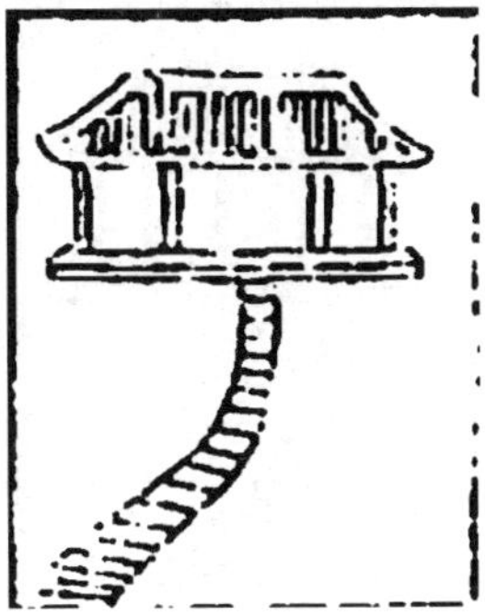 路如衣帶細條詳， 歲歲灾危及①位當。 自嘆資身多耗散， 頻頻退失好恓惶。
		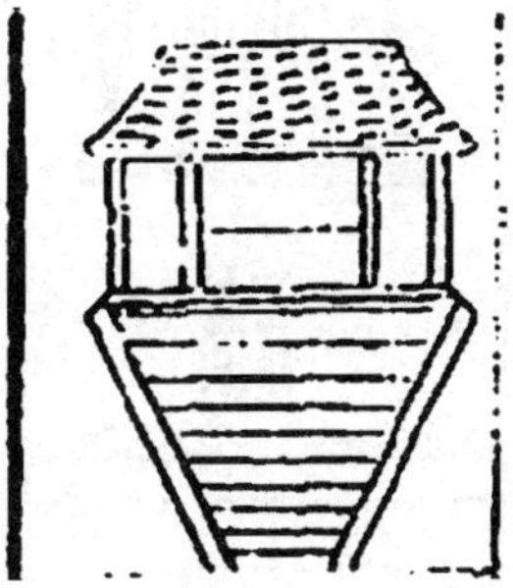
門前土②堆如人背， 上頭生石出徒配， 自他漸漸生茅草， 家口常憂惱。	門前土墻如曲尺， 造契人家吉。 或然曲尺向外長， 妻壻③哭分張。	門前行路漸漸小， 口食隨時了。 或然直去又低垂， 退落不知時。

① 北图本、故宫珍本为“反”。

② 北图本、故宫珍本为“上”，应误。

③ 古同“婿”。

续表

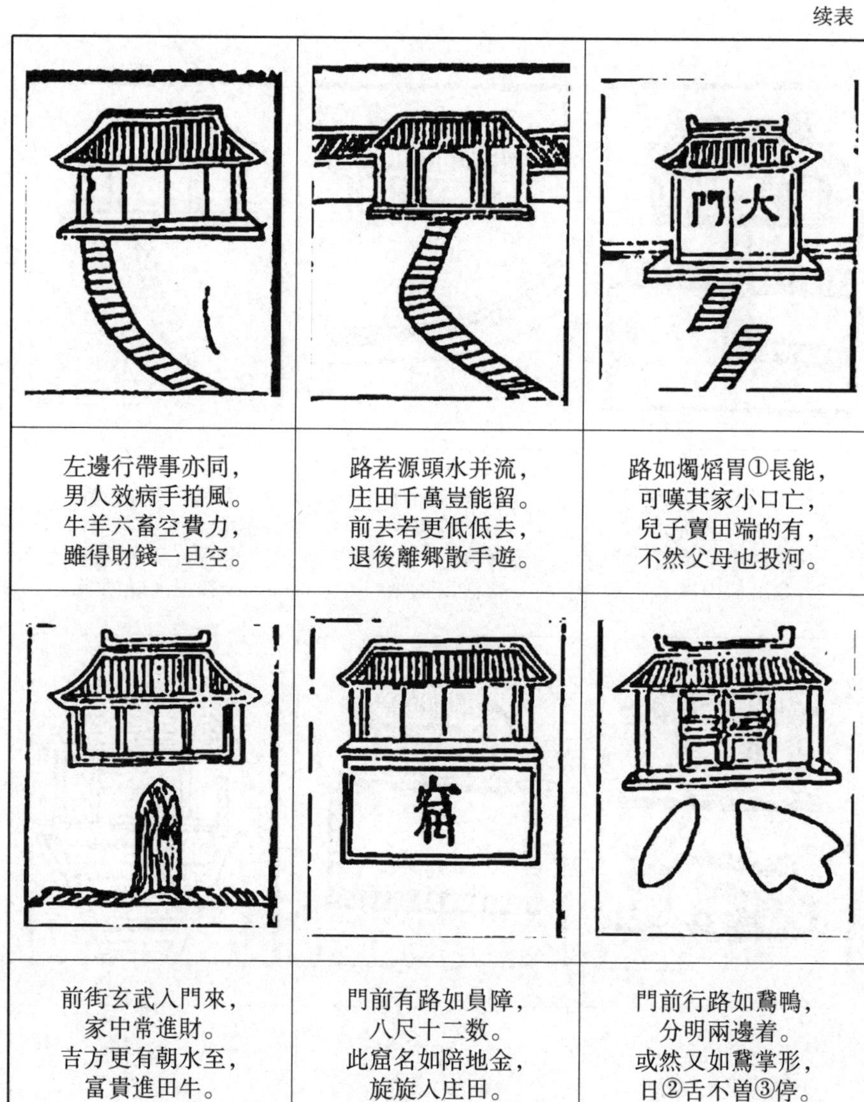

左邊行帶事亦同， 男人效病手拍風。 牛羊六畜空費力， 雖得財錢一旦空。	路若源頭水并流， 庄田千萬豈能留。 前去若更低低去， 退後離郷散手遊。	路如燭焰胃①長能， 可嘆其家小口亡， 兒子賣田端的有， 不然父母也投河。
前街玄武入門來， 家中常進財。 吉方更有朝水至， 富貴進田牛。	門前有路如員障， 八尺十二数。 此窟名如陪地金， 旋旋入庄田。	門前行路如鵞鴨， 分明兩邊着。 或然又如鵞掌形， 日②舌不曽③停。

① 北图本、故宫珍本为“冒”，应是。
② 北图本、故宫珍本为“口”，应是。
③ 北图本、故宫珍本为“曾”。

续表

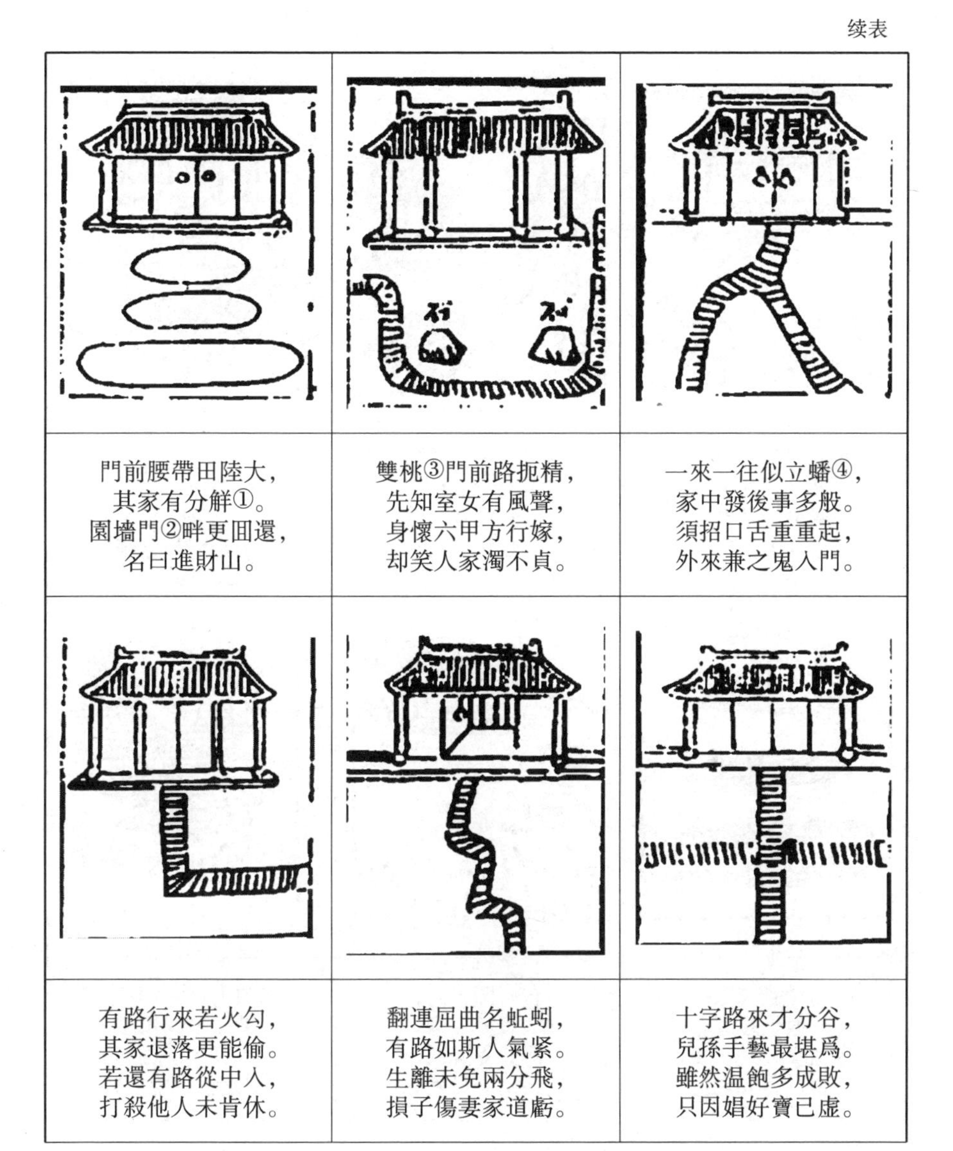

門前腰帶田陸大， 其家有分鮮①。 園墻門②畔更囬還， 名曰進財山。	雙桃③門前路扼精， 先知室女有風聲， 身懷六甲方行嫁， 却笑人家濁不貞。	一來一往似立蟠④， 家中發後事多般。 須招口舌重重起， 外來兼之鬼入門。
有路行來若火勾， 其家退落更能偷。 若還有路從中入， 打殺他人未肯休。	翻連屈曲名蚯蚓， 有路如斯人氣紧。 生離未免兩分飛， 損子傷妻家道虧。	十字路來才分谷， 兒孫手藝最堪爲。 雖然温飽多成敗， 只因娼好賣已虛。

① 北图本、故宫珍本为“解”。
② 北图本、故宫珍本为“四”。
③ 北图本、故宫珍本为“槐”。
④ 北图本、故宫珍本为“幡”。

续表

門前石面似盤平， 家富有聲名。 兩邊夾從進寶山， 足食更清閑。	屋邊有石斜聳出， 人家常仰郁。 定招風疾及困貧， 口食每求人。	排筭雖然路直横， 須教筆硯案頭生。 出入巧徃①多才學， 池沼爲財輕富榮。
門前見有三重石， 如人坐睡直。 定主二夫共一妻， 蚕月養春宜。	右面四方高， 家裏産英豪。 渾如斧鑿成， 其山出貴人。	路如人字意如何， 兄弟分推隔用多。 更主家中紅焰起， 定知此去更無芦②。

① 古同“往”，此处或为“性”之误。

② 北图本、故宫珍本为“廬”。

续表

路來重曲號爲州， 内有池塘或石頭。 若不爲官須巨富， 侵州侵縣置田禱①。	四路直來中間曲， 此名四獸能取祿。 左來更得一刀砧， 文武兼全俱皆足。	抱户②一路兩交加， 室女遭人殺可嗟， 從行夜好家内乱③， 男人致效④也因他。

石如蝦蟆草似秧， 怪異入厮堂。 駝腰背曲家中有， 生子形容醜。	石如酒瓶樣一般， 楼⑤臺更满山。 其家富貴欲一求， 斛注使金銀。	或外有石似牛眠， 山成進庄田。 更在出在丑⑥方山， 六畜自興旺。

① 此字应为“疇”之误。
② 故宫珍本为“尸”。
③ 故宫珍本为“亂”。
④ 故宫珍本为“死”。
⑤ 故宫珍本为“樓”。
⑥ 故宫珍本为“五”，应是。

下篇

上海、江苏、浙江、广东馆藏《鲁班经》整理

一、续四库本为底本校勘

正　三　架

三　架　式①

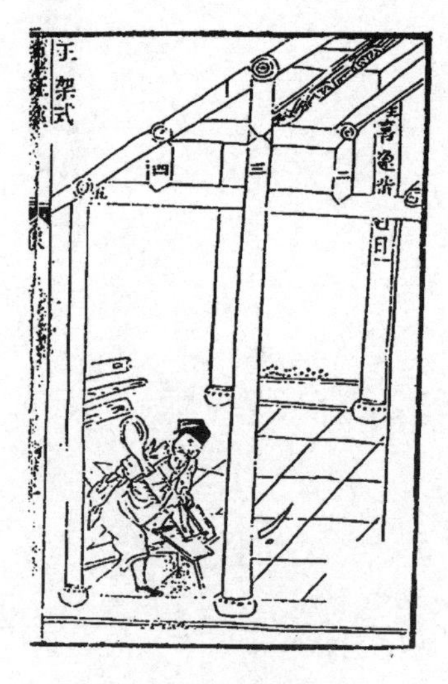

正（五）架式②

正（七）架式③

① 续四库本《鲁班经》起首两幅图破损严重，此处以南图B本插图代替，二者基本一致。
② 图中文字疑缺“五”，应为“正五架式”。
③ 图中文字疑缺“七”，应为“正七架式”。

九架式

鞦韆架式

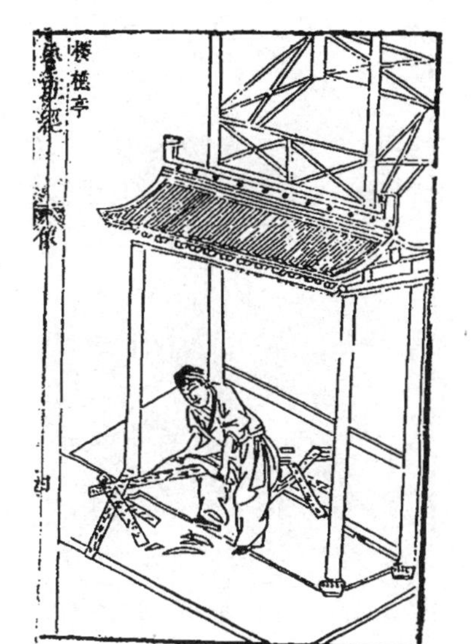

樓① 樵亭

造作門楼

① 此字或为“搜”之变体错字。

五架後施①两架式

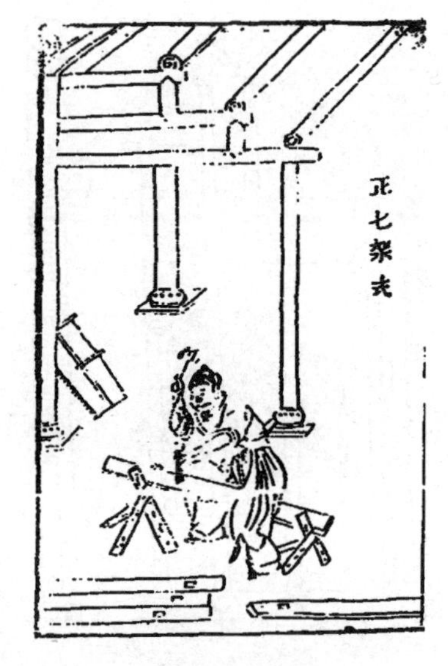

正七架式(右)

正七架式(左)②

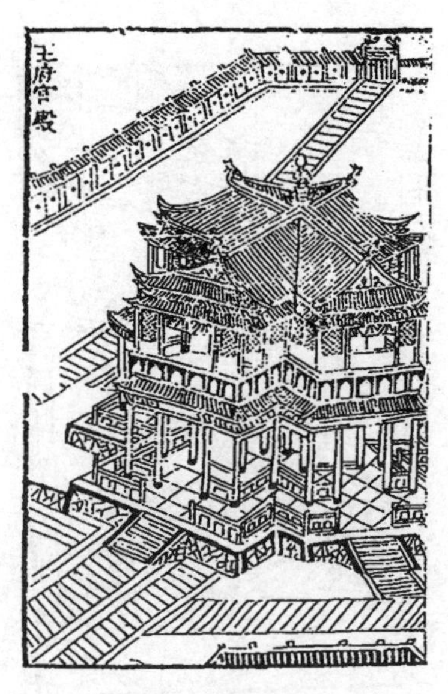

王 府 宫 殿

① 此字应为“拖”之误。

② 此图与上右应为一张图,因排版原因分为两张图,应合并看为宜。

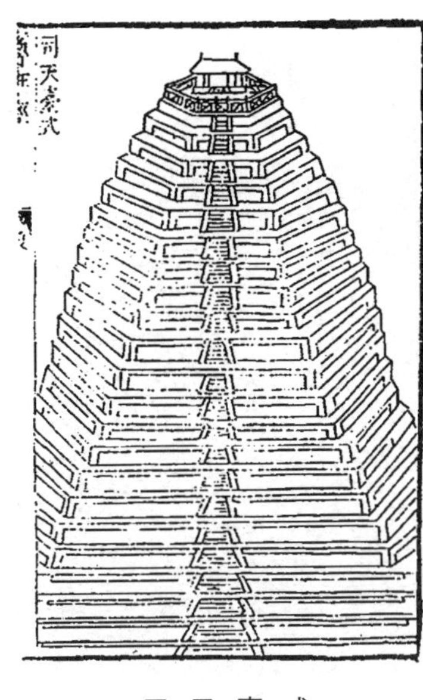

司天臺式

庵堂廟宇

祠 堂①

凉亭式

① 此字底本漫漶，据其他版本补出。

水 阁 式

橋 亭 式

鐘 鼓 樓 式

禾 仓 格 式①

① 据原文题补出。

牛 欄 式

馬 廄 式

大 床 式

鏡 架 式

新鐫[1]工師雕斲[2]正式魯班木經匠家卷之一

北京提督工部　御匠司　司正　午榮彙[3]編

局匠所　把總　章嚴　仝集[4]

南京遞[5]匠司　司承　周言　校正

魯班仙師源流

師諱班，姓公輸，字依智。魯之賢勝路[6]，東平村人也。其父諱賢，母吳氏。師生於魯定公三年甲戌[7]五月初七日午時，是日白鶴羣集，異香滿室，經月弗散，人咸奇之。甫七歲，嬉戲不學，父母深以爲憂。迨十五歲，忽幡然，從遊[8]於子夏之門人端木起，不數[9]月，遂妙理[10]融通，度越時流。憤諸侯僭[11]稱王號，因遊[12]說列國，志在尊周，而計不行，迺[13]歸而隱于[14]泰山之

---

① 上图B本为"鐫"；浙图F本为"鐫"。上图C本、南图A本、上图D本无"新鐫"二字。
② 中山B本为"斲"；中山A本为"斵"。
③ 上图C本、南图A本、上图D本、浙图F本、中山B本为"彙"。
④ 浙图F本为"輯"。
⑤ 上图C本、南图A本、浙图F本、浙图E本为"遞"。
⑥ 中山B本无"路"字。
⑦ 南图E本、中山A本为"戊"。
⑧ 浙图F本、中山B本、浙图E本为"游"，简体字。
⑨ 南图E本、复旦本、中山A本为"数"，简体字。
⑩ 复旦本为"埋"，应误。
⑪ 古同"僭"。
⑫ 浙图F本、浙图E本、中山B本为"游"。
⑬ 浙图F本、浙图E本为"乃"。
⑭ 浙图E本、浙图F本、中山B本为"於"。

南小和山焉，晦迹幾一十三年。偶出而遇鮑老𦬉[①]，促滕[②]讌[③]譚[④]，竟受業其門，注意雕鏤刻畫，欲令中華文物焕爾一新。故嘗語人曰："不䂓[⑤]而圓[⑥]，不矩而方，此乾坤自然之象也。規以爲圓[⑦]，矩以爲方，實人官兩象之能也。矧[⑧]吾之明，雖足以盡制作之神，亦安得必天下萬世咸能，師心而如吾明耶？明不如吾，則吾之明窮，而吾之技亦窮矣。"爰是旣[⑨]竭目力，復繼[⑩]之以規矩準繩。俾[⑪]公私欲經營宫室，駕造舟車與置設器皿[⑫]，以前民用者，要不超吾一成之法，已[⑬]試之方矣，然則師之。緣物盡制，緣制盡神者，顧不良且鉅哉。而其淑配雲氏，又天授一段[⑭]神巧，所制器物固難枚舉，第較[⑮]之於師，殆有佳處，内外贊[⑯]襄，用能享大名而垂不朽耳。裔[⑰]是年躋四十，復隱于歷山，卒遘[⑱]異人授秘[⑲]訣，雲遊[⑳]天下，白日飛昇，止[㉑]留斧[㉒]鋸在白鹿仙巖，迄今古

---

① 上图C本、南图A本、上图D本为"董"；浙图F本、浙图E本、中山B本为"輩"。
② 浙图F本、浙图E本、中山B本为"膝"。
③ 古同"宴"。
④ 应为"谈"之通假，浙图F本、浙图E本、中山B本为"談"。
⑤ 上图C本、南图A本、上图D本、浙图F本、浙图E本、中山B本为"規"。
⑥ 浙图F本为"員"；浙图E本为"圎"。
⑦ 浙图F本为"員"。
⑧ 为"况且"之意，南图E本、中山A本为"矧"。
⑨ 南图B本、南图E本、中山A本为"旣"；浙图F本、浙图E本为"既"。
⑩ 南图E本、复旦本、中山A本为"継"。
⑪ 原文为"俾"，应为"俾"之误。
⑫ 上图C本、南图A本、南图B本、上图D本为"血"，应误。
⑬ 上图C本、南图A本、浙图F本、中山B本为"已"，应是；浙图E本为"己"。
⑭ 应为"段"之别字。
⑮ 浙图F本为"校"。
⑯ 浙图F本为"賛"，为"赞"之异体字。
⑰ 浙图F本为"于"。
⑱ 为"相遇"之意。
⑲ 浙图E本为"祕"。
⑳ 浙图F本、浙图E本、中山B本为"游"。
㉑ 应为"只"之通假。
㉒ 上图C本、南图A本、上图D本、浙图F本、浙图E本、中山B本为"斧"。

迹昭然如睹[1]，故戰國大義贈爲永成待詔義士。後三年陳侯加贈智惠[2]法師，歷漢、唐、宋，猶能顯[3]蹤[4]助國，屢[5]膺封號[6]。明朝永樂間，鼎刱[7]北京龍聖殿，役使萬匠，莫不震悚。賴師降靈指示，方䕶洛[8]成。爰建廟祀之扁[9]曰："魯班門"，封待詔輔國大師北成侯，春秋二祭，禮用太牢。今之工人，凡有祈禱，靡不隨叩隨應，忱[10]懸象著明而萬古仰照者。

人家起造伐木

入山伐木法：凡伐木日辰[11]及起工日，切不可犯穿山殺。匠人入山伐木起工，且用看好木頭根數[12]，具立平坦處斫伐，不可老草，此用人力以所[13]爲也。如或木植到塲，不可堆放[14]黄殺方，又不可犯皇帝八座，九天大座，餘日皆吉。

伐木吉日

己巳、庚午、辛未、壬申、甲戌[15]、乙亥、戊寅、己[16]卯、壬午[17]、甲申、乙酉、

---

① 浙图F本、中山B本为"如見昭然"；浙图E本为"照然如覩"。
② 浙图E本为"慧"。
③ 复旦本、中山A本为"顕"。
④ 浙图F本、中山B本为"踪"。
⑤ 南图E本、复旦本、中山A本为"屡"，简体字。
⑥ 南图E本为"虢"；中山A本为"虢"。
⑦ 此字为"創"之异体字，浙图F本为"刼"；浙图E本、中山B本为"剏"。
⑧ 此字应为"落"之通假，上图C本、南图A本、上图D本、浙图F本、浙图E本、中山B本为"落"。
⑨ 应为"匾"之通假，浙图E本为"樨"。
⑩ 上图C本、南图A本、上图D本、浙图F本、浙图E本、中山B本为"誠"。
⑪ 南图E本、中山A本为"以"。
⑫ 南图E本、复旦本、中山A本为"数"，简体字。
⑬ 南图E本、复旦本、中山A本为"斫"。
⑭ 中山A本此二字处空缺。
⑮ 南图B本、南图E本、复旦本、中山A本为"戊"。
⑯ 此字底本为"巳"，应误。下文径改，不再注。部分版本为"己"、"已"。
⑰ 中山A本为"年"。

戊子、甲午、乙未、丙申、壬寅、丙午、丁未、戊申、己酉、甲寅、乙卯、己未、庚申、辛酉,定、成、開日吉。又宜明星、黄道、天德、月德。

忌刃[①]砧[②]殺、斧頭、龍虎、受死、天賊、日刀[③]砧[④]、危日、山隔、九土鬼、正四廢、魁罡日、赤口、山痕、红觜[⑤]朱雀。

起工架馬

凡匠人舆工,須用按祖留下格式,將木[⑥]長[⑦]先放在吉方,然後將後步柱安放馬上,起看俱用翻鋤向内動作[⑧]。今有晚學木匠則先將棟柱用正,則不按魯班之法後步柱先起手者,則先後方且有前先就低[⑨]而後高,自下[⑩]而至上,此爲依祖式也。凡造宅用深[⑪]淺[⑫]闊[⑬]狹,高低相等,尺寸合格,方可爲之也。

起工破木

宜己巳、辛未、甲戌、乙亥、戊寅、己卯、壬午、甲申、乙酉、戊子、庚寅、乙未、己亥、壬寅、癸卯、丙午、戊申、己酉、壬子、乙卯、己未、庚申、辛酉,黄道、天成、月空、天、月二德及合神、開日吉。

---

① 浙图 F 本、浙图 E 本、中山 B 本为“刀”。
② 南图 E 本、复旦本为“砧”。
③ 此字续四库本皆如此,北图—故宫本中除绍兴本俱为“月”。
④ 上图 B 本为“砧”。
⑤ 浙图 F 本、中山 B 本空缺此二字;浙圖 E 本空缺“觜”字。
⑥ 南图 B 本为“水”;南图 E 本、中山 A 本为“水”。
⑦ 上图 C 本、上图 D 本、南图 A 本、浙图 E 本、浙图 F 本、中山 B 本为“馬”,应是。
⑧ 浙图 F 本、中山 B 本为“作動”。
⑨ 中山 A 本为“在”,应误。
⑩ 中山 A 本为“目主”,应误。
⑪ 中山 A 本为“浮”,应误。
⑫ 浙图 F 本、浙图 E 本为“淺深”。
⑬ 浙图 E 本、中山 B 本为“濶”;中山 A 本为“閻”。

忌刀[1]砧[2]殺、木馬殺、斧頭殺、天賊、受死、月破、破敗、獨火[3]、魯般[4]殺、建日、九[5]土鬼、正四廢[6]、四離、四絶、大小空亾[7]、荒蕪[8]、凶敗、滅没[9]日,凶。

總 論

論新立宅架馬法:新立宅舍,作主人眷既已出火避宅,如起工卽就坐上架馬,至如竪[10]造吉日,亦可通用。

論淨盡拆[11]除舊宅倒堂竪[12]造[13]架馬法:凡盡拆[14]除舊宅,倒堂竪[15]造,作主人眷既已出火避宅,如起工架馬,與新立宅舍[16]架馬法同。

論坐宫修方架馬法:凡作主不出火避宅,但就所修之方擇吉方上起工架馬,吉;或别擇吉架馬,亦利[17]。

論移宫修方架馬法:凡移宫修方,作主人眷不出火避宅,則就所修之方擇取吉方上起工架馬。如出火避宅,起工架馬却[18]不問方道。

---

① 中山A本为“力”。
② 中山A本为“䂤”。
③ 浙图F本、浙图E本、中山B本为“燭火”,应是;中山A本为“五鬼”,应误。
④ 浙图F本、浙图E本、中山B本为“班”。
⑤ 上图B本、上图C本、南图A本、上图D本为“凡”;复旦本为“几”。
⑥ 浙图F本为“廢”;南图E本、复旦本为“廃”。
⑦ 古同“亡”,浙图F本、浙图E本、中山B本、中山A本为“亡”。
⑧ 中山A本为“獨火”。
⑨ 中山A本为“赤口敢”。
⑩ 浙图F本、中山B本为“竪”。
⑪ 浙图F本、中山B本为“折”。
⑫ 浙图F本、中山B本为“竪”;浙图E本为“豎”。
⑬ 浙图E本为“起”。
⑭ 浙图F本、中山B本、中山A本为“折”。
⑮ 浙图F本、中山B本为“竪”;浙图E本为“豎”。
⑯ 中山A本为“合”,应误。
⑰ 南图E本、复旦本、中山A本为“吉或”。
⑱ 浙图E本为“卻”。

論架馬活法：凡修作在柱近空屋①内，或在一百步之外起寮架馬②，却③不問方道。

修造起符便法

起符吉日：其日起造，隨事臨時，自起符後，一任用工④修造，百無所忌。

論修造起符法：凡修造家主行年得運，自⑤宜用名姓昭告符⑥。若家主行年不得運，自⑦而⑧以弟子行年得運。白⑨作造主用名姓昭告符，使大抵師人行符起殺，但用作主一人名姓昭告山頭龍神，則定磉扇架、竪⑩柱日，避本命日及對主日俟。修造完備，移香火⑪隨符入宅，然後卸符安鎮宅舍。

論東家修作西家起⑫符照方法

凡隣⑬家修方造作，就本⑭家宮中置羅經，格定隣⑮家所修之方。如值年官符、三殺、獨⑯火、月家飛宮、州縣官符、小兒殺、打頭火、大月建、家主身皇定命⑰，就本家屋内前後左右起立符，使依移官法坐符使，從權請定祖先、

---

① 南图E本、复旦本为“垦”。

② 南图E本缺此二字。

③ 浙图E本为“卻”。

④ 浙图E本为“作”。

⑤ 上图B本为“白”。

⑥ 中山A本为“名”。

⑦ 上图B本、中山A本为“白”。

⑧ 浙图F本、中山B本为“必”。

⑨ 上图C本、南图A本、上图D本为“用”，应是；南图B本为“曰”；浙图F本、浙图E本、中山B本为“自”，应误。

⑩ 浙图F本、中山B本为“竪”；浙图E本、中山B本为“豎”。

⑪ 上图D本为“人”，应误。

⑫ 浙图F本、中山B本无此字。

⑬ 上图C本、南图A本、上图D本、浙图F本、中山B本为“鄰”。

⑭ 中山A本为“木”。

⑮ 上图C本、南图A本、上图D本、浙图F本、中山A本为“鄰”。

⑯ 浙图E本为“燭”。

⑰ 浙图F本、中山B本为“命定”。

福神，香火暫歸空界，將符使照起[1]隣[2]家所修之方，令轉而爲吉方。俟月節過，視本家住居當初永定方道，無緊殺占[3]，然後安奉祖先、香火福神，所有符使，待歲除方可卸也。

畵[4]柱[5]繩墨：右吉日宜天、月二德，併三白、九紫值日時大吉。齊柱脚[6]，宜寅、申、己、亥日。

總　論

論畵[7]柱繩墨併齊木料，開柱眼，俱以白星爲主。蓋三白九紫，匠者之大用也。先定日時之白，後取尺寸之白，停停[8]當當，上合天星應昭，祥光覆護，所以住者獲福之吉，豈知乎此福於是補出，便右吉日不[9]犯天瘟、天賊、受死、轉殺、大小火星、荒蕪、伏斷等日。

動土平基：平基吉日，甲子、乙丑、丁卯、戊辰、庚午、辛未[10]、己卯、辛巳、甲申、乙未、丁酉、己亥、丙午、丁未、壬子、癸丑、甲寅、乙卯、庚申、辛酉。築墻宜[11]伏斷、閉[12]日吉。補築墻，宅龍六七月占[13]墻。伏龍六七月占[14]西墻二壁，因雨傾倒，就當日起工便築，卽爲無犯。若候[15]晴後停留三五日，過則

---

① 浙图F本、中山B本为“起照”。
② 上图C本、南图A本、南图D本、浙图F本、中山B本为“鄰”。
③ 南图E本、浙图F本、中山B本为“古”；浙图E本为“方”。
④ 上图C本、南图A本、上图D本、浙图F本、浙图E本、中山B本为“畫”。
⑤ 中山B本为“往”，应误。
⑥ 浙图E本为“腳”。
⑦ 上图C本、南图A本、上图D本、浙图F本、浙图E本、中山B本为“畫”。
⑧ 浙图E本为“停停”。
⑨ 南图E本为“下乙”。
⑩ 浙图E本“未”字处空白。
⑪ 浙图F本、中山B本无此字。
⑫ 浙图F本为“閑”，应误。
⑬ 上图D本为“古”，应误。
⑭ 上图D本、南图E本为“古”，应误。
⑮ 浙图F本为“待”；中山B本为“俟”。

須擇日，不可輕[1]動。泥飾垣墻，平治道塗，甃[2]砌皆[3]基，宜平日吉。

總　論

論動土方：陳希夷《玉鑰匙》云：土皇方犯之，令人害[4]瘋痨、水蠱。土[5]符所在之方，取土動土犯之，主浮腫水氣。又據[6]術者云：土瘟日并方犯之，令人兩脚[7]浮腫。天賊日起[8]手動土，犯之招盜。

論取土動土，坐宫[9]修造不出避火，宅須忌年家、月家殺殺方。

定磉扇架：宜甲子、乙丑、丙寅、戊[10]辰、己巳、庚午、辛未、甲戌、乙亥、戊寅、己卯、辛巳、壬午、癸未、甲申、丁亥、戊子、己丑、庚寅、癸巳、乙未、丁酉、戊戌、己亥、庚子、壬寅、癸卯、丙午、戊申、己酉、壬子、癸丑、甲寅、乙卯、丙辰、丁巳、己未、庚申、辛酉。又宜天德、月德、黄道，併諸吉神値日，亦可通用[11]。忌正四廢[12]、天賊、建[13]、破日。

竪[14]柱吉日：宜己巳、辛丑、甲寅、乙亥、乙酉、己酉、壬子、乙巳、己未、庚申、戊子、乙未、己亥、己卯、甲申、己丑、庚寅、癸卯、戊申、壬戌、丙寅、辛巳。又宜寅、申、巳、亥爲四柱日，黄道、天月二德諸吉星，成、開日吉。

上梁吉日：宜甲子、乙丑、丁卯、戊辰、己巳、庚午、辛未、壬申、甲戌、丙

---

① 中山 A 本为“輊”。
② 为“砖砌的井壁”。
③ 此字为”阶“之通假。上图 B 本为“𣅜”；上图 C 本、南图 A 本、上图 D 本、中山 B 本为“階”；浙图 F 本、浙图 E 本为“堦”。
④ 浙图 E 本为“患”。
⑤ 上图 C 本、南图 A 本、南图 B 本、上图 D 本、浙图 F 本、浙图 E 本、中山 B 本为“上”。
⑥ 浙图 E 本为“据”。
⑦ 浙图 E 本为“腳”。
⑧ 浙图 F 本、中山 B 本为“動”。
⑨ 中山 A 本为“官”。
⑩ 南图 E 本为“戌”。
⑪ 浙图 F 本为“用之”。
⑫ 复旦本为“癈”；浙图 F 本为“廢”；中山 A 本为“廃”。
⑬ 中山 B 本为“連”。
⑭ 南图 A 本、上图 D 本、浙图 F 本、浙图 E 本为“竪”，中山 B 本为“豎”。

子、戊寅、庚辰、壬午、甲申、丙戌、戊子、庚寅、甲午、丙申、丁酉、戊戌、己亥、庚子、辛丑、壬寅、癸卯、乙巳、丁未、己酉、辛亥、癸丑、乙卯、丁巳、己未、辛酉、癸亥，黄道、天月二德諸吉星，成、開日吉。

拆[①]屋吉日：宜甲子、乙丑、丙寅、戊辰、己巳、辛未、癸酉、甲戌、丁丑、戊寅、己卯、癸未、甲申、壬辰、癸巳、甲午、乙未、己亥、辛丑、癸卯、己酉、庚戌、辛亥、丙辰、丁巳、庚申、辛酉，除日吉。

蓋屋吉日：宜甲子、丁卯、戊辰、己巳、辛未、壬申、癸酉、丙子、丁丑、己卯、庚辰、癸未、甲申、乙酉、丙戌、戊[②]子、庚寅、丁酉、癸巳、乙未、己亥、辛丑、壬寅、癸卯、甲辰、乙巳、戊申、己酉、庚戌[③]、辛亥、癸丑、乙卯、丙辰、庚申、辛酉，定、成、開日吉。

泥屋吉日：宜甲子、乙丑、己巳、甲戌、丁丑、庚辰、辛巳、乙酉、辛亥、庚寅、辛卯、壬辰、癸巳、甲午、乙未、丙午、戊申、庚戌、辛亥、丙辰、丁巳、戊午[④]、庚申，平、成日吉。

開渠吉日：宜甲子、乙丑、辛未、己卯、庚辰、丙戌[⑤]、戊[⑥]申，開、平日吉。

砌地吉日：與修造動土同看。

結砌天井吉日：

詩曰：

結修天井砌堦[⑦]基，須識水中放水圭。

格向天干埋[⑧]楷日[⑨]，忌中顺[⑩]逆小兒嬉。

---

① 上图B本、南图B本、南图E本、复旦本、浙图F本、浙图E本、中山B本、中山A本为“折”，应误。

② 上图D本为“戌”。

③ 上图D本为“戊”；浙图F本为“午”。

④ 浙图F本为“年”。

⑤ 南图B本为“戊”。

⑥ 上图B本、南图B本、南图E本、复旦本、浙图F本为“戌”，应误。

⑦ 浙图F本、浙图E本、中山B本为“階”。

⑧ 南图E本、复旦本、中山A本为“理”。

⑨ 除浙图E本为“日”，其余各本皆为“口”，应误。

⑩ 浙图F本、浙图E本、中山B本为“順”。

雷霆大殺土皇廢，土忌瘟符受死離。

天賊瘟囊芳地破，土公土水隔痕隨。

右宜以羅經[1]放天井中，間針定取方位，放水天干上，切忌大小滅没、雷霆大殺、土[2]皇[3]殺方。忌止[4]忌、土[5]瘟、土[6]符、受死、正四廢、天賊、天瘟、地囊、荒蕪、地破、土公箭、土痕、水痕、水隔。

論逐月甃[7]地結天井[8]砌堦[9]基吉日

正月：甲子、壬午、戊子、庚子、乙丑、己卯、丙午、丙子、丁卯。

二月：乙丑、庚寅、戊寅、甲寅、辛未[10]、丁未、己未、甲申、戊[11]申。

三月：己巳、己卯、戊子、庚子、癸酉、丁酉、丙子、壬子。

四月：甲子、戊子、庚子、甲戌、乙丑、丙子。

五月：乙亥、己亥、辛亥、庚寅、甲寅、乙丑、辛未、戊寅。

六月：乙亥、己亥、戊寅、甲寅、辛卯、乙卯、己卯、甲申、戊申、庚申、辛亥、丙寅。

七月：戊子、庚子、庚午、丙午、辛未、丁未、己未、壬辰、丙子、壬子。

八月：戊寅、庚寅、乙丑、丙寅、丙辰、甲戌、庚戌。

九月：己卯、辛卯、庚午、丙午、癸卯。

---

① 上图B本为“徑”。
② 上图C本、南图A本、上图D本、南图E本、中山B本为“土”。
③ 浙图E本此处多一“各”字。
④ 此字北图一故宫本皆为“土”，应是。
⑤ 上图C本、南图E本、浙图F本、浙图E本、中山B本为“上”。
⑥ 南图E本、浙图F本、浙图E本、中山B本为“上”。
⑦ 为“修砌”之意。
⑧ 南图E本为“非”。
⑨ 浙图E本、中山B本为“階”。
⑩ 南图E本为“夫”。
⑪ 上图B本为“戌”。

十月:甲[①]子、戊[②]子、癸酉、辛酉、庚午、甲戌[③]、壬午。

十一月:己未、甲戌[④]、戊申[⑤]、壬辰、庚申、丙辰、乙亥、己亥、辛亥。

十二月:戊寅、庚寅、甲寅、甲申、戊申、丙寅、庚申。

起造立木上樑式

凡造作立木上樑,候吉日良時,可立一香案於中亭[⑥],設安普庵仙師香火,備列[⑦]五色錢、香花、燈燭、三牲、菓[⑧]酒供養之儀,匠師拜請[⑨]三界地王[⑩]、五方[⑪]宅神、魯班三郎、十極高眞,其匠人秤[⑫]丈[⑬]竿、墨斗、曲尺,繫放香棹[⑭]米桶上,并巡官羅金安頓,照官符、三煞凶神、打退神殺,居住者永遠吉昌也。

請設三界地主魯班仙師祝上樑文

伏以日吉時良,天地開張,金爐之上,五炷明香,虔誠拜請今年、今月、今日、今時直符使者,伏望光臨,有事懇請。今據某省、某府、某縣、某鄉、某里、某社奉道信官[士],憑術士選到今年某月某日吉時吉方,大利架造廳堂,不敢自專,仰仗直符使者,賫持香信,拜請三界四府高眞、十方賢[⑮]聖、諸天星

① 上图B本为“申”。
② 上图B本为“戌”。
③ 上图D本为“戊”。
④ 上图D本为“戊”。
⑤ 南图E本为“甲”。
⑥ 浙图F本、浙图E本为“亭”。
⑦ 浙图F本为“立”。
⑧ 中山B本为“果”。
⑨ 浙图E本、中山B本为“設”。
⑩ 上图B本为“主”。
⑪ 浙图F本、浙图E本、中山B本为“坊”。
⑫ 浙图F本、浙图E本、中山B本为“稱”。
⑬ 浙图F本、中山B本为“文”。
⑭ 古同“桌”。
⑮ 复旦本、中山A本为“賢”。

斗、十二官神、五方地主明師，虚空過往福德靈聰，住居香火道释，衆眞門官，井竈①司命六神，魯班眞仙公輸子匠人，帶來先傳後教祖本先師，望賜降臨，伏望諸聖，跨雀②騄③鸞，暫④别官殿之内，登車撥⑤馬，來臨塲屋之中，既沭降臨，酒當三奠，奠酒詩曰：

初奠纔斟，聖道降臨。已⑥享已祀，皷皷皷⑦琴。布福乾坤之大，受恩江海之深。仰憑聖道，普降凡情。酒當二奠，人神喜樂。大布恩光，享來祿爵。二奠盃觴，永滅灾殃。百福降祥，萬壽無疆⑧。酒當三奠，自此門庭常貼泰，從兹男女永安康，仰兾⑨聖賢流恩澤，廣置田産降福降⑩祥。上來三奠已畢，七獻云週，不敢過獻。

伏願信官〔士⑪〕某，自創造上樑之後，家門浩浩，活計昌昌，千⑫斯倉而萬斯箱，一曰富而二曰壽，公私兩利，門庭光顯⑬，宅舍興隆，火盗雙⑭消，諸事吉慶，四時不遇水雷迍⑮，八節常蒙地天泰。〔如或臨産臨盆，有慶坐草無危，願⑯生智慧之男，聰明富貴起家之子，云云〕。凶藏煞没，各無干犯之方，神喜人懽⑰，

---

① 浙图 F 本、浙图 E 本、中山 B 本为“灶”。
② 浙图 F 本、浙图 E 本、中山 B 本为“鶴”。
③ 上图 C 本、南图 A 本、浙图 E 本为“驂”；上图 D 本、中山 B 本为“骖”；浙图 F 本为“乘”。
④ 中山 A 本为“暂”。
⑤ 浙图 F 本为“撥”。
⑥ 原文为“巳”，据上下文，应为“已”。下文同，不再注。
⑦ 浙图 F 本、浙图 E 本、中山 B 本为“鼓瑟鼓”，应是。
⑧ 南图 E 本为“䕬”。
⑨ 古同“冀”。
⑩ 浙图 E 本无此字。
⑪ 南图 E 本为“上”。
⑫ 上图 B 本、上图 C 本、南图 A 本、南图 B 本、上图 D 本、南图 E 本、复旦本、南图 F 本、中山 A 本为“手”，应误。
⑬ 南图 E 本、中山 A 本为“顕”。
⑭ 浙图 F 本为“俱”。
⑮ 南图 E 本、复旦本、浙图 F 本、浙图 E 本、中山 B 本、中山 A 本为“連”。
⑯ 浙图 F 本为“愿”。
⑰ 复旦本为“懽”；浙图 F 本为“歡”；中山 A 本为“懽”。

大布禎祥之兆。凡在四時,克臻萬善。次巽[①]匠人興工造作,拈刀弄斧,自然目朗心開,負重拈[②]輕,莫不脚輕手快。仰賴神通,特垂庇祐[③],不敢久留聖駕,錢財奉送,來時當獻下車酒,去後當酬[④]上[⑤]馬盃[⑥],諸聖各歸宫闕。[⑦]再有所請,望賜降臨錢財〖匠人出煞,云云〗。

天開地闢,日吉時良,皇帝子孫,起造高堂,〖或造廟宇、庵堂、寺觀則云:仙師架造,先合陰陽〗。凶神退位,惡煞潜[⑧]藏,此間建立,永遠吉昌。伏願榮遷之後,龍歸寶穴,鳳徙梧[⑨]巢[⑩],茂蔭兒孫,增崇産業者。

詩曰:

一聲槌響透天門,萬聖千賢左右分。

天煞打歸天上去,地煞潜[⑪]歸地裏[⑫]藏。

大厦千間生富貴,全家百行益兒孫。

金槌敲處諸神護,惡煞凶神急速奔。

造屋間數吉凶例

一間凶,二間自如,三間吉,四間凶,五間吉,六間凶,七間吉,八間凶,九間吉。

歌曰:五間廳、三間堂,創後三年必招殃。始五間廳、三間堂,三年内殺

---

① 上图C本、南图A本、上图D本、浙图F本、浙图E本、中山B本为“冀”。
② 上图D本为“拈”。
③ 浙图F本为“佑”。
④ 浙图F本为“酧”。
⑤ 上图D本为“土”;浙图F本为“下”。
⑥ 浙图F本为“杯”。
⑦ 浙图F本、中山B本此处多一“若”字。
⑧ 浙图E本为“潛”。
⑨ 上图B本、南图B本、南图E本、复旦本、中山A本为“桔”;浙图F本为“高”。
⑩ 浙图F本为“梧”。
⑪ 南图E本为“潛”;浙图E本、中山B本为“潛”。
⑫ 浙图F本、中山B本为“裡”。

五[1]人，七年庒[2]敗，凶。四間廳、三間堂，二年内殺四人，三年内殺七人來。二間無子，五間絶。三架廳、七架堂，凶。七架廳，吉。三間廳、三間堂，吉。

斷水平法

莊子云：“夜静水平。”

俗云，水[3]從平則止。造此法，中立一方表，下作十字拱頭，蹄脚上横過一方，分作三分，中開水池，中表安二線[4]垂下，將一小[5]石頭墜正中心，水池中立三個[6]水鴨子，實要匠人定得木[7]頭端正，壓尺十[8]字，不可分毫走失，若依此例，無不平[9]正也。

畵[10]起屋樣

木匠按式，用精紙一幅，畵[11]地盤濶狹深淺，分下間架或三架、五架、七架、九架、十二[12]架，則王[13]主人之意，或柱柱落地，或偷柱及樑栟，使過步樑、眉樑、眉[14]枋，或使斗磉者，皆在地盤上停當。

魯般眞尺

按魯般尺[15]乃有曲尺一尺四寸四分，其尺間有八寸，一寸堆[16]曲尺一寸

---

① 中山A本为“四”。
② 浙图F本、浙图E本、中山B本为“庄”。
③ 南图E本为“永”。
④ 浙图F本、浙图E本、中山B本为“綫”。
⑤ 上图C本、南图A本、上图D本、浙图F本、浙图E本、中山B本为“方”。
⑥ 浙图E本为“个”。
⑦ 中山A本为“本”。
⑧ 中山A本为“寸”。
⑨ 上图C本无此字。
⑩ 上图C本、南图A本、上图D本、浙图F本、浙图E本、中山B本为“畫”。
⑪ 上图C本、南图A本、上图D本、浙图F本、浙图E本、中山B本为“畫”。
⑫ 此字北图—故宫本皆为“一”，应是。
⑬ 此字《鲁般营造正式》为“在”，应是。
⑭ 古同“眉”。
⑮ 南图E本为“天”。
⑯ 浙图F本、中山B本为“推”，皆为“准”之通假。

八分。内有財、病、離、義①、官、刼、害、本也。凡人造門,用依尺法也。假如單扇門,小者開二尺一寸,一白,般尺在“義”上。单②扇門開二尺八寸,在八白,般尺合“吉”上。雙扇門者,用四尺三寸一分,合四綠一白,則爲本門,在“吉”上。如財門者,用四尺三寸八分,合“財”門,吉。大雙扇門,用廣五尺六寸六分,合兩白,又在“吉”上。今時匠人則開門濶四尺二寸,乃爲二黑,般尺又在“吉”上。及五尺六寸者,則“吉”上二分,加③六分正④在“吉”中,爲佳也。皆用依法,百無一失,則爲良匠也。

魯般尺八首

財字

財字臨門仔細詳,外門招得外才⑤良。
若在中門常自有,積財須用大門當。
中房若合安於上,銀帛千箱與萬箱。
木匠若能明此理,家中福祿自榮昌。

病字

病字臨門招疫疾,外門神鬼⑥入中庭。
若在中門逄⑦此字,灾⑧須輕可免危聲。
更被外門相照對,一年兩度送尸⑨靈。
於中若要無凶禍,厠上無疑是好親。

---

① 上图C本、南图A本、南图B本、上图D本为“凶”。
② 上图C本、南图A本、上图D本、浙图F本、浙图E本、中山B本为“單”。
③ 浙图E本、中山B为“如”。
④ 南图E本为“止”。
⑤ 浙图F本、浙图E本、中山B本为“財”。
⑥ 上图B本为“鬼”。
⑦ 此字应为“逢”之误。
⑧ 上图C本为“災”。
⑨ 南图E本为“戸”。

离字

離字臨門事不祥[1]，仔細排來在甚方。
若在外門并中户，子南父北[2]自分張。
房門必主生離别，夫婦恩情兩處忙。
朝夕[3]士[4]家[5]常作鬧，悽惶無地禍誰當。

義字

義字臨門孝顺[6]生，一字中字最爲眞。
若在都門招三婦，廊門淫婦戀花聲。
於中合字雖爲吉，也有興灾害及人。
若是十[7]分無灾[8]害，只有厨[9]門實可親。

官字

官字臨門自要詳，莫教安在大門場。
須妨[10]公[11]事親州[12]府，富貴中庭房自昌。
若要房門生貴子，其家必定出官廊。
富[13]家人家有相壓，庶人之屋實[14]難[15]量。

---

① 中山B本为“詳”。
② 浙图E本为“壮”。
③ 中山B本为“土”。
④ 浙图F本为“家”；中山B本为“夕”。
⑤ 浙图F本为“家”。
⑥ 上图C本、南图E本、浙图F本、浙图E本、中山B本、中山A本为“順”。
⑦ 中山A本为“寸”。
⑧ 浙图E本为“災”。
⑨ 上图C本、南图A本、中山B本为“廚”。
⑩ 浙图E本、中山B本为“防”。
⑪ 浙图E本为“官”。
⑫ 南图E本为“外”。
⑬ 中山B本为“當”。
⑭ 上图C本、南图A本为“实”。
⑮ 中山A本为“雖”。

刼①字

刼②字臨門不足誇，家中日日事如麻。
更有害門相照看，凶來疊疊禍無差。
兒孫行刼③身遭苦，作事因循害却家。
四惡四凶星不吉，偷人物件害其佗。

害字

害字安門用細尋，外人多被外人臨。
若在内門多興禍，家財必被賊來侵。
兒孫行門于害字，作事須因破④其家。
良匠若能明⑤此理，管教⑥宅⑦主永興隆。

吉字

吉字臨門最是良，中官⑧内外一齊强。
子孫夫婦皆榮貴，年年月月在蠶⑨桑。
如有財門相照者，家道興隆大⑩吉昌。
使有凶神在傍⑪位，也無灾⑫害亦風光。

---

① 浙图F本、浙图E本、中山B本为“劫”。
② 浙图F本、浙图E本、中山B本为“劫”。
③ 浙图F本、浙图E本、中山B本为“劫”。
④ 南图E本为“被”。
⑤ 中山A本为“間”。
⑥ 浙图F本、浙图E本、中山B本为“教”。
⑦ 南图E本为“毛”。
⑧ 此字应为“宫”之通假，浙图F本、中山B本为“宫”。
⑨ 浙图F本、浙图E本、中山B本为“蚕”。
⑩ 南图E本为“人”。
⑪ 浙图F本、中山B本为“旁”。
⑫ 上图C本、南图A本、上图D本、浙图E本为“災”。

本門詩

本子①開門大吉昌，尺頭尺尾正相當。
量來②尺尾須當吉，此到頭來③財上量。
福祿乃爲門上致，子孫必出好兒郎。
時師依此仙賢造，千倉萬廪④有餘糧⑤。

曲尺詩

一白惟如六白良，若然八白亦爲昌。
但將般尺來相凑，吉少凶多必主殃。

曲尺之啚

一白、二黑、三碧、四緑、五黄、六白、七赤、八白、九紫、一⑥白。

論曲尺根由

曲尺者，有十寸，一寸乃十分。凡遇起⑦造經營，開門高低、長短度量，皆在此上。須當凑對魯般尺八寸，吉凶相度，則吉多凶少，爲佳。匠者但用倣⑧此，大吉也。

推起造何首合白吉星

魯般經營：凡人造宅門，門一須用準，與不準及起造室院。條緝車⑨箭，

---

① 原文如此，应为“字”之通假。
② 浙图F本为“来”。
③ 浙图F本为“上”。
④ 浙图F本为“箱”。
⑤ 浙图E本为“量”。
⑥ 浙图F本、浙图E本、中山B本为“十”，应是。
⑦ 中山A本为“走”。
⑧ 浙图F本为“仿”。
⑨ 上图C本、南图A本、上图D本为“事”。

須用準，合陰陽，然後使尺寸量度，用合“財吉星”及“三白星”，方爲吉。其白外，但則九紫爲小吉。人要合魯般尺與曲尺，上下相仝[1]爲好。用尅定神、人、運、宅及其年，向首大利。

按九天玄女裝門路，以玄女尺筭[2]之，每尺止得九寸[3]有零，却[4]分財、病、離、義、官、刼[5]、害、本八位，其尺寸長短不齊，惟本門與財門相接最吉。義門惟寺觀學舍，義聚之所可裝。官[6]門惟官府可裝，其餘民俗只粧[7]本[8]門與財門，相接[9]最吉。大抵尺法，各隨匠人所傳，術者當依魯般經尺度爲法。

論開門步數：宜單不宜雙。行惟一步、三步、五步、七步、十一步吉，餘凶。每步計四尺五寸，爲一步，于屋簷[10]滴水處起步，量至立門處，得單步合前財、義、官、本[11]門，方爲吉也。

定盤眞尺[12]

凡創造屋宇，先須用坦平地基，然後隨大小、濶狹，安磉平正。平者，穩也。次用一件木料〖長一丈四、五尺，有𩀱[13]，長短有人。用大四寸，厚二寸，中立表〗。長短在四、五尺内實用，壓曲尺，端正两邊，[14]安八字，射中心，〖上繫[15]一線[16]

---

① 古同“同”。

② 古同“算”，上图 C 本、南图 A 本、上图 D 本、浙图 E 本、中山 B 本为“算”；浙图 F 本为“𥮏”。

③ 浙图 E 本为“尺”。

④ 浙图 E 本、中山 B 本为“卻”。

⑤ 浙图 F 本、浙图 E 本、中山 A 本、中山 B 本为“劫”。

⑥ 浙图 E 本为“宫”。

⑦ 南图 A 本、浙图 F 本、浙图 E 本、中山 B 本为“裝”，应是。

⑧ 南图 E 本为“木”。

⑨ 浙图 F 本此处多一“為”字。

⑩ 浙图 F 本、浙图 E 本、中山 B 本为“檐”。

⑪ 上图 D 本为“木”。

⑫ 浙图 F 本、中山 B 本为“宅定盤真”。

⑬ 浙图 F 本为“零”。

⑭ 浙图 F 本此处多一“用”字。

⑮ 浙图 F 本为“係”。

⑯ 中山 B 本为“綫”。

重①,下弔②石墜,則爲平正③,直也,有實揲④可驗⑤]。

詩曰:

世間萬物得其平,全仗權衡及準繩。
創造先量基濶⑥狹,均分内外兩相停。
石磉切須安得正,地盤先宜⑦鎮中心。
定將眞尺分平正,良匠當依此法眞。

推造宅舍吉凶論

造屋基,淺在市井中,人魁⑧之處,或外濶内狹爲,或内濶外狹穿,只得隨地基所作。若内濶外⑨,乃⑩名爲蝌穴屋,則衣食自豐⑪也。其外闊,則名為⑫檻口屋,不爲奇也。造屋切不可前三直後二直,則爲穿心栟,不吉。如或新起栟,不可與舊屋棟齊過。俗云:新屋插舊棟,不久便相送。須用放低於舊屋,則曰:次棟。又不可直棟穿中門,云:穿心棟。

三架屋後車⑬三架法

造此小屋者,切不可高大。凡步柱只可高一丈零一寸,棟柱高一丈二尺

---

① 原文如此,据上下文,应为“垂”之别字。
② 古同“吊”,浙图F本、浙图E本、中山B本为“用”。
③ 《鲁班营造正式》为“上”。
④ 应为“据”之变体错字,上图C本、南图A本、上图D本为“样”;浙图F本、浙图E本为“摢”;中山B本为“㨿”。
⑤ 浙图F本为“証”。
⑥ 浙图F本为“闊”。
⑦ 浙图F本为“要”。
⑧ 上图C本、南图A本为“魁”;浙图F本、浙图E本、中山B本为“魁”。
⑨ 原文如此,此处应遗缺“狭”字。
⑩ 浙图F本、浙图E本、中山B本为“狭”。
⑪ 浙图E本此处多一“足”字。
⑫ 浙图E本无此字。
⑬ 此字应为“連”之误。

一寸，段[1]深五尺六寸，間[2]濶一丈一尺一寸，次間一丈零一寸，此法則相稱也。

評[3]曰：

凡人創造三架屋，般尺須尋吉上量。

濶狹高低依此法，後來必出好兒郎。

五架房子格

正五架三間[4]拖後一柱，步用一丈零八寸，仲高一丈二尺八寸，棟高一丈五尺一寸，每段[5]四尺六寸，中間一丈三尺六寸，次濶[6]一丈二尺一寸，地基[7]濶[8]狹則在人加減，此皆壓白之法也。

詩曰：

三間五架屋偏奇，按白量材實利宜。

住坐安[9]然多吉慶，横財入宅不拘時。

正七架三間格

七架堂屋：大凡[10]架造，合用前後柱高一丈二尺六寸，棟高一丈零六寸，中間用濶[11]一丈四尺三寸，次濶[12]一丈三尺六寸，段[13]四尺八寸，地基濶[14]

---

① 上图C本、南图A本、上图D本、浙图F本、浙图E本为“段”；中山B本为“叚”。
② 南图E本、复旦本、中山A本为“閒”。
③ 浙图F本、浙图E本、中山B本为“詩”。
④ 南图E本、中山A本为“閒”。
⑤ 上图C本、南图A本、上图D本、浙图F本、浙图E本、中山B本为“段”。
⑥ 浙图F本为“闊”。
⑦ 南图E本为“其”。
⑧ 浙图F本、浙图E本为“闊”。
⑨ 浙图E本为“安坐”。
⑩ 上图C本、南图A本、南图B本、上图D本为“斤”。
⑪ 浙图E本为“闊”。
⑫ 浙图F本、浙图E本为“闊”。
⑬ 上图C本、上图D本为“叚”；浙图F本、浙图E本为“段”；中山B本为“叚”。
⑭ 浙图F本、浙图E本、中山B本为“寬”。

窄、高低、深淺[1]，隨人意加減則[2]爲之。

詩曰：

經營此屋好華堂，並是工師巧主張。

富貴本由繩尺得，也須合用按陰陽。

正九架五間堂屋格[3]

凡造此屋，步柱用高一丈三尺六寸，棟柱或地基廣濶，宜一丈四尺八寸，段[4]淺者四尺三寸，成十分深，高[5]二丈二尺棟爲妙。

詩曰：

陰陽兩字最宜先，鼎創興工好向前。

九架五間堂九天[6]，萬年千載福綿綿[7]。

謹按先[8]師眞尺寸，管教[9]富貴足庄田。

時人若不依仙法，致使人家兩不然。

鞦　韆　架

鞦韆架：今人偷棟栟爲之吉。人以如此造，其中創閑要坐起處，則可依此格，儘好。

小門式　丙[10]

凡造小門者，乃是塚墓之前所作，兩柱前重在屋，皮上出入不可十分長，

---

① 浙图 E 本此处多一字“則”。

② 浙图 E 本无此字。

③ 浙图 F 本无此字。

④ 上图 C 本、上图 D 本、浙图 F 本、浙图 E 本为“叚”；中山 B 本为“叚”。

⑤ 浙图 E 本为“髙”。

⑥ 浙图 F 本为“尺”。

⑦ 中山 B 本为“緜緜”。

⑧ 上图 C 本、南图 A 本、浙图 E 本、中山 B 本为“仙”，应是。

⑨ 浙图 F 本、浙图 E 本、中山 B 本为“教”。

⑩ 南图 E 本、绍兴本、中山 A 本此处多一“丙”字，其余各本皆无。

露出殺,傷其家子媳,不用使木作,門蹄二邊使四隻將軍柱①,不宜大②高③也。

攖④焦⑤亭⑥

造此亭⑦者,四柱落地,上三超四結果,使平盤方中,使福海頂、藏心柱十分要聳,瓦蓋用暗鐙釘住,則無脱落,四方可⑧觀之。

詩曰:

枷梢門屋有兩般,方直尖斜⑨一樣言。家有姦⑩偷夜行子,須防橫禍及遭官。

詩曰:

此屋分明端正奇,暗中爲禍少人知。

只因匠者多藏素,也是時師不細詳。

使得家門長退落,緣他屋主大限衰。

從今若要兒孫好,除是從頭改過爲。

造作門樓

新創屋宇開門之法:一自外正大門而入,次二重較⑪門,則就東畔開吉

---

① 浙图E本无此字。
② 中山A本为“太”;浙图E本为“高”。
③ 浙图F本为“高”;浙图E本为“大”。
④ 上图C本、南图A本、上图D本为“樓”;浙图F本、浙图E本为“櫻”;中山A本为“摟”。
⑤ 上图C本、南图A本、上图D本为“樵”;浙图F本、浙图E本、中山B本为“蕉”。
⑥ 浙图F本、浙图E本为“亭”。
⑦ 浙图F本、浙图E本为“亭”。
⑧ 浙图F本、中山B本无此字。
⑨ 上图D本为“斜”。
⑩ 浙图F本为“奸”。
⑪ 此字或为“轿”之通假。

門,須要屈曲,則不宜大①直。内門不可較大外門,用依此例也。大凡人家外大門,千萬不可被人家屋脊對射,則不祥之兆也。

論起廳堂門例

或起大廳屋②,起門須用好籌頭向。或作槽門之時,須用放高③,與第二重門同,第三重却④就栿柁起,或作如意門,或作古錢門與方勝門,在主人意愛而爲之。如不做槽門,只做都門、作胡字門,亦佳矣。

詩曰:

大門安者莫在東,不按仙賢法一同。

更被别人屋棟射,須教⑤禍事又重重。

上下⑥門:計六尺六寸;中户門:計三尺三寸;小户門:計一尺一寸;州縣寺觀門:計一丈一尺八寸,濶⑦六尺八寸⑧;庶人門:高五尺七寸,濶四尺八寸;房門:高⑨四尺七寸,濶二尺三寸。

春不作東門,夏不作南門,秋不作西門,冬不作北門。

債不星逐年定局方位

戊癸年[坤庚方],甲巳年[占⑩辰方],乙庚年[兑坎寅方],丙辛年[占⑪午方],丁壬年[乾方]。

---

① 浙图F本为“太”,应是。
② 浙图F本、浙图E本、中山B本为“堂”。
③ 浙图F本、浙图E本为“高”。
④ 上图D本为“却”;浙图E本、中山B本为“卻”。
⑤ 上图C本、上图D本为“教”。
⑥ 原文如此,据上下文,应为“户”之别字。
⑦ 浙图E本为“闊”。
⑧ 此划线处四字,各本皆无。李峰注解本为此。
⑨ 浙图F本为“高”。
⑩ 南图B本、上图D本为“古”。
⑪ 中山A本为“古”。

儧不星逐月定局

大月：初三、初六、十一、十四、十九、廿二①、廿七②，[日凶]。

小月：初二、初七、初十、十五、十八、廿三③、廿六④，[日凶]。

庚寅日：門大夫死甲巳日六甲胎神，[占門]。

塞門吉日：宜伏斷閉⑤目⑥，忌丙寅、己巳、庚午、丁巳。

紅觜⑦朱雀⑧日：庚午、己卯、戊子、丁酉、丙午、乙卯。

修門雜忌

九良星年：丁亥，癸巳占大門；壬寅、庚申占門；丁巳占⑨前門；丁卯、己卯占後門。

丘⑩公殺：甲巳年⑪占九月，乙庚⑫占十一月，丙辛年占正月，丁壬年占三月，戊癸年占五月。

逐月修造門吉日

正月癸酉，外丁酉。二月甲寅。三月庚子，外乙巳。四月甲子、庚子，外庚午。五月甲寅，外丙寅。六月甲申、甲寅，外丙申、庚申。七月丙辰。八月乙亥。九月庚午、丙午。十月甲子、乙未、壬午、庚子、辛未，外庚午。十一月

---

① 浙图F本为“二十二”。
② 浙图F本为“二十七”，此后多一“等”字。
③ 浙图F本为“二十三”。
④ 浙图F本为“二十六”，此后多一“等”字。
⑤ 浙图F本为“開”；中山A本为“閑”。
⑥ 浙图F本、浙图E本为“日”，应是。
⑦ 南图E本、复旦本、浙图F本为“嘴”。
⑧ 此处原文空白一字，北图一故宫本为“凶”，应是。
⑨ 上图D本为“古”。
⑩ 上图C本、南图A本、上图E本、浙图F本、浙图E本、中山B本为“邱”。
⑪ 上图D本为“午”。
⑫ 浙图F本此处多一“年”字。

甲寅。十二月戊①寅、甲寅、甲子、甲申、庚子,外庚申、丙寅、丙申。

右吉日不犯朱雀、天牢、天火、獨火、九空、死氣、月破、小耗、天賊、地賊、天瘟、受死、氷②消瓦䧟、陰陽錯、月建、轉殺、四耗、正四廢、瓦③土鬼、伏斷、火星、九醜、滅門、離窠、次地火、四忌、五窮、耗絶、庚寅門、大夫死日、白虎、炙④退、三殺、六甲胎神占門,并债不星爲忌。

門光星

大月從⑤下數上,小月從⑥上數下。

白圈者吉,人字損人,丫⑦字損畜。

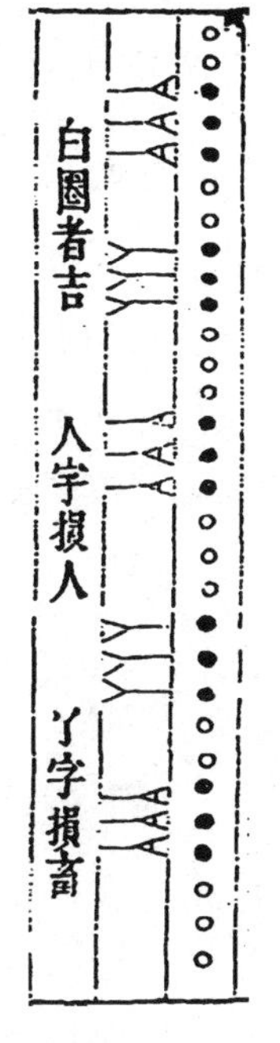

門光星图

門光星吉日定局

大月:初一、初二、初三、初七、初八、十二、十三、十四、十八、十九、二十、廿⑧四、廿⑨五、廿⑩九、三十⑪日。

小月:初一、初二、初六、初七、十一、十二、十三、十七、十八、十九、廿⑫三、廿⑬四、廿⑭八、廿⑮九⑯日。

① 上图B本、南图E本、复旦本、南图B本为“戌”,应误。
② 古同“冰”,浙圖E本、中山B本為“冰”,应是。
③ 此字北图—故宫本皆为“九”,应是。
④ 浙图F本为“灾”;浙图E本、中山B本为“災”。
⑤ 上图C本为“从”。
⑥ 上图C本、南图A本、复旦本中山A本为“从”。
⑦ 南图E本、浙图F本、浙图E本、中山B本为“了”;中山A本为“子”。
⑧ 浙图E本为“二十”。
⑨ 同上。
⑩ 同上。
⑪ 浙图F本此处多一“等”字。
⑫ 南图E本为“甘”。
⑬ 同上。
⑭ 同上。
⑮ 同上。
⑯ 浙图F本此处多一“等”字。

總　論

論門樓，不可專主門樓經、玉輦經，誤人不淺，故不編入。門向須避直冲尖射砂水、路道、惡石、山𡉏①、崩破、孤峰、枯木、神廟②之類，謂之乘殺入門，凶。宜迎水、迎山，避水斜割，悲聲。經云：以水爲朱雀者，忌夫湍。

論黄泉門路

天機訣③云：庚丁坤上是黄泉，乙丙須防巽水先，甲癸向中休見艮，辛壬水路怕當乾。犯主④枉死少丁，殺家長，長病忤逆。

庚向忌安單坤向門路水步，丙向忌安單坤⑤向門路水步，乙向忌安單巽向門路水步，丙向忌安單巽向門路水⑥，甲向癸向忌安單艮向門路水步，辛壬向忌安單乾向門路水步。其法乃死絶處，朝對官⑦爲黄泉是也。

詩曰：

一⑧兩棟簷⑨水流相射⑩，大小常相罵，此屋名⑪爲暗箭山，人口⑫不平安。

據仙賢云：屋前不可作欄杆，上不可使立釘⑬，名爲暗箭，當忌之。

---

① 古同“坳”，南图 B 本、上图 D 本、南图 E 本、复旦本、浙图 F 本、浙图 E 本、中山 B 本、中山 A 本为“均”。
② 南图 E 本、复旦本、中山 A 本为“庙”。
③ 南图 E 本、复旦本、中山 A 本为“訣”。
④ 浙图 E 本无此下划线内容。
⑤ 浙图 E 本为“艮”。
⑥ 南图 A 本、上图 D 本、浙图 F 本、浙图 E 本、中山 B 本此处有一“步”字。
⑦ 原文如此，北图—故宫本皆为“宫”。
⑧ 原文如此，疑多此字。
⑨ 浙图 F 本、浙图 E 本、中山 B 本为“檐”。
⑩ 浙图 E 本为“對”。
⑪ 中山 A 本为“各”。
⑫ 上图 D 本为“日”。
⑬ 上图 D 本为“釪”。

郭璞相宅詩三首

屋前致欄杆，名曰紙錢山。

家必多喪[1]禍，哭泣不曾閑。

詩云：

門高[2]勝於廳，後代絶人丁。

門高[3]過於壁，其家多哭泣。

門扇两椛[4]欺，夫婦不相宜。

家財當耗散，眞是不爲量[5]。

五架屋諸式圖

五架樑栟或使方樑者，又有使界板者，及又[6]槽、搭栿、斗槺[7]之類，在主人之所爲也。

五架後拖兩架

五架屋後添兩架，此正按古格，乃佳也。今時人喚做前淺後深之説，乃生生笑隠，上吉也。如造正五架者，必是其基地如此，别有實格式，學者可驗[8]之也。

正七架格式

正七架樑，指及七架屋、川牌栟，使斗槺或柱義桁並，由人造作，有圖式可佳。

---

① 浙图 F 本、浙图 E 本、中山 B 本为“丧”。
② 南图 E 本、中山 B 本为“高”。
③ 浙图 F 本为“高”。
④ 据上下文，应为“枋”之通假。
⑤ 浙图 F 本为“良”。
⑥ 此字应为“叉”之误。
⑦ 据上下文，应为“磉”之通假。下文同，不再注。
⑧ 浙图 F 本、中山 B 本为“騐”。

王府宫殿

凡做此殿，皇帝殿九丈五尺高[①]，王府七丈高[②]，飛簷[③]找[④]角，不必再白。重拖五架，前拖三架，上截升拱天花板，及地量至天花板，有五丈零三尺高[⑤]。殿上柱頭七七四十九根，餘外不必再記[⑥]，隨在加減。中心兩柱八角爲之天梁，輔佐後無門，俱大厚板片。進金上前無門，俱掛[⑦]硃[⑧]簾，左邊[⑨]立五官[⑩]，右邊[⑪]十二院，此與民間房屋同式，直出明律。門有七重，俱有殿名，不必載之。

司天臺式

此臺在欽天監。左下層土磚石之類，週圍八八六十四丈濶[⑫]，高[⑬]三十三丈，下一十八層，上分三十三層，此應上觀天文，下察地利[⑭]。至上層週圍俱是冲天欄杆，其木裹[⑮]方外圓[⑯]，東西南北及[⑰]中央立起五處旗[⑱]杆，又按

---

① 浙图F本、浙图E本为“高”。
② 浙图F本、浙图E本为“高”。
③ 浙图F本、浙图E本、中山B本为“檐”。
④ 浙图F本、浙图E本、中山B本为“裁”；中山A本为“我”。
⑤ 浙图F本、浙图E本为“高”。
⑥ 浙图F本、浙图E本为“說”。
⑦ 浙图E本、中山B本为“挂”。
⑧ 浙图E本为“珠”。
⑨ 中山A本为“边”。
⑩ 原文如此，应为“宫”之别字。
⑪ 中山A本为“边”。
⑫ 浙图F本为“闊”。
⑬ 浙图F本、浙图E本为“高”。
⑭ 上图C本、南图A本、上图D本为“理”。
⑮ 浙图F本、浙图E本为“裡”。
⑯ 浙图F本为“員”。
⑰ 底本、上图B本、南图B本、南图E本、复旦本、中山A本为“反”，据上下文，应为“及”之误。
⑱ 浙图E本为“棋”。

天牌[1]二十八面，寫定二十八宿星主，上有天盤流轉，各位星宿吉凶乾象。臺[2]上又有冲天一直平盤，闊[3]方圓[4]一丈三尺，高[5]七尺，下四平脚穿枋串進，中立圓[6]木一根。閗[7]上平盤者，盤能轉，欽天監官每看天文立於此處。

粧[8]修正廳

左右二邊，四大孔水椹[9]板，先量每孔多少高[10]，帶磉至一穿枋下有多少尺寸，可分爲上下一半，下水椹帶腰枋，每矮九寸零三分，其腰枋只做九寸三分。大抱柱線[11]，平面[12]九分，窄上五分，上起荷葉線[13]，下起棋盤線[14]，腰枋上面亦然。九分下起一寸四分，窄面五分，下貼地栿，貼仔一寸三分厚，與地栿盤厚，中間[15]分三孔或四孔，欹[16]枋仔[17]方圓[18]一寸六分，閗尖一寸四分長，前楣後楣比廳[19]心每要高[20]七寸三分，房間光顯冲欄二[21]尺四寸五分，大

---

① 上图D本、南图E本为“脾”；浙图E本，为“盤”。
② 浙图E本、浙图F本、中山B本为“台”。
③ 中山B本为“濶”。
④ 浙图F本为“員”；浙图E本为“圎”。
⑤ 浙图F本、浙图E本为“髙”。
⑥ 浙图F本为“員”；浙图E本为“圎”；中山A本为“园”。
⑦ 古同“鬥”，简体为“斗”。
⑧ 南图A本为“裝”，应是。
⑨ 为“捶砸或切东西时垫在底下的器物”。
⑩ 浙图F本、浙图E本为“髙”。
⑪ 浙图F本、浙图E本、中山B本为“綫”。
⑫ 南图E本为“而”。
⑬ 浙图F本、浙图E本、中山B本为“綫”。
⑭ 浙图F本、浙图E本、中山B本为“綫”。
⑮ 南图A本为“间”。
⑯ 此字应为“攲”之通假，古同“敧”，又通“倚”。
⑰ 浙图E本为“杍”。
⑱ 浙图F本为“員”；浙图E本为“圎”；中山A本为“园”。
⑲ 中山A本为“厛”。
⑳ 浙图F本、浙图E本为“髙”。
㉑ 浙图F本、浙图E本、中山B本为“三”。

廳[1]心門框一寸四分厚,二寸二分大,底下四片,或下六片,八[2]寸要有零,子[3]舍箱間與廳心一同尺寸,切忌兩樣尺寸,人家不和。廳[4]上前眉[5]兩孔,做門上截亮格,下截上行板,門框起聰管線[6],一寸四分大,一寸八分厚。

正堂粧[7]修與正廳一同,上框門尺寸無二,但腰枋帶下水椹,比廳[8]上尺寸每矮一寸八分。若做一抹光水椹,如上框門,做上截起棋盤線[9]或荷葉線[10],平七分,窄面[11]五分,上合角貼仔一寸二分厚,其别雷同。

寺觀[12]庵堂廟宇式

架學造寺觀等,行人門身帶斧器,從後正龍而入,立在[13]乾位,見本家人出方動手。左手[14]執六尺,右手拿斧,先量正柱,次首左邊轉身柱,再量直出山門外止。呌[15]夥同[16]人,起手右邊[17]上一抱柱,次後不論。大殿中間,無水椹或欄杆斜格,必用粗大,每筭[18]正數,不可有零。前欄杆[19]三尺六寸高[20],以

---

① 中山A本为"厮"。
② 原文如此,北图—故宫本为"尺"。
③ 浙图E本为"丁"。
④ 中山A本为"厮"。
⑤ 古同"眉"。浙图F本、浙图E本、中山B本为"眉"。
⑥ 浙图F本、浙图E本、中山B本为"綫"。
⑦ 南图A本、上图D本、浙图E本为"装";中山A本为"**粧**"。
⑧ 中山A本为"厮"。
⑨ 浙图F本、浙图E本、中山D本为"綫"。
⑩ 浙图F本、浙图E本、中山D本为"綫"。
⑪ 浙图E本为"靣"。
⑫ 中山A本为"观"。
⑬ 浙图F本为"於"。
⑭ 浙图F本、浙图E本无此二字。
⑮ 古同"叫"。
⑯ 浙图F本、浙图E本、中山B本为"同夥"。
⑰ 南图E本为"血"。
⑱ 上图C本、南图A本、上图D本、浙图E本、中山B本为"算"。
⑲ 浙图F本为"闌干"。
⑳ 浙图F本、浙图E本为"髙"。

應天星。或門及抱柱，各様要筭七十二地星。菴堂廟宇中間水椹板，此[1]人家水椹每矮一寸八分，起線[2]抱柱尺寸一同，已載在前，不白。或做門，或亮格，尺寸俱矮一寸八分。廳上寳[3]棹[4]三尺六寸高，每與轉身柱一般長，深四尺面，前疊方三層，每退黑一寸八分，荷葉線[5]下[6]兩層花板，每孔要分成雙下脚，或雕獅象拕[7]脚[8]，或做貼梢，用二寸半厚，記此。

粧[9]修祠堂式

凡做祠宇[10]爲之家廟，前三門次[11]东[12]西走馬，廊又次之。大廳廳之後明樓茶亭，亭之後卽寢堂。若粧[13]修自三門做起，至内堂止。中門開四尺六寸二分濶[14]，一丈三尺三分高[15]，濶[16]合得長天尺，方在義、官位上。有等説官字上[17]不好安門，此是祠堂，起不得官、義二字，用此二字，子孫方有[18]發達榮耀[19]。兩邊耳門三尺六寸四分濶[20]，九尺七寸高[21]大，吉、財二字上，此

① 浙图F本、浙图E本、中山B本为“比”。
② 浙图F本、浙图E本、中山B本为“綫”。
③ 浙图F本、中山B本为“實”。
④ 浙图F本为“柱”。
⑤ 浙图F本、浙图E本、中山B本为“綫”。
⑥ 南图E本为“丁”。
⑦ 古同“拖”。
⑧ 浙图E本为“腳”。
⑨ 上图C本、南图A本、上图D本为“裝”。
⑩ 南图E本为“字”。
⑪ 浙图F本、中山B本此处多一“次”字。
⑫ 上图C本、上图D本、浙图F本、浙图E本、中山B本、中山A本为“東”。
⑬ 上图C本、南图A本、上图D本为“裝”。
⑭ 浙图F本为“潤”。
⑮ 浙图F本为“高”。
⑯ 浙图F本为“闊”。
⑰ 浙图F本、中山B本无此字。
⑱ 中山B本为“可”。
⑲ 浙图E本为“辉”。
⑳ 浙图F本、浙图E本为“闊”。
㉑ 浙图F本、浙图E本为“高”。

合天星吉地德星,况[1]中門[2]兩邊俱后[3]格式。家廟不比尋常人家,子弟賢否,都在此處種秀。又且寢堂及廳兩廊至三門,只可步步高[4],兒孫方有尊卑,母[5]小期[6]大之故,做者深詳記之[7]。

粧[8]修三門,水椹城板下量起,直至[9]一穿上平分上下一半,兩邊演開八字,水椹亦然。如是大門二寸三分厚,每片[10]用三箇[11]暗串,其門笋[12]要圓[13],門斗要扁,此開門方嚮[14]爲吉。兩廊不用粧[15]架,廳中心四大孔,水椹上下平分,下截每矮七寸,正抱柱三寸六分大,上[16]截起荷葉線[17],下或一抹光,或閂[18]尖的,此尺寸在前可觀。廳心門不可做四片,要做六片吉。兩邊房間及耳房可做大孔田字格或窗齒可合式,其門後楣[19]要留,進退有式。明樓不須架修,其寢堂中心不用做門,下做水椹帶地栿,三尺五高[20],上分五孔,做田字格,此要做活的,内奉神主祖先,春秋祭祀,拿得下來。兩邊水湛[21]前有尺

---

① 南图E本为"况";浙图E本为"況"。
② 浙图F本、中山B本为"間"。
③ 上图C本、南图A本、上图D本、浙图F本、浙图E本、中山B本为"合",应是。
④ 浙图F本、浙图E本为"高"。
⑤ 此字应为"毋"之通假,浙图F本、浙图E本、中山B本为"毋"。
⑥ 浙图E本为"欺"。
⑦ 浙图F本、中山B本为"此"。
⑧ 上图C本、南图A本、上图D本为"裝";中山A本为"粧"。
⑨ 浙图F本、中山B本为"主"。
⑩ 南图E本为"井"。
⑪ 浙图E本为"个"。
⑫ 浙图E本为"筍"。
⑬ 浙图F本为"員";浙图E本为"圎"。
⑭ 应为"嚮"之变体错字,浙图F本、浙图E本、中山B本为"向"。
⑮ 上图C本、南图A本、上图D本、浙图E本为"裝"。
⑯ 南图E本为"土"。
⑰ 浙图F本、浙图E本、中山B本为"綫"。
⑱ 中山A本为"閩"。
⑲ 浙图F本、浙图E本、中山B本为"楣"。
⑳ 浙图F本、浙图E本为"高"。
㉑ 浙图F本、浙图E本、中山B本、中山A本为"椹",应是。

寸，不必再白。又前翕[①]做亮格門，抱柱下馬蹄抱住，此亦用活的，後學觀[②]此，謹宜詳察，不可有悮[③]。

神厨[④]搽式

下層三尺三寸，高[⑤]四尺，脚每一片三寸三分大，一寸四分厚，下鎖脚方一寸四分大，一寸三分厚，要留出笋[⑥]。上盤仔二尺二寸深，三尺三寸闊[⑦]，其框二寸五分大[⑧]，一寸三分厚，中下兩串，兩頭合角[⑨]與框一般大，吉。角[⑩]止佐半合角，好開柱。脚相二個[⑪]，五寸高[⑫]，四分厚，中下土厨[⑬]只做九寸，深一尺。窗齒欄杆[⑭]，止[⑮]好下五根步步高[⑯]。上層柱四尺二寸高[⑰]，帶嶺在内，柱子方圓[⑱]一寸四分大，其下六根，中兩根，係交進的裏[⑲]半做一尺二寸深，外空一尺，内中或做二層，或做三層，步步退墨。上層下散柱二個，分三孔，耳孔只做六寸五分濶，餘留中上。拱樑二寸大，拱樑上方樑一

---

① 浙图F本、浙图E本、中山B本为“眉”。
② 浙图F本、浙图E本、中山B本为“用”。
③ 此字为“误”之异体字。
④ 上图C本、南图A本、上图D本、中山B本为“廚”。
⑤ 浙图F本、浙图E本为“髙”。
⑥ 浙图E本为“筍”。
⑦ 浙图F本、浙图E本、中山B本为“濶”。
⑧ 中山A本为“厚”。
⑨ 上图C本、南图A本、上图D本、浙图F本、浙图E本、中山B本为“角”。
⑩ 上图C本、南图A本、上图D本、浙图F本、浙图E本、中山B本为“角”。
⑪ 中山B本为“箇”。
⑫ 浙图F本、浙图E本为“髙”。
⑬ 上图C本、南图A本、上图D本、中山B本为“廚”。
⑭ 浙图F本为“闌干”。
⑮ 应为“只”之通假。下文同，不再注。
⑯ 浙图F本、浙图E本为“髙”。
⑰ 浙图F本、浙图E本为“髙”。
⑱ 浙图F本为“員”。
⑲ 浙图F本为“裡”。

尺八大，下層下嚾①肙②勒水。前柱磉一寸四分高，二寸二分大，雕播荷葉。前楣帶嶺八寸九分大，切忌③大了不威勢。上④或下火熖屏，可分爲三截，中五寸高⑤，兩邊三寸九分高⑥，餘或主家用大用小，可依此尺寸退墨，無錯。

营⑦寨格式

立寨之日，先下纛杆，次看羅經，再看地勢山形生絶之處，方令木匠伐木，踃定裏⑧外營壘⑨。内營方用廳者，其木不俱大小，止前選定二根，下定前門，中五直木，九丈爲中央主旗⑩杆，内分間架，裏⑪外相串⑫。次看外營週圍，叠分金木水火土，中立二十八宿，下“⑬休生傷杜日⑭景死驚開”此行文，外代⑮木交架而下週建⑯。祿⑰角旗鎗⑱之勢，並不用木作之工。但裹⑲营⑳要鉋㉑砍找㉒接下門之勞，其餘不必木匠。

---

① 古同“唤”。
② 浙图F本、浙图E本、中山B本为“眉”。
③ 浙图F本、浙图E本、中山B本为“忌切”。
④ 浙图F本、浙图E本、中山B本为“土”。
⑤ 浙图F本、浙图E本为“高”。
⑥ 浙图F本、浙图E本为“高”。
⑦ 南图E本为“宫”。
⑧ 浙图F本为“裡”。
⑨ 浙图F本为“寨”。
⑩ 浙图F本、浙图E本、中山B本为“棋”。
⑪ 浙图F本为“裡”。
⑫ 中山A本为“吊”。
⑬ 浙图E本此处多一“列”字。
⑭ 浙图E本无此字。
⑮ 中山A本为“伐”，应是。
⑯ 浙图E本为“達”。
⑰ 浙图F本为“鹿”。
⑱ 浙图E本为“槍”。
⑲ 古同“裏”，南图A本、上图D本、南图E本为“裏”，浙图F本为“裡”。
⑳ 南图A本、上图D本、浙图F本、浙图E本、中山B本为“營”。
㉑ 古同“刨”。
㉒ 南图E本、浙图E本、中山A本为“我”。

凉亭水閣式

粧①修四圍欄杆②，靠背下一尺五寸五分高③，坐板一尺三寸大，二寸厚。坐板下或横下板片，或十字掛④欄杆⑤上。靠背一尺四寸高⑥，此上靠背尺寸在前不白，斜四寸二分方好坐。上至一穿枋做遮陽，或做亮格門。若下遮陽，上油⑦一穿下，離一尺⑧六寸五分是遮陽。穿枋三寸大，一寸九分原⑨，中下二根斜的，好開光窗⑩。

魯班木經卷一終⑪

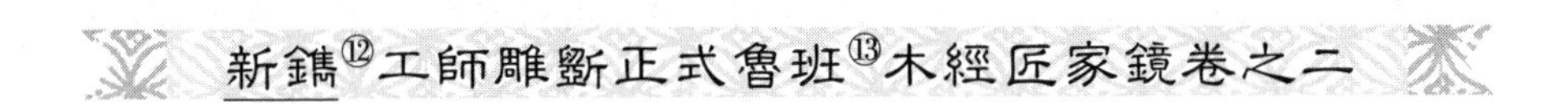

新鐫⑫工師雕斵正式魯班⑬木經匠家鏡卷之二

倉敖⑭式

依祖格九尺六寸高⑮，七尺七分濶，九尺六寸深，枋每下四片，前立二

① 上图 C 本、南图 A 本、上图 D 本为“装”。
② 浙图 F 本为“闌干”。
③ 浙图 F 本、浙图 E 本为“髙”。
④ 浙图 E 本为“挂”。
⑤ 浙图 F 本为“闌干”。
⑥ 浙图 F 本、浙图 E 本为“髙”。
⑦ 浙图 F 本、中山 B 本为“裡”。
⑧ 浙图 F 本、中山 B 本为“丈”。
⑨ 上图 C 本、上图 D 本、中山 B 本为“厚”，应是。
⑩ 浙图 F 本为“窓”。
⑪ 浙图 F 本无此句内容。
⑫ 上图 C 本、南图 A 本、上图 D 本无此二字。
⑬ 浙图 E 本为“般”。
⑭ 浙图 F 本、中山 B 本为“厫”。
⑮ 浙图 F 本、浙图 E 本为“髙”。

柱，開門只一尺五寸七分濶，下做一尺六寸高[1]，至一穿要留五尺二寸高，上㨢[2]枋槍門要成對，切忌成单[3]，不吉。開之日不可内中飲食，又不可用墨斗曲尺，又不可柱枋上留字[4]留墨[5]，學者記之，切忌。

橋梁式

凡橋梁無粧[6]修，或有神厨[7]做，或有欄杆者，若從雙日而起，自下而上；若单[8]日而起，自西而東，看屋几高几濶，欄杆二尺五寸高，坐櫈一尺五寸高。

郡殿角式

凡殿角之式，垂昂插序，則規横深奥，用升斗拱相稱。深淺[9]濶狹，用合尺寸[10]，或地基濶二丈，柱用高一丈，不可走祖，此爲大畧[11]，言不盡意，宜細詳之。

建鐘樓[12]格式

凡起造鐘樓[13]，用風字脚，四柱並用渾成梗木，宜高大相稱，散水不可

---

① 浙图F本、浙图E本为“髙”。
② 南图A本、南图B本、上图D本、南图E本、中山A本为“㨢”；浙图F本、浙图E本、中山B本为“楣”。
③ 上图C本、南图A本、上图D本、浙图F本、浙图E本、中山B本为“單”。
④ 浙图F本、中山B本为“墨”。
⑤ 浙图F本、中山B本为“字”。
⑥ 上图C本、南图A本、上图D本为“裝”。
⑦ 上图C本、南图A本、上图D本、中山B本为“廚”。
⑧ 上图C本、南图A本、上图D本、浙图F本、浙图E本、中山B本为“單”。
⑨ 浙图E本为“淺深”。
⑩ 中山B本为“寸尺”。
⑪ 上图C本、南图A本、上图D本、浙图F本、浙图E本为“略”。
⑫ 南图E本为“楼”。
⑬ 南图E本为“楼”。

大[1]低，低則掩鐘聲，不嚮于[2]四方。更[3]不宜在右畔，合在左逐寺廊之下，或有就樓[4]盤，下作佛堂，上作平棊[5]，盤頂結中開樓[6]，盤心透上[7]眞見鐘。作六角[8]欄杆，則風送鐘聲，遠出於[9]百里之外，則爲[10]也。

建造禾倉格[11]

凡造倉敖，並要用名術之士，選擇吉日良時，興工[12]匠人，可先將一好木爲柱，安向北方。其匠人却歸左邊立，就[13]斧向内斫入則吉也。或大小長短高低濶狹，皆用按[14]二黑[15]，須然[16]留下十寸，八白，則各有用[17]。其它[18]者合白，但與做[19]倉厫不同，此用二黑，則鼠耗[20]不侵，此爲正例也。

---

① 浙图F本、浙图E本、中山B本、中山A本为“太”。
② 浙图F本、浙图E本为“於”。
③ 中山B本此处多一“且”字。
④ 南图E本为“楼”。
⑤ 浙图F本、中山B本为“棋”。
⑥ 南图E本为“楼”。
⑦ 南图E本为“土”。
⑧ 上图C本、南图A本、上图D本、浙图F本、浙图E本、中山B本为“角”。
⑨ 浙图F本为“於”。
⑩ 上图C本、南图A本、上图D本、浙图F本、浙图E本、中山B本此处多一“吉”字。
⑪ 浙图F本此处多一“式”字。
⑫ 浙图F本无此字。
⑬ 上图C本、南图A本、上图D本、浙图F本、浙图E本、中山B本为“執”。
⑭ 浙图F本无此字。
⑮ 浙图F本此处多二字“相按”。
⑯ 浙图F本无此字。
⑰ 上图B本、上图C本、南图A本、南图B本、上图D本、南图E本、复旦本、浙图F本、浙图E本、中山B本、中山A本此处多一“處”字。
⑱ 上图C本、南图A本、上图D本、浙图F本、浙图E本、中山B本、中山A本为“宅”，应是。
⑲ 上图D本为“故”。
⑳ 底本、浙图E本无此字，据其他版本补出。

造倉禁忌并擇方所

造倉其間多有禁忌,造作場上切忌將墨斗籖[①]在于口中銜[②],又忌在[③]作塲之上吃食諸物。其倉成後,安門[④]匠人不可着草鞋入內,只宜赤脚進去。修造匠[⑤]後,匠者凡依此例無不吉慶、豊盈也。

凡動用尋進[⑥]何[⑦]之年,方大吉,利有進益,如過[⑧]背[⑨]田破田之年,非特退氣,又主荒却田園,仍禾稻無收也。

論逐月修作倉庫吉日

正月:丙寅、庚寅;

二月:丙寅、己亥、庚寅、癸未、辛未;

三月:己巳、乙巳、丙子、壬子;

四月:丁卯、庚午、己卯;

五月:己未;

六月:庚申、甲寅、外甲申[⑩];

七月:丙子、壬子;

八月:乙丑、癸丑、乙亥、己亥;

九月:庚午、壬午、丙午、戊[⑪]午;

十月:庚午、辛未、乙未、戊申;

---

① 古同“签”。中山B本为“籤”,为异体字。

② 浙图F本、浙图E本、中山B本为“㘅”。

③ 浙图E本此处多一“造”字。

④ 浙图E本为“間”。

⑤ 浙图F本为“以”。

⑥ 中山B本无此字。

⑦ 上图C本、南图A本、上图D本、浙图F本、浙图E本、中山B本、中山A本为“向”,应是。

⑧ 上图C本、南图A本、上图D本为“遇”。

⑨ 南图E本为“皆”。

⑩ 南图E本、复旦本为“甲”,应误。

⑪ 中山A本为“戌”。

十一月：庚寅、甲寅、丙寅、壬寅；

十二月：丙寅、甲寅、甲申、庚申、壬寅。

五音造牛欄法

夫牛者本姓李，元①是大力菩薩，切見凡間②人力不及，特降天牛來助人力。凡造牛欄者，先須用術人③揀擇吉方，切不可犯倒欄殺④、牛黃殺，可用左畔是坑，右⑤右畔是田王，牛犢必得長壽也。

造欄用木尺寸法度

用尋向陽木一根，作棟⑥柱用，近在人屋在⑦畔，牛性怕⑧寒，使牛温暖⑨。其柱長短尺寸用壓白，不可犯在黑上。舍下作欄者，用東方採株木一根，作左邊角柱用，高六尺一寸，或是二間四間⑩，不得作单⑪間也。人家各别椽⑫子用，合四隻則按春夏秋冬陰陽四氣，則大吉也。不可犯五尺五寸，乃爲五黄，不祥也。千萬不可使損壞的爲牛欄開門，用合二尺六寸大，高四尺六寸，乃爲六白，按六畜爲好也。若八寸係八白，則爲八敗，不可使之，恐損羣⑬隊也。

詩⑭曰：

魯般法度剏⑮牛欄，先用推尋吉上安，

---

① 此字为“原”之通假。
② 南图B本为“問”。
③ 浙图F本、浙图E本、中山B本为“士”。
④ 浙图E本无此字。
⑤ 浙图F本无此字；中山B本为“石”。据上下文，此处多一字。
⑥ 南图A本、上图D本为“揀”，应误。
⑦ 上图C本、南图A本、上图D本、浙图F本、浙图E本、中山B本为“左”，应是。
⑧ 上图C本为“炸”；南图A本、南图B本、上图D本、南图E本、中山A本为“怍”。
⑨ 中山B本为“煖”。
⑩ 南图B本为“問”。
⑪ 上图C本、南图A本、上图D本、浙图F本、浙图E本、中山B本为“單”。
⑫ 中山B本为“樣”。
⑬ 浙图F本为“群”。
⑭ 南图A本、南图E本、复旦本为“诗”。
⑮ 古同“创”。

必使工師求好木，次將尺寸細詳看。
但須不可當人屋，實要相宜對草崗，
時師依此規模作，致使牛牲食祿寬。

合音指詩：

不堪巨石在欄前，必主牛遭虎咬遭，
切忌欄前大水窟，主牛難使鼻難穿。

又詩①：

牛欄休在污溝邊，定墮牛胎損子連，
欄後不堪有行路，主牛必損爛蹄肩。

牛②

牛黄一十起于坤，二十還歸③震巽門，
四十④宫中歸乾位，此是神仙妙訣根。

定牛⑤入欄刀砧詩

春天大忌亥子位，夏月須在寅卯方，
秋日休逢在巳午，冬時申酉不可裝。

起欄日辰

起欄不得犯空亡，犯着⑥之時牛必亡，
癸日不堪行起造，牛瘟必定兩相妨。

---

① 南图 A 本、南图 E 本为“诗”。
② 原文如此，北图一故宫本皆为“牛黄诗”。
③ 浙图 F 本、中山 B 本为“當”。
④ 浙图 E 本为“丁”。
⑤ 南图 E 本为“十”。
⑥ 上图 C 本、南图 A 本、上图 D 本为“着”。

占牛神出入

三月初一日，牛神出欄。九月初一日，牛神歸欄。宜修造，大吉也。牛黄八月入欄，至次年三月方出，並不可修造，大凶也。

造牛欄樣式

凡做牛欄，主家中心用羅線踃看，做在奇羅星上吉。門要向東，切忌向北。此用雜木五根爲柱，七尺七寸高①，看地基寬窄而佐不可取，方圓②依古式，八尺二寸深，六尺八寸濶，下中上下枋用圓③木，不可使④扁枋，爲吉。

住門對牛欄，羊棧一同看，年年官事至，牢獄出應難。

論逐月造作牛欄吉日

正月：庚寅；

二月：戊寅；

三月：己巳；

四月：庚午、壬午；

五月：己巳、壬辰、丙⑤辰、乙未；

六月：庚申、甲⑥申、乙未⑦；

七月：戊申、庚申；

八月：乙丑；

九月：甲戌⑧；

---

① 浙图F本、浙图E本为“高”。
② 浙图F本为“員”；中山A本为“园”。
③ 浙图F本为“員”；中山A本为“园”。
④ 浙图F本此后多一“用”字。
⑤ 南图E本为“内”。
⑥ 中山A本为“申”。
⑦ 中山A本为“朱”。
⑧ 中山B本为“戊”。

十月：甲子、庚子、壬子、丙子；

十一月：乙亥、庚寅；

十二月：乙丑、丙寅、戊寅、甲[1]寅。

右不犯魁罡、約[2]絞、牛火[3]、血忌、牛飛廉、牛腹脹[4]、牛刀砧、天瘟、九空、受死、大小耗、土鬼、四廢。

五音造羊棧格式

按《畐經》云：羊本姓朱，[5]人家養羊作棧者，用選好素菜菓[6]子，如[7]椑[8]樹之類爲好，四柱乃象四時。四季生花緣子長青之木爲美，最忌切不可使枯[9]木。柱子用八條，乃按八節。柱子用二十四根，乃按二十四炁。前高四尺一寸，下三尺六寸，中間作羊枅並用，就地三尺四寸高，主生羊子綿綿不絶，長遠成[10]羣[11]，吉。不可信，實爲大驗也。

紫氣上宜安四主[12]，三尺五寸高，深六尺六寸，闊四尺零二寸，柱子方圓[13]三寸三分，大長枋二十六四[14]根，短枋共四根，中直下牕[15]齒，每孔分一寸八分，空齒仔二寸二分，大門開向西方吉。底上止用小竹串進，要疎[16]些，

---

① 南图E本为“用”；浙图F本、中山B本为“丙”。
② 浙图F本为“勾”，应是。
③ 中山B本为“大”。
④ 中山A本为“脹”。
⑤ 上图C本、中山A本此处多一“凡”字。
⑥ 中山B本为“果”。
⑦ 上图C本、南图A本、上图D本为“好”。
⑧ 上图B本、南图B本、南图E本、复旦本为“桿”。
⑨ 中山A本为“砧”。
⑩ 南图B本为“戊”。
⑪ 浙图F本为“群”。
⑫ 上图C本、南图A本、上图D本、浙图F本、浙图E本、中山B本为“柱”，应是。
⑬ 浙图F本为“員”；浙图E本为“圓”。
⑭ 此处疑多“四”字。
⑮ 古同“窗”。浙图F本为“窓”；中山B本为“窗”。
⑯ 古同“疏”。

不用宻①。

逐月作羊棧吉日

正月:丁卯、戊②寅、己卯、甲寅、丙寅;

二月:戊寅、庚寅。

三月:丁卯、己卯、甲申、己巳。

四月:庚子、癸丑、庚午、丙子、丙午。

五月:壬辰、癸丑、乙③丑、丙辰。

六月:甲申、壬辰、庚申、辛酉、辛亥。

七月:庚子④、壬子、甲午、庚申、戊申。

八月:壬辰、壬子、癸丑、甲戌、丙辰。

九月:癸丑、辛酉⑤、丙戌。

十月:庚子、壬子、甲午、庚子。

十一月:戊庚⑥、庚寅、壬辰、甲寅、丙辰。

十二月:戊寅、癸丑、甲寅、甲子、乙丑。

右吉日,不犯天瘟、天賊、九空、受死、飛廉、血忌、刀砧⑦、小耗、大耗、九土鬼、正四廢、凶敗。

馬 厩 式

此亦看⑧羅經,一德星在何方,做在一德星上吉。門向東,用一色杉木,

---

① 古同"密"。上图 C 本、南图 A 本、上图 D 本、浙图 F 本、浙图 E 本、中山 B 本为"密"。

② 中山 A 本为"戌"。

③ 浙图 F 本、中山 B 本为"己"。

④ 浙图 F 本、中山 B 本为"午"。

⑤ 南图 E 本为"西"。

⑥ 上图 D 本、复旦本、浙图 F 本、浙图 E 本、中山 B 本为"寅"。

⑦ 应为"砧"之错字。南图 A 本、浙图 F 本、浙图 E 本、中山 B 本为"砧";中山 A 本为"古"。

⑧ 南图 E 本为"着"。

忌雜木。立六根柱子,中用小圓[①]樑二根扛過,好下夜[②]間掛[③]馬索。四圍下高水椹板,每邊用模方四根纔堅固。馬多者隔斷巳[④]間,每間三尺三[⑤]寸濶深,馬槽下向門左邊吉。

馬槽様[⑥]式[⑦]

前脚二尺四寸,後脚三尺五寸高,長三尺,濶一尺四寸,桂[⑧]子方圓三寸大,四圍横下板片,下脚空一尺高。

馬鞍[⑨]架[⑩]

前二脚高三尺三寸,後二隻[⑪]二尺七寸高,中下半柱,每高三寸四分,其脚[⑫]方圓[⑬]一寸三分大,濶[⑭]八寸二分,上三根直枋,下中腰每邊一根横,每頭二根,前二脚與後正脚取平,但前每上高五[⑮]寸,上下搭頭,好放馬鈴。

逐月作馬枋吉日

正月:丁卯、己卯、庚午;

---

① 浙图F本为“員”;浙图E本为“圓”。
② 南图E本、复旦本、中山A本为“亥”。
③ 浙图F本、浙图E本、中山B本为“挂”。
④ 应为“己”之别字,为“几”之通假。上图C本、南图A本、上图D本、浙图F本、浙图E本、中山B本为“幾”。
⑤ 浙图E本为“二”。
⑥ 南图E本为“杉”。
⑦ 浙图E本为“色”。
⑧ 上图C本、上图D本、浙图F本、浙图E本、中山B本为“柱”,应是。
⑨ 浙图E本为“[illegible]”。
⑩ 浙图F本此处多一“式”字。
⑪ 浙图F本为“脚”。
⑫ 南图E本为“[illegible]”。
⑬ 浙图F本为“員”;浙图E本为“圓”。
⑭ 上图C本、南图A本、上图D本为“闊”。
⑮ 中山A本为“三”。

二月:辛未、丁未、己未;
三月:丁卯、己卯、甲申、乙巳;
四月:甲子、戊子、庚子、庚午;
五月:辛未、壬辰、丙辰;
六月:辛未、乙亥、甲申、庚申;
七月:甲子、戊子、丙子、庚子、壬子、辛未;
八月:壬辰、乙丑、甲戌①、丙辰;
九月:辛酉;
十月:甲子、辛未、庚子、壬午、庚午、乙未;
十一月:辛未、壬辰、乙亥;
十二月:甲子、戊子、庚子、丙寅、甲②寅。

猪椆③様式④

此亦要看三台星居何方,做在三台星上方吉。四柱二尺六寸高,方圓⑤七尺,横下穿枋,中直下大粗窗⑥,齒用雜方堅固。猪要向西北⑦,良工⑧者識之,初學者切忌亂爲。

逐月作猪椆吉日

正月:丁卯、戊寅;
二月:乙未、戊寅、癸未、己未;
三月:辛卯、丁卯、己巳;

---

① 南图E本为"戊"。
② 浙图E本为"戊"。
③ 据上下文,应为"欄"之别字,下文同,不再注。
④ 浙图E本为"色"。
⑤ 浙图F本为"員";浙图E本为"圓"。
⑥ 浙图E本为"窓"。
⑦ 浙图E本为"壮"。
⑧ 南图A本、中山A本此处多一"者"字。

四月:甲子、戊子、庚子、甲午、丁午[①]、丁丑、癸丑;

五月:甲戌、乙未、丙辰;

六月:甲申;

七月:甲子、戊子、庚子、壬子、戊申;

八月:甲戌、乙丑、癸丑;

九月:甲戌、辛酉;

十月:甲子、乙未、庚子、壬午、庚午、辛未;

十一月:丙辰;

十二月:甲子、庚子、壬子、戊寅。

六畜肥日

春申子辰,夏亥卯未,秋寅午戌,冬巳酉丑日。

鵞[②]鴨鶏[③]棲式

此看禽大小而做,安貪狼方。鵞[④]椆二尺七寸高,深四尺六寸,濶二尺七寸四分,週圍下小窗齒,每孔分一寸濶。鶏[⑤]鴨椆二尺高,三尺三寸深,二尺三寸濶[⑥],柱子方圓[⑦]二寸半,此亦看主家禽鳥多少而做,學者亦用,自[⑧]思之。

鶏槍[⑨]樣式

兩柱高二尺四寸,大一寸二分,厚一寸。樑大二寸五分、一寸二分。大

① 仅上图C本有此二字。
② 浙图F本、浙图E本为"鵝"。
③ 中山B本为"雞"。
④ 浙图E本、浙图F本为"鵝"。
⑤ 浙图E本、中山B本为"雞"。
⑥ 上图C本、上图E本、浙图F本为"闊"。
⑦ 浙图F本为"員";浙图E本为"圓"。
⑧ 浙图F本、浙图E本、中山B本为"細"。
⑨ 据上下文,应为"栖"之别字,浙图F本、中山B本为"棲",浙图E本为"栖"。

牕高一尺三寸，濶一尺二寸六分，下車脚二寸大，八分厚，中下齒仔五分大，八分厚，上做滔[①]環二寸四大，兩邊奨腿與下層窻仔一般高，每邊四寸大。

屏風式

大者高[②]五尺六寸，帶脚在内，濶[③]六尺九寸。琴脚六寸六分大，長二尺。雕日月掩象鼻格，奨[④]腿工[⑤]尺四分高，四寸八分大。四框一寸六分大，厚一寸四分，外起改竹圓，内起棋盤線[⑥]，平面[⑦]六分，窄面三分。縧環上下俱六寸四分，要分成单[⑧]。下勒水花[⑨]，分作兩孔，彫[⑩]四寸四分，相屋闊窄，餘大小長短依此，長倣[⑪]此。

圍屏式

每[⑫]做此行用八片，小者六片，高五尺四寸正[⑬]。每片大一片[⑭]四寸三分零，四框八分大，六分原[⑮]，做成五分厚。筭[⑯]定共四寸厚，内較[⑰]田字格[⑱]，六分厚[⑲]，四分大，做者切忌碎框。

---

① 浙图E本为“縧”，应是。
② 浙图F本、浙图E本为“高”。
③ 上图C本、上图D本为“闊”。
④ 上图D本为“槳”，应是。
⑤ 上图C本、南图A本、上图D本、浙图F本、浙图E本、中山B本为“二”，应是。
⑥ 浙图E本、中山B本为“綫”。
⑦ 浙图E本为“靣”。
⑧ 上图C本、南图A本、上图D本、浙图F本、浙图E本、中山B本为“單”。
⑨ 此处王世襄先生认为遗缺“牙”字，应是。
⑩ 上图C本、南图A本、上图D本、浙图F本、中山B本为“雕”。
⑪ 南图E本、复旦本、中山A本为“做”。
⑫ 古同“每”。
⑬ 浙图F本无此字。
⑭ 浙图E本为“尺”，应是。
⑮ 应为“厚”之别字。
⑯ 上图C本、南图A本、上图D本、浙图E本、中山B本为“算”。
⑰ 此字应为“交”之通假。
⑱ 浙图F本无此字。
⑲ 复旦本为“原”。

牙轎式

宦家明轎徛[1]下一尺五寸高，屏一尺二寸高，深一尺四寸，濶[2]一尺八寸。上[3]圓[4]手一寸三分大，斜七分纔圓[5]。轎杠方圓[6]一寸五分大，下踃[7]帶轎二尺三寸五分深。

衣籠樣式

一尺六寸五分高[8]，二尺二寸長，一尺三寸大。上蓋役九分，一寸八分高[9]。蓋上板片三分厚，籠板片四分厚，内子口八分大，三分厚。下車脚一寸六分大，或雕三灣。車脚上要下二根横櫎仔[10]，此籠尺寸無加。

大[11] 牀[12]

下脚帶求[13]方共高弍[14]尺二寸二分。正床[15]方七寸七分大，或五寸七分大。上屏四尺五寸二分高。後屏二片，兩頭二片。濶者四尺零二分，窄者三

---

① 王世襄先生认为此字为“椅”之通假，应是。南图E本为“行”，应误。
② 上图C本、南图A本、上图D本为“闊”。
③ 南图E本为“土”。
④ 浙图F本为“員”。
⑤ 浙图F本为“員”。
⑥ 浙图F本为“員”。
⑦ 此字应为“梢”之通假。
⑧ 浙图F本为“高”。
⑨ 浙图F本、浙图E本为“高”。
⑩ 王世襄先生认为“櫎”通“框”，“仔”通“子”，下划线处应为“横框子”，指“上托箱底的横木”，应是。
⑪ 上图C本、南图A本、上图D本为“木”。
⑫ 浙图F本、浙图E本、中山B本此处多一“式”字。
⑬ 原文如此，北图—故宫本为“床”，应是。
⑭ 应为“弍”之别字，古同“贰”。
⑮ 浙图F本为“床”。

尺二[1]寸三分，長六尺二寸。正領[2]一寸四分厚，做大小片。下中間要做陰陽相合。前踏板五寸六分高，一尺八寸闊，前楣[3]帶頂一尺零一分。下門四片，每片一尺四分大。上腦板八寸，下穿藤一尺八寸零[4]四分，餘留下板片。門框一寸四分大，一寸二分厚。下門檻一寸四分，三接。裏[5]面轉芝門九寸二分，或九寸九分，切忌一尺大，後學專[6]用，記此。

涼床[7]式

此與藤床[8]無二樣，但踏板上下欄杆要下長柱子四根，每根一寸四分大。上楣[9]八寸大，下欄杆前一片左右兩二萬[10]字，或十字，掛前二片，止作一寸四分大，高二尺二尺[11]五分，橫頭隨踃[12]板大小而做，無悞。

藤床[13]式

下帶床[14]方一尺九寸五分高，長五尺七寸零[15]八分，濶三尺一寸五分半。上柱子四尺一寸高，半屏一尺八寸四分高。床[16]嶺三尺濶[17]，五尺六寸

---

① 浙图F本、中山B本为“三”。
② 王世襄先生认为此字为“岭”之通假，“正岭”为“正面床顶”，据上下文，应是。
③ 浙图F本、中山B本为“楣”。
④ 浙图F本无此字。
⑤ 浙图F本、中山B本为“裡”。
⑥ 浙图F本为“耑”。
⑦ 浙图F本、浙图E本、中山B本为“牀”。
⑧ 浙图F本、浙图E本为“牀”。
⑨ 浙图F本、中山B本为“楣”。
⑩ 应为“卍”之通假。
⑪ 应为“寸”之误。
⑫ 应为“梢”之通假。
⑬ 浙图F本、浙图E本、中山B本为“牀”。
⑭ 浙图F本、浙图E本、中山B本为“牀”。
⑮ 浙图F本无此字。
⑯ 浙图F本、浙图E本为“牀”。
⑰ 上图C本、南图A本、上图D本、浙图F本、浙图E本为“闊”。

長。框一寸三分厚,床[1]方五寸二分大,一寸二分厚,起一字線好穿藤。踏板一尺二寸大,四寸高。或上框做一寸二分後[2],脚二寸六分大,一寸三分厚,半合角[3]記。

逐月安牀設帳[4]吉日

正月:丁酉、癸酉、丁卯、己卯、癸丑;

二月:丙寅、甲寅、辛未、乙未、己未、乙亥、己亥、庚寅;

三月:甲子、庚子、丁酉、乙卯、癸酉、乙巳;

四月:丙戌、乙卯、癸卯、庚子、甲子、庚辰;

五月:丙寅、甲寅、辛未、乙未、己未、丙辰、壬辰、庚寅;

六月:丁酉、乙亥、丁亥、癸酉、丙寅、甲寅、乙卯;

七月:甲子、庚子[5]、辛未、乙未、丁未;

八月:乙丑、丁丑、癸丑、乙亥;

九月:庚午、丙午、丙[6]子、辛卯、乙亥;

十月:甲子、丁酉、丙辰、丙戌、庚子;

十一月:甲寅、丁亥[7]、乙亥[8]、丙寅;

十二月:乙丑、丙寅、甲寅、甲子、丙子、庚子。

禪床[9]式

此寺觀庵堂,纔有這做。在後殿或禪堂兩邊,長依屋寬窄,但濶[10]五尺,

---

① 浙图F本、浙图E本、中山B本为“牀”。
② 此字应为“厚”之通假。
③ 应为“角”之变体错字。
④ 上图D本为“帳”。
⑤ 浙图E本为“午”。
⑥ 南图E本为“内”。
⑦ 浙图F本为“卯”。
⑧ 浙图F本此处多一“丁亥”。
⑨ 浙图F本、浙图E本、中山B本为“牀”。
⑩ 上图C本、南图A本、上图D本为“闊”。

面前高一尺五寸五分,床[①]矮一尺。前平面板八寸八分大,一寸二分厚,起六个柱,每柱三才[②]方圓。上下一穿,方好掛禪衣及帳幃。前平面板下要下[③]水椹板,地上離二寸,下方仔盛板片,其板片要密。

禪椅式

一尺六[④]寸三[⑤]分高,一尺八寸二分深,一尺九寸五分深,上屏二尺高,兩力[⑥]手二尺二寸長,柱子方圓一寸三分大。屏,上七寸,下七寸五分,出笋三寸[⑦],閂枕頭下。盛脚盤子,四寸三分高,一尺六寸長,一尺三寸大,長短大小倣[⑧]此。

鏡架勢[⑨]及鏡箱式

鏡架及鏡箱有大小者。大者一尺零五分深,濶[⑩]九寸,高八寸零六分,上層下鏡架二寸深,中層下抽相[⑪]一寸二[⑫]分,下層抽相三尺[⑬],蓋一寸零五分,底四分厚,方圓雕車脚。内中下鏡架七寸大,九寸高。若雕花者,雕雙鳳朝陽,中雕古錢,兩邊睡草花[⑭],下佐連[⑮]花托,此大小依此尺寸退墨,無悮。

---

① 浙图F本、浙图E本、中山B本为“牀”。
② 上图C本、南图A本、上图D本、浙图F本、浙图E本、中山B本为“寸”,应是。
③ 中山B本此处多一“要”字。
④ 浙图F本为“三”。
⑤ 浙图F本为“六”。
⑥ 此字疑为“扶”之误。
⑦ 浙图E本为“分”。
⑧ 浙图F本为“仿”。
⑨ 浙图F本为“式”。
⑩ 南图A本、上图D本为“闊”。
⑪ 上图C本、南图A本、上图E本、浙图F本、浙图E本、中山B本为“箱”,应是。下文同,不再注。
⑫ 南图E本、浙图F本、浙图E本、中山B本为“三”。
⑬ 据上下文,此字应为“寸”之误。
⑭ 浙图E本为“花草”。
⑮ 据上下文,应为“莲”之通假。浙图F本、浙图E本、中山B本为“蓮”。

雕花面架式

後兩脚五尺三寸高,前四脚二尺零八分高,每落墨三寸七分大,方能役[①]轉,雕刻花草。此用樟木或南[②]木,中心四脚,摺進用陰陽笋[③],共濶[④]一尺五寸二分零。

棹[⑤]

高二尺五寸,長短濶狹看按[⑥]面而做,中分兩孔,按面下抽箱或六寸深,或五寸深,或分三孔,或兩孔。下踃[⑦]脚方與脚一同大,一寸四分厚,高五寸,其脚方員[⑧]一寸六分大,起麻櫎[⑨]線[⑩]。

八 仙 棹[⑪]

高二尺五寸,長三尺三寸,大二尺四寸,脚一寸五分大。若[⑫]下爐盆,下層四寸七分高,中間方員[⑬]九寸八分無悮。勒水三寸七分大,脚上方員[⑭]二分線,棹框二寸四分大,一寸二分厚,時師依[⑮]此式大小,必無一悮。

---

① 原文如此,或为“後”之通假。

② 上图C本、南图A本、上图D本、浙图F本、浙图E本、中山B本为“楠”,应是。

③ 应为“榫”之通假。

④ 上图C本、南图A本、上图D本为“闊”。

⑤ 浙图F本、浙图E本此处多一“式”字。

⑥ 应为“案”之通假。浙图E本、浙图F本、中山B本为“案”。

⑦ 本意为“跳”,与文意不符,王世襄先生认为应是“踏”之误。

⑧ 应为“圓”之通假,中山B本为“圓”。下文同,不再注。

⑨ 此字为“横”之异体字。

⑩ 浙图F本、浙图E本、中山B本为“綫”。

⑪ 浙图F本、浙图E本此处多一“式”字。

⑫ 上图B本、上图C本、南图A本、南图B本、上图D本、南图E本为“苦”,应误。

⑬ 中山B本为“圓”。

⑭ 中山B本为“圓”。

⑮ 浙图F本为“仿”;中山B本为“倣”。

小琴棹式

長二尺三寸，大一尺三寸，高二尺三寸，脚一寸八分大，下梢一寸二分大，厚一寸一分上下，琴脚勒水二寸大，斜閗[①]六分。或大者放長尺寸，與一字[②]棹同。

棋盤方棹式

方圓二尺九寸三分，脚二尺五寸高，方員一寸五分[③]大，棹框一寸二分厚，二寸四分大，四齒吞頭四箇，每箇[④]七寸長，一寸九分大，中截下絛環脚或人物，起麻出色線。

圓[⑤]棹式

方[⑥]三尺零八分，高二尺四寸五分，面厚一寸三分。串進兩半邊做，每邊棹脚四隻，二隻大，二隻半邊做，合進都一般大，每隻一寸八分大，一寸四分厚，四圍三灣勒水。餘倣[⑦]此。

一字棹式

高二尺五寸，長二尺六寸四分，濶[⑧]一尺六寸，下梢一寸五分，方好合進。做八仙棹勒水花牙，三寸五分大，棹頭三寸五分長，框一寸九分大，乙[⑨]寸二分厚，框下關頭八分大，五分厚。

---

① 古同“閗”。此处应为“斗”之通假。
② 中山A本为“宇”。
③ 南图E本、浙图F本、浙图E本、中山B本此处多一“一”字。
④ 浙图E本为“个”。
⑤ 浙图F本为“員”。
⑥ 此处王世襄先生认为遗漏“圆”字。
⑦ 南图E本、复旦本、中山A本为“做”；浙图F本为“仿”。
⑧ 上图C本、南图A本、上图D本为“闊”。
⑨ 此字应为“一”之通假。

摺桌式

框一寸三分厚,二寸二分大。除框脚高二尺三寸七分正,方圓[①]一寸六分大,下要稍[②]去些。豹脚五寸七分長,一寸一分厚,二寸三分大,雕雙線起雙鈞[③],每脚上要二笋閂,豹脚上要二笋閂[④],豹脚上方穩,不會動。

案桌式

高二尺五寸,長短濶[⑤]狹看按面而做。中分兩孔,按面下抽箱,或六寸深,或五寸深,或分三孔,或兩孔。下踏脚方與脚一同大,一寸四分厚,高五寸,其脚方圓一寸六分大,起麻櫎線。

搭脚仔櫈[⑥]

長二尺二寸,高五寸,大四寸五分,大[⑦]脚一寸二分大,一寸一分厚,面起釰[⑧]春[⑨]線,脚上廰[⑩]竹圓。

諸樣垂魚正式

凡作垂魚者,用按營造之正式。今人又歎[⑪]作繁針,如用此又用做遮風及偃桷[⑫]者,方可使之。今之匠人又有不使垂魚者,只使直板作,如意只作

① 浙图F本为"員";浙图E本为"圎";中山A本为"园"。
② 据上下文,应为"梢"之通假。
③ 上图C本、南图A本、上图D本为"鉤",为"鈎"之异体字。南图B本、南图E本、浙图F本、浙图E本、中山B本为"鈎"。
④ 上图C本、南图A本、上图D本、浙图F本、浙图E本、中山B本无此下划线处文字。
⑤ 上图C本、南图A本、上图D本、浙图E本为"闊"。
⑥ 浙图F本、浙图E本、中山B本此处多一"式"字。
⑦ 此处疑多一字。
⑧ 古同"劍"。
⑨ 此字应为"脊"之误。
⑩ 中山A本为"厮"。
⑪ 南图A本、上图D本为"欲"。
⑫ 浙图E本为"角",应是。

彫[1]雲様者，亦好，皆在主人之所好也。

駝峰正格

駝峰之格，亦無正様。或有彫[2]雲様，或有做氊笠様，又有做虎爪如意様，又有彫[3]瑞草者，又有彫[4]花頭者，有做毬捧[5]格，又有三蚌，或今之人多只愛使斗，立[6]又[7]童，乃爲時格也。

風箱様[8]式[9]

長三尺，高一尺一寸，濶[10]八寸，板片八分厚，内開風板[11]六寸四[12]分大，九寸四分長，抽風櫎仔八分大，四分厚。扯手七寸四分長，抽風櫎仔八分大，四分厚，扯手七寸長，方圓[13]一寸大。出風眼要取方圓，一寸八分大，平中爲主。兩頭[14]吸風眼，每頭一箇，濶一寸八分，長二寸二分，四邊[15]板片都用上行做準。

衣架雕花式

雕花者五尺高，三尺七寸濶[16]，上搭頭每邊長四寸四分，中縧環三片，

---

① 上图C本、南图A本、上图D本、浙图F本、浙图E本、中山B本为“雕”。
② 上图C本、南图A本、上图D本、浙图F本、浙图E本、中山B本为“雕”。
③ 同上。
④ 同上。
⑤ 据上下文，应为“棒”之通假。
⑥ 上图C本、南图A本、上图D本为“笠”。
⑦ 郭湖生先生认为是“叉”之通假，上图C本、南图A本为“叉”。浙图F本无此字。
⑧ 浙图F本为“格”；浙图E本无此字。
⑨ 浙图E本无此字。
⑩ 上图C本、南图A本、上图D本为“闊”。
⑪ 浙图F本此处多一“要”字。
⑫ 浙图E本为“三”。
⑬ 浙图F本此处多一“要”字。
⑭ 浙图F本此处多一“的”字。
⑮ 浙图F本此处多一“的”字。
⑯ 上图C本、南图A本、上图D本为“闊”。

獎[1]腿二尺二寸五分大，下脚一尺五寸三分高，柱框一寸四分大，一寸二分厚。

素衣架式

高四尺零一寸，大三尺，下脚一尺二寸，長四寸四分，大柱子一寸二分大，厚一寸，上搭腦出頭二寸七分，中下光框一根，下二根窗齒每成雙，做一尺三分高，每眼齒仔八分厚、八分大。

面架式

前兩柱一尺九寸高，外頭二寸三分，後二脚四尺八寸九分，方員一寸一分大，或三脚者，内要交象眼[2]，[3]笋畫進[4]一寸零四分，斜六分，無悮。

鼓架式

二尺二寸七分高，四脚方圓一寸二分大，上[5]雕淨瓶頭三寸五分高，上層穿枋仔四捌[6]根，下層八根，上層雕花板，下層下絛環，或做八方者。柱子[7]横櫎仔尺寸一様，但畫眼上每邊要斜三分半，笋是正的，此尺寸不可走分毫，謹此。

銅鼓[8]架式

高三尺七寸，上搭腦雕衣架頭花，方圓一寸五分大，兩邊柱子俱一般，起

---

① 南图A本、南图B本、上图D本、南图E本、中山B本、中山A本为“槳”；浙图E本为“漿”。

② 南图E本为“笄”。

③ 上图C本此处多一“鬬”字；南图A本、上图D本多“鬬”字；浙图E本、中山B本多“閗”字。据上下文，此处应缺“斗”字。

④ 浙图F本为“閗進笋畫”；中山B本无“進”字。

⑤ 南图E本为“土”。

⑥ 上图C本、南图A本、上图D本、浙图F本为“八”。

⑦ 浙图F本、浙图E本、中山B本为“仔”。

⑧ 古同“鼓”，浙图F本、浙图E本、中山B本为“鼓”。

棋盤線，中間穿枋仔要三尺高，銅皷[1]掛起，便手好打。下脚雕屏風脚様[2]式，獎[3]腿一尺八寸高，三寸三分大。

花架式

大者六脚或四脚，或二脚。六脚大者[4]，中下騎相一尺七寸高，兩邊四尺高，中高六尺，下枋二根，每根三寸大，直枋二根，三寸大，直枋二根，三寸大[5]，五尺濶[6]，七尺長，上盛花盆板一寸五分厚，八寸大，此亦看人家天井[7]大小而做，只依此尺寸退墨有準。

涼傘架式

三尺三寸高，二尺四寸長，中間下傘柱仔二尺三寸高，帶琴脚在内筭[8]，中柱仔二寸二分大，一寸六分厚，上除三寸三分，做淨平頭。中心下傘槃一寸三分厚，二寸二分大，下托傘柄[9]，亦然而是。兩邊柱子方圓[10]一寸四分大，窻齒八分大，六分厚，琴脚五寸大，一寸六分厚[11]，一尺五寸長。

校[12]椅式

做椅先看好光梗木頭及節，次用解[13]開，要乾枋[14]纔下手做。其柱子一

---

① 古同"鼓"，上图 C 本、南图 A 本、南图 B 本、南图 E 本、浙图 F 本、浙图 E 本为"鼓"。
② 浙图 F 本为"樣脚"。
③ 上图 C 本、南图 A 本、上图 D 本为"槳"，应是。
④ 浙图 F 本为"者大"。
⑤ 原文如此，此句与前句重复。
⑥ 上图 C 本、上图 D 本为"闊"。
⑦ 中山 A 本为"并"。
⑧ 上图 C 本、南图 A 本、上图 D 本、浙图 E 本、中山 B 本为"算"；浙图 F 本为"筫"。
⑨ 中山 B 本为"枋"。
⑩ 浙图 F 本为"員"；浙图 E 本为"圎"；中山 A 本为"园"。
⑪ 浙图 F 本、中山 B 本无此字。
⑫ 浙图 F 本为"交"，应是。
⑬ 浙图 F 本为"鮮"，古同"解"。
⑭ 浙图 F 本为"方"，应是。

寸大，前脚二尺一寸高，後脚弍[1]尺九寸三分高，盤子深一尺二寸六分，濶[2]一尺六寸七分，厚一寸一分。屏，上五寸大，下六寸大，前花牙一寸五分大，四分厚，大小長短依此格。

板櫈[3]式

每做一尺六寸高，一寸三分厚，長三尺八寸五分，櫈要[4]三寸八分半長，脚一寸四分大，一寸二分厚，花牙勒水三寸七分大，或看櫈面長短及[5]，粗櫈尺寸一同，餘倣[6]此。

琴櫈式

大者看廳堂濶[7]狭淺深而做。大者高一尺七寸，面三寸五分厚，或三寸厚，卽欹[8]坐不得。長一丈三尺三分，櫈面一尺三寸三分大，脚七寸[9]分大。雕捲草雙鈞[10]，花牙四寸五分半，櫈頭一尺三寸一分長，或脚下做貼仔，只可一寸三分厚，要除矮脚一寸三分纔相稱。或做靠背櫈，尺寸一同。但靠背只高一尺四寸則止。横仔做一寸二分大，一尺[11]五分厚，或起棋盤線，或起釰[12]脊線，雕花亦如之。不下花者同様。餘長短寬濶[13]在此尺寸上分，準此。

---

① 王世襄先生认为此字应为“弍”之别字，古同“叁”。上图C本、南图A本、上图D本、浙图F本、浙图E本、中山B本为“二”。
② 上图C本、南图A本、上图D本为“闊”。
③ 古同“凳”。
④ 浙图F本、浙图E本、中山B本为“腰”。
⑤ 此处或缺“阔狭”二字。
⑥ 浙图F本为“仿”。
⑦ 上图C本、南图A本、上图D本为“闊”。
⑧ 此字为“攲”之异体字。
⑨ 中山B本此处多一“二”字，应是。
⑩ 应为“鈎”之别字，上图C本、南图A本、上图D本、浙图F本为“钩”；浙图E本、中山B本为“鈎”。
⑪ 此字应为“寸”之误。
⑫ 浙图E本、中山B本为“釼”。
⑬ 浙图F本为“狭”。

杌子式

面一尺二寸長，濶[1]九寸或八寸，高一尺六寸，頭空一寸零六分畫眼，脚方圓一寸四分大，面上眼斜六分半，下橫仔一寸一分厚，起釰脊線，花牙三寸五分。

大方扛箱様[2]式

柱高二尺八寸，四層。下一層高八寸，二層高五[3]寸，三層高三寸七分，四層高三寸三分。蓋高二寸，空一寸五分，樑一寸五分，上淨瓶頭共五寸，方層板片四分半厚。内子口三分厚，八分大。兩根將軍柱一寸五分大，一寸二分厚。獎[4]腿四隻，每隻[5]一尺九寸五分高，四寸大。每層二尺六寸五分長，一尺六寸濶[6]，下車脚二寸二分大，一寸二分厚，合角[7]閂[8]進，雕虎爪[9]雙的[10]。

衣厨[11]様[12]式

高五尺零五分，深一尺六寸五分，濶[13]四尺四寸。平分爲兩柱，每柱一寸六分大，一寸四分厚。下衣橫一寸四分大，一寸三分厚，上嶺一寸四分大，

---

① 上图C本、南图A本、上图D本为“闊”。
② 浙图F本为“格”。
③ 浙图F本、中山B本为“八”。
④ 南图A本、上图D本为“槳”。
⑤ 浙图F本、中山B本无此二字。
⑥ 上图C本、南图A本、上图D本为“闊”。
⑦ 上图C本、南图A本、上图D本、浙图F本、浙图E本、中山B本为“角”。
⑧ 南图E本为“門”。
⑨ 此处续四库本、北图一故宫本俱刻重此处带下划线七字，后清刻本亦同，唯“工师本”纠正此处错误，最为准确完整。
⑩ 此字应为“鈎”之别字。浙图F本、中山B本为“鉤”；浙图E本无此字。
⑪ 上图C本、南图A本、上图D本为“廚”；浙图E本为“橱”；中山B本为“橱”。
⑫ 浙图F本为“格”。
⑬ 上图C本、南图D本、上图D本为“闊”。

一寸二分厚，門框每根一寸四分大，一寸一分厚，其厨[1]上梢一寸二分。

食格樣[2]式

柱二根，[3]高[4]二尺二寸三分[5]，帶淨平頭在内。一寸一分大，八分厚。樑尺[6]分厚，二寸九分大，長一尺六寸一分，濶九寸六分。下層五寸四分高，二層三寸五分高，三層三寸四分高，蓋[7]三寸高，板片三分半厚。裹[8]子口八分大，三分厚。車脚二寸大，八分厚。獎[9]腿一尺五寸三分高，三寸二分大，餘大小依此退墨做。

衣摺式

大者三尺九寸長，一寸四分大，内柄五寸，厚六分。小者二尺六寸長，一寸四分大，柄三寸八分，厚五分。此做如劒樣。

衣箱式

長一尺九寸二分，大一尺六分，高一尺三[10]寸，板片只用四分厚。上層蓋一寸九分高，子口出五分或[11]。下車脚一寸三分大，五分厚。車脚只是三灣[12]。

---

① 应为“橱”之通假。上图 C 本、南图 A 本、上图 D 本为“廚”；中山 B 本为“橱”。
② 浙图 F 本为“橱格”。
③ 浙图 F 本、此处多一“其”字。
④ 浙图 F 本为“髙”；浙图 E 本无此字。
⑤ 浙图 E 本此处多一“髙”字。
⑥ 浙图 F 本为“八”，应是。
⑦ 南图 E 本为“在”。
⑧ 浙图 F 本为“裡”。
⑨ 南图 A 本、上图 D 本为“槳”。
⑩ 南图 E 本、浙图 F 本、浙图 E 本、中山 B 本为“二”。
⑪ 此处遗缺二字。
⑫ 此字应为“弯”之通假，下文同，不再注。

燭臺[1]式

高四尺，柱[2]子方圓一寸三分大，分上盤仔八寸[3]大，三分倒掛[4]花牙。每一隻脚下交進三片，每片高五寸二[5]分，雕轉鼻帶葉。交脚之時，可拿[6]板[7]片晝[8]成，方員八寸四分，定三方長短，照墨方準。

圓[9]爐式

方圓二尺一寸三分大，帶脚及車脚共上盤子一應高六尺五分，正上面盤子一寸三分厚[10]，加盛爐盆貼仔八分厚，做成二寸四分大，豹脚六隻，每隻二寸大[11]，一寸三分厚，下貼梢一寸厚，中圓九寸五分正[12]。

看 爐 式

九寸高，方圓式[13]尺四分大，盤仔下綠環式[14]寸框，一寸厚，一寸六分大，分佐亦方。下豹脚，脚二寸二分大，一寸六分厚，其豹脚要雕吞頭。下貼梢一寸五分厚，一寸六分大，雕三灣勒水，其框合角笋眼要斜八分半方閗得起，中間孔方員一尺，無悮。

---

① 浙图 F 本为“台”。
② 南图 E 本为“柱”。
③ 浙图 F 本、中山 B 本为“分”。
④ 浙图 F 本、浙图 E 本为“挂”。
⑤ 中山 A 本为“三”。
⑥ 浙图 F 本为“㧱”，为“拿”之异体字。
⑦ 中山 A 本为“彼”。
⑧ 中山 A 本为“盡”。
⑨ 浙图 F 本为“員”。
⑩ 浙图 F 本无此字。
⑪ 上图 C 本、南图 A 本、上图 D 本无此字。
⑫ 上图 C 本、南图 A 本、上图 D 本无此字。
⑬ 上图 C 本、南图 A 本、上图 D 本、浙图 F 本、浙图 E 本、中山 B 本为“二”，应是。
⑭ 上图 C 本、南图 A 本、上图 D 本、浙图 F 本、浙图 E 本、中山 B 本为“二”，应是。

方爐式

高五寸五分,圓尺内圓九寸三分,四脚二寸五分大,雕雙蓮挽①雙鈎②。下貼梢一寸厚,二寸大。盤仔一寸二分厚,絛環一寸四分大,雕螳螂③肚接豹脚相稱。

香爐樣式

細樂者長一尺四寸,闊八寸二分,四框三分厚,高一寸四分,底三分厚,與上樣樣闊大,框上斜三分,上加④水邊,三分厚,六分大,起厰⑤竹線。下豹脚,下六隻,方圓八分,大一寸二分。大貼梢三分厚,七分大,雕三灣。車脚或粗的不用⑥豹脚,水邊寸尺⑦一同。又大小做者,尺寸依此加減。

學士燈掛⑧

前柱一尺五寸五分高,後柱子式⑨尺⑩七寸高,方圓一寸大。盤子一尺三寸闊,一尺一寸深。框一寸一分厚,二寸二分大,切忌有節樹木,無用。

香几式

凡佐⑪香九⑫,要看人家屋大小若何而⑬。大者上層三寸高,二層三寸

① 中山B本为“花”。
② 上图C本、南图A本、上图D本、浙图F本为“鉤”。
③ 中山B本为“蜋”,古同“螂”。
④ 上图C本、上图D本为“如”。
⑤ 据上下文,应为“侧面开口”之意。
⑥ 浙图F本、浙图E本、中山B本此处多“水邊”二字。
⑦ 浙图F本为“尺寸”。
⑧ 浙图F本、浙图E本、中山B本为“挂”;浙图F本此字后有“式”字。
⑨ 上图C本、南图A本、上图D本为“二”。
⑩ 浙图F本、浙图E本、中山B本无此字。
⑪ 上图C本、南图A本、上图D本、浙图E本、浙图F本、中山B本、中山A本为“做”,应是。
⑫ 上图C本、南图A本、上图D本、浙图E本、浙图F本、中山B本、中山A本为“几”,应是。
⑬ 此处疑缺“定”字。

五分高，三層脚一尺三寸長。先用六寸大，役[1]做一寸四分大，下層五寸高。下車脚一寸五分厚。合角花牙五寸三分大。上層欄杆仔三寸二分高，方圓做五分大，餘看長短大小而行。

招牌式

大者六尺五寸高，八寸三分闊；小者三尺二寸高，五寸五分大。

洗浴坐板式

二尺一寸長，三寸大，厚五分，四圍起劒脊線。

藥厨[2]

高五尺，大一尺七寸，長六尺，中分兩眼。每層五寸，分作七層。每層抽箱兩個。門共四片，每邊兩片。脚方圓一寸五分大。門框一寸六分大，一寸一分厚。抽相[3]板四分厚。

藥箱[4]

二尺[5]高，一尺七寸大，深九[6]，中分三[7]層，内下抽相[8]只做二寸高，内中方圓交佐[9]巳[10]孔，如田字格様，好下藥。此是杉木板片合進，切忌雜木。

---

① 此字应为“後”之误。
② 应为“橱”之通假。上图C本、南图A本、上图D本为“廚”；浙图F本、浙图E本、中山B本为“橱”，浙图F本此字后有一“式”字。
③ 上图C本、上图D本、浙图F本、浙图E本、中山B本为“箱”，应是。
④ 浙图F本此后多一“式”字。
⑤ 浙图F本、中山B本为“寸”，应误。
⑥ 此处应遗缺“寸”字。
⑦ 浙图F本、中山B本为“寸三分”。
⑧ 上图C本、上图D本、浙图F本、浙图E本、中山B本为“箱”。
⑨ 上图C本、南图A本、上图D本、浙图F本、浙图E本、中山B本为“做”，应是。
⑩ 上图C本、南图A本、上图D本、浙图F本、浙图E本、中山B本为“幾”，应是。

火斗式

方圓式①寸五分,高四寸七分,板片三分半厚。上柄柱子共高八寸五分,方圓六分②大,下或刻車脚上掩。火窗齒仔四分大,五分厚,横二根,直六根或五根。此行灯警③高一尺二寸,下盛板三寸長,一封書做一寸五分厚,上留頭一寸三分,照得遠近,無悮。

櫃　式

大櫃上框者,二尺五寸高,長六尺六寸四分,闊④三⑤尺三寸。下脚高七寸,或下轉輪閂在脚上,可以推動。四住⑥每住⑦三寸大,二寸厚,板片下叩框方密。小者板片合進,二尺四寸高,二尺八寸闊,長五尺零⑧二寸,板片一寸厚,板此及量斗及星跡各項謹記。

象棋盤式

大者一尺四寸長,共大一尺二寸。内中間河路一寸二分大。框七分方圓,内起線三分。方圓横共十路,直共九路,何⑨路笋要内做重貼,方能堅固。

圍棋盤式

方圓一尺四寸六分,框六分厚,七分大,内引六十四路長通路,七十二小

---

① 上图C本、南图A本、上图D本、浙图F本、浙图E本为“二”。
② 浙图E本为“寸”。
③ 上图C本、南图A本、上图D本、浙图F本、浙图E本、中山B本为“燈檠”,应是“灯架”之意。
④ 上图C本、南图A本、南图B本、上图D本为“横”。
⑤ 上图C本、南图B本、上图D本为“二”。
⑥ 上图C本、上图D本、南图A本、浙图F本、浙图E本、中山B本为“柱”,应是。
⑦ 上图C本、上图D本、南图A本、浙图F本、浙图E本、中山B本为“柱”,应是。
⑧ 浙图F本无此字。
⑨ 上图C本、南图A本、上图D本、浙图F本、浙图E本为“河”。

斷路，板片只用三分厚。

算 盤 式

一尺二寸長，四寸二分大，框六分厚，九分大，起碗底線，上二子一寸一分，下下五子三寸一分，長短大小，看子而做。

茶盤托盤様①式

大者長一尺五寸五分，潤②九寸五分。四框一寸九分高，起邊線，三分半厚，底三分厚。或做斜托盤者，板片一盤子大，但斜二分八鼇③，底是鉄④釘釘住，大小依此格加減無悞。有做八角盤者，每片三寸三分長，一寸六分大，三分厚，共八片，每片斜二分半，中笋一個⑤，陰陽交進。

手水車式

此做⑥踃水车⑦式同，但只是小。這箇上有七尺長，或六尺長，水廂四寸高，帶面上粱貼仔高九寸，車頭用兩片樟木板，二寸半大，閂在车⑧廂⑨上面，輪上關板刺依然八箇⑩，二寸長，車子二尺三寸長，餘依前踃車⑪尺寸扯短是。

踃 水 車

四人車頭粱八尺五寸長，中截方，两头⑫圓。除中心車槽七寸潤，上下

① 浙图F本为"格"。
② 上图C本、南图A本、上图D本为"闊"。
③ 浙图F本为"厘"。
④ 上图C本、南图A本、上图D本为"鐵"；南图E本为"鈇"。
⑤ 中山B本为"箇"。
⑥ 浙图F本为"仿"；中山B本为"做"。
⑦ 南图E本、浙图F本、浙图E本、中山B本、中山A本为"車"。
⑧ 南图E本、浙图F本、浙图E本、中山B本、中山A本为"車"。
⑨ 浙图E本为"箱"。
⑩ 浙图F本为"個"；浙图E本为"个"。
⑪ 浙图F本、浙图E本、中山B本此处多一"式"字。
⑫ 南图A本、上图D本、浙图F本、中山B本、中山A本为"頭"。

車板刺八片，次分四人，已澗下十[①]字横仔一尺三寸五分長，横仔之上閂棰仔圓的[②]，方圓二寸六分大，三寸二[③]分長。兩邊車脚五尺五寸高，柱子二寸五分大，下盛盤子長一尺六寸正，一尺大[④]，三寸厚方穩。車桶一丈二尺長，下水廂[⑤]八寸高，五分厚，貼仔一尺四寸高，共四十八根，方圓七分大。上車面梁一寸六分大，九分厚，與水廂[⑥]一般長；車底四寸大，八分厚，中一龍舌，與水廂[⑦]一樣長，二[⑧]寸大，四分厚；下尾上椹水仔圓的，方圓三寸大，五寸長。刺水板亦然八片，關水板骨八寸長，大[⑨]一寸零二分，一半四方，一半薄四分，做陰陽笋閂，在拴骨上板片五寸七分大，共記四十八片，關水板依此様式，尺寸不悮。

推車式

凡做推車，先定車屑，要五尺七寸長，方圓一寸五分大，車軏[⑩]方圓二尺四寸大，車角一尺三寸長，一寸二分大；兩邊棋鎗[⑪]一尺二寸五分長，每一邊三根，一寸厚，九分大；車軏中間横仔一十八根，外軏板片九分厚，重[⑫]外共一十二片合進。車脚一尺二寸高，鎖脚八分大，車上盛羅盤，羅盤六寸二分大，一寸厚，此行俱用硬樹的方堅勞固。

---

① 南图 E 本为“干”，浙图 F 本、中山 B 本为“千”。
② 南图 E 本为“函”。
③ 上图 D 本为“三”。
④ 浙图 F 本为“正”。
⑤ 浙图 E 本为“箱”。
⑥ 浙图 E 本为“箱”。
⑦ 浙图 E 本为“箱”。
⑧ 南图 E 本、浙图 F 本、浙图 E 本、中山 B 本为“三”。
⑨ 南图 E 本为“夫”。
⑩ 古代车上置于辕前端与车横木衔接处的销钉。
⑪ 浙图 E 本为“槍”。
⑫ 此字应为“褱”之误，古同“裹”。

牌扁式

看人家大小屋宇①而做。大者八尺長,二尺大,框一寸六分大,一寸三分厚,内起棋盤線,中下板片上行下。

鲁班經卷二終②

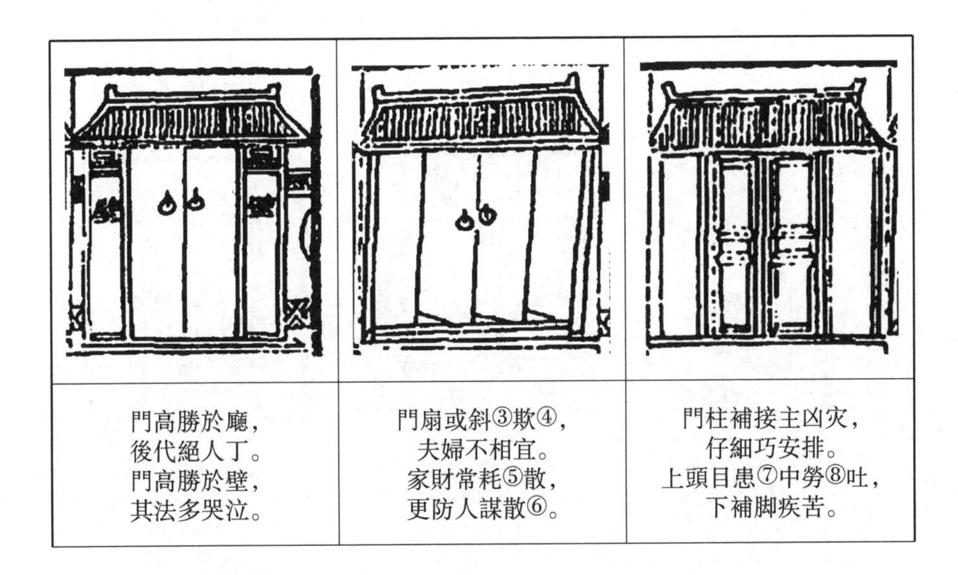

門高勝於廳,後代絕人丁。門高勝於壁,其法多哭泣。	門扇或斜③欺④,夫婦不相宜。家財常耗⑤散,更防人謀散⑥。	門柱補接主凶灾,仔細巧安排。上頭目患⑦中勞⑧吐,下補脚疾苦。

① 南图E本为“字”,应误。
② 南图E本、复旦版、浙图F本、浙图D本、中山A本无此句。
③ 中山A本为“斜”。
④ 浙图F本、浙图E本、中山B本为“欹”,应为“欺”之通假。
⑤ 中山A本为“莊”。
⑥ 浙图F本、浙图E本、中山B本为“欺”。
⑦ 中山A本为“下”。
⑧ 中山A本为“上”。

門柱不端正， 斜①敧多招病。 家退禍頻生， 人亡②空怨命。	門邊土③壁要一般， 左大換妻更遭官。 右邊或大勝左邊， 孤寡兒孫常吽④天。	門上莫作仰供裝， 此物不爲祥。 兩邊相指或無升⑤， 論訟口交爭⑥。
門前壁破街磚缺⑦， 家中長不悅。 小口枉死藥⑧無醫⑨， 急要修整莫遲遲。	二家不可門相對⑩， 必主一家退。 開門不得兩相衝， 必有一家凶。	門板莫令多柄節， 生瘡疔不歇⑪。 三三兩兩或成行， 徒配出軍郎。

---

① 南图B本为“鈄”；中山A本为“紏”。

② 南图E本为“仁”。

③ 中山A本为“杜”。

④ 古同“叫”。

⑤ 浙图F本、浙图E本、中山B本为“言”，应是。

⑥ 浙图F本、浙图E本、中山B本为“爭交”。

⑦ 南图E本为“此”，浙图F本、浙图E本、中山B本为“鈌”。

⑧ 浙图F本、中山B本为“葯”。

⑨ 南图E本为“医”。

⑩ 中山A本为“对”。

⑪ 中山A本为“歌”。

续表

	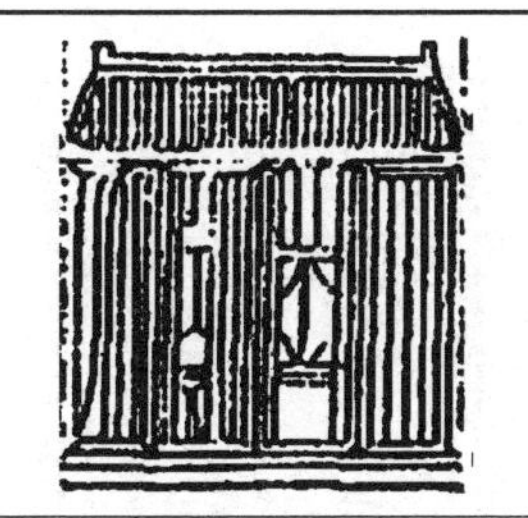	
門戶中間窟痕多， 灾禍事交訛①。 家招刺配遭非禍， 瘟黄②定不差。	門板多穿破③， 怪異爲凶禍。 定注④退才⑤產， 修補免貧寒。	一家不可開二門， 父子沒慈恩。 必招進舍填⑥門客， 時師須會議⑦。

一家若作兩門出， 鰥寡多冤屈。 不論家中正主人， 大小自相淩。	廳屋兩頭有屋横， 吹禍起紛紛。 便言名曰擡⑧喪山， 人口不平安⑨。	門外置欄杆⑩， 名曰紙錢山。 家必多喪禍， 恓惶實可憐。

① 上图 B 本为“訛”；南图 E 本、浙图 F 本、浙图 E 本、复旦本、中山 B 本、中山 A 本为“化”。

② 浙图 F 本为“瘟”。

③ 浙图 E 本无此字。

④ 浙图 F 本、浙图 E 本为“主”。

⑤ 上图 D 本、浙图 F 本、浙图 E 本、中山 B 本为“財”。

⑥ 浙图 F 本、浙图 E 本、中山 B 本为“嗔”。

⑦ 上图 C 本、南图 A 本、上图 C 本、南图 E 本、浙图 F 本、浙图 E 本、中山 B 本为“識”，应是。

⑧ 浙图 F 本、浙图 E 本为“抬”；中山 B 本为“招”。

⑨ 浙图 F 本为“稳”；浙图 E 本、中山 B 本为“穩”。

⑩ 浙图 F 本为“闌干”。

续表

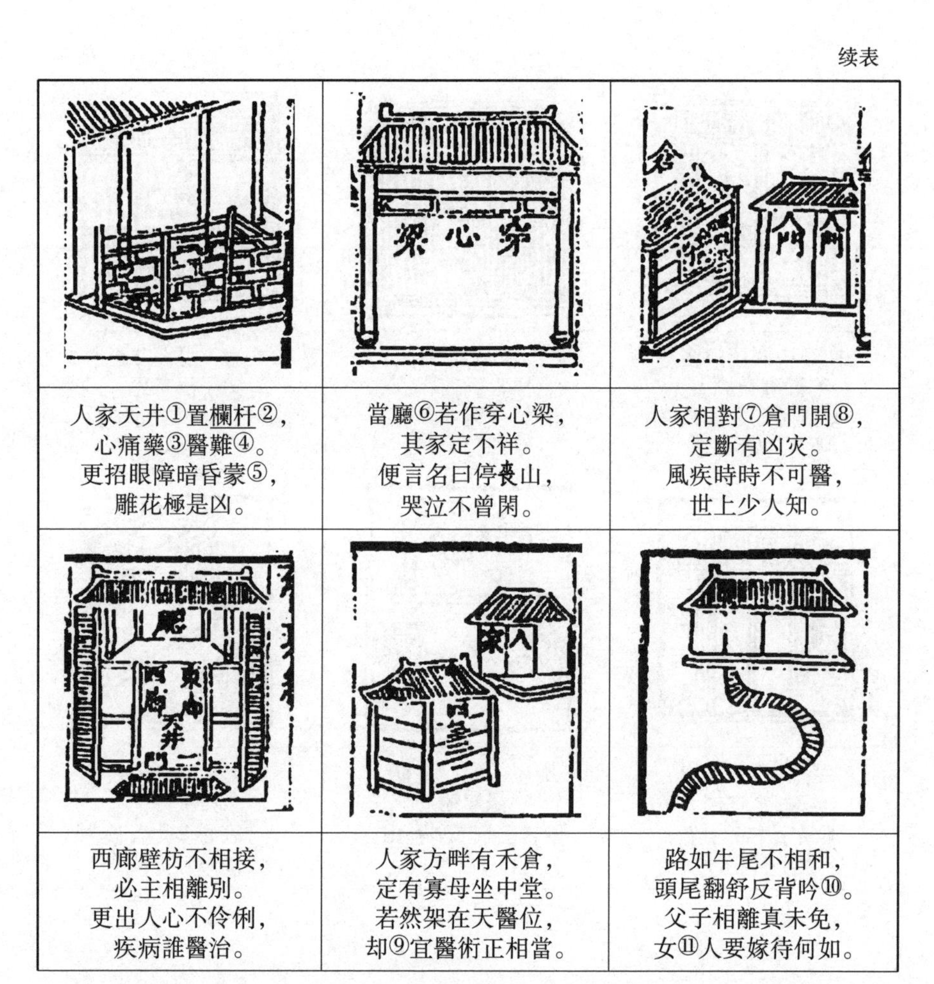

人家天井①置欄杆②， 心痛藥③醫難④。 更招眼障暗昏蒙⑤， 雕花極是凶。	當廳⑥若作穿心梁， 其家定不祥。 便言名曰停喪山， 哭泣不曾閑。	人家相對⑦倉門開⑧， 定斷有凶灾。 風疾時時不可醫， 世上少人知。
西廊壁枋不相接， 必主相離別。 更出人心不伶俐， 疾病誰醫治。	人家方畔有禾倉， 定有寡母坐中堂。 若然架在天醫位， 却⑨宜醫術正相當。	路如牛尾不相和， 頭尾翻舒反背吟⑩。 父子相離真未免， 女⑪人要嫁待何如。

① 南图E本为“升”。
② 浙图F本为“闌干”。
③ 浙图F本为“葯”；中山A本为“薬”，皆古同“药”。
④ 南图E本、复旦本、中山A本为“难”。
⑤ 上图C本、南图A本、浙图F本、浙图E本、中山B本为“䝉”，为“蒙”之异体字。
⑥ 南图E本、复旦本、中山A本为“厛”。
⑦ 中山A本为“对”。
⑧ 南图E本为“間”，应误。
⑨ 浙图E本、中山B本为“卻”。
⑩ 浙图F本、浙图E本、中山B本为“哦”。
⑪ 浙图F本、浙图E本、中山B本为“婦”。

续表

禾倉背①后作房間②， 名爲疾病出。 連年困③臥④不離床， 劳⑤病最恓惶。	有路行來似⑥鉄⑦丫⑧， 父南子北不寧⑨家。 更言一拙誠堪拙， 典賣田園難⑩免他。	路若鈔羅⑪與銅⑫， 積招疾病無人覺。 瘟瘟⑬痳⑭痘若相侵， 痢疾師巫方有法。
		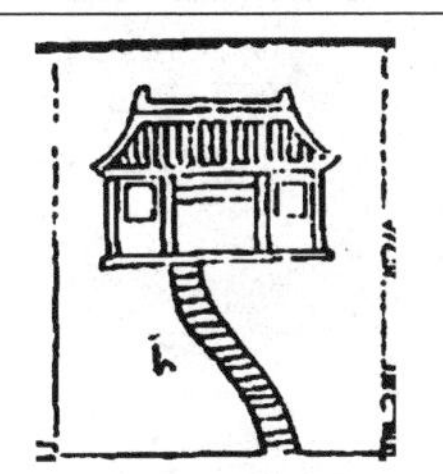
人家不宜居水閣， 過房并接脚。 兩邊池水太⑮侵門， 流傳兒孫好大脚。		方來不满破分田， 十相人中有不全。 成敗又多徒費力， 生離出去豈無還。

① 上图C本、南图B本、上图D本为“有”。

② 上图B本为“問”。

③ 浙图F本、中山B本为“因”。

④ 浙图F本、浙图E本、中山B本为“卧”。

⑤ 浙图F本、中山B本为“痨”。

⑥ 中山B本为“是”。

⑦ 上图C本、南图A本、上图D本为“鐵”。

⑧ 上图C本、南图A本、上图D本、南图E本、浙图E本、中山A本为“了”。

⑨ 浙图F本为“甯”；中山B本为“寗”。

⑩ 南图E本、中山A本为“难”。

⑪ 南图E本为“罗”。

⑫ 此字为“角”之异体字，浙图F本、浙图E本、中山B本为“角”。

⑬ 中山B本为“疫”，应是。

⑭ 此字为“麻”之异体字。上图B本为“麻”，应是。

⑮ 浙图F本、中山B本为“大”；中山A本为“木”。

续表

		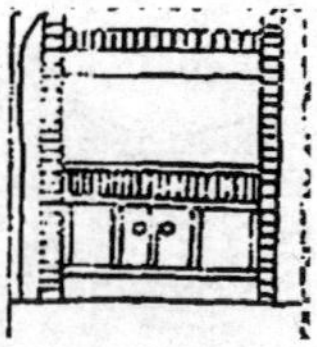
故身一路横哀哉， 屈屈來朝入亢①蛇， 家宅不安死外地， 不宜墻壁反教餘②。	門高叠叠似靈山， 但合僧堂道院看。 一直倒③門無曲折， 其家終冷④也孤单⑤。	四方平正名金斗， 富足田園粮⑥萬畝。 籬墻回環無破陷， 年年進益添人口。
	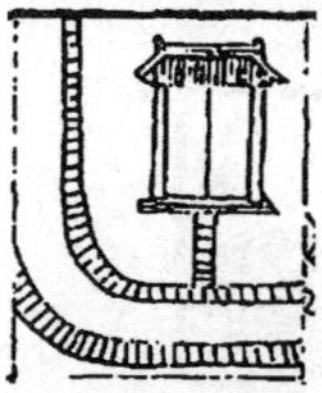	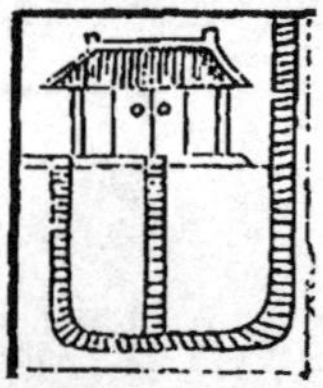
墻垣如弓抱， 多曰進田山。 富足人財好， 更有⑦清貴官。	一重城抱一江纏⑧， 若有重成⑨積産錢。 雖是富榮⑩無禍患， 秖宜抱子度晚年。	展帛回來欲捲舒， 辨錢田卽⑪在⑫方⑬隅。 中男長位須先發⑭， 人言此位鬼神扶⑮。

① 浙图 F 本、浙图 E 本、中山 B 本为“蛇”。

② 浙图 F 本、浙图 E 本、中山 B 本为“差”。

③ 上图 C 本、南图 A 本、上图 D 本、浙图 F 本为“到”。

④ 浙图 F 本、中山 B 本为“洽”。

⑤ 上图 C 本、南图 A 本、上图 D 本、浙图 F 本、中山 B 本为“單”。

⑥ 上图 C 本、南图 A 本、上图 D 本、南图 E 本为“糧”。

⑦ 中山 A 本为“存”。

⑧ 古同“缠”。

⑨ 浙图 F 本、中山 B 本为“城”。

⑩ 浙图 E 本为“榮華”。

⑪ 中山 A 本为“曾”。

⑫ 中山 A 本为“買”。

⑬ 中山 A 本为“山”。

⑭ 浙图 F 本、中山 A 本为“癹”，古同“發”。

⑮ 南图 E 本为“扶”。

续表

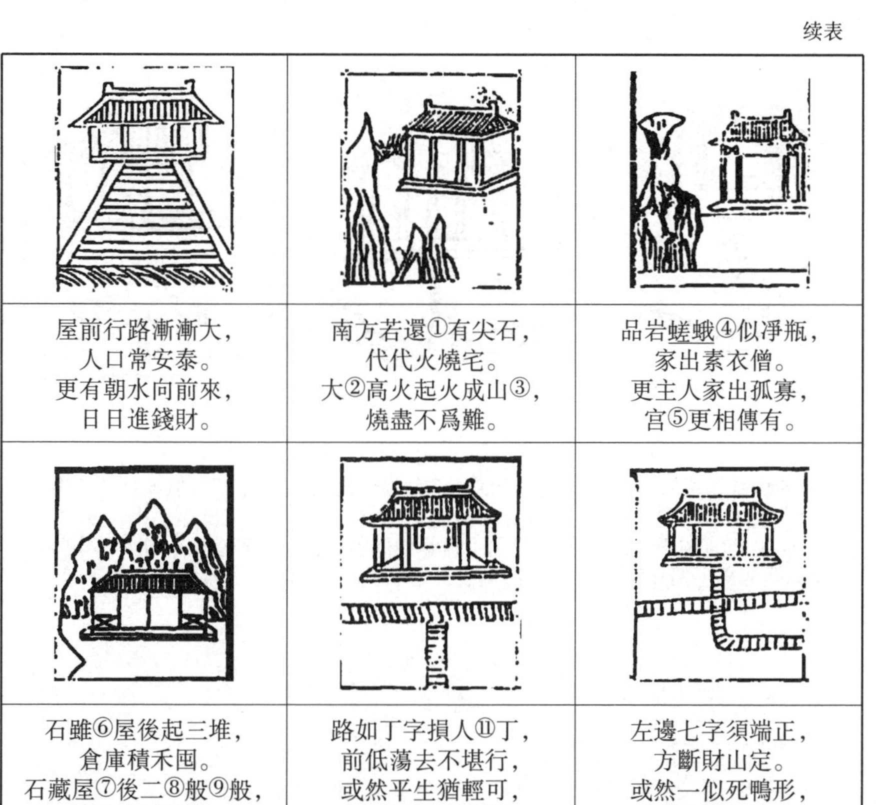

屋前行路漸漸大， 人口常安泰。 更有朝水向前來， 日日進錢財。	南方若還①有尖石， 代代火燒宅。 大②高火起火成山③， 燒盡不爲難。	品岩蜷蛾④似淨瓶， 家出素衣僧。 更主人家出孤寡， 宫⑤更相傳有。
石雖⑥屋後起三堆， 倉庫積禾囤。 石藏屋⑦後二⑧般⑨般， 潭且⑩更清閑。	路如丁字損人⑪丁， 前低蕩去不堪行， 或然平生猶輕可， 也主離鄉亦主貧。	左邊七字須端正， 方斷財山定。 或然一似死鴨形， 日⑫日⑬鬧相爭。

① 浙图 F 本、浙图 E 本、中山 B 本为“遠”。

② 中山 A 本为“火”。

③ 上图 D 本为“出”。

④ 上图 C 本、南图 A 本、上图 D 本、南图 E 本、浙图 F 本、浙图 E 本为“嵯峨”；中山 B 本为“嵯峩”。

⑤ 上图 C 本、南图 A 本、上图 D 本、浙图 F 本、浙图 E 本、中山 B 本为“官”。

⑥ 浙图 F 本、浙图 E 本、中山 B 本为“頭”。

⑦ 中山 A 本为“里”。

⑧ 南图 E 本为“工”；浙图 F 本、浙图 E 本、中山 B 本为“土”。

⑨ 复旦本为“船”。

⑩ 浙图 F 本、浙图 E 本、中山 B 本为“日”。

⑪ 南图 E 本为“外”。

⑫ 中山 A 本为“自”。

⑬ 南图 E 本为“目”。

续表

 路如跪膝①不風光， 輕輕②乍③富便更張。 只因笑死渾閑④事， 脚病⑤常常不離床⑥。	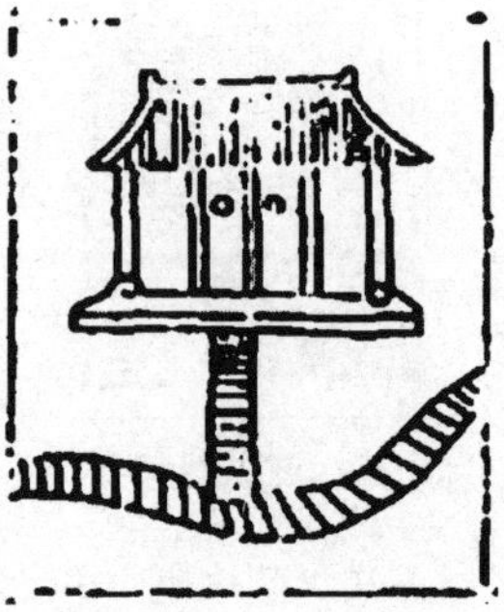 路成八⑦字事⑧難逃⑨， 有口何能下一挑， 死别生離爭⑩似苦， 門前有此非吉兆。	 土⑪堆似人攔路扺⑫， 自縊不由⑬賢。 若在田中却⑭是牛⑮， 名爲印綬保⑯千年。

① 上图C本、南图A本、上图D本、中山A本为“膝”。

② 中山A本为“**輕輕**”。

③ 浙图F本、浙图E本、中山A本为“手”。

④ 上图C本、南图A本、上图D本为“常”；南图E本、浙图F本、浙图E本、中山B本为“閔”。

⑤ 原文中此二字处空缺。

⑥ 原文中此二字处空缺。

⑦ 浙图F本、浙图E本为“丁”。

⑧ 浙图F本、浙图E本为“害”。

⑨ 浙图F本、浙图E本为“逃”。

⑩ 浙图F本、浙图E本为“真”。

⑪ 南图E本为“工”。

⑫ 浙图F本、浙图E本、中山B本为“低”。

⑬ 中山A本为“出”。

⑭ 浙图E本为“卻”。

⑮ 上图C本、南图A本、上图D本、浙图F本、浙图E本、中山B本为“吉”；南图E本为“午”；中山A本为“于”。

⑯ 中山A本为“俍”。

续表

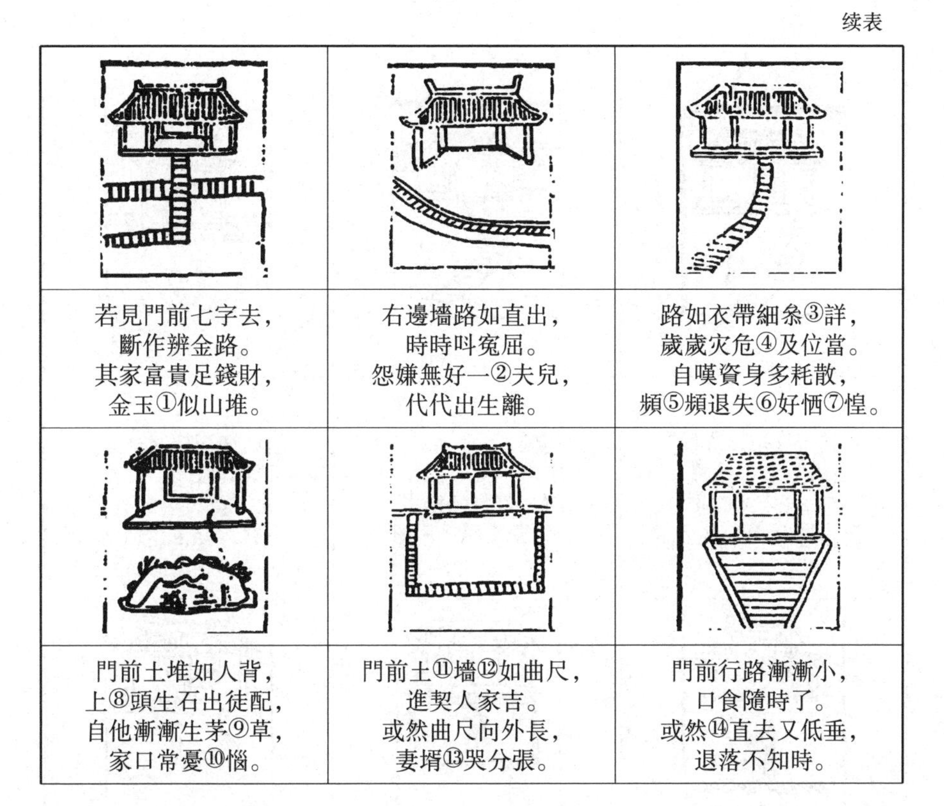

若見門前七字去， 斷作辨金路。 其家富貴足錢財， 金玉①似山堆。	右邊墻路如直出， 時時叫寃屈。 怨嫌無好一②夫兒， 代代出生離。	路如衣帶細条③詳， 歲歲灾危④及位當。 自嘆資身多耗散， 頻⑤頻退失⑥好悽⑦惶。
門前土堆如人背， 上⑧頭生石出徒配， 自他漸漸生茅⑨草， 家口常憂⑩惱。	門前土⑪墻⑫如曲尺， 進契人家吉。 或然曲尺向外長， 妻壻⑬哭分張。	門前行路漸漸小， 口食隨時了。 或然⑭直去又低垂， 退落不知時。

---

① 南图 B 本为“王”。

② 上图 C 本、南图 A 本、上图 D 本、浙图 F 本、浙图 E 本、中山 B 本为“丈”。

③ 上图 C 本、南图 A 本、上图 D 本为“参”；浙图 F 本、浙图 E 本为“参”；南图 E 本、中山 B 本为“条”。

④ 浙图 F 本、浙图 E 本、中山 B 本为“厄”。

⑤ 南图 E 本为“頻”。

⑥ 浙图 E 本为“去”。

⑦ 南图 E 本为“恬”；浙图 F 本、中山 B 本为“悽”。

⑧ 南图 E 本为“土”。

⑨ 浙图 F 本为“茚”，古同“茅”；中山 A 本为“草”。

⑩ 南图 B 本、中山 A 本为“憂”。

⑪ 上图 D 本、南图 E 本、中山 A 本为“上”。

⑫ 浙图 F 本、中山 B 本为“牆”；浙图 E 本为“墻”。

⑬ 古同“婿”。

⑭ 上图 C 本、南图 A 本、南图 B 本、上图 D 本为“獨”。

续表

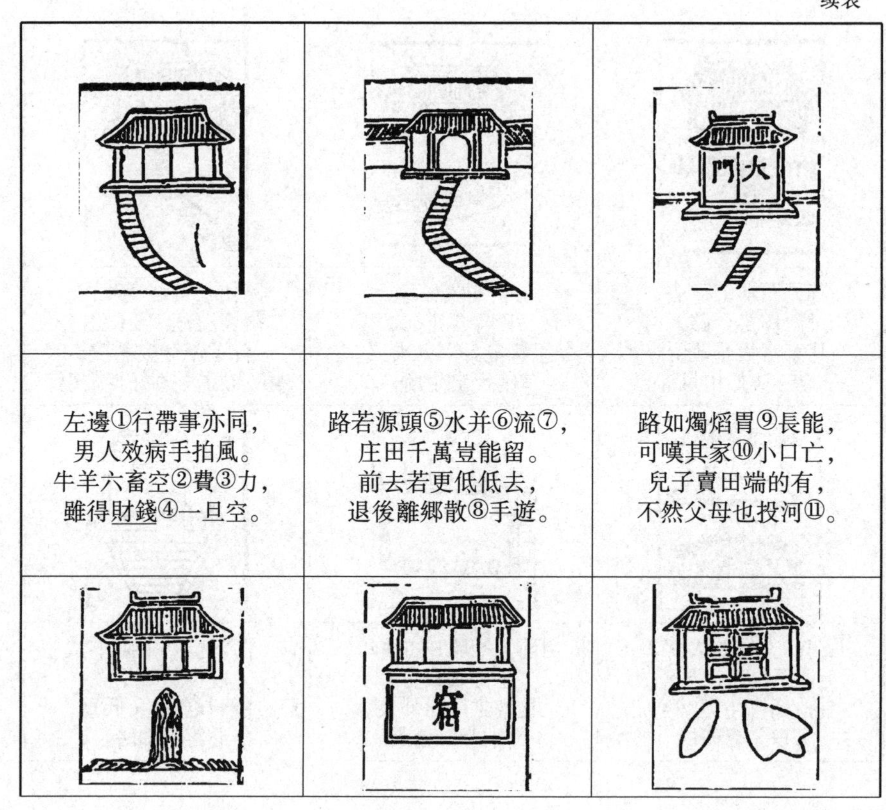

左邊①行帶事亦同，男人效病手拍風。牛羊六畜空②費③力，雖得財錢④一旦空。	路若源頭⑤水并⑥流⑦，庄田千萬豈能留。前去若更低低去，退後離鄉散⑧手遊。	路如燭焰胃⑨長能，可嘆其家⑩小口亡，兒子賣田端的有，不然父母也投河⑪。

① 中山A本为“边”。
② 上图D本、浙图F本、浙图E本、中山B本为“空”；中山A本为“家”。
③ 中山A本为“賢”。
④ 浙图F本、中山B本为“錢財”。
⑤ 浙图F本为“流”。
⑥ 中山A本为“井”。
⑦ 上图D本为“亻㐬”。
⑧ 浙图F本、浙图E本、中山B本为“好”。
⑨ 浙图E本为“宵”。
⑩ 浙图E本为“兇”。
⑪ 浙图F本、浙图E本、中山B本为“陷”。

续表

前街玄①武入門來， 家中常進財。 吉方更有朝水至， 富貴進田牛②。	門前有路如員③障， 八尺十二数。 此窟名如陪地金， 旋旋④入庄田。	門前行路如鷲⑤鴨， 分明兩邊着⑥。 或然又如鷲⑦掌形， 日舌⑧不曽⑨停⑩。

門前腰帶田陸大， 其家有分觧⑪。 園墻⑫門畔⑬更囬⑭還⑮， 名曰進財山。	雙桃⑯門前路扼精， 先知室女有風聲， 身懷六甲方行嫁， 却⑰笑⑱人家濁不貞。	一來⑲一往⑳似立蟠㉑， 家中發㉒後事多般。 須招口舌重重起， 外來兼之鬼入門。

---

① 上图 C 本、南图 A 本、上图 D 本为“元”。
② 浙图 F 本、中山 B 本为“財”；浙图 E 本无此字。
③ 浙图 E 本为“圓”。
④ 浙图 F 本、浙图 E 本、中山 B 本为“漸”。
⑤ 浙图 F 本、浙图 E 本为“鵝”。
⑥ 上图 C 本、南图 A 本、上图 D 本为“着”。
⑦ 浙图 F 本、浙图 E 本为“鵝”。
⑧ 上图 D 本、南图 E 本为“古”。
⑨ 上图 C 本、南图 A 本、上图 D 本为“曾”；浙图 F 本、浙图 E 本、中山 B 本为“報”。
⑩ 浙图 F 本、浙图 E 本、中山 B 本为“鵲”。
⑪ 中山 B 本为“解”。
⑫ 中山 B 本为“牆”。
⑬ 中山 A 本为“閒”。
⑭ 上图 C 本、南图 A 本、上图 D 本为“囬”，应为“回”之误；浙图 F 本、浙图 E 本、中山 B 本为“回”。
⑮ 浙图 F 本、中山 B 本为“環”，应为“還”之通假。
⑯ 浙图 F 本、浙图 E 本、中山 B 本为“挑”。
⑰ 浙图 E 本为“卻”。
⑱ 中山 A 本为“矣”。
⑲ 浙图 E 本为“往”。
⑳ 浙图 E 本为“來”。
㉑ 上图 C 本、南图 A 本、上图 D 本为“旛”，古同“幡”。
㉒ 中山 A 本为“𤼵”，古同“發”。

续表

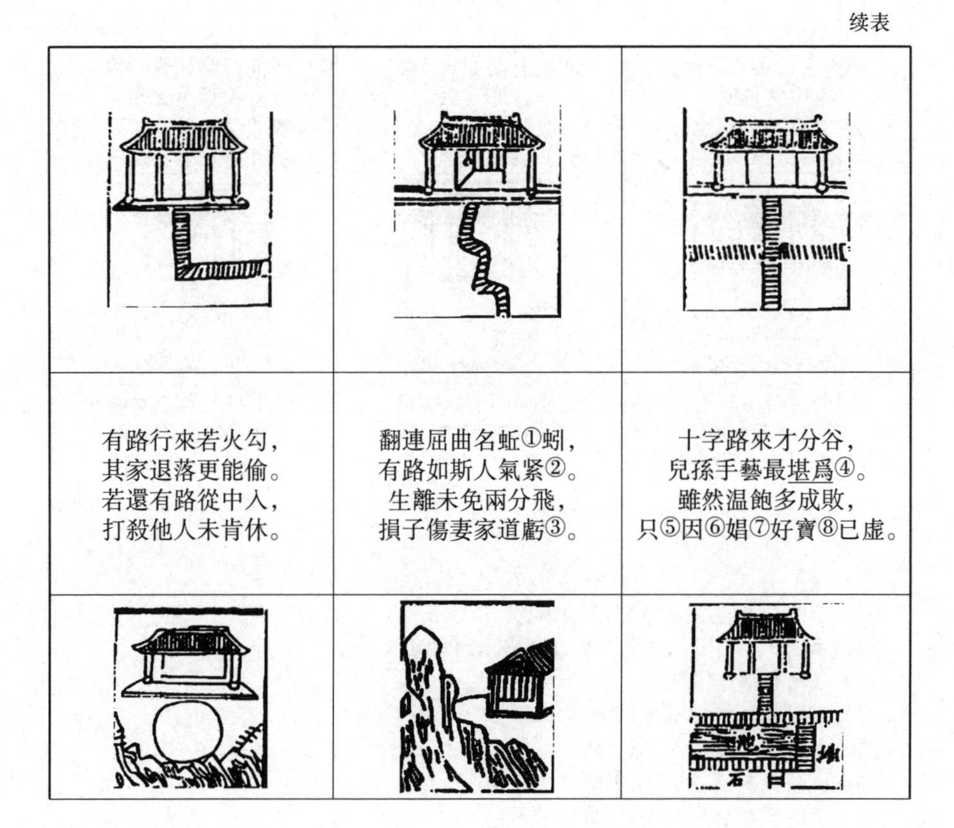

有路行來若火勾， 其家退落更能偷。 若還有路從中入， 打殺他人未肯休。	翻連屈曲名蚯①蚓， 有路如斯人氣紧②。 生離未免兩分飛， 損子傷妻家道虧③。	十字路來才分谷， 兒孫手藝最堪爲④。 雖然温飽多成敗， 只⑤因⑥娼⑦好賓⑧已虚。

① 上图C本、南图A本、上图D本为“秋”。

② 上图C本、南图A本、上图D本、复旦本为“緊”；浙图F本、浙图E本、中山B本为“紧”。

③ 上图C本、南图A本、上图D本为“虧”，为“虧”之异体字；浙图F本、浙图E本、中山B本为“罄”。

④ 浙图F本为“為能”。

⑤ 南图E本、复旦本、中山A本为“日”。

⑥ 南图E本、复旦本、中山A本为“間”。

⑦ 南图E本、中山A本为“唱”；浙图F本、浙图E本、中山B本为“嗜”。

⑧ 南图E本、浙图F本、浙图E本、中山B本为“賣”，应误。

续表

門前石面似盤平①， 家富有聲名。 兩邊夾②從進寶山， 足食更清閑③。	屋邊有石斜聳出， 人家常仰郁④。 定招⑤風疾及困⑥貧， 口食每求⑦人。	排筭⑧雖然路直横⑨， 須教筆⑩硯案頭生。 出入巧往⑪多才學， 池沼爲財輕富榮。

門前見有三重石， 如⑫人坐睡直。 定主二夫共一妻， 蚕⑬月養春宜。	右面四方高， 家裏⑭産英豪。 渾如⑮斧鑿成， 其山出貴人。	路如人字意如何， 兄弟分⑯推隔用多。 更主家中紅焰起， 定知此去更無芦⑰。

① 南图E本为“圡”。
② 浙图F本、浙图E本、中山B本为“來”；中山A本为“大”。
③ 中山A本为“門”。
④ 浙图F本、中山B本为“都”；中山A本为“郞”。
⑤ 浙图F本、浙图E本、中山B本为“遭”。
⑥ 南图E本、中山A本为“因”。
⑦ 中山A本为“米”。
⑧ 上图C本、南图A本、上图D本、浙图F本、浙图E本、中山B本为“算”。
⑨ 上图C本、南图A本、上图D本为“横”。
⑩ 中山A本为“車”。
⑪ 上图C本、南图A本、上图E本、浙图F本、浙图E本、中山B本为“性”。
⑫ 南图E本、复旦本、中山B本、中山A本为“内”。
⑬ 上图C本、南图A本、上图D本为“蠶”。
⑭ 浙图F本、浙图E本、中山B本为“裡”。
⑮ 复旦本、浙图F本、浙图E本、中山B本、中山A本为“身”。
⑯ 中山A本为“小”。
⑰ 上图C本、上图D本为“盧”；浙图F本、浙图E本、中山B本为“情”。

续表

路來重曲號爲州， 内有池塘或石頭。 若不爲官須巨①富， 侵州侵縣置田疇②。	四③路直來④中間曲， 此名四獸⑤能取祿。 左來⑥更得一刀砧， 文武兼全俱皆足。	抱户一路兩交加， 室女遭人殺可嗟， 從行夜好家内乱⑦， 男⑧人致效⑨也因他。

石如⑩蝦蟆⑪草似秧⑫， 怪異人厕⑬堂。 駝腰背曲⑭家中有， 生子形容醜。	石如酒瓶様一般， 楼臺⑮更⑯满山。 其家富貴欲一求⑰， 斛⑱注使金銀。	或外有石似牛眠， 山成進⑲庄田。 更在出⑳在丑㉑方山㉒， 六畜自興旺。

① 浙图F本为“大”。

② 此字应为“疇”之误，上图C本、南图A本、中山B本为“疇”。

③ 上图C本、南图A本为“田”。

④ 浙图F本、浙图E本为“来”。

⑤ 浙图F本、浙图E本为“獸”。

⑥ 浙图F本、浙图E本为“来”。

⑦ 上图C本、浙图E本为“亂”；复旦本、中山A本为“人”。

⑧ 上图C本、南图A本为“更”。

⑨ 南图A本为“死”。

⑩ 浙图E本为“似”。

⑪ 中山B本为“蟇”，古同“蟆”。

⑫ 浙图F本、浙图E本、中山B本为“如根”；上图C本、南图A本为“似柍”；复旦本为“似怏”。

⑬ 上图C本、南图A本、浙图E本、中山B本为“廳”。

⑭ 上图C本、南图A本为“曲背”。

⑮ 浙图F本为“台”。

⑯ 浙图F本、浙图E本、中山B本为“田”。

⑰ 浙图F本、浙图E本为“一求得”。

⑱ 上图C本、南图A本、浙图F本、浙图E本、中山B本为“斛”。

⑲ 南图E本为“淮”；浙图F本、浙图E本、中山B本为“准”。

⑳ 上图C本、南图A本、浙图F本、浙图E本、中山B本为“有水”。

㉑ 中山B本为“艮”。

㉒ 南图A本、浙图F本、浙图E本、中山B本为“出”。

二、北图——故宫本为底本校勘

鲁班升帐图

鲁班仙師源流

師諱班,姓[1]公輸,字依智。魯之賢勝路,東平村人也。其父諱[2]賢,母吳氏。師生於魯定公三年甲戌五月初七日午時,是日白鶴羣集,異香滿室,經月弗散,人咸奇之。甫七歲,嬉戲不學,父母深以爲憂。迨十五歲,忽幡然,從遊[3]於子[4]夏之門人端木[5]起,不數月,遂妙理融通,度越時流。憤[6]諸矦[7]僭稱王號,因遊說列國,志在尊周,而計不行,廼歸而隱于泰[8]山之南小和山馬[9],晦

① 上图A本、南图C本、南图D本为“字”。
② 南图D本为“彭”,应误。
③ 南图D本为“于”,应误。
④ 南图D本为“于,应误。
⑤ 上图A本、南图C本、南图D本、浙图D本为“大”,应误。
⑥ 南图D本为“惟”,应误。
⑦ 此字为“侯”之异体字。
⑧ 上图A本、南图C本、南图D本为“泰”,应是。
⑨ 此字应为“焉”之别字。

迹幾一十三年。偶出而遇鮑老輩[1],促膝讌[2]譚[3],竟受業其門[4],注意雕鏤刻畫,欲令中華[5]文物煥爾一新。故嘗語人曰:"不規[6]而圓,不矩而方,此乾坤自然之象也。規以爲圓,矩以爲方,實人官兩象之能也。矧[7]吾之明,雖足以盡制作之神,亦安得必天下萬世咸能,師心而如吾明耶?明不如吾,則吾之明窮[8],而吾之技亦窮矣。"爰是既竭目力,復繼之以規矩準繩。俾公私欲經營宮室,駕造舟車與置設器皿,以前民用者,要不超吾一成之法,巳[9]試之方矣,然則師之。緣物盡制,緣制盡神者,顧不良且鉅哉。而其淑配雲氏,又天授一叚[10]神巧,所制器物固難枚舉,第較之於師,殆有佳處,内外贊襄,用能享大名而垂不朽耳。裔是年躋四十,復隱于歷山,卒遘異人授秘訣,雲遊天下,白日飛昇,止畱[11]斧鋸在白鹿仙巖,迄今古迹昭然如睹,故戰國大義贈爲永成待詔義士。後三年陳侯加贈智惠法師,歷漢、唐、宋,猶能顯蹤助國,屢膺封號。我皇明永樂間,鼎刱[12]北京龍聖殿,役使萬匠,莫不震悚。賴師降靈指示,方獲洛[13]成。爰建廟祀之扁[14]曰:"魯班門",封待詔輔[15]國太師北成[16]侯。春秋二祭,禮用太牢。今之工人,凡有祈禱,[17]靡不隨叩隨應,忱[18]懸象著明而萬古仰照者。

---

① 古同"輩"。
② 古同"宴"。
③ 应为"谈"之通假。
④ 绍兴本"鲁班仙师源流"此后内容丢失。
⑤ 此字为"华"之异体字,上图A本、南图C本、南图D本为"华"。
⑥ 此字为"规"之异体字。
⑦ 南图D本为"矧",应误。
⑧ 此字为"穷"之异体字,上图A本、南图C本、南图D本为"窮"。下文同,不再注。
⑨ 应为"已"之别字。
⑩ 古同"假",此处为"段"之误,上图A本、南图C本、南图D本、浙图D本为"片",应误。
⑪ 古同"留",上图A本、南图C本、南图D本、浙图D本为"存"。
⑫ 此字为"创"之异体字。
⑬ 上图A本、南图C本、南图D本、浙图D本为"落",应是。
⑭ 此字应为"匾"之通假。
⑮ 南图D本为"转",应误。
⑯ 上图A本、南图C本、南图D本为"城",应误。
⑰ 上图A本、南图C本、南图D本此处多一"应"字。
⑱ 上图A本、南图C本、南图D本为"此"。

新鐫[①]京板工師雕斵[②]正式魯班經匠家鏡卷之[③]一

北京提督工部御匠司　司正　午榮　彙編[④]

局匠所　把總　章嚴　仝集

南京遞[⑤]匠司　司承　周言　校正

魯班仙師源流[⑥]

人家起造伐木

入山伐木法:凡伐木日辰及起工日,切不可犯穿山殺。匠人入山伐木起工,且[⑦]用看好木頭根數,具立平坦處斫[⑧]伐,不可老[⑨]草,此用人力以所爲也。如或木植到塲,不可堆[⑩]放黄殺方,又不可犯星帝八座,九天大座,餘日皆吉。

伐[⑪]木吉日:己[⑫]巳、庚午、辛未、壬申、甲戌[⑬]、乙亥、戊寅、己卯、壬午、甲申、乙酉、戊子、甲午、乙未、丙申、壬寅、丙午、丁未、戊申、己酉、甲寅、乙卯、己未、庚申、辛酉,定、成、開日吉[⑭]。又宜明星、黄道、天德、月德。

---

① 南图C本、南图D本、上图E本为“刻”;上图A本为“镌”。
② 上图A本、南图C本、南图D本、上图E本、浙图D本为“镂”。
③ 上图A本、南图C本、南图D本、上图E本、浙图D本无此字。
④ 南图D本为“线”,应误。
⑤ 上图A本、南图C本、南图D本、上图E本为“御”。
⑥ 仅绍兴本有此行文字。
⑦ 上图A本为“且”;南图C本、南图D本、上图E本为“宜”。
⑧ 南图D本为“死”,应误。
⑨ 上图A本、南图C本、南图D本、上图E本、浙图D本为“潦”,应误。
⑩ 上图A本、南图C本、南图D本、上图E本、浙图D本为“增”,应误。
⑪ 浙图D本为“我”,应误。
⑫ 原文为“巳”,据上下文,应为“己”之误。下文同,不再注。
⑬ 上图A本、南图C本、南图D本、上图E本、浙图D本为“寅”,应误。
⑭ 上图E本为“告”,应误。

忌刀砧殺、斧頭、龍①虎、受死②、天賊、日月③砧、危日、山隔、九土鬼、正四廢④、魁罡日、赤口、山痕、紅觜朱雀。

起工架馬：凡匠人興工，須用按祖留下格式，將水長⑤先放在吉方，然後將後步柱⑥安放馬上，起手⑦俱用翻鋤向内動作。今有晚學木匠則先將棟柱用工⑧，則不按魯班之法後步柱先起手者，則先後方且有前先就低而後高，自下而至上，此爲依祖式也。凡造宅用深淺闊狹、高低相等、尺寸合格，方可爲之也。

起⑨工破木：宜⑩己巳、辛未、甲戌、乙亥、戊寅、己卯、壬午、甲申、乙酉、戊子、庚寅、乙未、己亥、壬寅、癸卯、丙午、戊⑪申、己酉⑫、壬子、乙卯、己未、庚申、辛酉，黄道、天成、月空、天月二德及合神、開日吉。

忌刀砧殺、木馬殺、斧頭殺、天賊、受死、月破、破敗、燭⑬火、魯般殺、建日、九⑭土鬼、正四廢、四離、四絶、大小空亾⑮、荒蕪、凶敗、滅没日，凶。

總　論

論新立宅架馬法：新立⑯宅舍，作主人眷既巳⑰出火避宅，如起工即就⑱

---

① 南图D本为“肴”。
② 此字为“死”之异体字。
③ 此字绍兴本为“刀”。
④ 上图E本为“瘥”。
⑤ 疑为“木马”之误。
⑥ 上图A本、南图C本、南图D本、上图E本、浙图D本为“在”，应误。
⑦ 绍兴本为“看”，应误。
⑧ 此字绍兴本为“正”。
⑨ 浙图D本为“興”，应为“興”之误。
⑩ 古同“宜”，绍兴本为“宜”。
⑪ 绍兴本为“戌”，应误。
⑫ 上图A本、南图C本、南图D本、上图E本、浙图D本为“酉”，应误。
⑬ 上图E本为“独”，应误。
⑭ 绍兴本、上图A本、南图C本、南图D本、浙图D本、上图E本为“凡”，应误。
⑮ 古同“亡”，上图A本、南图C本、南图D本、浙图D本、上图E本为“亡”。
⑯ 上图A本、南图C本、南图D本、上图E本、浙图D本为“拆竖”，应误。
⑰ 此字为“已”之误。
⑱ 上图A本、南图C本、南图D本、上图E本、浙图D本为“号”，应误。

坐上架馬,至如竪造吉日,亦①可通用。

論淨盡折②除舊宅倒堂竪造架馬法:凡盡拆除舊宅,倒堂竪造,作主人眷既已出火避宅,如起工架馬,與新立宅舍架馬法同。

論坐宫修方架馬法:凡作主不出火避宅,但就所修之方擇吉方上起工架馬,吉;或别擇吉架馬,亦利。

論移宫修方架馬法:凡移宫③修方,作主人眷不出火避宅④,則就所修之方擇取吉方上起工架馬。如出火避宅,起工架馬郄⑤不問方道。

論架馬活法:凡修作在柱近空屋内,或在一百步之外起寮架馬,却不問方道。

修造起符便法

起符吉日:其日起造,隨事臨時,自⑥起符後,一任⑦用工⑧修造,百無所忌。

論修造起符法:凡修造家主行年得運,白⑨宜用名姓昭告符。若家主行年不得運,白⑩而以弟子行年,得運。白⑪作造主用⑫名姓昭告符,使大抵師人行符起殺,但用作主一人名姓昭告山頭龍神,則定磉⑬扇架、竪柱日,避本

---

① 上图E本、浙图D本为"方",应误。
② 据上下文,应为"拆"之误。
③ 上图A本、南图C本、南图D本、上图E本、浙图D本为"工",应误。
④ 上图A本、南图C本、上图E本为"舍",应误。
⑤ 应为"却"之异体字。
⑥ 上图A本、南图C本、南图D本、上图E本、浙图D本为"日"。
⑦ 上图A本、南图C本、南图D本、上图E本、浙图D本为"任",应误。
⑧ 上图A本、南图C本、浙图D本、上图E本、浙图D本为"至",应误。
⑨ 续四库本多为"自",应是。
⑩ 续四库本多为"自",应是。
⑪ 上图C本、南图A本、上图D本为"用",应是。
⑫ 上图A本、南图C本、南图D本、上图E本、浙图D本为"炤",应误。
⑬ 上图A本、南图C本、南图D本、上图E本、浙图D本为"條"。

命日及①對主日俟。修造完備，移香火隨符入宅，然後卸郤②符安鎮宅舍。

論東家修作西家起符照方法

凡隣家修方造作，就本家宮中置羅經，格定隣③家所修之方。如值年官符、三殺、燭④火、月家飛宮、州縣官符、小兒杀、打頭火、大月建、家主⑤身皇定命，就本家屋内前後左右起立符，使依移官法坐符使，從權請定祖先、福神，香火暫歸空界，將符使照起隣家所修之方，今轉而爲吉方。俟月笰⑥過，視本家住居當初永定方道，無緊杀占，然後安奉祖先香火、福神，所有符使，待歲除方可郤也。

畫柱繩墨：右吉日宜天、月二德，併三白、九紫值日時大吉。齊柱脚，宜寅申、己亥日。

總　論

論畫柱繩墨併⑦齊木料⑧，開柱眼，俱以白星爲主。盖三白九紫⑨，匠者之大用也。先定日時之白，後取尺寸之白，停停當當，上合天星應昭⑩，祥光覆護，所以住者獲福之吉，豈知乎此福於是補出，便右吉日不犯天瘟、天賊、受死、轉杀、大小火星、荒蕪、伏斷等日。

動土平基：填⑪基吉日。甲子、乙丑、丁卯、戊⑫辰、庚午、辛未、己卯、辛

---

① 上图 A 本、南图 C 本、南图 D 本、上图 E 本、浙图 D 本为“辰”，应误。
② 应为“卸”之异体字。
③ 南图 D 本为“隐”，应误。
④ 南图 D 本为“爆”，古同“爨”。
⑤ 上图 A 本、南图 C 本、南图 D 本、浙图 D 本、上图 E 本为“大、夫月建、身家”，应误。
⑥ 上图 A 本、南图 C 本、南图 D 本、上图 E 本、浙图 D 本为“餘”，绍兴本为“節”。
⑦ 南图 D 本为“伒”，应误。
⑧ 上图 A 本、南图 C 本、南图 D 本、上图 E 本、浙图 D 本为“計”，应误。
⑨ 南图 D 本为“尤禁”，应误。
⑩ 上图 A 本、南图 C 本、南图 D 本、上图 E 本、浙图 D 本为“照”。
⑪ 上图 A 本、南图 C 本、南图 D 本、上图 E 本、浙图 D 本为“平”，应是。
⑫ 绍兴本、南图 D 本、上图 E 本为“戌”，应误；

巳、甲申、乙未、丁酉、己亥、丙午、丁未、壬子、癸丑、甲寅、乙卯、庚申、辛酉。築[①]墻宐伏斷、閉日吉。補築墻[②],宅龍六七月占墻。伏龍六七月占西墻二壁,因雨[③]傾倒,就當日起工便築,即爲無犯。若竢[④]晴[⑤]後停留三五日,過則[⑥]須擇日,不可輕動。泥飾垣墻,平治道塗,甃砌皆基,宐平日吉。

總 論

論動土方:陳希夷《玉鑰匙[⑦]》云:土[⑧]皇方犯之,令人害瘋痨、水蠱。土[⑨]符所在之方,取土動土犯之,主浮腫水氣。又據術者云:土瘟日并方犯之,令人兩脚浮[⑩]腫。天賊日起手動土,犯之招盜。

論取土[⑪]動土[⑫],坐宮修造不出避火,宅須忌年家、月家殺殺方。

定磉扇架:宐甲子、乙丑、丙寅、戊辰、己巳、庚午、辛未、甲戌、乙亥、戊寅、己卯、辛巳、壬午、癸未、甲申、丁亥、戊子、己丑、庚寅、癸巳、乙未、丁酉、戊戌、己亥、庚子、壬寅、癸卯、丙午、戊[⑬]申、己酉、壬子[⑭]、癸丑、甲寅、乙卯、丙辰、丁巳、己未、庚申、辛酉。又宐天德、月德、黄道,併諸吉神值日,亦可通用。忌正四廢、天賊、建、破日。

竪柱吉日:宐己巳、辛丑、甲寅、乙亥、乙酉、己酉、壬子[⑮]、乙巳、己未、庚

---

① 南图D本为“案”,应误。
② 上图A本、南图C本、南图D本、上图E本、浙图D本为“宅”,应误。
③ 上图A本、南图C本、南图D本、上图E本、浙图D本为“傾”,应误。
④ 上图A本为“缺”,上图E本为“鈌”,南图C本、南图D本为“鈌”,应误。
⑤ 上图A本、南图C本、南图D本、上图E本、浙图D本为“暗”,应误。
⑥ 上图A本、南图C本、南图D本、上图E本、浙图D本为“期”,应误。
⑦ 南图D本为“餘則”;上图E本为“鑰匙”,应误。
⑧ 上图A本、南图C本、上图E本、浙图D本为“玉”;南图D本为“王”,应误。
⑨ 南图C本、南图D本、上图E本、浙图D本为“上”,应误。
⑩ 南图D本为“淫”,应误。
⑪ 南图D本、上图E本为“上”,应误。
⑫ 同上。
⑬ 南图D本、上图E本为“戌”,应误。
⑭ 上图A本、南图C本、南图D本、浙图D本、上图E本为“午”,应误。
⑮ 上图A本、南图C本、南图D本、浙图D本、上图E本为“午”,应误。

申、戊[1]子、乙未、己亥、己卯、甲申、己丑、庚寅、癸卯、戊申、壬戌、丙寅、辛巳。又宜寅、申、巳、亥爲四柱日，黄道、天月二德諸吉星，成、開日吉。

上樑吉日：宜甲子、乙丑、丁卯、戊[2]辰、己巳、庚午、辛未、壬申、甲戌、丙子、戊[3]寅、庚辰、壬午、甲申、丙戌、戊[4]子、庚寅、甲午、丙申、丁酉、戊[5]戌、己亥、庚子[6]、辛丑、壬寅、癸卯、乙巳、丁未、己酉、辛亥、癸丑、乙卯、丁巳、己[7]未、辛酉、癸亥，黄道、天月二德諸吉星，成、開日吉。

折屋吉日：宜甲子、乙丑、丙寅、戊辰、己巳、辛未、癸酉、甲戌、丁丑、戊[8]寅、己卯、癸未、甲申、壬辰、癸巳、甲午、乙未、己亥、辛丑、癸卯、己酉、庚戌、辛亥、丙辰、丁巳、庚申、辛酉，除日吉。

蓋屋吉日：宜甲子、丁卯、戊辰、己巳、辛未、壬申、癸酉、丙子、丁丑、己卯、庚辰、癸未、甲申、乙酉、丙戌、戊[9]子、庚寅、丁酉、癸巳、乙未、己亥、辛丑、壬寅、癸卯、甲辰、乙巳、戊申、己酉、庚戌、辛亥、癸丑、乙卯、丙辰、庚申、辛酉，定、成、開日吉。

泥屋吉日：宜甲子、乙丑、己巳、甲戌、丁丑、庚辰、辛巳、乙酉、辛亥、庚寅、辛卯、壬辰、癸巳、甲午、乙未、丙午、戊[10]申、庚戌、辛亥、丙辰、丁巳、戊[11]午、庚申，平、成日吉。

開渠吉日：宜甲子、乙丑、辛未、己卯、庚辰、丙戌、戊[12]申，開、平[13]日吉。

砌地吉日：與修造動土同看。

---

① 上图E本为“戌”，应误。
② 上图E本为“戌”，应误。
③ 南图D本、上图E本为“戌”，应误。
④ 上图E本为“戌”，应误。
⑤ 上图E本为“戌”，应误。
⑥ 绍兴本为“午”，应误。
⑦ 上图A本、南图C本、南图D本、浙图D本、上图E本为“乙”，应误。
⑧ 上图E本为“戌”，应误。
⑨ 上图E本为“戌”，应误。
⑩ 上图E本为“戌”，应误。
⑪ 上图E本为“戌”，应误。
⑫ 上图E本为“戌”，应误。
⑬ 南图D本为“子”，应误。

結砌天井吉日

詩曰：

結修天井砌堦基，須識水中放[①]水圭。

格向天干埋[②]棓[③]口[④]，忌中順逆小兒嬉[⑤]。

雷霆大殺土皇廢，土忌[⑥]瘟符受死離。

天賊瘟囊芳[⑦]地破，土公土水隔痕隨[⑧]。

右空以羅經[⑨]放天井中[⑩]，間針[⑪]定取方位，放水天干上，切[⑫]忌大小滅沒、雷霆大[⑬]殺、土皇殺方。忌土[⑭]忌、土瘟、土符、受死、正四廢、天賊、天瘟、地囊、荒蕪、地破、土公箭[⑮]、土痕、水痕[⑯]、水隔。

論逐月甃地結天井砌堦[⑰]基吉日

正月：甲子、壬午、戊子、庚子、乙丑、己卯、丙午[⑱]、丙子、丁卯。

二月：乙[⑲]丑、庚寅、戊寅、甲寅、辛未、丁未、己未、甲申、戊申。

---

① 上图A本、南图C本、南图D本、上图E本、浙图D本为“及”，应误。
② 上图A本、南图C本、南图D本、上图E本、浙图D本为“理”，应误。
③ 上图A本、南图C本、南图D本、上图E本、浙图D本为“椿”，应误。
④ 上图A本、南图C本、南图D本、浙图D本、上图E本为“日”，应是。
⑤ 南图D本为“言”，应误。
⑥ 上图A本、南图C本、南图D本、上图E本、浙图D本此处多“氣”字，应误。
⑦ 上图A本、南图C本、南图D本、上图E本、浙图D本为“荒”。
⑧ 上图A本、南图C本、南图D本、上图E本、浙图D本无此三字。
⑨ 南图D本为“左不以作經”，应误。
⑩ 南图D本为“世天”，应误。
⑪ 南图D本为“斜”，应误。
⑫ 南图D本为“亦”，应误。
⑬ 南图D本为“方”，应误。
⑭ 上图A本、南图C本、南图D本、上图E本、浙图D本、绍兴本为“止”。
⑮ 南图C本为“箭”，应误。
⑯ 上图A本、南图C本、南图D本、上图E本、浙图D本无此二字。
⑰ 南图D本为“揩”，应误。
⑱ 上图A本、南图C本、南图D本、上图E本、浙图D本为“申”，应误。
⑲ 上图A本、南图C本、南图D本、上图E本、浙图D本为“巳”，应误。

三月：己巳、己卯、戊子、庚子、癸酉、丁酉、丙子、壬子。

四月：甲子、戊子、庚子、甲戌、乙丑、丙子。

五月：乙亥、己亥、辛亥、庚寅、甲①寅、乙丑、辛未、戊寅。

六月：乙亥、己亥、戊寅、甲寅、辛卯、乙卯、己卯、甲申、戊申、庚申、辛亥、丙寅。

七月：戊子、庚子、庚午、丙午、辛未②、丁未、己未、壬辰、丙子、壬子。

八月：戊寅、庚寅、乙丑、丙寅、丙辰、甲戌③、庚戌。

九月：己卯④、辛卯、庚午、丙午、癸卯。

十月：甲子、戊子、癸酉、辛酉、庚午、甲戌⑤、壬⑥午。

十一月：己未、甲戌⑦、戊⑧申、壬辰、庚申、丙辰、乙亥、己亥、辛亥。

十二月：戊寅、庚寅、甲寅、甲申、戊申、丙寅、庚申。

起造立木上樑式

凡造作立木上樑，候吉日良時，可立一香案於中亭，設安普庵仙師香火，備列五色錢、香花、燈燭、三牲、菓⑨酒供養之儀，匠師拜請三界地王、五方宅神、魯班三⑩郎、十極⑪高眞，其匠人秤丈竿、墨斗、曲尺，繫放香棹米桶上，并⑫巡官羅金安頓，照官符、三煞凶神、打退神殺，居住者永遠吉昌也。

---

① 南图D本为“庚”，应误。
② 南图D本为“亥”，应误。
③ 上图E本为“戊”，应误。
④ 南图D本为“亥”，应误。
⑤ 南图D本、上图E本为“戊”，应误。
⑥ 南图D本为“寅”，应误。
⑦ 南图D本为“庚寅”，应误。
⑧ 南图D本为“戌”，应误。
⑨ 南图D本为“東”，应误。
⑩ 南图D本为“二”，应误。
⑪ 南图D本为“德”，应误。
⑫ 南图D本为“井”，应误。

請設三界地主魯班仙師祝上樑文

伏以日吉時良，天地開張，金爐之上，五炷明香，虔誠拜請今年、今月、今日、今時直符使者，伏望光臨，有事懇請。今據某道①、某府、某縣、某鄉、某里、某社奉道信官［士］，憑術士選到今年某月某日吉時吉方，大利架造廳堂，不敢自②專，仰仗直符使者，賫持香信，拜請三界四府高真、十方賢聖、諸天星斗、十二宮神、五方地主明師，虛空過往，福德靈聰，住居香火道釋，衆眞門官，井竈③司命六神，魯班眞仙公輸子匠④人，帶來先傳後教祖本先師，望賜降臨，伏望諸聖，跨雀⑤鑾鸞，暫別宮殿之內，登車撥馬，來臨塲屋之中，既沭降臨，酒當三奠，奠⑥酒詩曰：

初奠纔斟，聖道降臨。已⑦享已祀，皷瑟皷琴⑧。布⑨福乾坤之大，受恩江海之深。仰憑聖道，普降凡情。酒當二奠，人神喜樂。大布恩光⑩，享來祿爵。二奠盃⑪觴，永威⑫灾⑬殃。百福降祥，萬壽無疆。酒當三奠，自此門庭常貼泰，從兹男女永安康，仰巢⑭聖賢流恩澤，廣置⑮田産降福降祥。上來三奠已畢，七獻云週，不敢過獻。

伏願信官［士］某，自創造上樑之後，家門浩浩，活計昌昌，于⑯斯倉而萬

① 上图A本、南图C本、南图D本、浙图D本、上图E本为“省”，应误。
② 南图D本为“今”，应误。
③ 古同“灶”。
④ 南图D本为“怪”，应误。
⑤ 古同“鹤”。
⑥ 上图E本为“莫”，应误。
⑦ 原文为“巳”，据上下文，应为“已”。下文同，不再注。
⑧ 北图本、浙图A本为“皷皷皷琴”，应误。
⑨ 南图D本为“者”，应误。
⑩ 南图D本为“之”，应误。
⑪ 上图A本、南图C本、南图D本为“杯”，异体字；上图E本為“怀”，应误。
⑫ 古同“灭”，上图A本、南图C本、南图D本、上图E本、浙图D本为“滅”。
⑬ 南图D本为“大”，应误。
⑭ 古同“冀”。
⑮ 上图A本、南图C本、南图D本、上图E本、浙图D本为“庇”。
⑯ 南图C本、南图D本、上图E本、浙图D本为“千”，应是。绍兴本为“手”，应误。

斯箱，一曰富而二曰壽，公私兩利，門庭光顯，宅舍興隆，火盜雙消，諸事吉慶，四時不遇水雷迍，八節常蒙地天泰。【如或保産臨盆，有慶坐草無危，願①生智慧之男，聰明富貴起家之子，云云】。凶藏煞沒②，各無干犯之方，神喜人懽③，大布禎祥之兆。凡在四時，克臻萬善。次冀匠人，興工造作，拈刀弄④斧，自然目朗心開，負重拈⑤輕，莫不脚輕手快，仰賴神通，特垂庇祐，不敢久留聖駕，錢財奉送，來時當獻下車酒，去後當酬上馬盃，諸聖各歸宮闕⑥。再有所請，望賜降臨錢財【匠人出煞，云云。】

天開地闢，日吉時良，皇帝子孫，起造高堂，【或造廟宇、菴堂、寺⑦觀則云：仙師架造，先合陰陽】。凶神退位，惡煞潛藏，此間建立，永遠吉昌。伏願榮遷之後，龍歸寶穴，鳳⑧徙⑨枯⑩巢⑪，茂蔭兒孫，增崇産業者。

詩曰：

一聲槌響透天門⑫，萬聖千賢左右分。
天煞打歸天上去，地煞潜⑬歸地裏藏。
大厦千間生富貴，全家百行益兒孫。
金槌敲處諸神獲，惡煞凶神急⑭速奔。

造屋間數吉凶例

一間凶，二間自如，三間吉，四間凶，五間吉，六間凶，七間吉，八間凶，九

---

① 上图E本为“頗”，应误。
② 上图E本为“汲”，应误。
③ 南图D本为“権”，应误。
④ 上图A本、南图C本、南图D本、上图E本、浙图D本为“舞”，应误。
⑤ 南图C本、南图D本、上图E本为“拈”，为闽语“躲藏“之意。
⑥ 南图D本为“開”；上图E本为“闢”，应误。
⑦ 南图D本为“詩”，应误。
⑧ 南图D本為“凤”。
⑨ 南图C本、南图D本、上图E本为“徒”，应误。
⑩ 续四库本多为“梧”，应是。
⑪ 上图A本、南图C本、南图D本、上图E本、浙图D本为“窠”，应误。
⑫ 上图A本、南图C本、上图E本为“閞”；南图D本为“閔”，应误。
⑬ 上图A本、南图C本、南图D本、上图E本、浙图D本为“潛”。
⑭ 此字为“急”之异体字，上图A本、南图C本、南图D本、上图E本、浙图D本为“急”。

間吉。

歌曰:五間廳,三間堂,創後三年必招殃。始五間廳,三間堂,三年内殺五人,七年莊[①]敗,凶。四間廳[②],三間堂,二年内殺四人,三年内殺七人。來二間無子,五間絕。三架廳[③]、七架堂,凶。七架廳,吉。三間廳[④],三間堂,吉。

斷水平法

莊子云:"夜靜水平。"俗[⑤]云,水從平則止。造此法,中立一方表,下作十字拱頭,蹄脚上横過一方,分作三分,中開[⑥]水池,中表安二線垂下,將一小石頭墜正中心,水池中立三個水鴨子,實要匠人定得木頭端正,壓尺十字,不可分毫走失[⑦],若依此例,無不平正也。

畫起屋樣

木匠接[⑧]式,用精紙一幅,畫[⑨]地盤濶[⑩]狹深淺,分下間架或三架、五架、七架、九架、十一[⑪]架,則王[⑫]主人之意,或柱柱落地,或偷柱及樑栟,使過步樑、肩樑、眉[⑬]枋,或使斗磉者,皆在地盤上停當。

---

① 此字为"庄"之异体字,上图A本、南图C本、南图D本、上图E本、浙图D本为"莊"。
② 南图D本为"厮",古同"厅"。
③ 南图D本为"厮",古同"厅"。
④ 南图D本为"厮",古同"厅"。
⑤ 上图A本、南图C本、南图D本、浙图D本、上图E本为"林",应误。
⑥ 浙图D本为"間",应误。
⑦ 南图D本为"尖",应误。
⑧ 绍兴本为"按",应是。
⑨ 此字为"畫"之异体字,上图A本、南图C本、南图D本、上图E本、浙图D本为"畵"。
⑩ 绍兴本为"潤",应误。
⑪ 绍兴本为"二",应误。
⑫ 原文如此,《鲁般营造正式》为"在",应是。
⑬ 上图A本、南图C本、南图D本、上图E本、浙图D本为"肩"。

魯般眞尺

按魯般尺乃有曲尺一尺四寸四分，其尺間有八寸，一寸堆曲尺一寸八分。內有財、病、離、義、官、刼、害、本也。凡人造門，用伏[①]尺法也。假如單扇門，小者開二尺一寸，一白，般尺在“義”上。單扇門開二尺八寸，在八[②]白，般尺合“吉”上[③]，雙扇門者，用四尺三寸一分，合四綠[④]一白，則爲本門，在“吉”上。如[⑤]財門者，用四尺三寸八分，合“財”門，吉。大雙扇門，用廣五尺六寸六分，合兩[⑥]白[⑦]，又在“吉”上。今時匠人則開門濶四尺二寸，乃[⑧]爲二黑，般尺又在“吉”上，及五尺六寸者，則“吉”上二分，加六分正在“吉”中，爲佳也。皆用依法，百無一失，則爲良匠也。

魯般[⑨]尺八首

財字

財字臨門仔細詳，外門招得外才良。
若在中門常自有，積財須用大門當。
中房若合安於[⑩]上，銀帛千箱與萬箱。
木匠若能明此理，家中福祿自榮昌。

病字

病字臨門招疫疾，外門神鬼入中庭。

---

① 绍兴本为“依”，应是。
② 上图A本、南图C本、南图D本、浙图D本、上图E本为“本”，应误。
③ 上图A本、南图C本、南图D本、浙图D本、上图E本为“立”，应误。
④ 上图A本、南图C本、南图D本、浙图D本、上图E本为“六”，应误。
⑤ 南图D本为“加”，应误。
⑥ 上图A本、南图C本、南图D本、浙图D本、上图E本为“前”，应误。
⑦ 上图E本为“自”，应误。
⑧ 上图A本、南图C本、南图D本、浙图D本、上图E本为“合”，应误。
⑨ 上图A本、南图C本、南图D本、浙图D本、上图E本为“班”。
⑩ 上图A本、南图C本、南图D本、浙图D本、上图E本为“于”。

若在中門逄[1]此字，灾須輕可免危聲。

更被[2]外門相照對，一年兩度送尸靈。

於中若要無凶禍，厠上無疑是好親。

離字

離字臨門事不祥，仔細排來在甚方。

若在外門并中户，子南父北自分張。

房門必主生離别，夫婦恩情兩處忙。

朝夕士家常作鬧，恓惶無地禍誰當。

義字

義字臨門孝順生，一字中字最爲眞。

若在都門招三婦，廊門淫婦戀花聲。

於中合字雖爲吉，也有興灾害及人。

若是十分無灾害，只有厨門實可親。

官字

官字臨門自要詳，莫教安[3]在大門場。

須妨公事親州府，富貴中庭房自昌。

若要房門生貴子，其家必定出官廊。

富家[4]人家有相壓，庻[5]人之屋實難量。

刼字

劫字臨門不足誇，家中日日事如麻。

更有害門相照看，凶來疊疊禍無差。

---

① 应为“逢”之变体错字，上图A本、南图C本、南图D本、浙图D本、上图E本为“逢”。

② 上图A本、南图C本、南图D本、浙图D本、上图E本为“從”。

③ 上图A本、南图C本、南图D本、上图E本、浙图D本为“空”。

④ 上图A本、南图C本、南图D本、上图E本、浙图D本为“貴”。

⑤ 古同“庶”，上图A本、南图C本、南图D本、上图E本、浙图D本为“庶”。

兒孫行刼身遭苦，作事因循害刦家。

四惡四凶星不吉，偷①人物件害其佗②。

害字

害字安門用細尋，外人③多被外人臨。

若在内門多興禍，家財必被賊來侵。

兒孫行門于害字，作事須因破④其家。

良匠若⑤能明此理，管教宅主永興隆。

吉字

吉字臨門最是良，中官内外一齊强。

子孫夫婦皆榮貴，年年月月在蠶桑。

如有財門相照者，家道興隆大吉昌。

使有凶神在傍⑥位，也無灾害亦風光。

本門詩

本子開門大吉昌，尺頭尺尾正⑦相當。

量來尺尾須⑧當吉，此到頭來財上量。

福禄乃爲門上致，子孫必出好兒郎。

時師依此仙賢造，千倉萬廪有餘糧。

---

① 南图 D 本为“俞”，应误。

② 原文如此，据上下文，应为“它”之通假。

③ 上图 A 本、南图 C 本、南图 D 本、上图 E 本、浙图 D 本为“門”。

④ 南图 D 本为“被”，应误。

⑤ 上图 E 本为“有”，应误。

⑥ 南图 C 本、南图 D 本、上图 E 本为“[illegible]”，应为“[illegible]”（古同“傍”）之误。

⑦ 上图 A 本、南图 C 本、南图 D 本、上图 E 本、浙图 D 本为“上”，应误。

⑧ 上图 A 本、南图 C 本、南图 D 本、上图 E 本、浙图 D 本为“雖”，应误。

曲尺詩

一白惟如六白良，若然八白亦爲昌。

但①將般尺來相凑，吉少凶多必主殃。

曲尺之畐②

一白、二黑、三碧、四緑、五黄、六白、七赤、八白、九紫、一③白。

論曲尺④

曲尺者，有十寸，一寸乃十分。凡遇起造經營，開門高低、長短度量，皆

① 上图E本为“伹”，应误。

② 上图A本、南图C本、南图D本、上图E本、浙图D本为“圖”。

③ 上图A本、南图C本、南图D本、上图E本、浙图D本为“十”。

④ 北图本、浙图A本、绍兴本后有“根由”二字。

在此上。須當湊對魯般尺八[①]寸,吉凶相度,則吉多凶少,爲佳[②]。匠者但用做此,大吉也。

推[③]起造何首合白吉星[④]

魯般經營:凡人造宅門,門[⑤]一須用準,與不準及起造室院。條缉[⑥]車箭[⑦],須用準,合陰陽,然後使尺寸量度,用合"財[⑧]吉星"及"三白星",方爲吉。其白外,但則九紫爲小吉。人要合魯般尺與曲尺,上下相仝爲好。用尅定神、人、運、宅及其年,向首大利。

按九天玄女裝門路,以玄女尺[⑨]筭之,每尺止[⑩]得九寸有零,却分財、病、離、義、官、劫、害、本[⑪]八位,其尺寸長短不齊,惟本門與財門相接最吉。義門惟寺觀學舍,義聚之所可裝。官門惟官府可裝,其餘民俗只粧[⑫]本門與財門,相接最吉。大抵尺法,各隨匠人所傳,術者當依魯般經尺度爲法。

論開門步數:宜單不宜雙。行惟一步、三步、五步、七步、十一步吉,餘凶。每步計四尺五寸,爲一步,于屋簷滴水處起步,量至立門處,得單步合前財、義、官、本門,方爲吉也。

定盤眞尺

凡創造屋宇,先須用坦平地基,然後隨大小、濶狹,安磉平正。平者,穩

---

① 上图A本、南图C本、南图D本、上图E本、浙图D本无此字。
② 上图A本、南图C本、南图D本、上图E本、浙图D本为"良",应误。
③ 原文为"惟",应为"推"之误,上图A本、南图C本、南图D本、上图E本、浙图D本为"推"。
④ 南图D本、上图E本为"屋"。
⑤ 此处疑多一字。
⑥ 上图A本、南图C本、南图D本、上图E本、浙图D本为"楫"。
⑦ 上图A本、南图C本、南图D本、上图E本、浙图D本为"籍"。
⑧ 上图A本、南图C本、南图D本、浙图D本、上图E本为"則",应误。
⑨ 南图D本、上图E本为"只",应误。
⑩ 应为"只"之通假。
⑪ 上图E本为"木",应误。
⑫ 应为"装"之通假。

也。次用一件木料[長一丈四、五尺,有𣥐①長短在②人。用大四寸,厚二寸,中立表。]長短在四、五尺内實用③,壓曲尺,端正兩邊,安八字,射中心,[上繫一線重,下吊④石墜,則爲平正,直也,有實𢱢⑤可騐⑥。]

詩曰:

世間萬物得其平,全仗⑦權衡及準繩。

創造先量基⑧濶狹,均⑨分内外兩相停。

石磉切須安得正,地盤先宐鎮中心。

定將真尺分平正,良匠當依此法真。

推造宅舍⑩吉凶論

造屋基,淺在市井中,人䰟⑪之處,或外濶内狹爲⑫,或内内⑬濶外狹穿,只得隨地基所作。若内濶外⑭,乃名爲蝌⑮穴屋,則衣食自豊也。其外濶,則名為檻口屋,不爲奇也。造屋切不可前三直後二直,則爲穿心栟,不吉。如或新起栟,不可與舊屋棟齊過。俗云:新屋插舊棟,不久便相送。須用放低於舊屋,則曰:次棟。又不可直棟穿中門,云:穿心棟。

---

① 上图A本、南图C本、南图D本、上图E本此处空一字。

② 绍兴本为“有”,应误。

③ 上图A本、南图C本、南图D本、上图E本无此二字。

④ 浙图A本为“㠯”,为“以”之异体字;上图A本、南图C本、南图D本、上图E本、浙图D本为“以”。

⑤ 上图A本、南图C本、南图D本、上图E本、浙图D本为“際”,应误。

⑥ 古同“验”。上图A本、南图C本、南图D本、上图E本、浙图D本为“用”,应误。

⑦ 应为“仗”之误,上图A本、南图C本、南图D本、上图E本、浙图D本为“仗”。

⑧ 上图A本、南图C本、南图D本、上图E本、浙图D本为“其”,应误。

⑨ 上图E本为“物”,应误。

⑩ 上图A本、南图C本、南图D本、上图E本、浙图D本为“合”,应误。

⑪ 南图D本为“魁”。

⑫ 此处疑多一字。

⑬ 此处疑多一字。

⑭ 此处疑缺“狭”字。

⑮ 古同“蝌”,上图A本、南图C本、南图D本、上图E本、浙图D本为“蝌”。

三架屋后车三架法

三架屋後車[1]三架法

造此小屋者，切不可高大。凡步柱只可高一丈零一寸，棟柱高一丈二尺一寸，段[2]深五尺六寸，間濶一丈一尺一寸，次間一丈零一寸，此法則相稱也。

詩曰：

凡人創造三架屋，般尺須尋吉上[3]量。

濶狹高低依此法，後來必出好兒郎。

① 据上下文，应为“連”之别字。
② 上图A本、南图C本、南图D本、上图E本为“段”。
③ 上图A本、南图C本、南图D本、上图E本、浙图D本为“土”，应误。

三架屋后车三架法

五架房子格

正五架三間，拖後一柱，步用一丈零八寸，仲高一丈二尺八寸，棟高一丈五尺一寸，每段四尺六寸，中間一丈三尺六寸，次濶一丈二尺一寸，地基濶狹則在人加減，此皆壓白之法也。

詩曰：

三間五架屋偏奇，按白量材實利宜。

住坐安然多吉慶，横財入宅不拘時。

五架房子格

正七架三間格

七架堂屋：大凡架造，合用前後柱高一丈二尺六寸，棟高一丈零六寸，中間用濶一①丈四尺三寸，次闊一丈三尺六寸，叚四尺八寸，地基闊狹、高低、深淺随人意加減則爲之。

詩曰：

經營此屋好華堂，並是工師巧主張。

富貴本由繩尺得，也須合用按陰陽。

---

① 南图 D 本为“二”，应误。

正七架三间格

正九架五間堂屋格

凡造此屋，步柱用高一丈三尺六寸，棟柱或地基廣濶①，宜一丈四尺八寸，段淺者四尺三寸，成十②分深，高二丈二尺棟爲妙。

詩曰：

陰陽兩字最宜先，鼎創興工好向前。

九③架五間堂九天④，萬年千載福綿綿。

① 南图D本为"酒"，应误。
② 南图D本为"寸"，应误。
③ 南图D本为"方"，应误。
④ 上图A本、南图C本、南图D本、上图E本、浙图D本为"尺"，应是。

謹按仙[1]師眞尺寸，管教富貴足庄[2]田。

時人若不依仙法，致使人家兩不然。

正九架五间堂屋格

鞦韆架

鞦韆架：今人偷棟栟爲之吉。人以如此造，其中創閑[3]要坐起處，則可依此格，儘好。

① 南图D本、上图E本为“先”，应误。

② 上图E本为“生”，应误。

③ 上图A本、南图C本、南图D本、上图E本、浙图D本为“閉”，应误。

秋千架

小門式

凡造小門者,乃是塚墓之前所作,兩柱前重在屋,皮上出入不可十分長,露出殺,傷其家子媳,不用使木作,門蹄二邊使四隻將軍柱,不宜大高也。

小 门 式

擭①焦亭

造此亭者，四柱落②地，上三超四結果，使平盤方中，使福海頂、藏心柱十分要聳，瓦蓋用暗鐙釘住，則無脁③落，四方可觀之。

① 此字疑为“搜”字。
② 上图E本为“洛”。
③ 上图A本、南图C本、南图D本、上图E本、浙图D本为“脱”，应是。

詩曰：

枷梢門屋有兩般，方直尖斜一樣言。家有姦偷夜行子，須防横禍及道官。

詩曰：

此屋分明端正奇，暗中爲禍少人知。
只因匠者多藏素，也是時師不細詳。
使得家門長退落，緣他屋主大限①衰。
從今若要兒孫好，除是從頭改過爲。

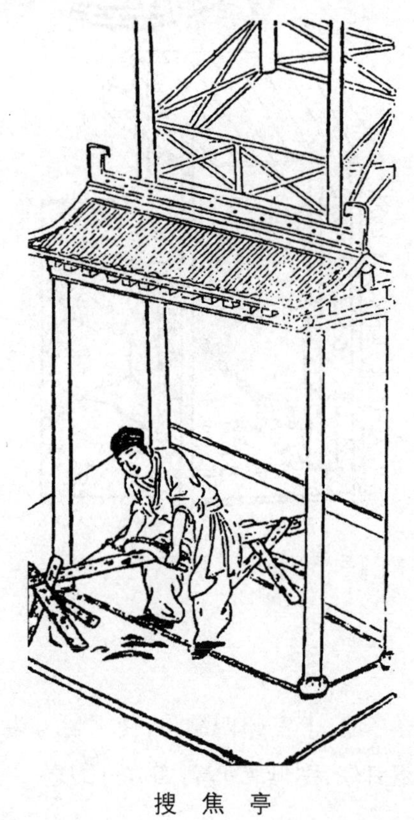

搜 焦 亭

① 南图 D 本为“畏”。

造作門樓

新創屋宇開門之法：一自外正大門而入，次二重較門，則就東畔開吉門，須要屈曲，則不宐大①直。内門②不可較大外門，用依此例也。大凡人家外大門，千萬不可被人家屋脊③對射，則不祥之兆也。

論起廳堂門例

或起大廳屋，起門須用好筭頭向。或作槽④門之時，須用放高，與第二重門同，第三⑤重却就栿柁起，或作如意門，或作古錢門與方勝門，在主人意愛而爲之。如不做槽門，只做都門、作胡字門，亦佳矣。

詩曰：

大門安者莫在東，不按仙賢法一同。

更被别人屋棟射，須教禍事又重重。

上下門：計六尺六寸；中户門：計三尺三寸；小户門：計一尺一寸；州縣寺觀門：計一丈一尺八寸濶；庶人門：高五尺七寸，濶四尺八寸；房門：高四尺七寸，濶二尺三寸。

春不作東門，夏不作南門，秋不作西門，冬不作北門。

債不星逐年定局方位

戊癸年[坤庚方]，甲巳年[占辰方]，乙庚年[兑坎寅方]，丙辛年[占午方]，丁壬年[乾方]。

債不星逐月定局

大月：初三、初六、十一、十四、十九、廿二、廿七，[凶日]。

---

① 此字应为“太”之别字，南图D本为“夫”，应误。
② 上图A本、南图C本、南图D本、上图E本、浙图D本为“開”，应误。
③ 应为“脊”之变体错字，上图A本、南图C本、南图D本、上图E本、浙图D本为“脊”。
④ 南图D本为“懵”，应误。
⑤ 南图D本为“二”，应误。

小月：初二、初七、初十、十五、十八、廿三、廿六，[凶日]。

庚寅日：門大夫死甲巳日六甲胎神，[占門]。

塞門吉日：宜伏斷閉日，忌丙寅、己巳、庚午、丁巳。①

紅嘴朱雀凶日：庚午、己卯、戊子、丁酉、丙午、乙卯。

修門②雜忌

九良星③年：丁亥、癸巳占大門；壬寅、庚申④占門；丁巳占前門；丁卯、己卯占後門。

丘公殺⑤：甲巳年占九月，乙庚⑥占十一月，丙辛年占正月，丁壬年占三月，戊癸年占五月。

逐月修造門吉日

正月癸酉，外丁酉。二月甲寅。三月庚子，外乙巳。四月甲子、庚子，外庚午。五月甲寅，外丙寅。六月甲申、甲寅，外丙申、庚申。七月丙辰。八月乙亥。九月庚午、丙午。十月甲⑦子、乙未、壬午、庚子、辛未，外庚午。十一月甲寅。十二月戊寅、甲寅、甲子、甲申、庚子，外庚申、丙寅、丙申。

右吉日不犯朱雀、天牢、天火、獨火、九空、死氣、月破、小耗、天賊、地賊、天瘟、受死、氷⑧消瓦䧟⑨、陰陽錯、月建、轉殺、四耗、正四廢、九土鬼、伏斷、火星、九醜、滅門、離窠⑩、次地火、四忌、五窮、耗絶、庚寅門、大夫死日、白

---

① 原书遗缺下划线处文字，今据“续四库本”补出，注释见前文，此处不再整理。
② 南图D本为“出”，应误。
③ 南图D本为“見”，应误。
④ 南图D本为“中”，应误。
⑤ 上图A本、南图C本、南图D本、上图E本、浙图D本缺少此字。
⑥ 底本无此字，上图A本、南图C本、南图D本、上图E本、浙图D本此后多一“年”字。
⑦ 北图本、故宫珍本为“申”，应误。
⑧ 古同“冰”，北图本、故宫珍本、上图A本、绍兴本、南图D本为“水”，应误。
⑨ 此字为“陷”之异体字，南图D本为“除”，应误。
⑩ 上图A本、南图C本、南图D本、上图E本为“巢”。

虎、炙退、三殺、六甲胎①神占門，并債木②星爲忌。

門光星

大月從下數上，小月从上數下。

白圈者吉，人字損人，丫字損畜。

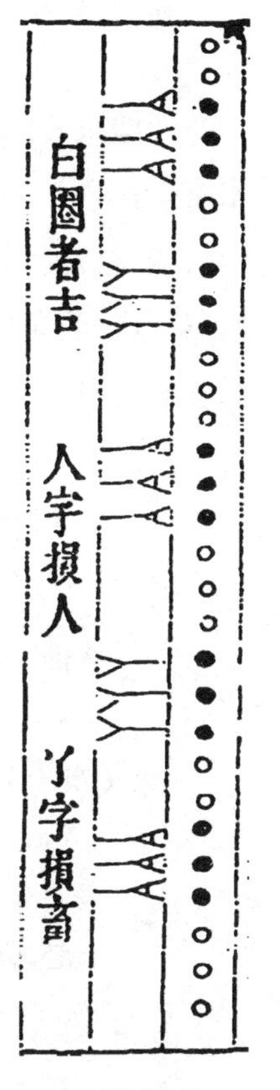

门光星图

門光星吉日定局

大月：初一、初二、初三、初七、初八、十二、十三、十四、十八、十九、二十、廿四、廿五、廿九、三十日。

小月：初一、初二、初六、初七、十一、十二、十三、十七、十八、十九、廿三、廿四、廿八、廿九日。

總　論

論門樓，不可專主門樓經③、玉輦④経⑤，誤⑥人不淺，故不編入。門⑦向須避直⑧冲尖射⑨砂水、道路、惡石、山𡑞⑩、崩破、孤峯⑪、枯木、神廟之類，謂之乘殺入門，凶。宜迎水、迎山，避水斜割，悲聲。經云：以水爲朱雀者，忌夫湍。

---

① 南图D本为“太”，应误。

② 上图A本、南图C本、南图D本、上图E本、浙图D本为“不”。

③ 上图A本、南图C本、南图D本、上图E本、浙图D本此字处空缺。

④ 南图D本为“聲”，应误。

⑤ 古同“經”，上图A本、南图C本、南图D本、上图E本为“經”。

⑥ 北图本为“誤”，上图A本、南图C本、南图D本、上图E本为“悞”。

⑦ 上图A本、南图C本、南图D本、上图E本为“四”，应误。

⑧ 上图A本、南图C本、南图D本、上图E本为“犯”，应误。

⑨ 上图A本、南图C本、南图D本、上图E本为“斜”，应误。

⑩ 绍兴本、上图E本为“均”。

⑪ 古同“峰”，绍兴本为“峰”。

論黄泉門路

天機訣云:庚丁坤上是黄泉,乙丙須防巽水①先,甲癸向中休見艮,辛壬水路②怕當乾。犯王③枉死少丁,殺家長,長病忤逆④。

庚向忌安單坤向門路水步,丙向忌安單坤向門路水步,乙向忌安單巽向門路水步,丙向忌安單巽向門路水,甲向癸向忌安單艮向門路水步,辛壬向忌安單乾向門路水步。其法乃死絶處,朝對宫爲黄泉是也。

詩曰:

一⑤兩棟簷水流相射,大小常相駡,此屋名爲暗箭山⑥,人口不平安。

據仙⑦賢云:屋前不可作欄杆,上不可使立釘,名爲暗⑧箭,當忌之。

郭璞相宅詩三首

屋前致欄杆,名曰紙錢山。

家必多喪⑨禍,哭泣不曾閑。

詩云:⑩

門高勝於庁,後代絶人丁。

門高過於壁,其家多哭泣。

---

① 上图A本、南图C本、上图E本为“木”,应误。
② 上图A本、南图C本、南图D本、上图E本、浙图D本为“道”。
③ 绍兴本为“主”,上图E本为“玉”,应误。
④ 南图D本、上图E本后有字“連”。
⑤ 据上下文,此处应多“一”字。
⑥ 上图A本、南图C本、南图D本、上图E本、浙图D本为“出”,应误。
⑦ 上图A本、南图C本、南图D本、上图E本、浙图D本为“先”,应误。
⑧ 南图D本为“時”,应误。
⑨ 此字为“喪”之异体字,简体为“丧”,下文同,不再注。
⑩ 上图A本、南图C本、南图D本、浙图D本仅为“又”字,上图E本为无字空行。

又[1]：

門扇两枋[2]欺，夫婦不相宜。

家財當耗散，眞是不爲量。

五架屋諸式圖

五架樑栟或使方樑者，又有使界板者，及又槽搭栿斗𠋆[3]之類，在主人之所爲也。

五架屋诸式图

① 底本无此字，上图A本、南图C本、南图D本、上图E本、浙图D本多此字。

② 上图A本、南图C本、南图D本、浙图D本为"枋"。

③ 上图A本、南图C本、上图E本为"磉"，应是。南图D本为"橾"。

五架後拖兩架

五架屋後添兩架,此正按古格,乃佳也。今時人喚做前淺後深之說,乃生生笑隱,上吉也。如造正五架者,必是其基地如此,別有實格式,學者可驗之也。

五架后拖两架

正七架格式

正七架樑，指及七架屋、川牌栟，使斗棲或柱義桁並①，由人造作，後有圖式可佳。

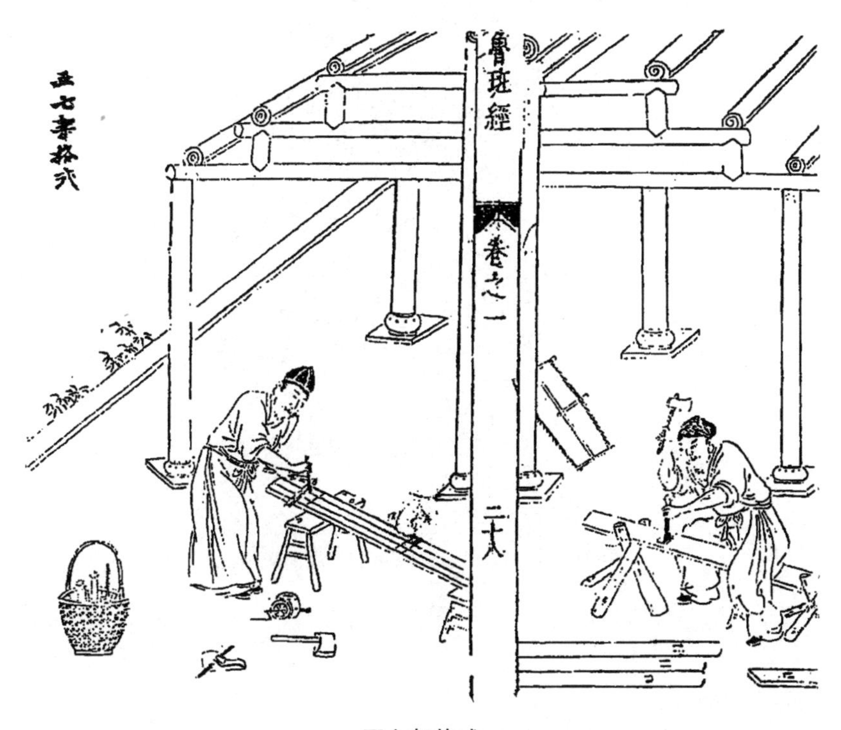

正七架格式

王府宫殿

凡做此殿，皇帝殿九丈五尺高，王府七丈高，飛簷找角，不必再白。重拖五架，前拖三架，上截升拱天花板，及地量至天花板，有五丈零三尺高。殿上住②頭七七四十九根，餘外不必再記，隨在加減。中心兩柱八角爲之天梁，

① 上图 A 本、南图 C 本、南图 D 本、上图 E 本、浙图 D 本为“椾”，应误。

② 此字应为“柱”之通假。

輔佐後無門，俱大厚板片。進金上前無門，俱掛硃[1]簾，左邊立五宮，右邊十二院，此與民間房屋同式，直出明律。門有七重，俱有殿名，不必載之。

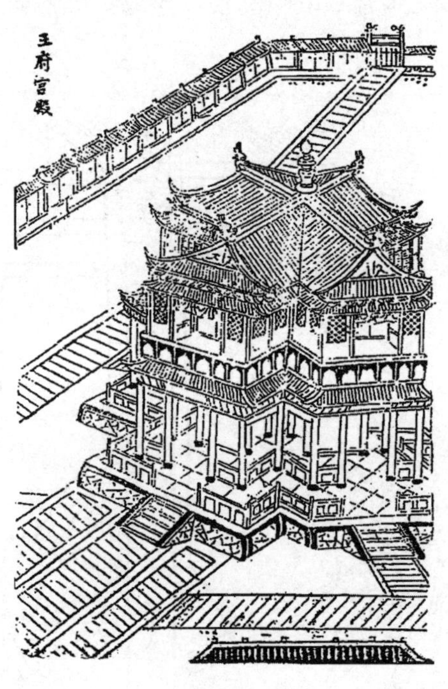

王府宫殿

司[2]天臺式

此臺在欽天監。左下層土磚石之類，週圍八八六十四丈濶，高三十三丈，下一十八層，上分三十三層，此應上觀天文，下察地利。至上層週[3]圍俱是冲天欄杆，其木裏方外圓，東西南北反[4]中央立起五處旗杆，又按天牌二十八面，寫定二十八宿星主，上有天盤流轉，各位星宿吉凶乾象。臺上又有

① 上图A本、南图C本、南图D本、上图E本、浙图D本为“珠”，应误。
② 上图A本、南图C本、南图D本、上图E本、浙图D本为“周”，应误。
③ 南图C本、南图D本、上图E本为“周”。
④ 原文如此，应为“及”之别字。

冲天一直平盤，濶方圓一丈三尺，高七尺，下四平脚穿枋串進，中立圓木一根。閗①上平盤者，盤能轉，欽天監官每看天文立於此處。

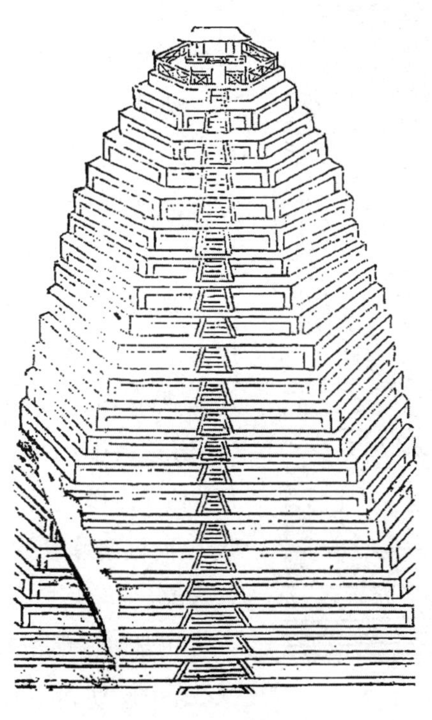

司天台式

粧②修正廳

左右二邊，四③大孔水椹板④，先量每孔多少高，帶磉至一穿枋下有多

① 上图A本、南图C本、南图D本、上图E本、浙图D本为"鬪"，古同"鬭"，为"閗"异体字。

② 古同"装"，下文同，不再注。上图A本、南图C本、南图D本、上图E本、浙图D本为"凡"，应误。

③ 上图E本为"匹"，应误。

④ 北图本、故宫珍本此字空缺；上图A本、南图C本、南图D本、上图E本、浙图D本为"椹"，应误。绍兴本为"板"，应是。

少尺寸,可分爲上下一半①,下水椹帶腰枋,每矮九寸零三分,其腰枋只做九寸三分。大抱柱線,平②面九分,窄上五分,上起荷葉線,下起棋盤線,腰枋上面亦然。九分下起一寸四分,窄面五分,下貼地栿,貼仔③一寸三分厚,與地栿盤厚,中间分三孔或四孔,橔枋仔④方圓一寸六分,閗⑤尖一寸四分長。前楣後楣比廳心每要高七寸三分,房間光顯冲欄二尺四寸五分,大廳心門框一寸四分厚,二寸二分大,或下四片,或下六片,尺寸要有零,子舍箱間與廳心一同尺寸,切忌兩樣尺寸,人家不和。廳上前眉⑥兩孔,做門上截亮格,下截上行板⑦,門框起聰管線,一寸四分大,一寸八分厚。

寺观庵堂庙宇式

正堂粧修與正廳一同,上框門尺寸無二,但腰枋帶下水椹,比廳上尺寸每矮一寸八分。若做一抹光水椹,如上框門,做上截起棋盤線或荷葉線,平七分,窄面五分,上合角貼仔一⑧寸二分厚,其别雷同。

---

① 上图A本、南图C本、南图D本、上图E本、浙图D本为"中",应误。
② 上图A本、南图C本、南图D本、上图E本、浙图D本为"半",应误。
③ 上图E本为"存",应误。
④ 上图A本、南图C本、南图D本、上图E本、浙图D本为"每"。
⑤ 上图A本、南图C本、南图D本、上图E本、浙图D本为"圍",应误。
⑥ 上图A本、南图C本、南图D本、上图E本、浙图D本为"眉",古同"眉"。
⑦ 上图E本为"核",应误。
⑧ 上图A本、南图C本、南图D本、上图E本、浙图D本为"二"。

寺觀庵[1]堂廟宇式

架學造寺觀等，行人門身帶斧器，從後正龍而入，立在乾位，見本家人出方動手，左手執六尺，右手拿斧，先量正柱，次首左邊轉身柱，再量直出山門外止。呌夥同人，起手右邊上一抱柱，次後不論。大殿中間，無水椹或欄杆斜格，必用粗大，每筭[2]正數，不可有零。前欄杆三尺六寸高，以應天星。或門及抱柱，各様要筭[3]七十二地星。菴[4]堂廟宇中間水椹板，此[5]人家水椹每矮一寸八分，起線[6]抱柱尺寸一同，已載在前，不白[7]。或做門，或亮格，尺寸俱矮一寸八分。廳上寳棹三尺六寸高，每與轉身柱一般長，深四尺面，前叠方三層，每退墨一寸八分，荷葉線下兩層花板，每孔要分成雙下脚，或雕[8]獅象挖[9]脚，或做貼[10]梢，用二寸半[11]厚，記此。

装修祠堂式

---

① 南图 C 本、南图 D 本、上图 E 本为“菴”，为“庵”之异体字。
② 应为“算”之变体错字，上图 A 本、南图 C 本、南图 D 本、上图 E 本、浙图 D 本为“筭”。
③ 古同“算”，南图 D 本为“算”。
④ 古同“庵”，上图 A 本、南图 C 本、南图 D 本、上图 E 本、浙图 D 本为“庵”。
⑤ 上图 A 本、南图 C 本、南图 D 本、上图 E 本、浙图 D 本为“比”，应是。
⑥ 南图 D 本为“器”，应误。
⑦ 上图 E 本为“自”，应误。
⑧ 南图 D 本为“雎”，应误。
⑨ 上图 A 本、南图 C 本、南图 D 本、上图 E 本、浙图 D 本为“像柱”，应是。
⑩ 南图 D 本为“點”；上图 E 本为“貼”，应误。
⑪ 南图 C 本、南图 D 本为“牛”，应误。

粧修祠堂式

凡做祠宇爲之家廟，前三門次東西走馬，廊又次之。大廳廳之後明樓茶亭，亭之後卽寢堂。若粧修自三門做起，至内堂止。中門開四尺六寸二分濶，一①丈三尺三分高，濶合得長天尺，方在義、官位上。有等說官字上不好安門，此是祠②堂，起不得官、義二字，用此二字，子孫方有發達榮耀③。兩邊耳門三尺六寸四分濶，九尺七寸高④大，吉、財二字上，此合天星吉地德星，况中門兩邊，俱后⑤格式。家廟不比尋常人家，子弟賢⑥否，都在此處種秀。又且寢堂及廳兩廊至三門，只可步步高，兒孫方有尊卑，毋小期大之故，做者深詳記之。

粧⑦修三門，水椹城⑧板下量起，直至一穿上平分上下一半，兩邊演⑨開八字，水椹亦然。如是大門二寸三分厚，每片用三箇⑩暗串，其門笋要圓⑪，門斗要扁⑫，此開門方𨶒⑬爲吉。兩廊不用粧架，廳中心四大孔，水椹上下平分，下截每矮七寸，正抱柱三寸六分大，上截起荷葉線，下或一抹光，或鬪尖的，此尺寸在前可觀。廳心門⑭不可做四⑮片⑯，要做六片，吉。兩邊房間及耳房，可做大孔田字格或窗齒可合式，其門後楣要留，進退有式。明樓不須

---

① 上图A本、南图C本、南图D本、上图E本、浙图D本为“壹”。
② 南图D本、上图E本为“詞”，应误。
③ 南图C本、南图D本为“糴”，应误。
④ 上图A本、南图C本、南图D本、上图E本、浙图D本为“或”，应误。
⑤ 底本原文如此，上图A本、南图C本、南图D本、上图E本、浙图D本为“合”。
⑥ 绍兴本为“暨”，应误。
⑦ 上图E本为“桩”，应误。
⑧ 上图A本、南图C本、南图D本、浙图D本、上图E本为“或”，应误。
⑨ 上图A本、南图C本、南图D本、上图E本、浙图D本为“潢”，应误。
⑩ 古同“個”，上图A本、南图C本、南图D本、上图E本、浙图D本为“個”。
⑪ 上图E本为“圊”，应误。
⑫ 上图A本、南图C本、南图D本、上图E本、浙图D本为“扇”，应误。
⑬ 应为“嚮”之变体错字。
⑭ 上图A本、南图C本、南图D本、上图E本、浙图D本无此字。
⑮ 上图A本、南图C本、南图D本、上图E本、浙图D本为“六”，应误。
⑯ 上图A本、南图C本、南图D本、上图E本、浙图D本此处多一“吉”字。

架修,其寢堂中心不用做門,下做水椹帶地栿①,三尺五高,上②分五孔,做田字格,此要做活的,内奉神主祖先,春秋祭祀,拿得下來。兩邊水湛,前有尺寸,不必再白。又前眉③做亮格門,抱柱下馬蹄抱住④,此亦用活的,後學觀此,謹宜詳察,不可⑤有悮。

神 厨 搽 式

神厨搽式

下層三尺三寸,高四尺,脚每一片三寸三分大,一寸四分厚,下鎖脚方一寸四分大,一寸三分厚,要留出笋。上盤仔二尺二寸深,三尺三寸闊,其框二

① 上图 E 本为"栿",应误。
② 上图 E 本为"土",应误。
③ 绍兴本为"結",应误。
④ 上图 A 本、南图 C 本、南图 D 本、上图 E 本、浙图 D 本为"柱",应误。
⑤ 上图 A 本、南图 C 本、南图 D 本、上图 E 本、浙图 D 本为"宜"。

寸五分大，一寸三分厚，中下兩串，兩頭合角與框一般大，吉。角止佐半合角，好開柱。脚相二個，五寸高，四分厚，中下土厨只做九寸，深一尺①。窗齒欄杆，止好下五根步步高。上層柱四尺二寸高，帶嶺在內，柱子方圓一寸四分大，其下六根，中兩根，係交進的裏半做一尺二寸深②，外空一尺，內中或做二層，或做三層，步步退墨。上層下散柱二個，分三孔，耳孔只做六寸五分濶，餘留中上。拱樑二寸大，拱樑上方樑一尺八大，下層下嚾眉勒③水。前柱磉一寸四分高，二寸二分大，雕播荷葉。前楣帶嶺八寸九分大，切忌大了不威勢。上或下火熖④屏，可分爲三截，中五寸高，兩邊三寸九分高，餘或主家用大用小，可依此尺寸退墨，無錯。

营 寨 格 式

① 上图A本、南图C本、南图D本、上图E本、浙图D本为“寸”，应误。
② 南图C本为“㴱”。
③ 上图E本为“勤”，应误。
④ 南图C本、南图D本、上图E本为“焰”。

營[1]寨格式

立寨之日,先下纍杆[2],次看羅經,再看地勢山形生絶之處,方令木匠伐木,踃[3]定裏外營壘。内營方用廳者,其木不俱[4]大小,止前選定二根,下定前門,中五直木,九丈爲中央主旗杆,内分間架,裏外相串。次看外營週圍,疊分金木水火土,中立二十八宿,下"伏生傷杜日景死驚開"此行文,外代[5]木交架而[6]下週建。祿角旗鎗之勢,並不用木作之工。但裏[7]營要鉋砍找接下門之勞[8],其餘不必木匠。

凉　亭

① 上图A本、南图C本、南图D本、上图E本、浙图D本此字空缺。

② 南图C本、南图D本、上图E本为"枉",应误。

③ 上图A本、南图C本、南图D本、上图E本、浙图D本为"踃"。

④ 上图A本、南图C本、南图D本、上图E本、浙图D本为"拘",应是。

⑤ 据上下文,应为"伐"之别字。

⑥ 上图A本、南图C本、南图D本、浙图D本、上图E本为"上",应误。

⑦ 南图D本为"重",应误。

⑧ 南图D本为"劳",应误。

凉亭水閣式

粧修四圍欄杆,靠背下一尺五寸五分高,坐板一尺三寸大,二寸厚。坐板下或横下板片,或十字掛欄杆上。靠背一尺四寸高,此上靠背尺寸在前不白,斜四寸二分方好坐。上至一穿枋做遮[①]陽,或做亮格門。若下遮陽,上洶一穿下,離一尺六寸五分是遮陽。穿枋三寸大,一寸九分原[②],中下二根斜的,好開光[③]窗。

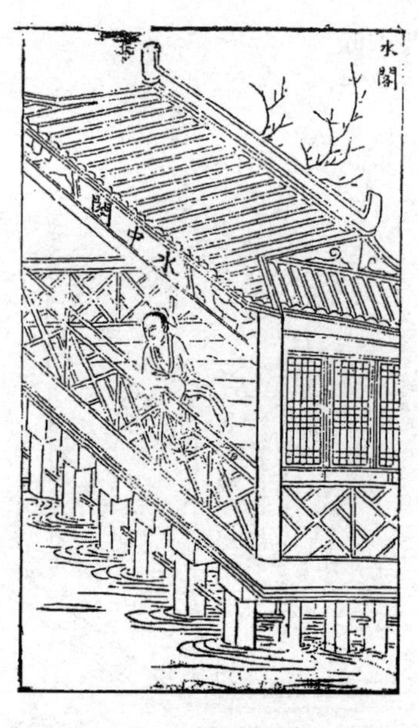

水　阁

新鐫[④]京板工師雕斲正式魯班經匠家鏡卷之一終

① 应为“遮”之变体错字,上图A本、南图C本、南图D本、浙图D本、上图E本为“遮”,下文同,不再注。

② 此字应为“厚”之别字,上图A本、南图C本、南图D本、浙图D本、上图E本为“厚”,应是。

③ 上图A本、南图C本、南图D本、浙图D本、上图E本无“光”字。

④ 上图A本、南图C本、南图D本、浙图D本、上图E本为“刻”。

鲁班經匠家鏡卷之二①

倉敖式

依祖格九尺六寸高，七尺七分濶，九尺六寸㴱②，枋每下四片③，前立二柱，開門只一尺五寸七分濶，下做一尺六寸高，至一穿要留五尺二寸高，上[扌眉]④枋槍門要成對，刀⑤忌成單，不吉。開之日不可内中飲食，又不可用墨斗曲⑥尺，又不可柱枋上⑦留字留墨，學者記之，切忌。

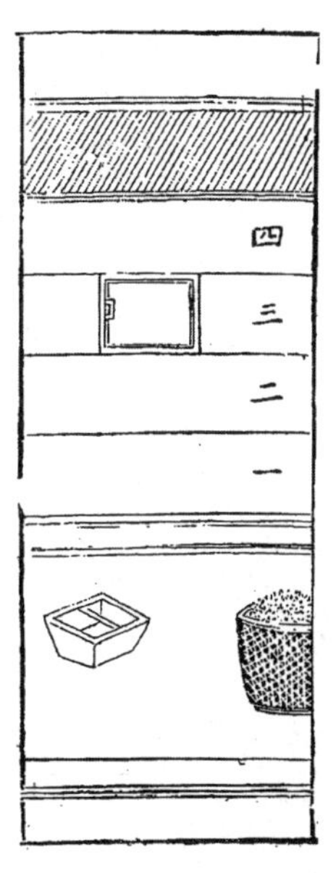

仓 敖 式

橋梁式

凡橋⑧無粧修，或有神厨做，或有欄杆者，若徙雙日而起，自下而上；若单⑨日⑩而起，自西而東，看屋几⑪高几⑫濶，欄杆二尺五寸高，坐櫈一尺五寸高。

---

① 上图A本、南图C本、南图D本、浙图D本、上图E本为“新鐫京板工師雕斵正式鲁班經匠家鏡卷二”。另增作者信息为“北京提督工部御匠司司正午榮彙編，局匠所把總章嚴仝集，南京御匠司司承周言校正”。

② 此字为“深”之异体字，上图A本、南图C本、南图D本、浙图D本、上图E本为“深”。

③ 上图A本、南图C本、南图D本、浙图D本、上图E本为“井”，应误。

④ 上图A本、南图C本、南图D本、浙图D本、上图E本为“眉”，皆为“楣”之通假。

⑤ 上图A本、南图C本、上图E本、浙图D本为“力”，南图D本为“方”，应误。续四库本皆为“切”，应是。

⑥ 南图D本为“齿”，应误。

⑦ 上图A本、南图C本、南图D本、浙图D本、上图E本缺此字。

⑧ 浙图A本、浙图D本此处有“梁”字。

⑨ 上图A本、南图C本、南图D本、浙图D本、上图E本为“單”。

⑩ 南图C本、南图D本、上图E本为“目”，应误。

⑪ 南图C本、南图D本、上图E本为“凡”，应误。

⑫ 南图C本、南图D本、上图E本为“凡”，应误。

桥 梁 式

郡殿角式

凡殿角之式，垂昂插序，則規横深奥，用升斗拱相稱。深淺濶狹①，用合尺寸，或地基濶二丈，柱用高一丈，不可走祖，此爲大畧，言不盡意，宜②細詳之。

① 上图E本为“俠”，应误。
② 南图D本为“方”，应误。

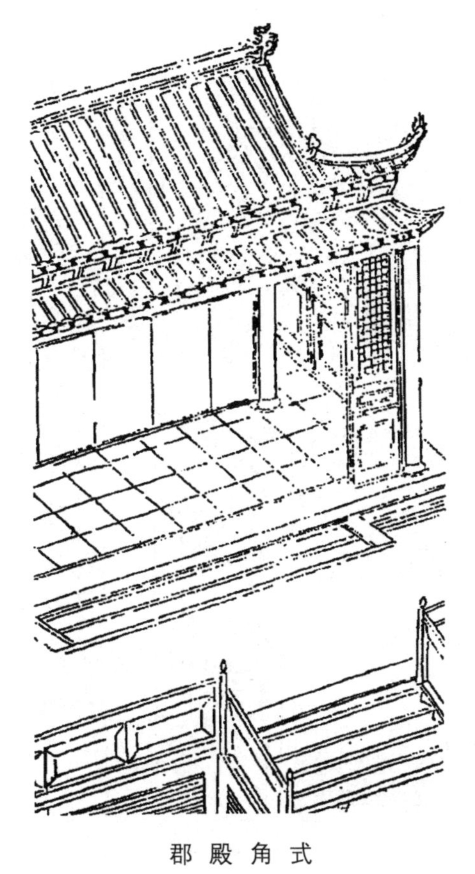

郡殿角式

建鐘樓格式

凡起造鐘樓，用風字脚，四柱并用渾成梗木，宜高大相稱，散水不可大[①]低，低則掩[②]鐘聲，不嚮[③]于四方。更不宜在右畔，合在左逐[④]寺廊之下，或有就樓盤，下作佛堂，上作平棊，盤頂結中開樓，盤心透上真見鐘。作六角欄

① 上图A本、南图C本、南图D本、上图E本、浙图D本为“太”，应是。

② 此字为“掩”之异体字。

③ 此字应为“響”之通假，上图A本、南图C本、南图D本、上图E本、浙图D本为“响”，应是。

④ 或为“邊”之别字。

杆,則風送鐘聲,遠出於百里之外,則為也①。

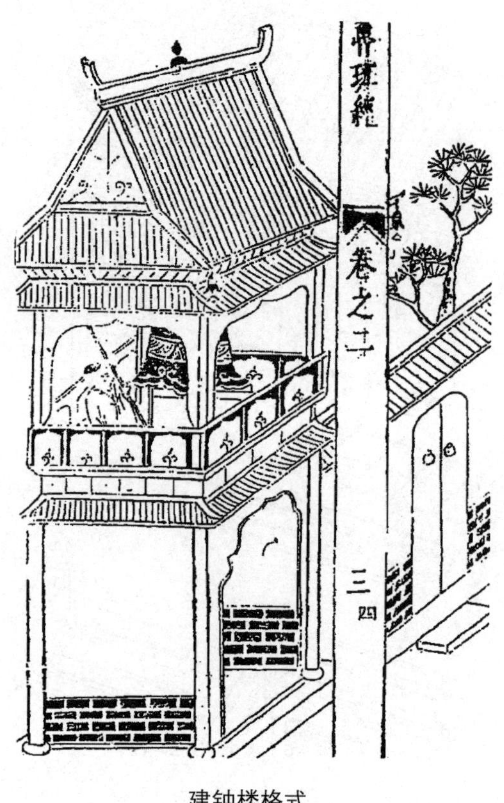

建钟楼格式

建造禾倉格

凡造倉敖,並要用名術之士,選擇吉日良時,興工匠人,可先將一好木爲柱,安向北方。其匠人却歸左邊立,就斧向内斫入則吉也。或大小長短高低濶狹,皆用按二黑,須然留下十寸,八白,則各有用處。其它者合白,但與做倉厫不同,此用二黑,則鼠耗不侵,此爲正例也。

① 上图 A 本、南图 C 本、南图 D 本、上图 E 本、浙图 D 本无此三字。

建造禾仓格

造倉禁忌并擇方所

造倉其間多有禁忌,造作場上切忌將墨斗籖在于口中銜,又忌在作場之上吃食諸物。其倉成後,安門匠人不可脊草鞋入內,只宜赤脚進去。修造匠後,匠者凡依此例無不吉慶、豐盈也。

凡動用尋進何之年,方大吉,利有進益,如過背田破田之年,非特退氣,又主荒却田園,仍禾稻無收也。

論逐月修作倉庫吉日

正月:丙寅、庚寅;

二月:丙寅、己亥、庚寅、癸未、辛未;

三月:己巳、乙巳、丙子、壬子;

四月:丁卯、庚午、己卯;

五月:己未;

六月:庚申、甲寅、外甲申;

七月:丙子、壬子;

八月:乙丑、癸丑、乙亥、己亥;

九月:庚午、壬午、丙午、戊午;

十月:庚午、辛未、乙未、戊申;

十一月:庚寅、甲寅、丙寅、壬寅;

十二月:丙寅、甲寅、甲申、庚申、壬寅。[①]

五音造牛欄法

夫牛者本姓李,元[②]是大力菩薩,切見凡間人力不及,特降天牛來助人力。凡造牛欄者,先須用術人揀擇吉方,切不可犯倒欄殺、牛黄殺,可用左畔是坑,右[③]右畔是田王[④],牛犢必得長壽也。

造欄用木尺寸法度

用尋向陽木[⑤]一根,作棟柱用,近在人屋在[⑥]畔,牛性怕[⑦]寒,使牛温暖。其柱長短尺寸用壓白[⑧],不可犯在黑上。舍下作欄者,用東方採保[⑨]木一根,作左邊角柱用,高六尺一[⑩]寸,或是二間四間,不得作單間也。人家各别椽子用,合四隻則按春夏秋冬陰陽四氣,則大吉也。不可犯五尺五寸,乃爲

---

① 此页及前两页带下划线的文字原文中没有,据“续四库本”补出。
② 应为“原”之通假。
③ 此字应为多字。
④ 上图 A 本、南图 C 本、南图 D 本、上图 E 本、浙图 D 本为“不”,应误。
⑤ 上图 A 本、南图 C 本、浙图 D 本为“末”;南图 D 本、上图 E 本为“未”,应误。
⑥ 上图 A 本、南图 C 本、南图 D 本、上图 E 本、浙图 D 本为“左”,应是。
⑦ 上图 A 本、南图 C 本、南图 D 本、上图 E 本、浙图 D 本为“伯”,应误。
⑧ 上图 A 本、南图 C 本、南图 D 本、上图 E 本、浙图 D 本为“日”,应误。
⑨ 原文如此,续四库本皆为“株”,应是。
⑩ 上图 A 本、南图 C 本、南图 D 本、上图 E 本、浙图 D 本为“三”,应误。

五黄,不祥[①]也。千萬不可使損壞的爲牛欄開門,用合二尺六寸大,高四尺六寸,乃爲六白,按六畜爲好也。若八寸係八白,则爲八敗,不可使之,恐損羣隊也。

詩[②]曰:

鲁般法度刱牛欄,先用推尋吉上安,

必使工師求好木,次將尺寸細詳看。

但須不可當人屋,實要相宜對草崗,

时師依此規[③]模作,致使牛牲食禄寬。

合音指詩:

不堪巨石在欄前,必主牛遭虎咬遭,

切忌欄前大水窟,主牛難[④]使鼻難穿。

又詩:

牛欄休[⑤]在污溝邊,定堕牛胎損子連,

欄後不堪有行路,主牛必損爛蹄肩。

牛黄詩

牛黄一十起于[⑥]坤,二十還[⑦]歸震巽門[⑧],

四十宫中歸乾位[⑨],此是神仙妙訣根。

定牛入欄刀砧[⑩]詩

春天大忌亥子位,夏月須在寅卯方,

---

① 南图C本、南图D本、上图E本为"群",应误。
② 北图本、南图D本为"诗"。
③ 南图C本为"䂓",同"規"。
④ 此字为"难"之异体字,南图D本为"难"。
⑤ 上图E本为"体",应误。
⑥ 南图C本、南图D本、上图E本为"下",应误。
⑦ 南图D本为"还",异体字。
⑧ 上图A本、南图C本、南图D本、上图E本、浙图D本为"間",应误。
⑨ 南图D本为"拉",应误。
⑩ 上图E本为"砧",应误。

秋日休逄[①]在巳午,冬時申酉不可裝。

起欄日辰

起欄不得犯空亡,犯着之時牛必亡,

癸[②]日不堪[③]行起造,牛瘟必定兩相妨。

占牛神出入

三月初一日,牛神出欄。九月初一日,牛神歸欄。宜修造,大吉也。牛黄八月入欄,至次年三月方出,並不可[④]修造,大凶也。

造牛欄様式

凡做牛欄,主家中心用羅線踃[⑤]看,做在奇羅星上吉。門要向東,切忌向北。此用雜木[⑥]五根爲柱,七尺七寸高,看地基寛窄而佐不可取,方圓依古式,八尺二寸深,六尺八寸濶,下中上下枋用[⑦]圓木,不可使扁枋,爲吉。

住[⑧]門對牛欄,羊棧一同看,年年官事至,牢獄出應難[⑨]。

論逐月造作牛欄吉日

正月:庚寅;

二月:戊寅;

三月:己巳;

---

① 此字为“逄”之变体错字,上图A本、南图C本、南图D本、上图E本、浙图D本为“逢”,应是。
② 上图E本为“葵”,应误。
③ 南图D本为“葵”,应误。
④ 上图A本、南图C本、南图D本、上图E本、南图D本无此字。
⑤ 上图A本、南图C本、上图E本、浙图D本为“踃”。
⑥ 南图C本为“本”,应误。
⑦ 上图A本、南图C本、南图D本、上图E本、浙图D本为“月”,应误。
⑧ 或为“生”字。
⑨ 南图D本为“难”,异体字。

四月：庚午、壬午；

五月：己巳、壬辰、丙辰、乙未；

六月：庚申、甲申、乙未；

七月：戊申、庚申；

八月：乙丑；

九月：甲戌；

十月：甲子、庚子、壬子、丙子；

十一月：乙亥、庚寅；

十二月：乙丑、丙寅、戊寅、甲寅。

右不犯魁罡、約絞、牛火、血忌、牛飛亷①、牛腹脹、牛刀砧、天瘟、九空、受死、大小耗、土鬼、四廢。

造牛栏样式

① 应为“廉”之异体字。

五音造羊棧格式

按《啚經》云：羊本姓朱，凡人家養羊作棧者，用選好素菜菓子，如榫树之類爲好，四柱乃象四時。四季生花緣子長青之木爲美，最忌切不可使枯木。柱子用八條，乃按八節。柱子用二十四根，乃按二十四炁。前高四尺一寸，下三尺六寸，中間作羊枡並用，就地三尺四寸高，主生羊子綿綿不絶，長遠成羣，吉。不可①信，實爲大驗也。

紫氣上宜安四主②，三尺五寸高，深六尺六寸，闊四尺零二寸，柱子方圓三寸三分，大長枋二十六四根，短枋共四根，中直下𦡀齒，每孔分一寸八分，空齒孔二寸二分，大門開向西方吉。底上止用小竹串進，要疎些，不用needed密。

逐月作羊棧吉日

正月：丁卯、戊寅、己卯、甲寅、丙寅；

二月：戊寅、庚寅。

三月：丁卯、己卯、甲申、己巳。

四月：庚子、癸丑、庚午、丙子、丙午。

五月：壬辰、癸丑、乙丑、丙辰。

六月：甲申、壬辰、庚申、辛酉、辛亥。

七月：庚子、壬子、甲午、庚申、戊申。

八月：壬辰、壬子、癸丑、甲戌、丙辰。

九月：癸丑、辛酉、丙戌。

十月：庚子、壬子、甲午、庚子。

十一月：戊寅、庚寅、壬辰、甲寅、丙辰。

十二月：戊寅、癸丑、甲寅、甲子、乙丑。

右吉日，不犯天瘟、天賊、九空、受死、飛廉、血忌、刀砧、小耗、大耗、九土

---

① 此处疑漏一“不”字。

② 此字应为“柱”之通假。

鬼、正四廢、凶敗。①

羊 栈 格 式

馬廄②式

此亦看羅經，一德星在何方，做在一德星上吉。門向東，用一色杉木，忌雜木。立六根③柱子，中用小圓樑④二根扛過，好下夜間掛馬索。四圍下高水椹板，每邊用模方四根纔堅固。馬多者隔斷巳⑤間，每間三尺三寸濶深，馬槽下向門左邊吉。

① 此下划线处原文无。
② 南图 D 本为“廳”。
③ 南图 D 本为“棋”，应误。
④ 上图 A 本、南图 C 本、南图 D 本、上图 E 本、浙图 D 本为“樑”，应误。
⑤ 应为“几”之通假。

馬槽椂[1]式

前脚二尺四寸,後脚三尺五寸高,長三尺,潤一尺四寸,柱子方圓三寸大,四圍横下板片,下脚空一尺高。

馬 鞍 架

前二脚高三尺三寸,後二[2]隻二尺七寸高,中下半柱,每高三寸四分,其脚方圓一寸三分大,濶八寸二分,上三根直枋,下中腰每邊一根横,每頭二根,前二脚與後正脚取平,但前每上高五寸,上下搭[3]頭,好放馬鈴。

逐月作馬枋吉日

正月:丁卯、己卯、庚午;
二月:辛未、丁未、己未;
三月:丁卯、己卯、甲申、乙巳;
四月:甲子、戊子、庚子、庚午;
五月:辛未、壬辰、丙辰;
六月:辛未、乙亥、甲申、庚申;
七月:甲子、戊子、丙子、庚子、壬子、辛未;
八月:壬辰、乙丑、甲戌、丙辰;
九月:辛酉;
十月:甲子、辛未、庚子、壬午、庚午、乙未;
十一月:辛未、壬辰、乙亥;
十二月:甲子、戊子[4]、庚子、丙寅、甲寅。

---

① 应为“樣”之变体错字。
② 上图A本、南图C本、上图E本为“三”,应误。
③ 南图D本为“措”,应误。
④ 南图D本、上图E本为“午”,应误。

马 厩 式

猪椆①様式

此亦要看三台星居何方，做在三台星上方吉。四柱二尺六寸高，方圓七尺，横下穿枋，中直下大粗窗②，齒用雜方堅固。猪要向西北，良工者識之，初學切忌亂爲。

逐月作猪椆吉日

正月：丁卯、戊寅；

① 上图A本、南图C本、南图D本、上图E本、浙图D本为“欄”，应是。

② 南图D本为“窅”，应误。

二月:乙未、戊寅、癸未、己未;

三月:辛卯[1]、丁卯、己巳;

四月:甲子、戊[2]子、庚子、甲午[3]、丁丑、癸丑;

五月:甲戌、乙未、丙辰;

六月:甲申;

七月:甲子、戊子、庚子、壬子、戊申;

八月:甲戌[4]、乙丑、癸丑;

九月:甲戌、辛酉;

十月:甲子、乙未、庚子、壬午、庚午、辛未;

十一月:丙辰;

十二月:甲子、庚子、壬子[5]、戊寅。

六畜肥日

春申子辰,夏亥卯未,秋寅午戌[6],冬巳酉丑日。

鵝鴨鷄栖式

此看禽大小而做,安貪狼方。鵞稠二尺七寸高,深四尺六寸,濶二[7]尺七寸四分,週圍下小窗齒,每孔分一寸濶。鷄鴨稠二尺高,三尺三寸深,二尺三寸闊,柱子方圓二寸半,此亦看主家禽鳥多少而做,學者亦用,自思之。

鷄槍様式

兩柱高二尺四寸,大一寸二分,厚一寸。樑大二寸五分、一寸二分。大

① 上图A本、南图C本、南图D本、浙图D本、上图E本为“巳”,应误。
② 上图A本、南图C本、浙图D本、上图E本为“丙”,应误。
③ 上图A本、南图C本、南图D本、上图E本、浙图D本为“子”,应误。
④ 南图C本、南图D本、上图E本为“戊”,应误。
⑤ 上图A本、南图C本、上图E本为“午”,应误。
⑥ 上图A本、南图C本、南图D本、上图E本、浙图D本为“申”,应误。
⑦ 上图E本为“上”,应误。

牕①高一尺三寸，濶一尺二寸六分，下車脚二寸大，八分厚，中下齒仔五分大，八分厚，上做滔②環二寸四分③大，兩邊獎腿與下層窻仔一般高，每邊四寸大。

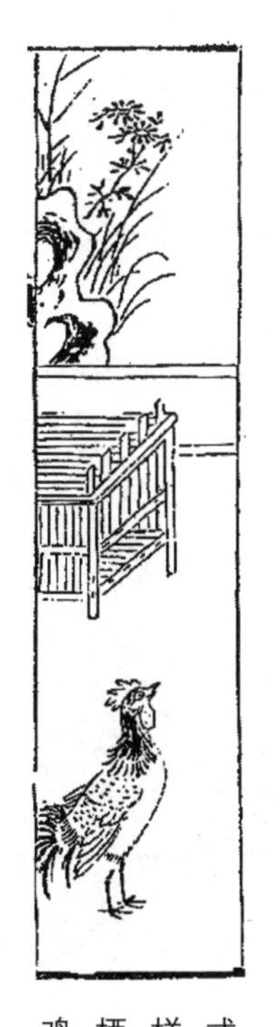

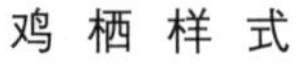

鸡栖样式

屏风式

屏風式

大者高五尺六寸，帶脚在内。濶六尺九寸，琴脚六寸六分④大，長二尺，

① 上图 A 本、浙图 D 本为“聰”，应误。

② 原文如此，疑为“縧”之通假，应为“绦”之异体字。

③ 底本原文无此字，上图 A 本、南图 C 本、南图 D 本、上图 E 本、浙图 D 本为“分”，应是。

④ 上图 E 本为“八”，应误。

雕日月掩象鼻格，獎腿工①尺四分高，四寸八分大，四框一寸六分大，厚一寸四分。外起改竹圓，内起棋盤線，平靣②六分，窄靣三分，絛環上下俱六寸四分，要分成单③，下勒水花分作兩孔，彫四寸四分，相屋濶窄④，餘大小長短依此，長倣⑤此。

圍屏式

每做此行用八片，小者六片，高五尺四寸正，每片⑥大一片⑦四寸三分零，四框八分大，六分原⑧，做成五分厚，筭定共四寸厚，内較田字⑨格，六分厚，四分大，做者切忌碎⑩框。

牙轎式

宦家明轎徛⑪下一尺五寸高，屏一尺二寸高，深一尺四寸，濶一尺八寸，上圓手一寸三分大，斜七分纔圓，轎杠方圓一寸五分大，下踃⑫帶轎二尺三寸五分深。

牙轿式

---

① 底本、浙图 A 本、绍兴本为“工”，据上下文应误；上图 A 本、南图 C 本、南图 D 本、上图 E 本、浙图 D 本为“二”，应是。

② 此字应为“面”之变体错字，上图 A 本、南图 C 本、南图 D 本、上图 E 本、浙图 D 本为“面”，应是。

③ 上图 A 本、南图 C 本、南图 D 本、上图 E 本、浙图 D 本为“單”。

④ 上图 A 本、南图 C 本、南图 D 本、浙图 D 本、上图 E 本为“狹”。

⑤ 上图 A 本、南图 C 本、南图 D 本、浙图 D 本、上图 E 本为“做”，应误。

⑥ 上图 A 本、南图 C 本、南图 D 本、上图 E 本、浙图 D 本为“井”，应误。

⑦ 应为“尺”之别字，南图 C 本、南图 D 本、上图 E 本为“非”，应误。

⑧ 上图 A 本、南图 C 本、南图 D 本、浙图 D 本、上图 E 本为“厚”，应是。

⑨ 上图 A 本、南图 C 本、南图 D 本、浙图 D 本、上图 E 本为“子”，应误。

⑩ 上图 A 本、南图 C 本、南图 D 本、浙图 D 本、上图 E 本为“單”。

⑪ 上图 A 本、南图 C 本、南图 D 本、上图 E 本、浙图 D 本为“椅”，应是。

⑫ 上图 A 本、南图 C 本、上图 E 本、浙图 D 本为“踃”，南图 D 本为“琑”，应误。

衣籠様式

一尺六寸五分高，二尺二寸長，一尺三寸大，上蓋役九[①]分，一寸八分高，蓋上板片三分厚，籠板片四分厚，内子口八分大，三分厚，下車脚一寸六分大。或雕三灣，車脚上要下二根横櫎仔，此籠尺寸無加。

大　床

大　牀

下脚帶床[②]方共高式[③]尺二寸二分，正床方七寸七分大，或[④]五寸七分

---

① 上图A本、南图C本、南图D本、上图E本、浙图D本为"几"，应误。
② 绍兴本为"求"，应误。
③ 应为"弍"之别字。
④ 上图A本、南图C本、南图D本、上图E本、浙图D本此二字空缺。

大,上屏四尺五寸二分高,後屏二片,兩[1]頭二片濶者,四尺零二分,窄者三尺二寸三分,長六尺二寸,正領一寸四分厚,做大小片下,中間要做陰陽相合。前踏板五寸六分高,一尺八寸闊,前楣帶頂一尺零一分,下門四片,每片一尺四分大,上腦板八寸,下穿藤一[2]尺八寸零四分,餘留下[3]板片。門框一寸四分大,一寸二分厚,下門檻[4]一寸四分,三接。裏面轉芝門[5]九寸二分,或九寸九分,切忌一尺大,後學專[6]用,記此。

凉床式

此與藤床無二樣,但踏板上下欄杆要下長,柱子四根,每[7]根一寸四分大。上楣八寸大,下欄杆前一片,左右兩二萬字或十字,掛前二片,止作一寸四分大,高二尺二尺[8]五分,横頭隨踃板大小而做,無悮。

藤床式

下帶床方一尺九寸五分高,長五尺七寸零八分,濶三尺一寸五分半。上柱子四尺一寸高,半屏一尺八寸四分高,床嶺三尺濶,五尺六寸長,框一寸三分厚,床方五寸二分大,一寸二分厚,起一字線好穿籐[9]。踏板一尺二寸大,四寸高,或上框做一寸二分,後脚二寸六分大,一寸三分厚,半合角記。

---

① 上图A本、南图C本、南图D本、上图E本、浙图D本此二字空缺。
② 上图A本、南图C本、南图D本、上图E本、浙图D本为“二”。
③ 南图C本、南图D本、上图E本为“卜”,应误。
④ 南图D本为“檻”,应误。
⑤ 上图A本、南图C本、南图D本、上图E本、浙图D本为“圍”,应误。
⑥ 上图A本、南图C本、南图D本、上图E本、浙图D本中此字缺。
⑦ 古同“每”。
⑧ 据上下文,此字应为“寸”之误,上图A本、南图C本、南图D本、上图E本、浙图D本为“寸”,应是。
⑨ 古同“藤”,上图A本、南图C本、南图D本、上图E本、浙图D本为“藤”。

逐月安床[1]設帳[2]吉日

正月：丁酉、癸酉、丁卯、己卯、癸丑；

二月：丙寅、甲寅、辛未、乙[3]未、己未、乙亥、己亥、庚[4]寅；

三月：甲子、庚子、丁酉、乙卯、癸酉、乙巳；

四月：丙戌、乙卯、癸卯、庚子、甲子、庚辰；

五月：丙寅、甲寅、辛未、乙未、己未、丙辰、壬辰、庚寅；

六月：丁酉、乙亥、丁亥、癸[5]酉、丙寅、甲寅、乙卯；

七月：甲子、庚子、辛未、乙未、丁未；

八月：乙丑、丁丑、癸丑、乙亥；

九月：庚午、丙午、丙子、辛卯、乙亥；

十月：甲子、丁酉、丙辰、丙戌、庚子；

十一月：甲寅、丁亥、乙亥、丙寅；

十二月：乙丑、丙寅、甲寅、甲子、丙子、庚子。

藤 床 式

禪 床 式

此寺觀庵[6]堂，纔有這做。在後殿或禪堂兩邊，長依屋寬窄[7]，但濶五

---

① 北图本、浙图 A 本为“牀”。

② 上图 E 本为“幙”，应误。

③ 上图 A 本此字缺。

④ 上图 A 本此字缺。

⑤ 上图 A 本此字缺。

⑥ 上图 A 本、南图 C 本、南图 D 本、上图 E 本、浙图 D 本为“菴”。

⑦ 上图 E 本为“究”，应误。

尺,面①前高一尺五寸五分,床矮一尺。前平面板八寸八分大,一寸二分厚,起六个柱,每柱三才②方圓③。上④下一穿,方好掛禪衣及帳幃。前平面板下要下水椹板,地上離⑤二寸,下方仔盛板片,其板片⑥要密。

禪椅式

一尺六寸三分高,一⑦尺八寸二分深,一尺九寸五分深,上屏二尺高,兩力手二尺二寸長,柱子方圓一寸三分大。屏,上七寸,下七寸五分,出笋三寸,⑧閗枕頭下,盛脚盤子,四寸三分高,一尺六寸長,二尺三寸大⑨,長短大小倣⑩此。

禅床禅椅式

鏡架勢及鏡箱式

鏡架及鏡箱有大小者。大者一尺零五分深,濶九寸,高八寸零六分,上層下鏡架二寸深,中層下抽相⑪一⑫寸二分,下層抽相三⑬尺,葢一寸零五分, 底四分厚,方圓雕車脚。內中下鏡架七寸

① 南图 D 本为“面”,异体字。
② 原文如此,应为“寸”之别字。
③ 上图 A 本、南图 C 本、南图 D 本、浙图 D 本为“圎”。
④ 上图 E 本为“土”,应误。
⑤ 上图 E 本为“静”,应误。
⑥ 上图 E 本为“井”,应误。
⑦ 南图 D 本为“二”,应误。
⑧ 南图 D 本此处多一字“即”。
⑨ 上图 E 本为“衣”。
⑩ 南图 C 本、南图 D 本、上图 E 本为“做”,应误。
⑪ 应为“箱”之通假。
⑫ 上图 A 本、南图 C 本、南图 D 本、上图 E 本、浙图 D 本为“四”,应误。
⑬ 上图 A 本、南图 C 本、南图 D 本、上图 E 本、浙图 D 本为“二”,应误。

大,九寸高。若雕花者,雕雙鳳朝陽,中雕古①錢,兩邊睡草花,下佐連②花托,此大小依此尺寸退墨,无误。

雕花面架式

後兩脚五尺三寸高,前③四脚二尺零八分高,每落墨④三寸七分大,方能役轉,雕刻花草。此用樟木或南⑤木,中心四脚,摺進用陰陽笋,共濶一尺五寸二分零。

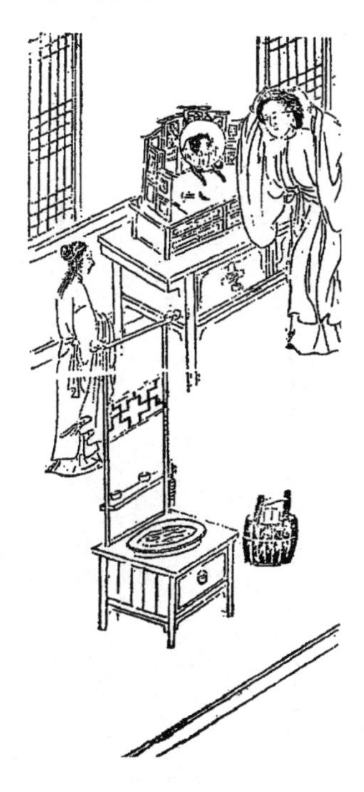

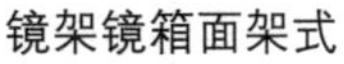
镜架镜箱面架式

大方扛箱样式

① 上图 A 本、南图 C 本、南图 D 本、上图 E 本、浙图 D 本为“中”,应误。
② 应为“蓮”之通假。
③ 上图 A 本、南图 D 本、上图 E 本、浙图 D 本无此字。
④ 上图 A 本、上图 E 本此处多一“前”字。
⑤ 应为“楠”之通假。

大方扛箱樣式

柱高二尺八寸，四層。下一層高八寸，二層高五寸，三層高三寸七分，四層高三寸三分，蓋高二寸，空一寸五分，樑一寸五分，上淨瓶頭共五寸，方層板片四分半厚。內子口三①分厚，八分大。兩根將軍柱，一寸五分大，一寸二分厚，獎腿②四隻，每隻一尺九寸五分高，四寸大。每層二尺六寸五分長，一尺六寸濶，下車脚二寸二分大，一寸二分厚，合角閂進，雕虎爪雙③釣④。

案 桌 式

① 南图 C 本、南图 D 本、上图 E 本为“二”，应误。
② 上图 A 本、南图 C 本、南图 D 本、上图 E 本、浙图 D 本为“脚”。
③ 此字为“雙”之异体字。
④ 此字应为“鈎”之误，上图 A 本、南图 C 本、南图 D 本、上图 E 本、浙图 D 本为“鈎”，应是。

案棹式

高二尺五寸,長短濶狹看按面而做。中分兩孔,按面下①抽箱,或六寸深,或五寸深,或分三孔,或兩孔。下踏脚方與脚一同大,一寸四分厚,高五寸,其脚方圓一寸六分大,起麻櫎線。

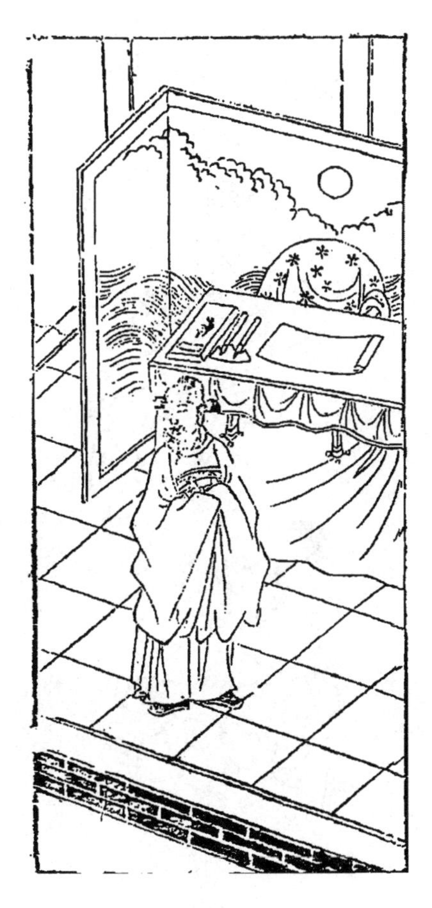

案 桌 式

① 南图 D 本为“丁”。

搭[①]脚仔[②]櫈

長二尺二寸,高五寸,大四寸五分,大脚一寸二分大,一[③]寸一分厚,面[④]起釰春[⑤]線,脚上廳竹圓。

搭 脚 仔 登

① 上图 A 本、南图 C 本、南图 D 本、上图 E 本、浙图 D 本为“踏”。
② 上图 E 本为“存”,应误。
③ 南图 D 本为“三”,应误。
④ 上图 A 本、南图 C 本、南图 D 本、上图 E 本、浙图 D 本为“而”。
⑤ 此字应为“脊”之误,上图 A 本、南图 C 本、南图 D 本、上图 E 本、浙图 D 本为“脊”。

諸樣埀[1]魚正式

凡作埀魚者，用按營造之正式。今人又嘆作繁針[2]，如用此又用做遮[3]風及偃桷[4]者，方可使之。今之匠人又有不使垂魚者，只使直板作，如意只作彫雲樣者，亦好，皆在主[5]人之所好也。

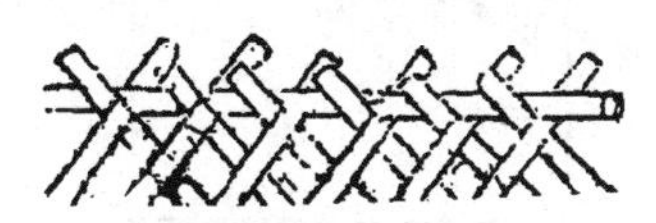

诸样垂鱼正式

① 古同“垂”。

② 南图D本为“針”，应误。

③ 此字应为“遮”之变体错字，上图A本、南图C本、南图D本、上图E本、浙图D本为“遮”。

④ 上图A本、南图C本、南图D本、上图E本、浙图D本为“桷偃”二字，应误。

⑤ 南图D本为“大”。

馳[1]峯正[2]格

馳峯之格,亦無正樣。或有彫雲樣,或[3]有做氈笠樣,又有做虎爪如意樣,又有彫瑞草者,又有彫花頭者,有做毬捧格,又有三蚌[4],或今之人多只愛使斗,立又[5]童,乃爲時格也。

驰 峰 正 格

① 此字应为“驝”之误,“驝”古同“駝”。
② 南图C本、南图D本、上图E本为“止”,应误。
③ 南图C本、南图D本为“又”。
④ 南图D本为“蚌”,应误。
⑤ 疑为“叉”之误。浙图A本为“父”,应误。

風箱樣式

長三尺,高一尺一寸,濶八寸,板片八分厚,内開風板六寸四分大,九寸四分長,抽風橫仔八分大,四分厚。扯手七寸四分長,抽風①橫仔八分大,四分厚,扯手七寸長,方圓一寸大,出風眼②要取方圓一寸八分大,平中爲主。兩頭吸風眼,每頭一箇③,濶一寸八分,長二寸二分,四邊板片都用上行做準。

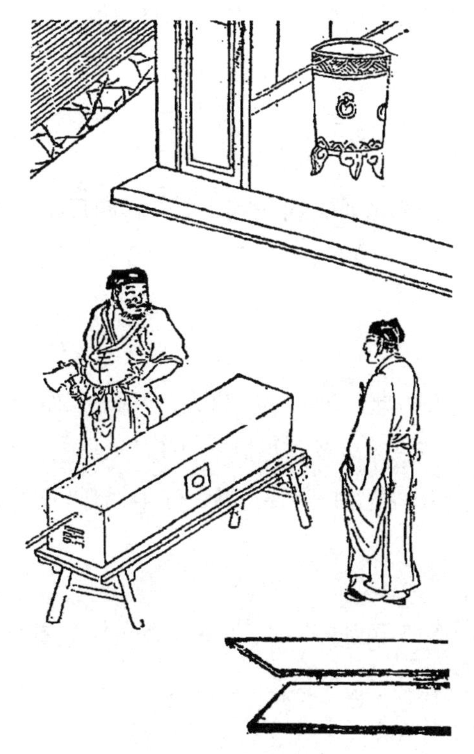

风 箱 样 式

① 上图 A 本、南图 C 本、南图 D 本、上图 E 本、浙图 D 本为“仙開”,应误。
② 上图 A 本、南图 C 本、南图 D 本、上图 E 本、浙图 D 本为“䶕”,应误。
③ 上图 A 本、南图 C 本、南图 D 本、上图 E 本、浙图 D 本为“个”。

衣架雕花式

雕花者五尺高,三尺七寸濶,上搭頭每邊長四寸四分,中絛環三片,桊[1]腿二尺三[2]寸五分大,下脚一尺五寸三分高,柱框一寸四分大,一寸二分厚。

素衣架式

高四尺零一[3]寸,大三尺,下脚一[4]尺二寸,長四寸四分,大柱子一寸二分大,厚一寸,上搭腦出頭二寸七分,中下光框一根,下二根窗齒每成雙,做一尺三分高,每眼齒仔八分厚,八分大。

面 架 式

前兩柱一尺九寸高,外頭二寸三分,後二脚四尺八寸九分,方員[5]一寸一分大,或三脚者,内要交象眼,除笋畫進一寸零四分,斜六分,無悮。

鼓 架 式

二尺二寸七分高,四脚方圓一寸二分大,上雕淨[6]瓶頭三寸五分高,上層穿枋仔四捌根,下層八根,上[7]層雕花板[8],下層下絛環,或做八方者。柱子[9]横櫎仔尺寸一樣,但畫[10]眼上每邊要[11]斜三分半,笋是正的,此尺寸[12]不可走

---

① 上图A本、南图C本、南图D本、上图E本、浙图D本为“奬”,应误。
② 续四库本此字为“二”。
③ 南图C本、南图D本、上图E本为“二”,应误。
④ 南图D本为“二”,应误。
⑤ 上图A本、南图C本、南图D本、上图E本、浙图D本为“圓”。
⑥ 上图A本、南图C本、南图D本、上图E本、浙图D本为“净”,简体字。
⑦ 上图A本、南图C本、南图D本、上图E本、浙图D本为“二”,应误。
⑧ 南图D本为“桯”,应误。
⑨ 南图D本、上图E本为“于”,应误。
⑩ 北图本、浙图A本为“畵”。
⑪ 南图D本为“要”,应误。
⑫ 南图D本、上图E本为“十”,应误。

鼓架式

分毫,謹记①。

銅皷②架式

高三尺七寸,上搭腦雕衣架頭花,方圓一寸五分大,兩邊柱子俱一般,起棋③盤線,中間穿枋仔要三尺高,銅鼓④掛起,便手好打。下脚雕屏風脚様式,獎腿一尺八寸高,三寸三分大。

① 南图D本为“起”,应误。
② 南图D本为“皷”,应误。
③ 上图A本、南图C本、南图D本、上图E本为“碁”。
④ 浙图D本为“皷”,古同“鼓”。

花架式

大者六脚或四脚，或二[1]脚。六脚大[2]者，中下騎相一尺七寸高，兩邊四尺高，中高六尺，下枋二根，每根三寸大，直枋二根，三寸大，直枋二根，三寸大[3]，五尺濶，七尺長，上盛花盆板一寸五分厚，八寸大，此亦看人家天井大小而作，只依此尺寸退墨有準。

凉傘[4]架[5]式

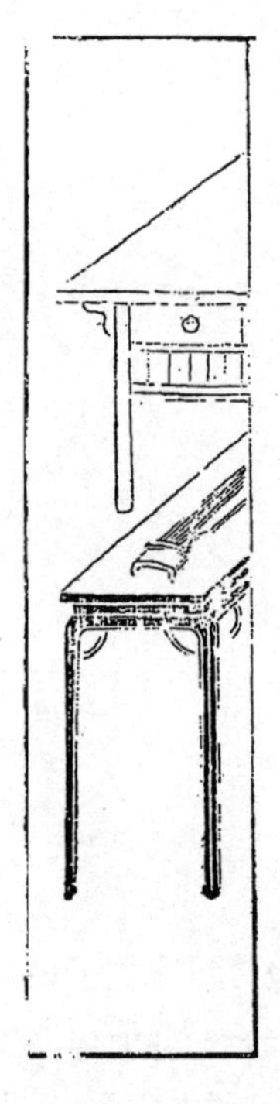

凉伞架式

校椅式

① 上图A本、南图C本、南图D本、上图E本、浙图D本为“三”，应误。
② 南图D本为“犬”，应误。
③ 上图A本、南图C本、南图D本、上图E本、浙图D本无下划线内容。
④ 南图C本为“扇”，应误。
⑤ 上图A本、南图C本、南图D本、上图E本、浙图D本为“格”，应误。

二①尺三寸高,二尺四寸長,中間下傘柱仔二尺三寸高,帶琴脚在内筭,中柱仔二寸二分大,一寸六分厚,上除三寸三分,做淨平頭。中心下傘樑一寸三分厚,二寸二②分大,下托傘柄,亦然而是。兩邊柱子方圓一寸四分大,窗齒八分大,六分厚,琴脚五寸大,一寸六分厚,一尺五寸長。

校椅式

做椅先看好光梗木頭及節,次用解開,要乾枋纔下手做。其柱子一寸大,前脚二尺一寸高,後脚式③尺九寸三分高,盤子深一尺二寸六分,濶一尺六寸七分,厚一寸一分。屏,上五寸大,下六寸大,前花牙一寸五分大,四分厚,大小長短依此格。

板櫈式

每做一尺六寸高,一寸三分厚,長三尺八寸五分,櫈要三寸八分半長,脚一寸四分大,一寸二分厚,花牙勒水三寸七分大,或看櫈面長短及④,粗櫈尺寸一同,餘做此。

琴櫈式

大者看廳堂濶狭淺深而做。大者高一尺七寸,面三寸五分厚,或三寸厚,即軟⑤坐不得。長一丈三尺三分,櫈面一尺三寸三分大,脚七寸分大。雕捲草雙鈞⑥,花牙四寸五分半,櫈頭⑦一尺三寸一分長,或脚下做貼仔, 只可一寸三分厚,要

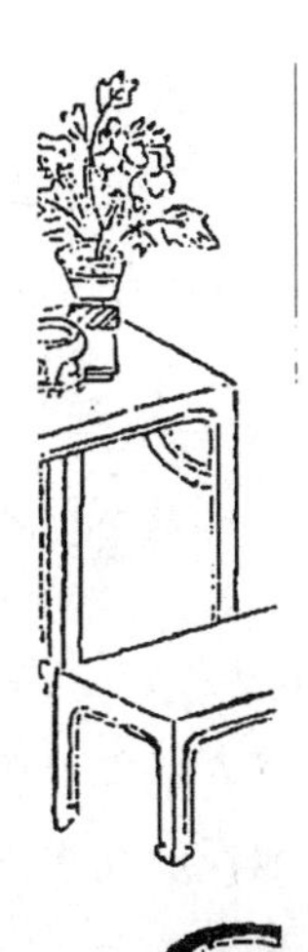

琴 登 式

① 续四库本皆为“三”。
② 上图A本、南图C本、南图D本、上图E本、浙图D本为“三”,应误。
③ 应为“式”之别字。
④ 此处或缺“闊狭”二字。
⑤ 此字为“畝”之异体字。
⑥ 此字应为“鈎”之误。
⑦ 上图A本、南图C本、南图D本、上图E本、浙图D本为“脚”,应误。

除矮脚一寸三分纔相稱。或做靠背櫈,尺寸一同。但靠背只高一尺四寸則止。横仔做一寸二分大,一尺五分厚,或起棋①盤線,或起釖脊線,雕花亦而之。不下花者同様。餘長短寬闊在此尺寸上分,準②此。

杌子式

面③一尺二寸長,濶九寸或八寸,高一尺六寸,頭空一寸零六分畫④眼,脚方圓一寸四分大,面上眼斜六分半,下横仔一寸一分厚,起釖脊線,花牙三寸五分。

棹

高二尺五寸,長短濶狹看按面而做,中分兩孔,按面⑤下抽箱或六寸深,或五寸深,或分三孔,或兩孔。下踃⑥脚方與脚一同大,一寸四分厚,高五寸,其脚方員一寸六分大,起麻櫎線。

八仙棹

高二尺五寸,長三尺三寸,大二尺四寸,脚一寸五分大。若下爐盆,下層四寸七分高,中間方員九寸八分無悮。勒水三寸七分大,脚上方員二分線,棹框二寸四分大,一寸二分厚,時師依此式大小,必無一悮。

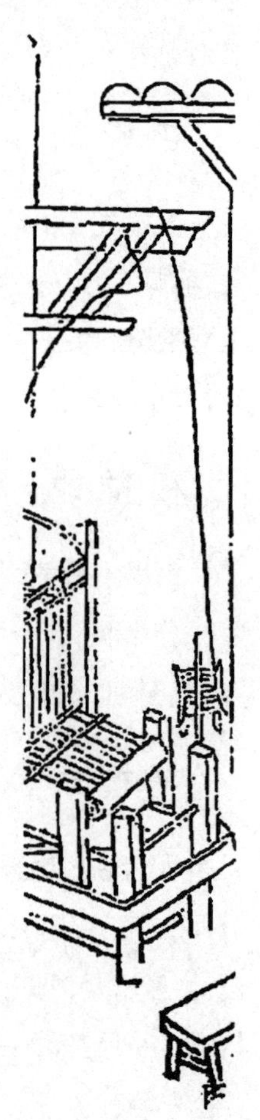

杌 子 式

---

① 上图A本、南图C本、南图D本、上图E本为"棊",古同"棋"。
② 上图E本为"准"。
③ 上图E本为"靣",应误。
④ 此字应为"畫"之别字。
⑤ 南图D本为"靣"。
⑥ 上图A本、南图C本、南图D本、浙图D本、上图E本为"踃",应误。

小琴棹式

長二尺三寸，大一尺三①寸，高二尺三寸，脚一寸八分大，下梢一寸二分大，厚一寸一分上下，琴脚勒水二寸大，斜閗六分。或大者放長尺寸，與一字棹同。

棋盤方棹式

方圓二尺九寸三分，脚二尺五寸高，方員一寸五分大，棹框一寸二分厚，二寸四分大，四齒吞頭四箇，每箇七寸長，一寸九分大，中截下絛環脚或人物，起麻出色線②。

衣厨様式

高五尺零五分，深一尺六寸五分，濶四尺四寸，平分爲兩柱，每柱一寸六分大，一寸四分厚。下衣橫一寸四分大，一寸三分厚，上嶺一寸四分大，一寸二分厚，門框每根一寸四分大，一寸一分厚，其厨上梢③一寸二分。

食格様式

柱二根，高二尺二寸三分，帶淨平頭在内。一寸一分大，八分厚。樑尺分厚④，二寸九分大，長一尺六寸一分，濶九寸六分。下層五寸四分高，二層三寸五分高，三層三寸四分高⑤，葢三寸高，板片三分半厚。裏子口八分大，三分厚。

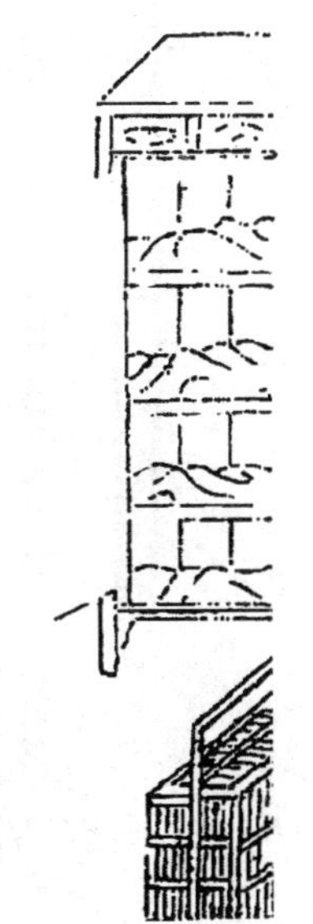

食格样式

① 上图A本、南图C本、南图D本、上图E本、浙图D本为“二”，应误。
② 原文无此下划线文字。
③ 上图E本为“稍”，应误。
④ 上图A本、南图C本、南图D本、上图E本、浙图D本原文无带下划线文字。
⑤ 上图A本、南图C本、南图D本、上图E本、浙图D本原文无带下划线文字。

車脚二①寸大，八分厚，獎②腿一尺五寸三分高，三寸二分大，餘大③小依此退墨做。

衣摺式

大者三尺九寸長，一寸四分大，内柄五寸，厚六分。小者二尺六寸長，一寸四分大，柄三寸八分，厚五分。此做如劍様④。

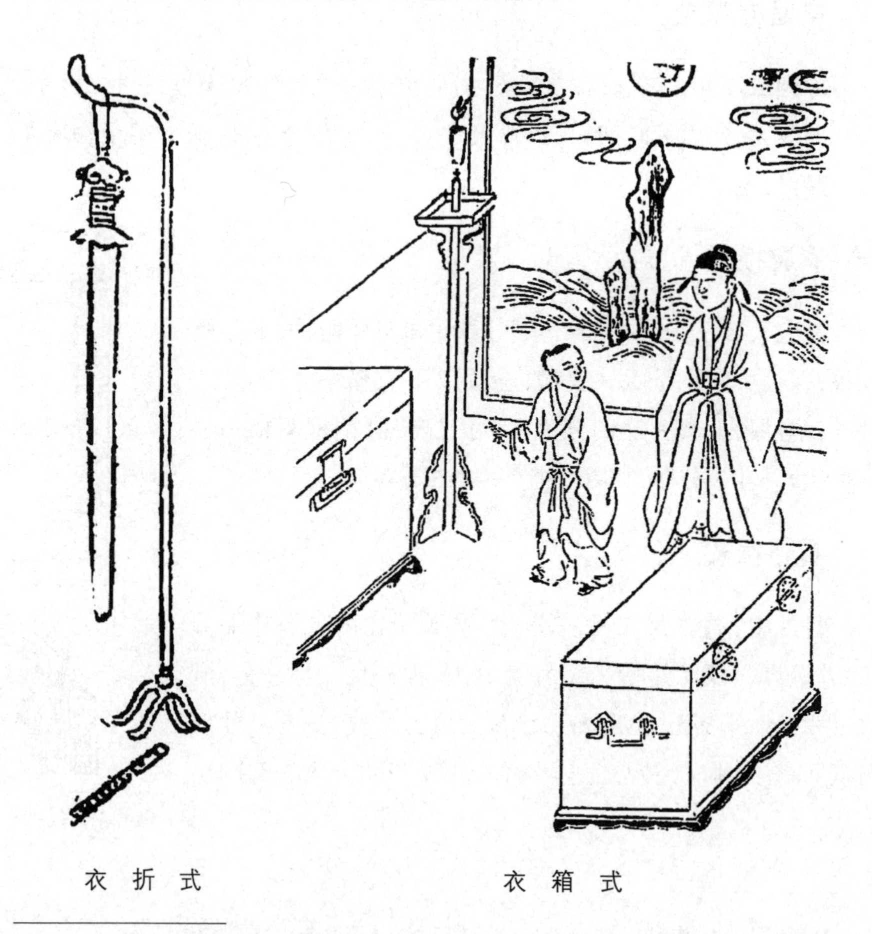

衣折式　　衣箱式

① 上图A本、南图C本、南图D本、上图E本、浙图D本为“三”，应误。
② 南图D本为“将”，应误。
③ 上图A本、南图D本为“太”，应误。
④ 浙图D本无此字。

衣箱式

長一尺九寸二分，大一尺六分，高一尺三寸，板片只用四分厚，上層蓋一寸九分高，子口出五分或[1]，下車脚一寸三分大，五分厚，車脚只是三灣。

燭臺[2]式

高四尺，柱子方圓[3]一寸三分大，分上盤仔八寸大，三分倒掛[4]花牙。每一隻[5]脚下交進三片，每片高五寸二分，雕轉鼻帶葉。交脚之時，可拿板片畫成，方員八寸四分，定三方長短，照墨方準。

圓爐式

方圓[6]二尺一寸三分大，帶脚及車脚共[7]上盤子一應高六尺五分，正上面盤子一寸三分厚，加盛爐盆貼仔八分厚，做成二寸四分大，豹脚六隻，每隻二寸大，一寸三分厚，下貼梢[8]一寸厚，中圓九寸五分正。

看爐式

九寸高，方圓式[9]尺四分大，盤仔下絲環二[10]寸，框一寸厚，一寸六分大，分佐亦方。下豹脚，脚二寸二分大，一寸六分厚，其豹脚要雕吞頭。下貼梢[11]一

① 此处疑缺字。
② 南图D本、上图E本为“臺”。
③ 上图A本、南图C本、南图D本、上图E本、浙图D本为“員”。
④ 南图D本为“卦”，应误。
⑤ 此字为“隻”之异体字，下文同，不再注。
⑥ 上图A本、南图C本、南图D本、上图E本、浙图D本为“員”。
⑦ 南图D本为“其”，应误。
⑧ 上图A本、上图E本为“稍”，应误。
⑨ 上图A本、南图C本、南图D本、上图E本、浙图D本为“員二”。北图本、浙图A本、绍兴本中的“式”应是“弍”之别字，即为“二”之意。
⑩ 北图本、浙图A本、绍兴本为“式”，应是“弍”之误；上图A本、南图C本、南图D本、上图E本、浙图D本为“二”。
⑪ 上图E本为“稍”，应误。

寸五分厚,一寸六分大,雕三灣勒水,其框合角笋眼要斜八分半方閂得起,中間孔方員①一尺,無悮。

方爐式

高五寸五分,圓②尺内圓③九寸三分,四脚二寸五分大,雕雙蓮挽雙鈎。下貼梢④一寸厚,二寸大。盤仔一寸二分厚,絛環一寸四分大,雕⑤螳螂肚接豹脚相秤⑥。

香爐樣式

細樂者長一尺四寸,濶⑦八寸二分,四框三分厚,高一寸四分,底三分厚,與上樣樣濶⑧大,框上斜三分,上加水邊,三分厚,六分大,起⑨𠪨⑩竹線。下豹脚,下六隻,方圓⑪八分,大一寸二分。大貼梢⑫三分厚,七分大,雕三灣。車脚或粗的不用豹脚,水邊寸尺一同。又大小做者,尺寸依此加減。

學士灯⑬掛

前柱⑭一尺五寸五分高,後柱⑮子式⑯尺七寸高,方圓⑰一寸大。盤子

---

① 南图D本为“方迢員”;上图E本为“方孔”;北图本、浙图A本、绍兴本为“孔方員”。
② 上图A本、南图C本、南图D本、上图E本、浙图D本为“員”。
③ 上图A本、南图C本、南图D本、上图E本、浙图D本为“員”。
④ 上图E本为“稍”,应误。
⑤ 上图A本、南图C本、南图D本、上图E本、浙图D本无此字。
⑥ 上图A本、南图C本、南图D本、上图E本、浙图D本为“稱”。
⑦ 北图本、浙图A本、绍兴本为“闊”。
⑧ 北图本、浙图A本、绍兴本为“闊”。
⑨ 此字底本原文无,上图A本、南图C本、南图D本、上图E本、浙图D本有。
⑩ 此处应为“侧面开口”之意。
⑪ 上图A本、南图D本、上图E本、浙图D本为“員”,南图C本为“圆”。
⑫ 上图A本、南图D本、上图E本为“稍”,应误。
⑬ 上图A本、南图C本、南图D本、上图E本、浙图D本为“燈”。
⑭ 上图E本为“杜”,应误。
⑮ 上图E本为“杜”,应误。
⑯ 应是“式”之别字。
⑰ 北图本、浙图A本、绍兴本为“圓”。

一尺三寸闊[1],一尺一寸深[2]。框一寸一分厚,二寸二[3]分大,切忌有節樹木,無用。

香几式

九[4]佐[5]香九[6],要看人家屋大小若[7]何而[8]。大者上層三寸高,二層三寸五分高,三層脚一尺三寸長。先用六寸大,役[9]做一寸四分大,下層五寸高。下車脚一寸五分厚,合角花牙五寸三分大。上層欄杆仔三寸二[10]分高,方圓做五分大,餘看長短大小而行。

招牌[11]式

大者六尺五寸高,八寸三分濶[12];小者三尺二寸高,五寸五分大。

洗浴坐板式

二尺一寸長,三寸大,厚五分,四圍起劍脊線。

藥　厨

高五尺,大一尺七寸,長六尺,中分兩眼,每層五寸,分作七層。每層抽箱兩個。門共四片,每邊兩片。脚方圓一寸五分大,門框一寸六分大,一寸

---

① 上图 E 本为"闘",应误。
② 上图 A 本、南图 C 本、南图 D 本、上图 E 本、浙图 D 本为"深",应是。
③ 上图 A 本、南图 C 本、南图 D 本、上图 E 本、浙图 D 本为"三",应误。
④ 古同"凡"。上图 A 本、南图 C 本、南图 D 本、上图 E 本、浙图 D 本为"凡"。
⑤ 上图 A 本、南图 C 本、南图 D 本、上图 E 本、浙图 D 本为"做",应是。
⑥ 上图 A 本、南图 C 本、南图 D 本、上图 E 本、浙图 D 本为"九",应误。
⑦ 上图 A 本、南图 C 本、南图 D 本、上图 E 本、浙图 D 本为"如",应误。
⑧ 此处疑缺"定"字。
⑨ 此字应为"後"之别字。
⑩ 上图 A 本、南图 C 本、南图 D 本、上图 E 本、浙图 D 本为"三",应误。
⑪ 南图 C 本、南图 D 本、上图 E 本为"牌",应误。
⑫ 北图本、浙图 A 本、绍兴本为"闊"。

一分厚。抽相[1]板四分厚。

藥 箱

二尺高,一尺七寸大,深九[2],中分三層,内下抽相[3]只做二寸高,内中方圓[4]交佐[5]巳[6]孔,如田字格様,好下藥。此是杉木板片合進,切忌雜木。

火斗式

方圓五[7]寸五分,高四寸七分,板片三分半厚。上柄柱子[8]共高八寸五分,方圓六分大,下或刻車脚上掩。火窗齒仔四分大,五分厚,横二根,直六根或五根。此行灯警[9]高一尺二寸,下盛板三寸長,一封書做一寸五分厚,上留頭一寸三分,照得遠近,無悮。

櫃 式

大櫃上框者,二尺五寸高,長六尺六寸四分,闊三尺三寸。下脚高七寸,或下轉輪閂在脚上,可以推動。四住[10]每住三寸大,二寸厚,板片下叩框方密。小者板片合進,二尺四寸高,二尺八寸闊,長五尺零[11]二寸,板片一寸厚,板此及量斗及星跡各項謹記。

---

① 上图A本、南图C本、南图D本、上图E本、浙图D本为“箱”,应是。
② 上图A本、南图D本、上图E本、浙图D本此处多一“寸”字,应是。
③ 上图A本、南图C本、南图D本、上图E本、浙图D本为“箱”,应是。
④ 上图A本、南图C本、南图D本、浙图D本、上图E本为“員”,应误。
⑤ 应为“做”之通假。
⑥ 应为“已”之别字,此处为“几”之通假。
⑦ 上图A本、南图C本、南图D本、上图E本、浙图D本为“式”,应为“式”之别字。
⑧ 南图D本为“千”,应误。
⑨ 此字应为“檠”之通假,为“灯架”之意。
⑩ 此字应为“柱”之通假,下文同,不再注。
⑪ 南图D本为“零”,应误。

象棋盤式

大者一尺四寸長，共大一尺二[1]寸。內中間河路一寸二分大。框七分方圓，內起線三[2]分。方圓橫共十路，直共九路，何路笋要內做重貼，方能堅固。

圍棋盤式

方圓一尺四寸六分，框六分厚，七分大，內引六十四路長通路，七十二小断路，板片只用三分厚。

算 盤 式[3]

一尺二寸長，四寸二分大，框六分厚，九分大，起碗底線，上二子一寸一分，下下五子三寸一分，長短大小，看子而做。

茶盤托盤樣式

大者長一尺五寸五分，濶九寸五分。四框一寸九分高，起邊線，三分半厚，底三分厚。或做斜托盤者，板片一盤子大，但斜二分八釐[4]，底是鉄釘釘住，大小依此格加減無悮。有做八角盤者，每片三寸三分長，一寸六分大，三分厚，共八片，每片斜二分半，中笋一個，陰陽交進。

手水車式

此做踏水車式同，但只是小。這箇上有七尺長，或六尺長，水廂四寸高，

---

① 上图 E 本为“一”，应误。

② 上图 E 本为“二”，应误。

③ 上图 A 本、南图 C 本、南图 D 本、上图 E 本、浙图 D 本有本页及后两页下划线处内容，其余各本皆无。

④ 古同“厘”。

帶面上梁貼①仔高九寸，車頭用兩片樟木板，二寸半大，閂在車廂上面，輪上閧②板③刺依然八箇，二寸長，車手二尺三寸長，餘依前踏④車尺寸扯短是。

踏水車

四人車頭梁八尺五寸長，中截⑤方，两⑥頭圓，除中心車槽七寸濶，上下車板刺八片，次分四人，已濶下十字横仔一尺三寸五分長，横仔之上閂棰⑦仔圓的，方圓二寸六分大，三寸二分長。兩邊車脚五尺五寸高，柱子二寸五分大，下盛盤子長一尺六寸正，一尺大，三寸厚方穩。車桶⑧一丈二尺長，下水廂八寸高，五分厚，貼仔一尺四寸高，共四十八根，方圓七分大。上車面梁一寸六分大，九分厚，與水廂一般長；車底四寸大，八分厚，中一龍舌，與水廂一⑨様長，二寸大，四分厚；下尾上椹水仔圓的，方圓三寸大，五寸長。刺水板亦然八片，關水板骨八寸長，大一寸零二分，一半四方，一半薄四分，做陰陽笋閂，在拴骨上板片五⑩寸七分大，共記四十八片，關水板依此様式，尺寸不悮。

推車式

凡做推車，先定車屑，要五尺七寸長，方圓一寸五分大，車軏方圓二尺四寸大，車角一尺三寸長，一寸二分大；兩邊棋鎗一尺二寸五分長，每一邊三根，一寸厚，九分大；車軏中間横仔一十八根，外軏板片九分厚，重外共一十二片合進。車脚一尺二寸高，鎖脚八分大，車上盛羅盤，羅盤六寸二分大，一

---

① 上图E本、浙图D本为“貼”，应误。
② 南图D本为“閈”，应误。
③ 南图D本为“故”，应误。
④ 南图D本为“請”，应误。
⑤ 南图D本为“哉”，应误。
⑥ 上图E本为“兩”，“两”之异体字。
⑦ 南图D本为“種”，应误。
⑧ 上图E本为“掃”，应误。
⑨ 浙图D本此页内容无。
⑩ 南图D本为“互”，应误。

寸厚,此行俱用硬樹的方堅勞固。

牌扁式

看人家大小屋宇而做,大者八尺長,二尺大,框一寸六分大,一寸三分厚,内起棋盤線,中下板片上行下。

起造房屋類　二卷終①

天官赐福图

再②附各欵③圖式④

① 上图 A 本、南图 C 本、南图 D 本、上图 E 本无此句和“天官賜福圖”;北图本无“二卷終”三字。

② 南图 C 本为“冉”。

③ 南图 C 本为“欵”。

④ 绍兴本、浙图 A 本、北图本无此句。

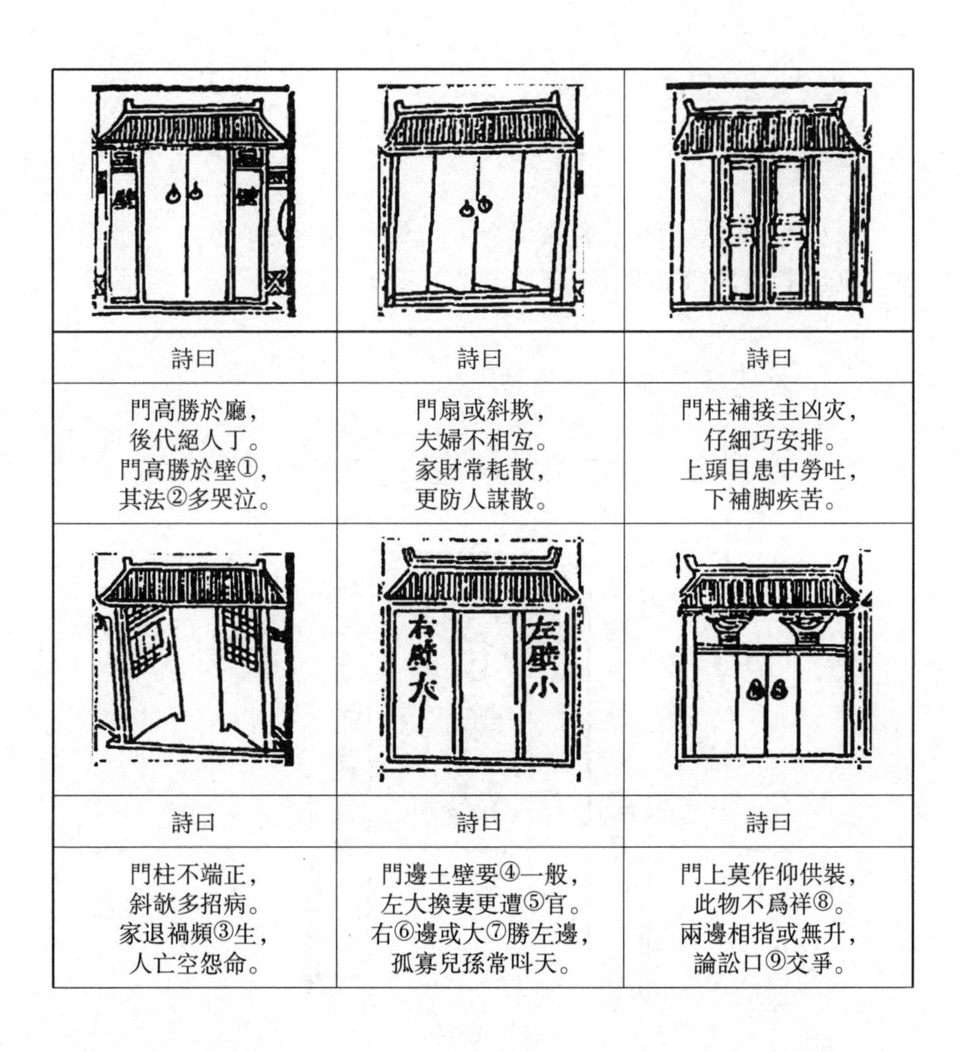

詩曰	詩曰	詩曰
門高勝於廳， 後代絕人丁。 門高勝於壁①， 其法②多哭泣。	門扇或斜欹， 夫婦不相宜。 家財常耗散， 更防人謀散。	門柱補接主凶灾， 仔細巧安排。 上頭目患中勞吐， 下補脚疾苦。
詩曰	詩曰	詩曰
門柱不端正， 斜欹多招病。 家退禍頻③生， 人亡空怨命。	門邊土壁要④一般， 左大換妻更遭⑤官。 右⑥邊或大⑦勝左邊， 孤寡兒孫常叫天。	門上莫作仰供裝， 此物不爲祥⑧。 兩邊相指或無升， 論訟口⑨交爭。

① 南图 C 本、南图 D 本、上图 E 本为“壁”，应误。

② 南图 D 本、上图 E 本为“家”，应误。

③ 南图 D 本、上图 E 本为“頓”，应误。

④ 上图 A 本、南图 C 本、南图 D 本、上图 E 本、浙图 D 本为“開”，应误。

⑤ 上图 A 本、南图 C 本、南图 D 本、上图 E 本为“壇”，应误。

⑥ 上图 A 本、南图 C 本、南图 D 本、上图 E 本为“方”，应误。

⑦ 南图 C 本为“六”，应误。

⑧ 上图 A 本、南图 C 本、南图 D 本、上图 E 本为“觧”，“解”之异体字。

⑨ 上图 A 本、南图 D 本、上图 E 本为“日”，应误。

续表

 詩曰	 詩曰	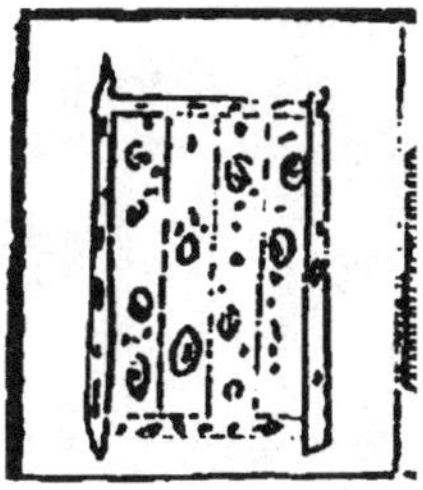 詩曰
門前壁破街磚缺， 家中長不悦。 小口枉死藥無醫， 急要修整莫遲遲。	二家不可門相對， 必主一家退。 開門不得兩相衝， 必有一家凶①。	門板莫令多樹節， 生瘡疔不歇。 三三兩兩或成行， 徒配出軍郎。

詩曰	詩曰	詩曰
門戶中間窟痕多， 灾禍事交訛②。 家招刺配遭非禍， 瘟黄定不差。	門板③多穿破， 怪異爲凶禍。 定注退才④産， 修補免⑤貧寒。	一家不可開二門， 父子没慈恩。 必招進舍填門客， 時師須會識。

① 浙图 D 本为“内”，应误。

② 上图 A 本、南图 C 本、南图 D 本、上图 E 本为“記”。

③ 浙图 D 本为“坊”，应误。

④ 上图 E 本为“未”，应误。

⑤ 南图 D 本为“兔”，应误。

续表

詩曰	詩曰	詩曰
一家若作兩①門出， 鰥寡多冤屈。 不論家中正主人， 大小自相凌。	廳②屋兩頭有屋横， 吹禍起汾汾。 便言名曰擡喪山， 人口③不平安。	門外置欄杆， 名曰紙錢山。 家必多喪禍， 恓惶實④可憐⑤。
詩曰	詩曰	詩曰
人家⑥天井置欄杆， 心痛藥醫⑦難⑧。 更招眼障暗昏蒙， 雕花極是凶。	當廳若作穿心梁， 其家定不祥。 便言名曰停喪山， 哭泣不曾閑。	人家相對倉⑨門開， 定斷⑩有凶灾。 風疾時時不可醫， 世上少⑪人知。

① 上图E本为“丙”,应误。
② 上图E本为“厮”,异体字。
③ 南图D本为“日”,应误。
④ 上图A本、南图C本、南图D本、上图E本为“輕官”,应误。
⑤ 上图A本、浙图D本缺此字;上图E本为“当”。
⑥ 上图E本为“來”,应误。
⑦ 上图E本为“醫”。
⑧ 上图E本、南图D本为“难”。
⑨ 上图E本为“仓”,应误。
⑩ 上图A本为“斷”;南图D本、上图E本为“断”。
⑪ 上图A本为“沙”,应误。

续表

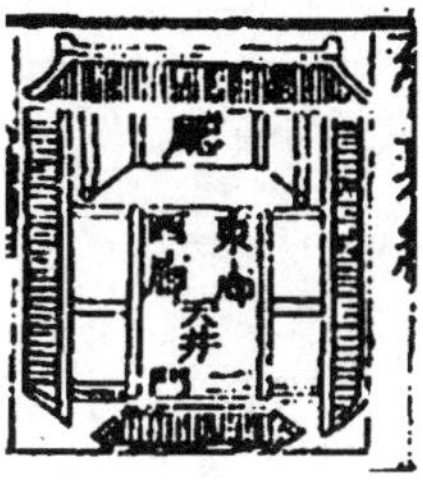		
詩曰	詩曰	詩曰
西廊壁枋不相接， 必主相離别①。 更出人心不伶俐， 疾病誰醫治。	人家方②畔有禾倉， 定有寡母坐中堂。 若然架在天醫位， 却宐醫③術正相當。	路如牛尾不相和， 頭④尾翻舒反背吟。 父子相離真⑤未免⑥， 女人要嫁待何如。
		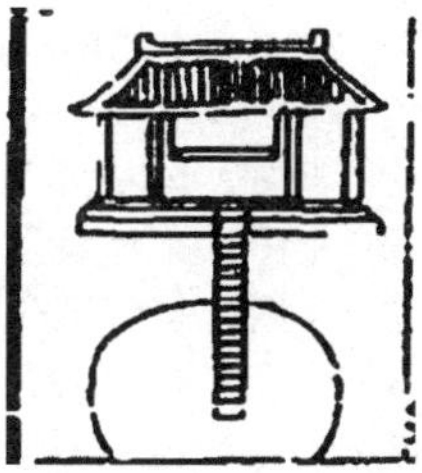
詩曰	詩曰	詩曰

① 上图 A 本、南图 C 本、南图 D 本、上图 E 本为“八”，应是音近而误；浙图 D 本为“人”。

② 上图 A 本、南图 C 本、南图 D 本、上图 E 本、浙图 D 本为“左”。

③ 上图 E 本为“医”。

④ 上图 A 本、南图 C 本、南图 D 本、上图 E 本、浙图 D 本为“首”，应误。

⑤ 南图 D 本为“重”，应误。

⑥ 浙图 D 本为“人”，应误。

续表

<table>
<tr><td>禾倉①背后作房間，
名爲②疾病山③。
連年困臥不離床，
勞病最恓④惶。</td><td>有路行來似鉄了⑤，
父南⑥子北⑦不寧家。
更言一拙誠堪拙⑧，
典賣田園難⑨免他。</td><td>路⑩若鈔⑪羅⑫與銅角⑬，
積⑭招疾病無⑮人覺⑯。
瘟⑰瘟麻⑱痘若相侵，
痢⑲疾師巫反有法。</td></tr>
<tr><td colspan="2"> </td><td> </td></tr>
<tr><td colspan="2">詩曰</td><td>詩曰</td></tr>
<tr><td colspan="2">人家不宜居水閣，
過房并接脚。
兩邊池水太侵門，
流傳兒孫好大脚。</td><td>方來不滿破分田⑳，
十相人中有不全。
成敗又多徒費力㉑，
生㉒離出去豈無還。</td></tr>
</table>

① 上图A本、上图E本为“舍”。
② 上图A本、南图D本、上图E本为“馮”，应误。
③ 上图A本、南图D本、上图E本为“出”。
④ 上图A本、南图C本、南图D本、上图E本为“西”，应误。
⑤ 上图A本为“丫”，应是。上图E本为“子”，南图C本、南图D本、浙图D本为“了”。
⑥ 上图E本为“商”，应误。
⑦ 上图E本为“把”，音似而误。
⑧ 上图E本为“捕”，应误。
⑨ 上图E本为“难”。
⑩ 上图A本、南图C本、南图D本、上图E本为“合”，应误。
⑪ 上图A本、南图C本、南图D本、上图E本为“纱”，形似而误。
⑫ 上图E本为“罗”。
⑬ 上图A本、南图C本、南图D本、上图E本为“兄賢”。
⑭ 上图A本、南图C本、南图D本、上图E本为“不”，应误。
⑮ 上图A本、南图C本、南图D本、上图E本、浙图D本为“可乎”，应误。
⑯ 上图E本为“曾”，应误。
⑰ 南图D本为“盛”，应误。
⑱ 上图A本、南图C本、南图D本、上图E本为“免用”。
⑲ 上图E本为“病”。
⑳ 上图E本为“日”，应误。
㉑ 上图E本为“方”，形似而误。
㉒ 南图C本、南图D本、上图E本为“牛”，形似而误。

续表

 詩曰	 詩曰	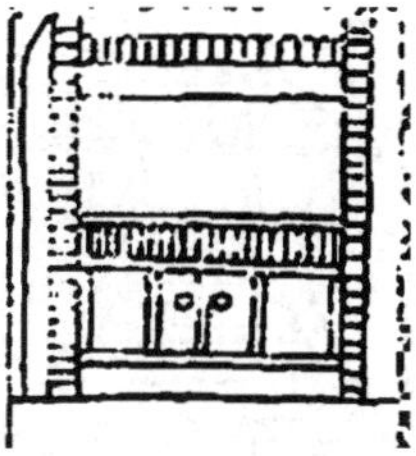 詩曰
故身一路橫哀哉， 屈屈來朝入穴①蛇， 家宅不安死外地， 不宜墻壁反教餘。	門高叠叠似靈山， 但②合僧堂道院看。 一直倒門無曲折， 其家終冷也孤单。	四方平正名金斗， 富足田園糧③萬畆④。 篱⑤墻回環無破陷⑥， 年年進益添人口。

詩曰	詩曰	詩曰
墻圳如弓⑦抱， 名曰進田山。 富足人財好， 更有清貴官。	左邊七字須端正， 方斷⑧財山定。 或然一似死鴨形， 日日鬧相爭。	若見門前七字去， 斷⑨作辨金路。 其家富貴足錢財， 金玉似山堆⑩。

① 古同“冗”。

② 上图 E 本为“但”，应误。

③ 南图 D 本为“[illegible]”，形似而误。

④ 南图 D 本为“詋”，应误。

⑤ 南图 D 本为“[illegible]”；上图 E 本为“[illegible]”。

⑥ 南图 D 本为“啗”，形似而误。

⑦ 上图 A 本、南图 C 本、南图 D 本、上图 E 本为“方”，形似而误。

⑧ 上图 E 本、浙图 D 本为“断”。

⑨ 上图 A 本、南图 D 本为“斷”；上图 E 本、浙图 D 本为“断”。

⑩ 南图 D 本为“增”，应误。

续表

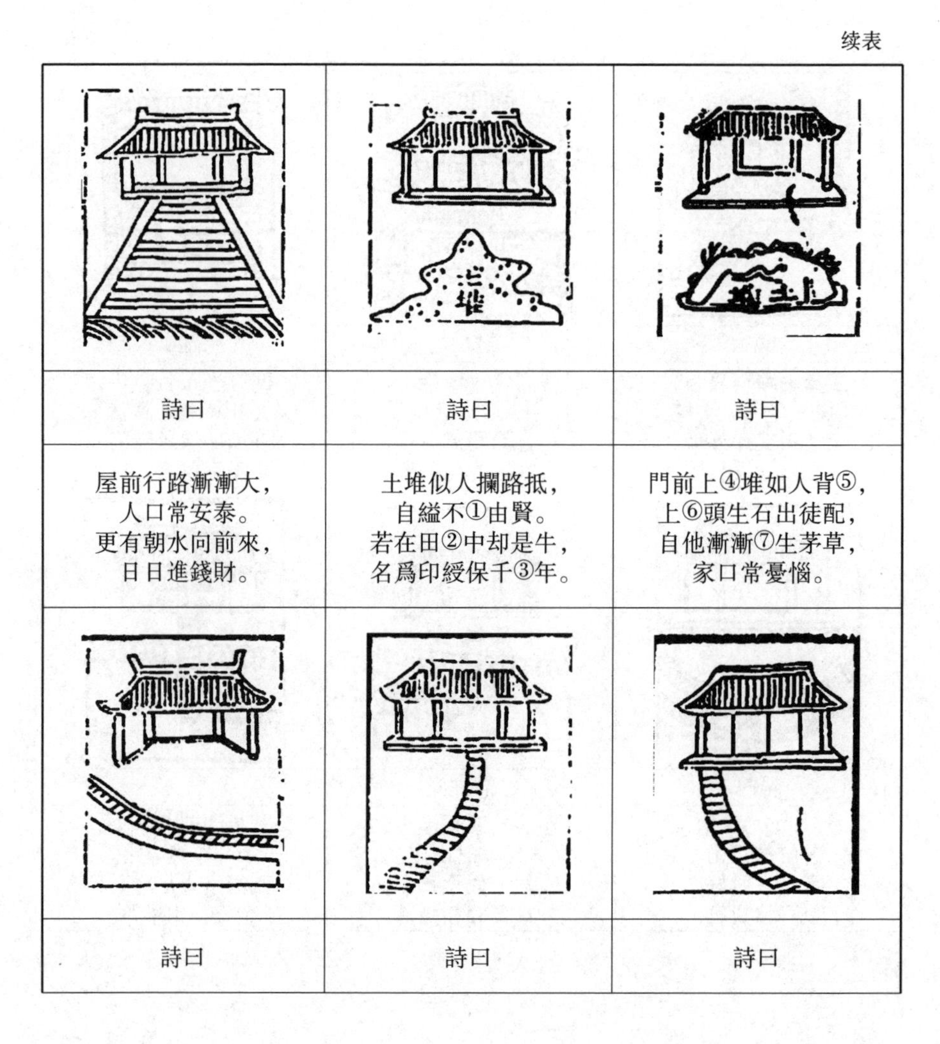

詩曰	詩曰	詩曰
屋前行路漸漸大， 人口常安泰。 更有朝水向前來， 日日進錢財。	土堆似人攔路抵， 自縊不①由賢。 若在田②中却是牛， 名爲印綬保千③年。	門前上④堆如人背⑤， 上⑥頭生石出徒配， 自他漸漸⑦生茅草， 家口常憂惱。
詩曰	詩曰	詩曰

① 南图C本、南图D本为“又”,上图E本为“文”,应误。

② 南图D本、上图E本为“山”,应误。

③ 上图E本为“叓”。

④ 上图A本、上图E本为“土”,应是。

⑤ 南图D本、上图E本为“皆”。

⑥ 上图A本、上图E本为“土”。

⑦ 上图A本、南图C本、南图D本为“溺”;上图E本为“弱”。

续表

右邊墻路如直出， 時時叫冤屈。 怨嫌無好一夫兒， 代代出生離①。	路如衣帶細②条詳， 歲歲灾危反位當③。 自嘆④資身多耗散， 頻頻退失好恓⑤惶。	左⑥邊⑦行帶事亦同， 男人效病手⑧拍風。 牛羊⑨六畜空費⑩力， 雖得財錢⑪一旦⑫空。
	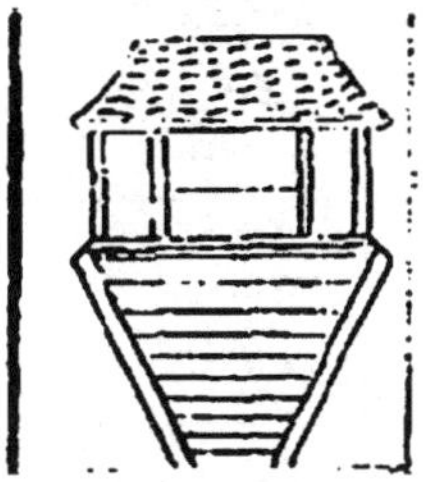	
詩曰	詩曰	詩曰
門前土墻如曲尺， 進契人家吉。 或然曲尺向外長， 妻壻⑬哭⑭分張。	門前行路漸漸小， 口食隨時了。 或然直去又低垂⑮， 退落不知時。	前街⑯玄武入門來， 家中常進⑰財。 吉方更有朝水至， 富貴進田牛。

---

① 上图A本、南图C本、南图D本、上图E本、浙图D本为“誰”，形似而误。
② 上图A本、南图C本、南图D本、上图E本、浙图D本为“相”。
③ 上图E本为“当”。
④ 上图A本、南图C本、南图D本、上图E本、浙图D本为“冀”。
⑤ 上图A本、南图C本、南图D本、上图E本为“洒”，形似而误。
⑥ 上图A本为“庄”，南图C本、南图D本为“主”；上图E本为“生”。
⑦ 上图E本为“边”。
⑧ 南图C本、南图D本、上图E本为“爭”，应误。
⑨ 上图A本、南图C本、南图D本、上图E本、浙图D本为“寺”，应误。
⑩ 上图A本、南图C本、南图D本、上图E本、浙图D本为“賈”，应误。
⑪ 上图A本、南图C本、南图D本、上图E本为“斂”。
⑫ 南图D本、上图E本为“且”，形似而误。
⑬ 应为“婿”之别字。
⑭ 上图A本、南图C本、南图D本、上图E本、浙图D本为“尖”。
⑮ 上图A本、南图C本、南图D本、上图E本为“重”，形似而误。
⑯ 上图A本、南图C本、南图D本、上图E本、浙图D本为“相”，应误。
⑰ 上图E本为“有”。

续表

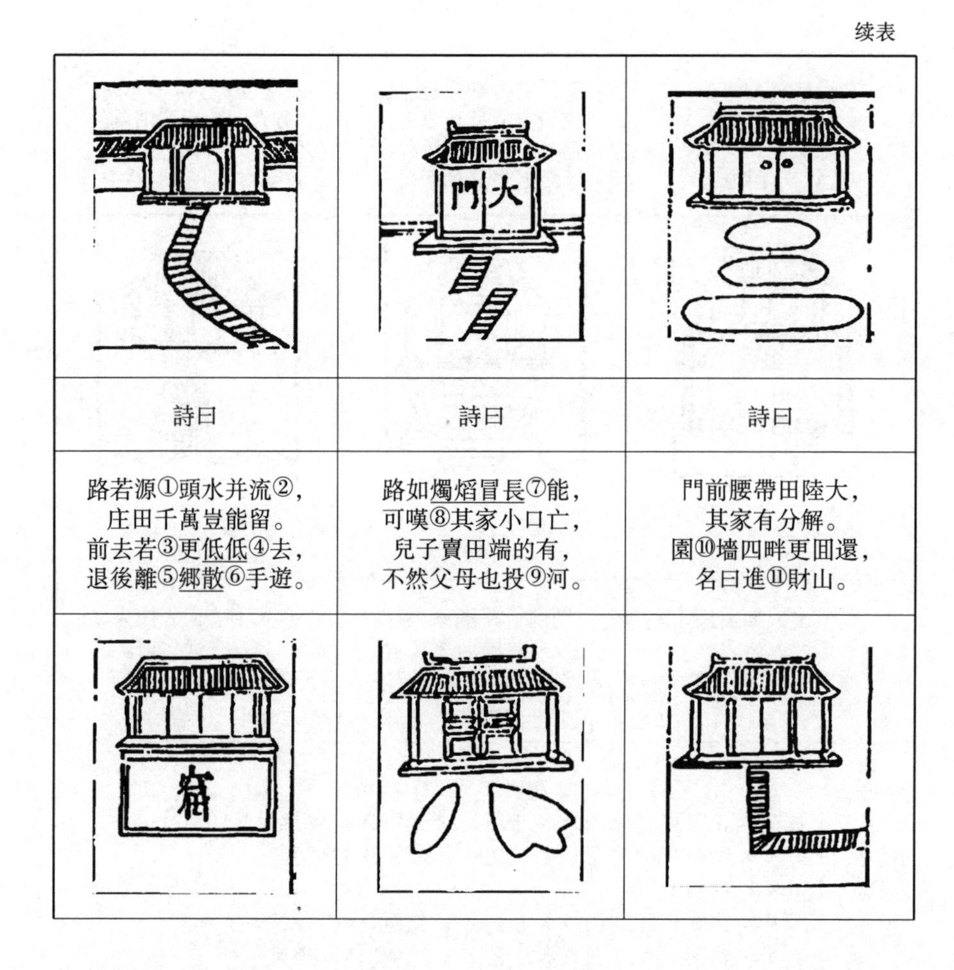

詩曰	詩曰	詩曰
路若源①頭水并流②， 庄田千萬豈能留。 前去若③更低低④去， 退後離⑤鄉散⑥手遊。	路如燭熖冒長⑦能， 可嘆⑧其家小口亡， 兒子賣田端的有， 不然父母也投⑨河。	門前腰帶田陸大， 其家有分解。 園⑩墻四畔更囬還， 名曰進⑪財山。

① 上图A本、南图C本、南图D本、上图E本、浙图D本为“流”，应误。
② 上图A本、南图C本、上图E本、南图D本为“滅”。
③ 上图A本、南图C本、南图D本为“茉”，上图E本为“莱”，形似而误。
④ 上图A本、南图C本、上图E本为“佳伐”，南图D本为“低伐”。
⑤ 上图E本为“离”。
⑥ 上图A本、南图C本、南图D本、上图E本为“郊故”。
⑦ 上图A本、南图C本、南图D本、上图E本、浙图D本为“濁鄉買妟”。
⑧ 上图A本、南图C本、浙图D本为“奠”，南图D本为“莫”，上图E本为“荚”。
⑨ 南图D本为“段”，应误。
⑩ 上图E本为“园”。
⑪ 南图D本为“違”，应误。

续表

詩曰	詩曰	詩曰
門前有路如員障， 八尺十二數。 此窟名如陪地①金， 旋旋入庄田。	門前行路如鵞鴨， 分明兩邊②着。 或然又如鵞掌形， 口舌不③曾停。	有路行來若火勾， 其家退落更能偷④。 若還有路從中入， 打殺他人未肯休。

詩曰	詩曰	詩曰
雙⑤槐門前路扼⑥精， 先知室女有風聲⑦， 身懷六甲方行嫁， 却笑人家濁不貞。	一來一往似立幡， 家中發後事多般。 須招口舌重重起， 外來兼之鬼入門⑧。	門前石面似盤⑨平， 家富有聲⑩名。 兩邊⑪夾⑫從進寶⑬山， 足食更清閑⑭。

---

① 上图A本、南图C本、南图D本、上图E本为“池”，形似而误。
② 上图E本为“两邊”。上图A本、南图C本、南图D本、浙图D本为“西遊”，应误。
③ 上图A本、南图C本、南图D本、上图E本、浙图D本为“石”，形似而误。
④ 上图A本、南图C本、南图D本、上图E本、浙图D本为“洼竹”，应误。
⑤ 上图E本为“双”。
⑥ 上图A本、南图C本为“拆”，南图D本、上图E本、浙图D本为“折”。
⑦ 上图E本为“声”。
⑧ 上图A本、南图D本、上图E本为“問”，形似而误。
⑨ 上图E本为“凡”，音似而误。
⑩ 上图E本为“声”。
⑪ 上图E本为“边”。
⑫ 上图A本、南图C本、南图D本、上图E本、浙图D本为“⿱罒乂”，形似而误。
⑬ 上图E本为“宝”。
⑭ 上图E本、南图C本、南图D本、上图E本、浙图D本为“土青有”。

续表

	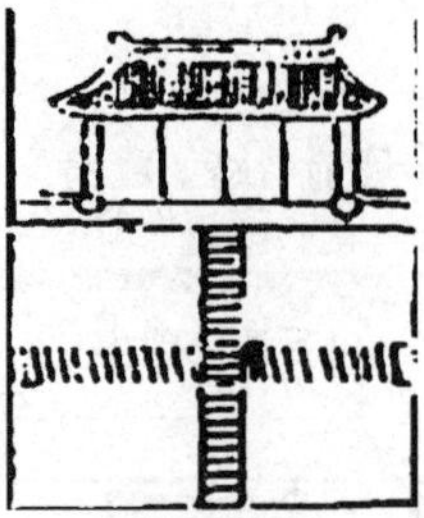	
詩曰	詩曰	詩曰
翻連屈曲名蚯①蚓， 有路如②斯人氣紧。 生離③未免兩分飛， 損子傷妻家道虧。	十字路來才分谷， 兒孫手藝最堪爲。 雖④然温飽多成敗， 只因娼好賓⑤已虚。	門前見有三重石， 如人坐睡直⑥。 定主二夫共⑦一妻， 蚕月養⑧春宜。

詩曰	詩曰	詩曰

---

① 上图E本为“蚚”，应误。
② 上图A本、南图C本、南图D本、上图E本为“加”，形似而误。
③ 上图E本为“离”。
④ 上图E本为“虽”。
⑤ 上图E本为“宝”。
⑥ 上图E本为“右”。
⑦ 南图C本、南图D本、上图E本为“其”，形似而误。
⑧ 上图E本为“养”。

续表

屋邊①有石斜聳出②， 人家常仰③郁。 定招風④疾及困貧⑤， 口食每求人。	排筭雖⑥然路直横， 須教筆⑦硯案頭⑧生。 出入巧性⑨多才學， 池⑩沼⑪爲財⑫輕⑬富榮⑭。	路來重曲號爲州， 内有池⑮塘或石頭。 若不爲官須巨⑯富⑰， 侵州侵縣置田疇。

詩曰	詩曰	詩曰

① 上图 E 本为“边”。

② 上图 A 本、南图 C 本、南图 D 本、上图 E 本、浙图 D 本为“周”。

③ 应为“抑”之通假，上图 A 本、南图 C 本、南图 D 本、上图 E 本、浙图 D 本为“日”，应误。

④ 上图 A 本、南图 C 本、南图 D 本、上图 E 本、浙图 D 本为“君”。

⑤ 上图 A 本、南图 C 本、南图 D 本、上图 E 本、浙图 D 本为“聞受”。

⑥ 上图 E 本为“虽”。

⑦ 上图 A 本、南图 C 本、南图 D 本、上图 E 本、浙图 D 本为“豈”。

⑧ 上图 A 本为“顯”；南图 C 本为“顆”，南图 D 本为“顕”，上图 E 本为“显”，皆为“显”之异体字。

⑨ 上图 A 本、南图 C 本、南图 D 本、上图 E 本、浙图 D 本为“柱”。

⑩ 上图 A 本、南图 C 本、南图 D 本、上图 E 本、浙图 D 本为“海”

⑪ 上图 A 本、南图 C 本、南图 D 本、上图 E 本、浙图 D 本为“加”。

⑫ 上图 E 本为“财”。

⑬ 南图 D 本、上图 E 本为“軽”。

⑭ 上图 E 本为“荣”。

⑮ 上图 A 本、浙图 D 本为“泣”，上图 E 本为“泣”。

⑯ 上图 A 本、南图 C 本、南图 D 本、上图 E 本、浙图 D 本为“目”，形似而误。

⑰ 上图 E 本为“畐”。

续表

右面四方高， 家裏産英豪。 渾如斧鑿成， 其山出貴人。	路如人字意如何， 兄弟分推隔用多。 更主家中紅熖起， 定知此去更無廬①。	石如蝦蟆草似秧②， 怪異入廳堂。 駝腰背③曲家中有， 生子形容丑④。
		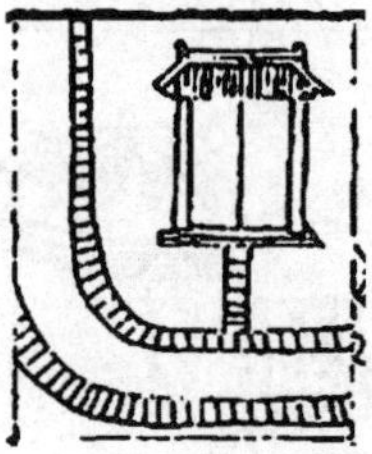
詩曰	詩曰	詩曰
四⑤路⑥直來中⑦間曲⑧， 此名四⑨獸能取祿。 左來更得一刀砧， 文武兼全俱皆足。	抱⑩尸⑪一路兩交加， 室女遭人殺可嗟， 從行夜好家内⑫亂， 男人致死也因他。	一重城抱一江纒， 若有重城積産錢。 雖是富榮無禍患， 秖宜抱子度晚年。

① 南图D本为“若”，上图E本为“戶”。

② 南图D本、上图E本为“秋”，形似而误。

③ 上图A本、南图C本为“背”；南图D本、上图E本为“昔”，形似而误。

④ 上图E本为“什”。

⑤ 南图C本、南图D本为“田”，形似而误。

⑥ 南图D本为“洛”，应误。

⑦ 南图D本为“忠”，音同而误。

⑧ 南图D本为“田”，形似而误。

⑨ 南图D本为“由”，形似而误。

⑩ 上图A本为“抢”，形似而误。

⑪ 上图A本、南图C本、南图D本、上图E本为“户”。

⑫ 上图A本、南图C本、南图D本、上图E本为“凶”。

续表

詩曰	詩曰	詩曰
石如酒瓶様一般， 樓①臺更满山。 其家富貴欲一求， 斛注使②金銀。	或外有石③似牛眠， 山④成進庄田。 更在出在五⑤方山， 六畜自興旺。	南方若還有尖石， 代代火燒宅。 大⑥高尖起火成山， 燒盡不爲難。
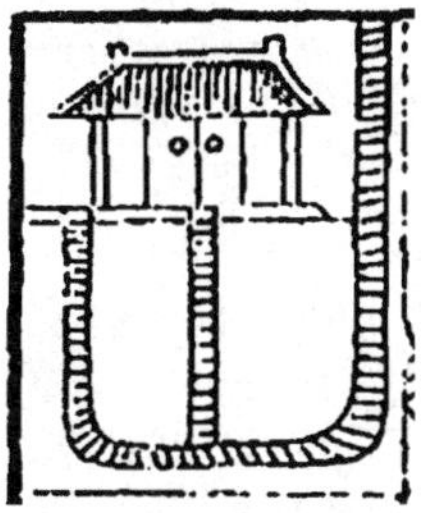		
詩曰	詩曰	詩曰
展帛田⑦來欲捲舒， 辨錢田即在方隅。 中男長位須先發， 人言此⑧位鬼神扶。	石雖屋後起三堆⑨， 倉庫積禾囤。 石藏屋後一般般， 潭⑩且更清閑。	路如丁字損人丁， 前低蕩去不堪行， 或然平生猶輕可， 也主離鄉亦主貧。

① 上图 A 本、南图 C 本、南图 D 本、上图 E 本、浙图 D 本为“楼”。

② 南图 D 本为“便”，形似而误。

③ 南图 C 本、南图 D 本为“刃”，上图 E 本为“刅”。

④ 南图 D 本为“田”，应误。

⑤ 上图 A 本、南图 C 本、南图 D 本、上图 E 本、浙图 A 本为“丑”，形似而误。

⑥ 上图 A 本、南图 C 本、南图 D 本、上图 E 本、浙图 D 本为“火”，形似而误。

⑦ 上图 A 本、南图 C 本、南图 D 本、上图 E 本、浙图 D 本为“回”。

⑧ 上图 A 本、南图 C 本、南图 D 本、上图 E 本、浙图 D 本为“執”。

⑨ 上图 E 本为“推”，形似而误。

⑩ 上图 A 本、南图 C 本、南图 D 本、上图 E 本为“浑”，应误。

续表

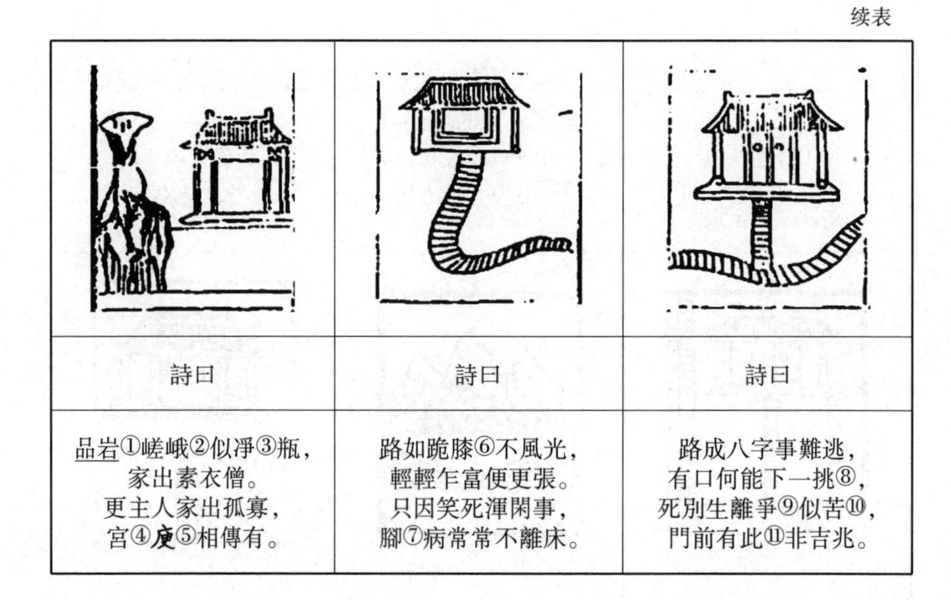

詩曰	詩曰	詩曰
品岩①嵯峨②似淨③瓶， 家出素衣僧。 更主人家出孤寡， 宫④庚⑤相傳有。	路如跪膝⑥不風光， 輕輕乍富便更張。 只因笑死渾閑事， 腳⑦病常常不離床。	路成八字事難逃， 有口何能下一挑⑧， 死別生離爭⑨似苦⑩， 門前有此⑪非吉兆。

魯班經三⑫卷終

---

① 上图 A 本、南图 C 本、南图 D 本、上图 E 本、浙图 D 本为“高若”。
② 南图 D 本为“峡”，形似而误。
③ 上图 A 本、南图 C 本、南图 D 本为“浄”；上图 E 本为“净”。
④ 南图 C 本、南图 D 本为“宫”；上图 E 本为“當”。
⑤ 应为“更”之通假。
⑥ 南图 D 本、上图 E 本为“膝”。
⑦ 上图 A 本、南图 C 本、南图 D 本、上图 E 本为“解”。
⑧ 上图 A 本、南图 C 本、南图 D 本、上图 E 本、浙图 D 本为“訛”。
⑨ 上图 A 本、南图 C 本、南图 D 本、上图 E 本、浙图 D 本为“争”。
⑩ 上图 E 本为“若”，形似而误。
⑪ 上图 A 本、南图 C 本、南图 D 本、上图 E 本为“悲”，浙图 D 本似为“恐”。
⑫ 上图 A 本、南图 C 本、南图 D 本、浙图 D 本、上图 E 本为“二”。

附录一　秘诀仙机整理校勘

唐李淳風代人擇日，其家造屋，淳風與之擇日，乃十惡大敗日①，言稱今日乃上吉日也，遂與其書此對②貼于柱。其日袁天罡同唐太宗來訪淳風，偶見其立柱上梁，天罡笑曰："天下術士亂③爲也。"太宗曰"何也?"天罡曰："今日乃十惡日也。"太④宗曰："可問是誰擇之日?"逐問之，其家對曰："淳風也。"天罡曰："今在何處?"其家遂答曰："在右左寺山門日卜數。"天罡欲行，其家留之，待以盛酒，不數盃，遂辭而行。天罡與太宗曰："臣聞淳風⑤高士，今虚傳也。"太宗曰："可去問其數，看其知我爾乎?"太宗未至寺，天罡先行見淳風，曰："知我乎?"曰："知也。今日左輔臨寺，是君也，紫薇至寺，差一時，然卦属乾⑥，二爻見龍在田，乃君至也。"天罡曰："今知吾來，是真乃袁⑦天罡。前村上梁擇日是爾否?"曰："然。"天罡曰："今日乃十惡大敗日，何不識也?"曰："今日紫薇臨吉地，諸凶神皆避也。"天罡曰："紫薇在⑧于何所。"曰："將及至寺也。"方説完，太宗駕至入寺，淳風⑨拜伏于地。太宗問其詳，天罡對以"立柱喜逢黄道日，上梁正遇紫薇星"之説，一一講明，太宗遂扶起而還家⑩，擢爲軍師。今人家貼此，是此故事也。⑪

---

① 上图A本、南图D本、浙图D本、南图C本、上图E本为"自"，应误。
② 南图D本为"对"。
③ 南图D本为"乱"。
④ 故宫珍本为"大"，应误。
⑤ 南图D本为"凨"，古同"風"。
⑥ 南图D本为"草"，应误。
⑦ 南图D本为"章"，应误。
⑧ 南图D本无此字。
⑨ 南图D本为"凨"，古同"風"。
⑩ 故宫珍本为"遂"，据上下文，疑误。
⑪ 南图E本、复旦本、南图A本、上图C本、上图D本、浙图B本、浙图C本、绍兴本无此段内容。

靈[1]驅解法洞明眞言秘書[2]

魘者必須有解，前魘禳[3]之書，皆土[4]木工師邪術：葢[5]邪者，何能勝正！是書所載諸法，皆句句眞言、靈[6]符妙訣，學者觀[7]者，勿得[8]汚手開展，各宜敬之。凡有一切動作起造完日，解禳之後，則土木之魘無益矣。如居舊室，或買者賃者，家宅累見凶[9]事，或病、或口舌、或争訟，家中不和睦，夢[10]魘吽[11]，見[12]神遇鬼傷害人口，生意淡薄，時常火發，頻賊偷盗、飛來等禍、敗家丧命之類，並皆可禳，能轉禍爲福，百難[13]無侵，則永遠[14]安泰[15]矣。

因累[16]試累驗[17]，特此抄刊。

工完禳解咒

咒曰[18]：五行五土，相尅相生。木能尅土，土速遁形。木出山林，斧[19]金[20]尅

---

① 南图 D 本为“灵”。

② 上图 B 本此卷内容破损严重，仅存留几字。

③ 上图 A 本、浙图 D 本为“禱”，南图 C 本为“禧”，应误。

④ 南图 E 本为“上”。

⑤ 上图 A 本、南图 C 本、南图 D 本、浙图 D 本、南图 A 本、上图 C 本、上图 D 本、浙图 E 本、浙图 F 本、中山 B 本为“葢”，古同“蓋”。

⑥ 南图 D 本为“灵”。

⑦ 南图 D 本为“观”。

⑧ 浙图 E 本无此字。

⑨ 复旦本、南图 E 本、浙图 C 本为“𠫔”，古同“凶”。

⑩ 南图 C 本为“㝱”。

⑪ 古同“叫”。

⑫ 南图 D 本为“见”。

⑬ 南图 D 本为“难”。

⑭ 绍兴本为“達”。

⑮ 南图 A 本、上图 C 本、上图 D 本、浙图 B 本、浙图 C 本无下划线内容。

⑯ 南图 E 本为“異”。

⑰ 南图 D 本为“验”。

⑱ 南图 A 本、上图 C 本、上图 D 本、浙图 B 本、浙图 E 本、浙图 F 本、中山 B 本有此二字。

⑲ 复旦本、南图 E 本、南图 A 本、上图 C 本、上图 C 本、浙图 B 本、浙图 C 本、浙图 E 本、浙图 F 本、中山 B 本为“秀”。

⑳ 南图 D 本为“今”。

神,木精急退,免得天嗔。工師假術,即化微塵。一切魔鬼[①],快出户庭。掃盡妖氛[②],五雷發聲。柳枝一洒[③],火盗清寧。一切魘物,不得番[④]身。工師哩語,貶入八冥[⑤]。吾奉[⑥]天令,永保家庭,急急如老君律令。

禳解類

凡置瓦將[⑦]軍者,皆因對面[⑧]或有獸頭、屋脊、墻頭、牌坊脊,如隔屋見者,宜用瓦將軍。如近對者,用獸牌,每月擇神在日安位,日出[⑨]天晴安位者,吉。如雨不宜,若安位反凶。木[⑩]物不宜藏座下,將軍本[⑪]属土,木原尅

---

① 南图D本为"魘見"。
② 故宫珍本、上图C本、浙图B本、浙图C本、浙图E本、中山B本为"氲"。
③ 南图D本、南图C本为"酒";南图A本、上图C本、上图D本为"灑"。
④ 应为"翻"之通假。
⑤ 南图E本为"宜"。
⑥ 复旦本、上图D本、上图C本、南图A本、浙图B本、浙图C本、浙图F本、浙图E本为"本"。
⑦ 浙图C本为"物"。
⑧ 南图D本、南图C本为"而"。
⑨ 浙图C本、浙图B本、浙图F本、浙图E本、中山B本为"由"。
⑩ 浙图F本为"本"。
⑪ 南图E本为"水"。

土，故不可用安位，必先祭之，用①三牲、菓酒②、金錢、香燭之類。

咒③曰：伏以神本無形，仗莊嚴而成法相，師傅有教，待開光而顯靈④通（卽用墨点⑤眼⑥）。伏爲南瞻部洲⑦大清⑧國某省某府某縣某都某圖住屋奉神信士某人，今因對門遠⑨見屋脊，或墻頭相冲，特請九⑩獸⑪総管瓦將軍之神，供于屋頂。凡有冲犯，迄⑫神速遣，永鎮家庭，平安如意，全頼威風。凶神速避，吉神降臨，二六時中，全叨神庇，祭祝以完⑬，請登寶位。

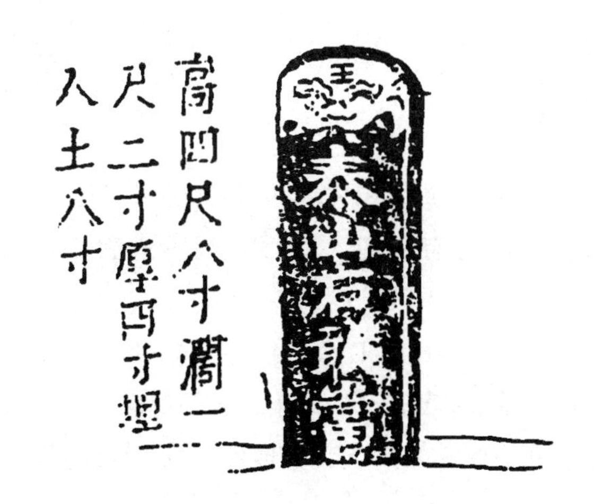

---

① 南图 E 本为“淨”

② 故宫珍本、南图 E 本、上图 D 本、上图 C 本、复旦本、浙图 B 本、浙图 C 本、浙图 F 本、浙图 E 本、绍兴本为“酒菓”；中山 B 本为“酒果”。

③ 南图 E 本、复旦本、南图 A 本、上图 C 本、上图 D 本、浙图 B 本、浙图 C 本、浙图 F 本、浙图 E 本、绍兴本为“祝”。

④ 浙图 F 本为“神”。

⑤ 南图 E 本为“點”。

⑥ 复旦本为“服”；浙图 F 本此处多一“睛”字。

⑦ 南图 E 本、复旦本、南图 A 本、上图 D 本、浙图 B 本、浙图 C 本、浙图 F 本、浙图 E 本、中山 B 本为“州”。

⑧ 故宫珍本、浙图 D 本、南图 D 本、上图 A 本、南图 C 本为“明”。

⑨ 浙图 F 本、浙图 E 本为“遥”。

⑩ 浙图 E 本、浙图 F 本、中山 B 本为“瓦”。

⑪ 浙图 D 本、上图明 A 本“獸”字处空缺。

⑫ 南图 A 本、上图 C 本、浙图 E 本、浙图 F 本、中山 B 本为“乞”，应为“迄”之通假。

⑬ 浙图 E 本为“元”。

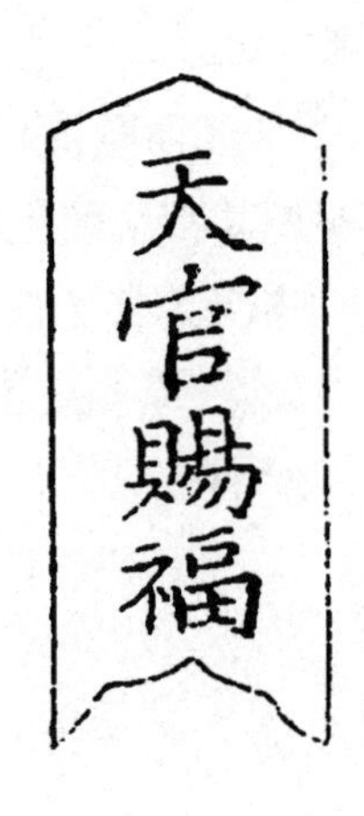

賜福枚

上濶八寸按八卦
下六寸四分按六十四卦
高一尺二按十二時
兩邊合廿四氣

祝畢以將軍面向前(上梯①)②,不可朝自己屋。凡工人只③可在將軍後,切不可在將軍前,恐有傷犯。休④教⑤主⑥人對面仰觀⑦,宜側⑧立看,吉。

[泰山石敢当]　凡鑿石起工⑨,須擇冬至後甲辰、丙辰、戊⑩辰、庚辰、壬辰、甲寅、丙寅、戊寅、庚寅、壬寅,此十二日乃龍虎日,用之吉。至除夜用生肉三片祭之,新正寅時⑪立于門首,莫與外人見,凡有巷道來冲者,用此石敢當。

[兽牌]　但有人家對近墻屋之脊,用此獸牌,釘于窓⑫頂上,不可直釘

① 南图A本、上图C本、上图D本为“睇”。
② 复旦本、浙图B本为“土徲”,应误。
③ 南图D本无此字。
④ 南图D本为“木”。
⑤ 南图E本为“教”;
⑥ 南图D本、上图A本、上图E本为“生”。
⑦ 南图D本为“視”。
⑧ 南图E本为“則”。
⑨ 此下划线处,南图A本、上图C本、上图D本、浙图C本、浙图F本、浙图E本、中山B本为“敢當”。
⑩ 浙图B本、浙图C本为“寅”。
⑪ 浙图B本、浙图C本为“特”。
⑫ 古同“窗”。故宫珍本、绍兴本、南图E本、浙图B本为“窓”,上图C本、南图A本、上图D本、中山B本为“窗”。

簷下，則對不着[1]對面之冲，釘者須要準對，不可[2]歪斜釘，不可釘于獸面，若釘當中反凶也。今有圖式，黑圈處釘釘之處也，取六寅日寅時吉，忌未亥生人[3]。

［賜福板］　此板釘他人屋脊上或墻上，須要與他家屋主人說明，要他家主人寫，不可自書。若自寫，反不吉。此板因不釘獸牌，或對門相好親友[4]，恐他人不喜之，設故釘此，以兩吉也，和睦鄉里之用。

［一善］　擇四月初八日，用佛馬淨水化紙畢，辰時釘。釘時，須要人看待，傍人有識此者，借其言曰："一善能消百惡。"若傍人不說，則先使親友來說。釘此一善，須要現眼處。

［姜太公在此］　凡寫姜太公貼者，不宜用白紙，要用黃紙，吉。但一應興工破土[5]，起造修理皆通用。[6]

---

① 南图 A 本、上图 C 本、上图 D 本为"着"。

② 上图 C 本、上图 D 本为"有"。

③ 上图 A 本、南图 D 本、上图 E 本、南图 C 本、浙图 D 本为"人"，故宫珍本、南图 E 本、复旦本、浙图 C 本为"少"；上图 D 本、浙图 F 本、浙图 E 本、中山 B 本为"命"。

④ 南图 E 本为"女"。

⑤ 上图 A 本、南图 C 本、南图 D 本、上图 E 本为"上"，应误。

⑥ 南图 E 本、复旦本、南图 A 本、上图 C 本、上图 D 本、浙图 B 本、浙图 C 本、浙图 E 本、浙图 F 本、中山 B 本此句语序变化为"但一應興工破土，起造修理皆通用。寫姜太公符者，不宜用白紙，要用黃"。

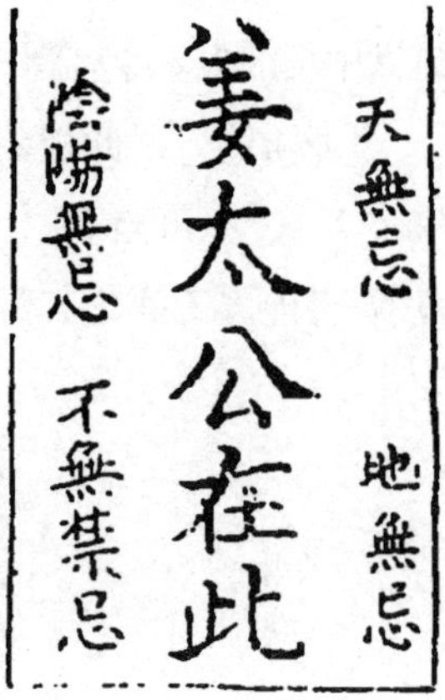

天無忌　地無忌
姜太公在此
陰陽無忌　不無禁忌

倒鏡

又曰虎鏡

吉竿

黃飛虎

［倒镜］　此鏡鑄成如①等盤樣，四圍高，中間陷，不宜太深凹，中②磨

① 南图A本、上图C本、上图D本、浙图C本为“銀”。

② 故宫珍本、南图E本、上图D本、南图A本、上图C本、浙图C本、浙图F本、浙图E本、中山B本有此字，上图A本、南图C本、浙图D本、上图E本、南图D本无“中”字。

亮，不類人與物照之，皆倒也。凡有[1]廳屋、宫室、高樓、殿寺、菴[2]觀屋脊[3]及旗竿相冲，用此鏡鎮之[4]。

［吉竿］　吉竿用長木佳，上用披水板，如雨落水一般，名曰："避雨"。中用轉肘，好扯燈籠，燈籠上寫"平安"二字。避雨中用一板，上寫"紫薇垣"三字，像神位一般，供在避雨中，朝對冲處。凡有大樹，燈竿，城樓、寶塔、月臺、更樓、敵樓、官廳、官堂[5]冲者，並皆用之。若人家前高後低者，亦用。此不宜太高，立于後門或後天井中。若後邊有山高，墻高，他家屋高，亦用此立于前天井内門前。

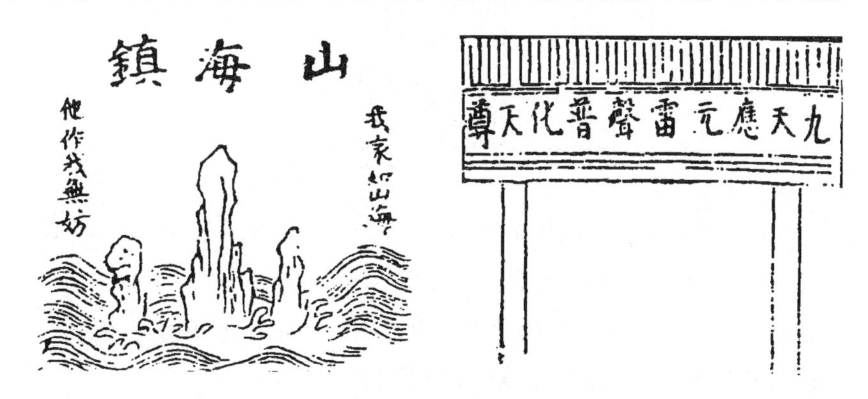

［黄飞虎］　飛虎將軍，或紙上[6]畫，或板上畫。凡有人家飛簷横冲者，用此。横冲屋脊等項，亦用此鎮之。見有人家安酒瓶者，亦同用小三白酒，内藏五穀[7]，太平錢一文，研[8]成一塊，如品字様。

［山海鎮］　山海鎮如不畫者，只寫山海鎮亦[9]可，畫之尤佳。凡有巷道、

---

① 浙图 F 本、中山 B 本此处多"一切"二字。

② 古同"庵"。

③ 浙图 F 本、中山 B 本此处多"以"一字。

④ 浙图 F 本、中山 B 本此处多"最妙"二字。

⑤ 下划线处浙图 F 本、中山 B 本为"宫室"。

⑥ 上图 A 本、上图 E 本有此字，其余各本皆无。

⑦ 古同"谷"。

⑧ 南图 D 本、浙图 D 本、南图 E 本、浙图 B 本、浙图 C 本、中山 B 本、绍兴本为"砷"；南图 A 本、上图 C 本、上图 D 本为"砌"。

⑨ 南图 E 本、浙图 B 本、浙图 C 本为"茹"；南图 A 本、上图 C 本、上图 D 本、浙图 F 本、浙图 E 本、中山 B 本为"如"。

門路、橋亭、峯上①堆、鎗、柱、船②埠、豆蓬③柱等類④通用。

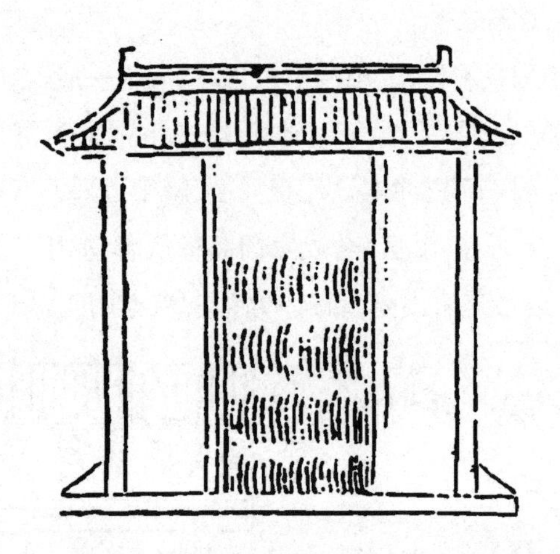

［九天元雷］ 凡有鐘樓、鼓樓，鉄⑤馬梯，迴廊、秋⑥遷架，牌樓上麒麟獅子開口者，及照墻、神閣、五聖堂屋脊相冲等項枋上，此事逢凶化吉。

［籥笆］ 凡有低屋脊及矮墻頭冲者用。如己屋朝東朝西朝南者，恐日影、墻脊、屋脊影⑦入門，故用鎗籬⑧以當其鋒。

鲁班秘書⑨

九匠人在無人處，莫與四眼見。自己閉目⑩展開，一見者便⑪用。

① 南图A本、上图C本、上图D本、浙图C本、中山B本为“土”。
② 南图D本为“般”。
③ 上圖D本、浙圖E本為“篷”。
④ 上圖D本、浙圖B本、浙圖C本、中山B本為“項”。
⑤ 南图A本、上图C本、上图D本为“鐵”。
⑥ 南图A本、上图C本、上图D本为“鞦”。
⑦ 上图A本、上图E本、南图D本、浙图D本、南图C本为“屋”，应误。
⑧ 古同“籥”。
⑨ 浙图B本、上图C本、南图A本、南图E本、复旦本此四字在句尾。
⑩ 上图A本、南图D本、浙图D本为“日”，应误。
⑪ 故宫珍本、南图D本、复旦本、南图A本、上图D本、浙图C本、中山B本、绍兴本为“便”，上图C本、南图C本、南图E本、浙图B本、浙图D本为“使”。

舡①亦藏于斗中， 可用舡②頭朝内， 主進財。不可朝外， 朝外主財退。	桂葉藏于斗内③， 主發科甲。	不拘藏于某處， 主主④人壽⑤長。

此被⑥頭五鬼， 藏中柱内， 主死喪。	黑日藏家不吉昌， 昏昏悶悶⑦過時光， 作事却如⑧雲蔽日， 年年疟⑨疾不離床。 藏大⑩門上枋内。	一箇⑪棺材死一人⑫， 若然兩箇⑬主雙刑， 大者其家傷大口⑭， 小者其家喪小丁。 藏堂屋内枋内。

① 南图A本、上图C本、上图D本、浙图F本、浙图E本为“船”。

② 南图A本、上图C本、上图D本为“船”。

③ 南图A本、上图C本、上图D本、浙图C本、浙图F本、浙图E本、中山B本为“中”。

④ 上图A本、上图E本、南图C本、南图D本为“生”。

⑤ 南图D本为“青”。

⑥ 上图D本、浙图C本、浙图F本、中山B本为“披”；南图E本、复旦本为“彼”；浙图E本为“破”，应误。

⑦ 南图E本无此字。

⑧ 南图D本、南图C本为“加”，应误。

⑨ 南图A本、上图C本、浙图B本、浙图C本为“瘧”。

⑩ 南图E本、南图A本、上图C本、浙图C本为“人”，应误。

⑪ 南图E本为“筒”，应误。

⑫ 南图E本、复旦本、南图A本、上图A本、上图C本、上图D本、浙图C本、中山B本为“口”，应误。

⑬ 南图E本、复旦本、南图A本、上图A本、上图C本、上图D本、浙图C本、中山B本为“口”，应误。

⑭ 南图E本、复旦本为“太日”，应误。

续表

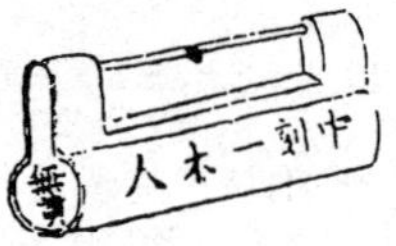	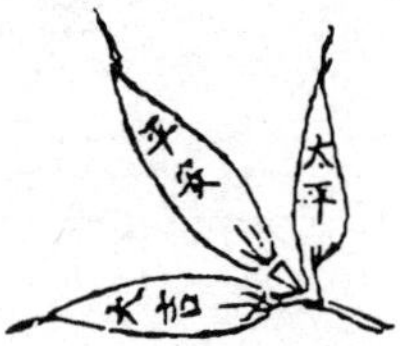	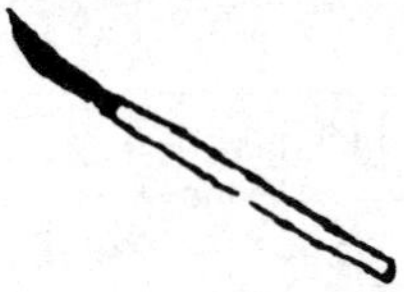
鉄①鎖中間藏木②人， 上裝③五④彩像人形， 其家一載死五口， 三年五載絶人丁。 深藏井底或築⑤墻内。	竹葉青青三片連， 上書大吉太⑥平安， 深藏高頂椽梁上， 人口平安永吉祥。 藏釘椽屋脊下梁⑦柱上。⑧	門縫中間藏墨浸， 代代賢能出方正， 不爲書吏却丹青， 積善⑨人家主忠信。

① 南图 A 本、上图 C 本、上图 D 本为“鐵”。
② 浙图 E 本、中山 B 本为“大”。
③ 复旦本、南图 A 本、上图 C 本、上图 D 本、浙图 B 本、浙图 C 本、浙图 E 本、浙图 F 本、中山 B 本为“描”。
④ 南图 D 本为“万”。
⑤ 南图 E 本、复旦本、南图 A 本、上图 C 本、上图 D 本、浙图 B 本、浙图 C 本、中山 B 本为“藏”。
⑥ 浙图 E 本、中山 B 本为“大”。
⑦ 南图 E 本、复旦本、南图 A 本、上图 C 本、上图 D 本、浙图 B 本、浙图 C 本、中山 B 本为“禁”，应误。
⑧ 浙图 E 本无此句内容。
⑨ 故宫珍本、绍兴本为“安穩”。

梁畫紗帽①檻畫靴， 枋中畫带正相宜， 生子必登科甲第， 翰林院内去編書。	一塊碗②片一枝箸③， 後代兒孫乞丐④是⑤， 衣⑥糧口食嘗⑦凍餓⑧， 賣了房廊⑨住橋⑩寺。 藏門口架梁内。	覆船藏在房北地， 出外經營喪江内， 兒女必然溺井⑪河， 妻兒難⑫逃産死厄。 埋⑬北首地中。

① 此二字上图 A 本、上图 E 本、南图 D 本、浙图 D 本为“中冒”，南图 C 本为“中肻”，应误。

② 复旦本、浙图 C 本、浙图 E 本为“碇”，应误。

③ 故宫珍本、上图 A 本、上图 C 本、上图 D 本、上图 E 本、南图 A 本、南图 C 本、南图 D 本、复旦本、浙图 B 本、浙图 C 本、绍兴本、浙图 F 本、浙图 E 本、中山 B 本为“筯”，古同“箸”。

④ 浙图 F 本为“者”；中山 B 本为“馬”，应误。

⑤ 南图 D 本为“走”。

⑥ 南图 D 本为“米”；南图 C 本为“采”。

⑦ 此字应为“常”之通假，南图 A 本、上图 D 本、浙图 F 本为“常”。

⑧ 南图 E 本为“鉞”，应误。

⑨ 浙图 F 本为“屋”。

⑩ 南图 D 本为“矯”；浙图 F 本为“山”。

⑪ 南图 E 本、复旦本、南图 A 本、上图 C 本、上图 D 本、浙图 B 本、浙图 C 本、浙图 E 本、浙图 F 本、中山 B 本为“去投”。

⑫ 南图 E 本为“难”。

⑬ 南图 E 本、复旦本、浙图 B 本、浙图 C 本为“理”，应误。

续表

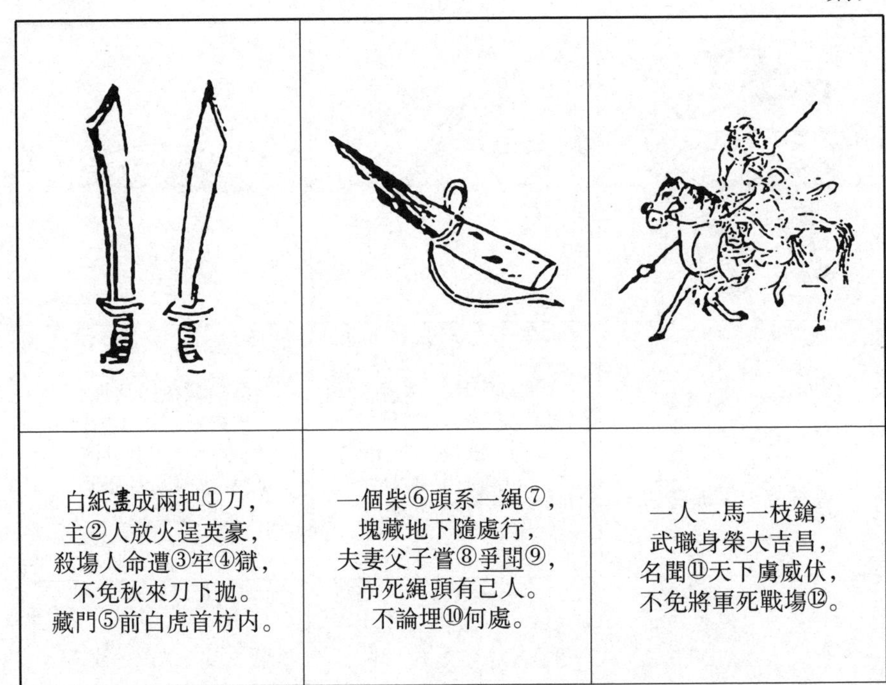

白紙畫成兩把①刀， 主②人放火逞英豪， 殺場人命遭③牢④獄， 不免秋來刀下拋。 藏門⑤前白虎首枋內。	一個柴⑥頭系一繩⑦， 塊藏地下隨處行， 夫妻父子嘗⑧爭閧⑨， 吊死繩頭有己人。 不論埋⑩何處。	一人一馬一枝鎗， 武職身榮大吉昌， 名聞⑪天下虜威伏， 不免將軍死戰場⑫。

① 南图E本为“巴”。

② 南图E本、复旦本为“杀”；上图C本、南图A本、上图D本、浙图C本、浙图F本、浙图E本、中山B本、绍兴本为“殺”。

③ 浙图F本为“坐”。

④ 浙图D本为“宇”，应误。

⑤ 浙图D本为“服”，应误。

⑥ 浙图F本、浙图E本、中山B本为“劍”。

⑦ 南图E本为“維”，应误。

⑧ 浙图F本为“甞”。

⑨ 南图E本、复旦本、南图A本、上图C本、上图D本、浙图B本、浙图C本、浙图F本、浙图E本、中山B本为“不睦”。

⑩ 南图D本为“理”，应误；浙图F本此处多一“于”字。

⑪ 上图A本、南图D本为“間”，应误。

⑫ 浙图C本为“鍚”，应误。

续表

白虎當堂①坐正②廳， 主人口舌不離身， 女人在家多疾厄， 不③傷小口只傷妻。 藏梁楣④内頭向内凶。	一塊破瓦一斷⑤鋸， 藏在梁頭合縫處， 夫喪妻嫁子抛離， 奴僕逃⑥亾⑦无處置， 藏正梁合縫⑧内。	斗中藏米家富⑨足⑩， 必然富貴發華昌， 千⑪財萬貫家安穩， 米爛⑫成倉衣满箱。 藏斗内。

① 浙图 F 本为“堂當”。
② 浙图 F 本为“止”，应误。
③ 上图 A 本、上图 E 本、南图 C 本、南图 D 本、浙图 D 本为“下”，应误。
④ 南图 D 本为“相”。
⑤ 南图 E 本为“断”
⑥ 南图 D 本、南图 C 本为“挑”。
⑦ 古同“亡”，上图 A 本、上图 E 本、南图 C 本、南图 D 本、浙图 D 本为“匹”，应误。
⑧ 南图 D 本、南图 C 本为“逢”。
⑨ 浙图 F 本、浙图 E 本、中山 B 本为“甯”，应误。
⑩ 浙图 B 本、浙图 C 本、浙图 F 本、浙图 E 本、中山 B 本为“月”，应误。
⑪ 南图 C 本为“平”，应误。
⑫ 南图 D 本为“襴”，应为“爛”之通假。

续表

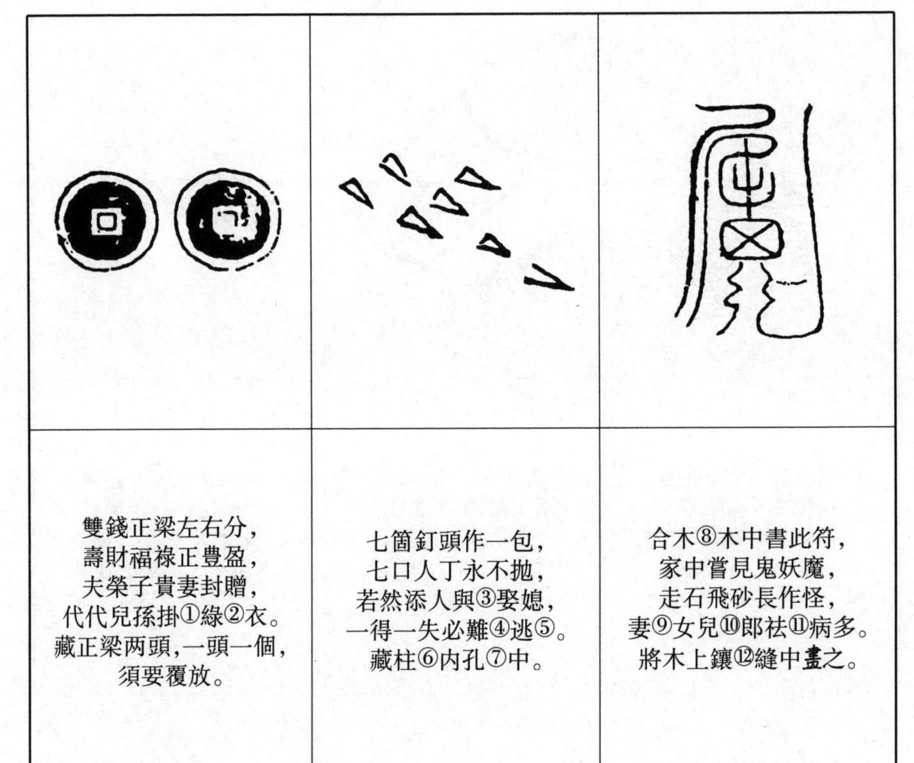

雙錢正梁左右分， 壽財福祿正豊盈， 夫榮子貴妻封贈， 代代兒孫掛①綠②衣。 藏正梁两頭,一頭一個， 須要覆放。	七箇釘頭作一包， 七口人丁永不抛， 若然添人與③娶媳， 一得一失必難④逃⑤。 藏柱⑥内孔⑦中。	合木⑧木中書此符， 家中甞見鬼妖魔， 走石飛砂長作怪， 妻⑨女兒⑩郎袪⑪病多。 將木上鑲⑫縫中畫之。

① 浙图D本为“相”。
② 浙图E本、浙图F本、中山B本为“級”,应误。
③ 上图A本、上图E本、南图C本、南图D本、浙图D本为“真”,应误。
④ 南图E本、复旦本为“难”。
⑤ 南图D本、南图C本为“狣”,应误。
⑥ 浙图E本为“在”。
⑦ 复旦本、绍兴本、浙图D本、南图C本、南图D本、上图A本、上图E本为“吼”,应误。
⑧ 南图D本、南图C本为“本”,应误。
⑨ 南图D本、南图C本为“妾”。
⑩ 南图D本为“鬼”,应误。
⑪ 南图D本为“怯”,应为“袪”之通假。
⑫ 南图D本为“纕”。

续表

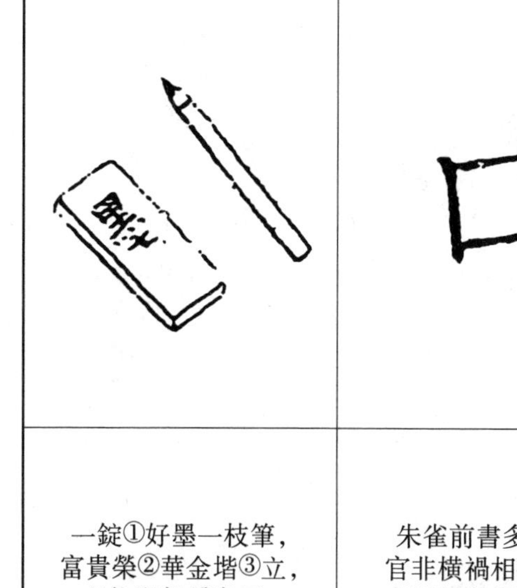	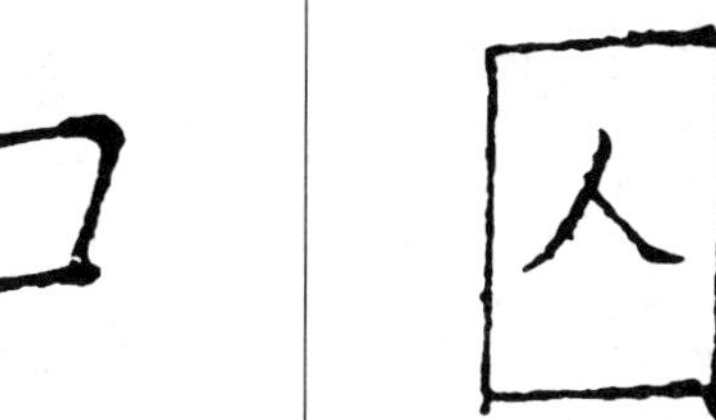	
一錠①好墨一枝筆， 富貴榮②華金堦③立， 必佐聖朝爲宰臣， 筆頭若蛀④退官職。 藏枋内。	朱雀前書多口舌， 官非横禍相碌⑤涉， 家財耗散損⑥人丁， 直待賣房纔得歇。 寫大門上枋中。	門檻縫中書一⑦囚， 房若成時禍上⑧頭， 天大官司監牢内， 難⑨出監中作死囚， 藏門檻合縫中。

---

① 原文为“定”，古为“錠”之异体字。

② 复旦本为“荣”。

③ 古同“階”。

④ 南图 E 本、复旦本、浙图 C 本、浙图 E 本、浙图 F 本、中山 B 本为“蛙”，应为“蛀”之别字，南图 D 本为“睦”，应误。

⑤ 浙图 F 本、浙图 E 本、中山 B 本为“連”，南图 D 本为“錄”。

⑥ 南图 D 本为“指”。

⑦ 南图 E 本、复旦本、南图 A 本、上图 D 本、浙图 C 本、浙图 E 本、浙图 F 本、中山 B 本为“斗”，应误。

⑧ 浙图 D 本为“土”，应误。

⑨ 南图 E 本、复旦本为“难”。

续表

		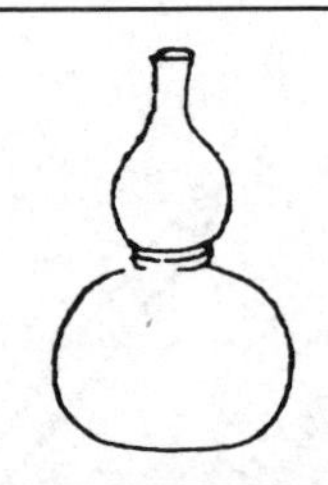
頭髪中間裏①把刀， 兒孫落髪出家逃， 有子無夫常不樂， 鰥寡孤獨不相饒， 藏門檻后②地中。	房屋中間藏牛骨， 終朝辛苦③忙碌④碌， 老來身死没棺材， 後代兒孫壓肩肉， 埋⑤屋⑥中間。	墻頭梁上畫葫蘆， 九流三教用功⑦夫， 九住人家皆異術， 醫卜星相往來多， 畫墻上畫梁合縫内⑧。

① 故宫珍本、浙图 C 本、南图 D 本、南图 E 本、浙图 B 本、浙图 D 本、绍兴本、复旦本、南图 C 本、上图 A 本、上图 E 本为"果"，应为"裹"之通假。

② 浙图 D 本、南图 D 本为"石"；故宫珍本、上图 D 本、浙图 C 本、浙图 E 本、浙图 F 本、中山 B 本、绍兴本为"下"。

③ 南图 E 本为"管善"，南图 C 本为"管"，后缺一字。

④ 南图 D 本为"碡"。

⑤ 复旦本、上图 D 本、浙图 B 本、浙图 C 本为"理"。

⑥ 南图 D 本为"鲤星"；中山 B 本为"埋房"

⑦ 浙图 D 本为"夫"；上图 C 本、上图 D 本、浙图 C 本、浙图 E 本、浙图 F 本、中山 B 本为"工"。

⑧ 浙图 F 本为"中間"二字，中山 B 本为"中"。

凡造房屋，木石泥水匠作諸色人等蠱毒魘魅，殃害主人，上樑之日，須用三牲福禮，攢[①]扁一[②]架，祭告諸神將、魯班先師，秘符一道念咒云：惡匠無知，蠱毒魘魅，自作自當，主人無傷。[③] 暗誦七遍，本[④]匠遭殃[⑤]，吾奉太上老君敕令，他作吾無妨，百物化爲吉祥，急急律令。

即將符焚於無人處，不可[⑥]四眼見，取黄黑狗血，暗藏酒内，上[⑦]樑時將此酒連[⑧]遆[⑨]匠頭三杯，餘者分飲衆位[⑩]。凡有魘魅，自受其殃，諸事皆祥[⑪]。[⑫]

此符用硃砂書，符貼正梁上。

黑圈内寫本家名字在内，寫完以墨塗之，貼[⑬]符用左手持之，貼時莫許[⑭]外人說閒[⑮]語[⑯]。貼畢下梯，方以青龍和合浄[⑰]茶[⑱]米食化紙[⑲]，即安家堂聖衆[⑳]，接土[㉑]地灶[㉒]神居位，遂念安家堂眞言，曰：

---

① 浙图F本、浙图E本、中山B本为“横”。
② 上图D本为“二”。
③ 浙图E本此处多“木匠”二字。
④ 南图C本、中山B本为“木”。
⑤ 浙图E本无此四字。
⑥ 浙图F本此处多“令”字。
⑦ 浙图D本为“土”，应误。
⑧ 浙图F本、浙图E本、中山B本为“速”。
⑨ 古同“递”。
⑩ 浙图C本、浙图F本、浙图E本为“匠”。
⑪ 南图E本、复旦本、浙图B本、浙图C本为“符鮮”；南图A本、上图C本、上图D本、浙图F本、浙图E本、中山B本为“符解”。
⑫ 绍兴本至此完，页码处有“九”、“十”两个数字，可能是标明第十页起内容丢失的意思。
⑬ 浙图D本为“沾”，应为“沾”之异体字。
⑭ 浙图E本为“使”。
⑮ 南图E本、浙图B本、浙图C本为“間”，亦为“閒”之异体字。
⑯ 浙图F本为“話”。
⑰ 南图D本为“洋”。
⑱ 浙图F本为“水”。
⑲ 浙图C本为“紙”，应误。
⑳ 浙图F本、中山B本为“眾聖”。
㉑ 浙图D本为“上”，应误。
㉒ 南图A本、上图C本、上图D本为“竈”，古为“灶”之异体字。

天陽地陰,二氣化神,
三光普照,吉曜臨門,
華香散彩,天樂流音,
迎請家堂,司命六神,
萬年香火①,永鎮家庭,
諸邪莫入,水火難浸,
門神户尉,殺鬼誅精,
神威廣大,正大光明。
太乙敕命,久保厶②門,
安神已畢,永遠大吉。③

家宅多祟禳解

多有人家内或遠方帶來邪神野鬼,家中魘祆之物,邪鬼脱其形兒作怪移

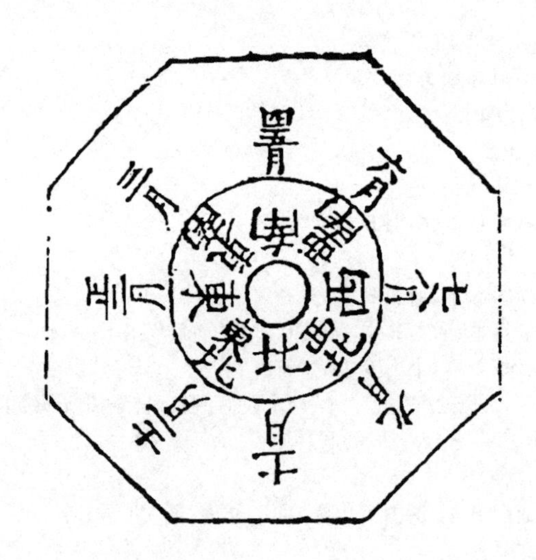

① 上图A本为“人”,应误。
② 南图E本、上图C本、上图D本、南图A本、浙图B本、浙图C本、浙图F本、浙图E本、中山B本为“厶”,古同“私”,上图A本为“山”。
③ 南图E本、复旦本、浙图F本、浙图E本、中山B本此处内容完。南图A本、上图C本、上图D本、浙图B本、浙图C本此后有“秘訣仙機終”五字。

物，過東過西，負病人言語，要酒①要飯之類，可用此符貼一十二張，按星盤方數。如法貼之，邪祟永無速去，解②禳之物永消③矣。

星盤方向定局

前星盤定局皆貼符④方法。假如立春前作十二月節氣，一立春後，即正月節氣⑤，⑥一道即從正東貼起，未立春即从東北貼起。正東、正西、正南、正北皆貼兩張，東南、東北、西南、西北皆貼一張，不可錯亂，如錯亂貼無益。

五雷地支靈符

---

① 南图 D 本为“涒”，应误。

② 故宫珍本为“魘”。

③ 故宫珍本为“無用”。

④ 南图 D 本为“付”。

⑤ 故宫珍本无此字。

⑥ 此处故宫珍本多“第”字。

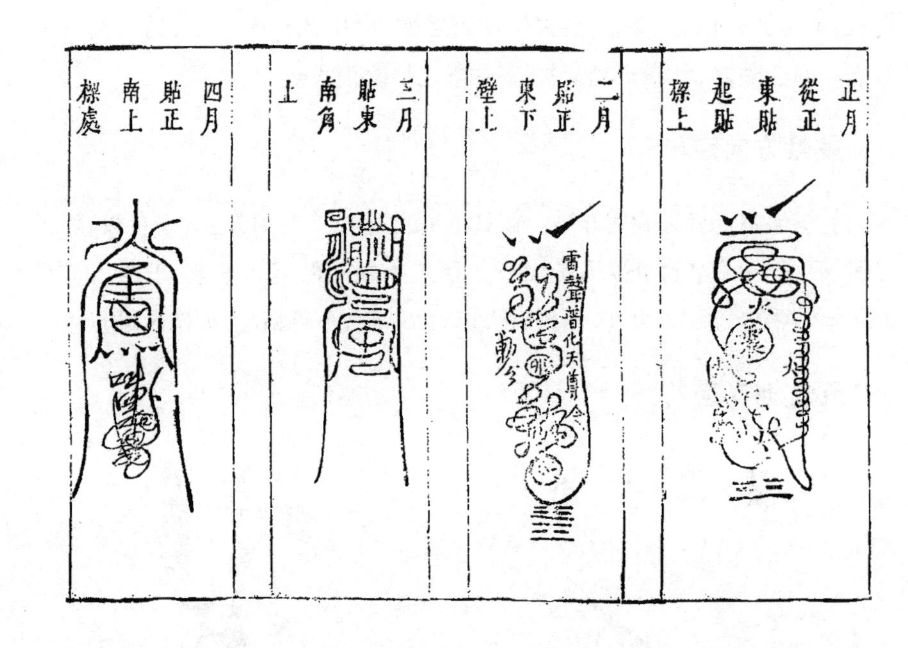

正月
從正東貼起貼樑上
二月
貼正東下壁上
雷聲普化天尊令
三月
貼東南角上
四月
貼正南上樑處

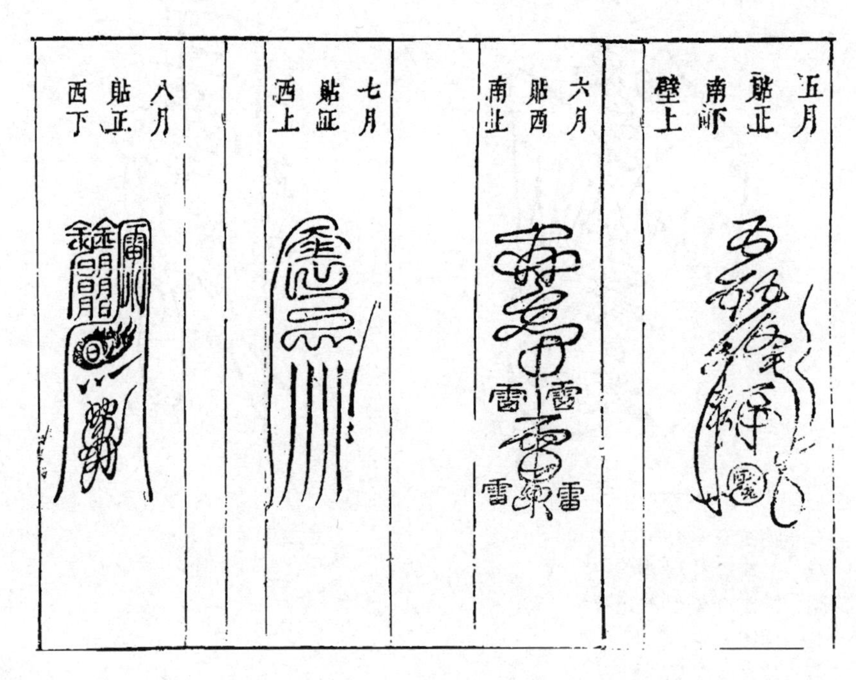

五月
貼正南部壁上
六月
貼西南上
雷
七月
貼正西上
八月
貼正西下

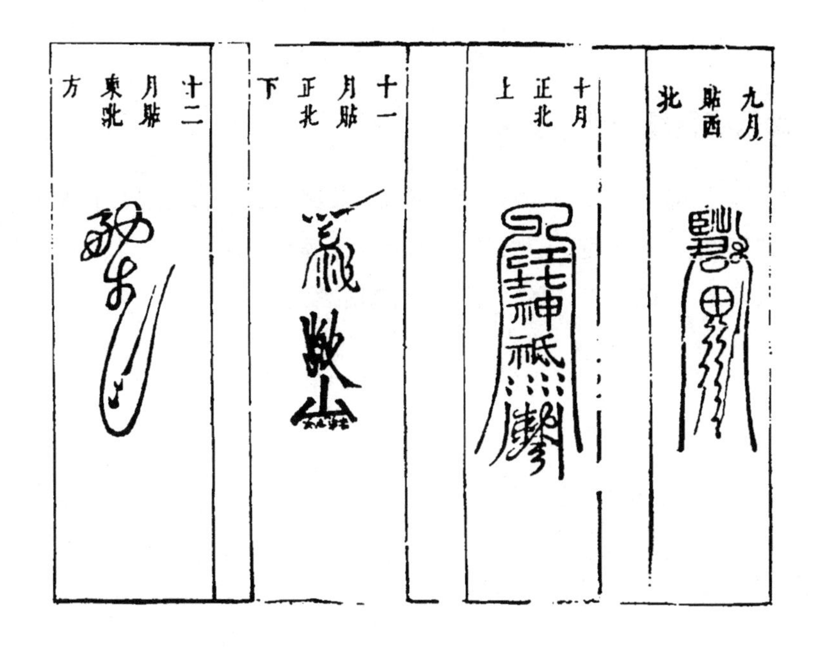

解諸物壓禳萬靈聖寶符

靇霊靇雨雷雨霻雲雲雪雷

咒曰：吽吽呢唵呵嚌礚嗬哞吗呫叶嚧急急如薩公真人律令内加五雷符以口呵出東方鑾雷將軍，西方鑾雷使者，南方火雷靈官，一北方水雷鑾浪雨師掌雷部大神。田中央直雷姚將軍水急急敕，速登壇，以水楊柳净水洒之四方，以黄紙用硃砂書此①符，貼于中堂，三牲祭畢，用木匠斧一把，用梯至梁枋各處，連打三下，遂念天開一咒：

開天一咒曰：五姓②妖魔，改姓亂常③，使汝不得，斧擊雷降，一切惡魔，化爲微塵，吾奉雷霆霹雳將軍令，速速遠去酆都，無得停留。又書鎮宅靈官符，用指虚書。書毕大喝曰：若有諸等邪魔鬼怪侵犯者，即起金鞭，打為④粉

① 上图 A 本、南图 C 本为“化”，应误。

② 浙图 D 本为“姝”，应误。

③ 上图 A 本、南图 C 本、南图 D 本、浙图 D 本为“堂”，应误。

④ 上图 A 本、浙图 D 本为“尔”。

碎,門神户①尉,各宜本位,本宅之中②,永保太平。

念畢誦雷經一卷

送青龍、白虎、朱雀、玄武、勾陳、螣蛇、太歲、五方諸天星衆,化紙醋潭,奉送出門。畢又安家堂、土地、竈③神,化紙于室内,不可送出門外。如此解禳,永無灾障,以凶化吉,家道興隆,吉祥如意者。

① 故宫珍本为“尸”,应误。
② 南图 C 本为“土中”,应为“之中”之误,南图 D 本为“土”,上图 A 本、浙图 D 本为“上”。
③ 古同“灶”,浙图 D 本为“灶”。

附录二　择日全纪整理校勘

新刻法師選擇紀全

(《故宫珍本叢刊》)
明錢塘胡文煥德父校正

貞觀元年正月十五日,唐太宗皇帝宣問諸大臣僚:“朕見天下萬姓,每三四日長明設齋①求福,如何却有禍生?”當時三藏和尚奏:“萬姓設齋之日,值遇凶神,故爲咎者,皆是不按藏經内值吉神可用之日,所以致此。臣今藏經内録如來選擇紀,奏上見其禍福由之日吉凶也。”

甲子日是善財童子在世撿齋,還愿者子孫昌盛福生,招財大吉利。

乙丑、丙寅日是阿羅漢尊長者與天神下降,有人設齋還愿者,萬倍衣禄,財寶②自然吉慶,大吉利也。

丁卯日是司命撿齋,有人祈禱還愿者,返善爲惡,妨人口,大凶可忌。

戊辰、己③巳日是那吒太子撿齋,若人設醮還福,返善爲惡,妨人口,大凶。

庚午日是青衣童子在世撿齋,還福者,主萬倍富貴,興旺大吉。

辛未日是三途餓鬼在世撿齋,還愿者,主三年破財,損六畜,大凶。

甲戌、乙亥、丙子、丁丑、戊寅、己卯六日是馬鳴王菩薩撿齋,得無量福,萬事大吉利。

庚辰、辛巳、壬午日是猙獰神惡鬼在世,設齋,主傷人口生灾,家中常有血光火燭,一年大凶。

癸未日是野婦羅刹,設齋,主一年内人口破散,大凶。

甲申、乙酉、丙戌三日是彌陀佛説法之日,設齋還愿者,主三年内獲福萬倍,子孫興旺,龍神獲祐,百事大吉。

---

① 古同“斋”。

② 古同“寳”,下文同,径改,不再注。

③ 原文为“巳”,据上下文,应为“己”之误字。下文同,径改,不再注。

丁亥日是朱雀神在世，設齋還愿者，官灾口舌，疾疫侵害，大凶。

戊子日是冥司差極忌神在世，設齋還愿者，主一年遇遭官事，口舌是非，疾病，此日大凶。

己丑日是司命眞君差童子在世撿齋，還愿者主人口安康，獲福無量，此日平安。

庚寅、辛卯日是畜神在世，設齋還愿者，主一年内破財損畜是非，大凶。

壬辰日是阿難尊者與青衣童子在世，設齋還愿者，主子孫昌盛，獲福無量，三年大吉利。

癸巳日是惡神遊行，設齋還愿者，主年年不利，大凶。

甲午、乙未、丙申、丁酉、戊戌、己亥、庚子、辛丑八日是文殊、普賢與青衣童子在世撿齋，還愿者，此日獲福無量，大吉。

壬寅、癸卯日是觀音菩薩行化之日，設齋還愿者，主兒孫得福，後世生淨土，所生男子，十相俱足。

甲辰、乙巳日是天下四角①大神在世撿齋，還愿者返善爲惡，人眷生灾，大凶。

丙午、丁未日是牛頭、夜叉在世撿齋，還愿者、人不信用者三年内傷人口，此日大凶。

戊申、己酉日是千佛下世，設齋酬恩了願，福利萬倍，子孫昌盛，財物興旺，六畜孳生，大吉。

庚戌、辛亥日是一切賢聖同降遊行天下，若人祈福者，獲福無量，大吉。

壬子、癸丑、甲寅、乙卯四日是諸佛賢聖同惡樹，設齋者，此日平平。

丙辰、丁巳日是大頭金剛在世，設齋者，此日大凶。

戊午日是諸聖不受愿，心不明，此日大凶。

己未日是釋迦如來同菩薩在世，設齋酬恩者，福利無量，大吉。

庚申、辛酉日是釋迦如來說法之日，設齋酬恩者，福利無量，家宅富貴興旺，子孫昌盛，主大吉利也。

---

① 原文为“㑜”，应为“角”之异体字，下文径改，不再注。

壬戌、癸亥日是諸佛不撿齋之日,大凶。

葢聞皇極玉記秘於大有之庭,出自太虗[1]玉匣之内,自眞君許始有立焉。選擇紀者,藏於西土寶塔之上,自三藏貞觀初現,此分二教建善之文所由起也,雖同源而異[2]派[3],百川之流歸於海,天下無二道,聖人無兩心,既有其文,不可不遵焉。

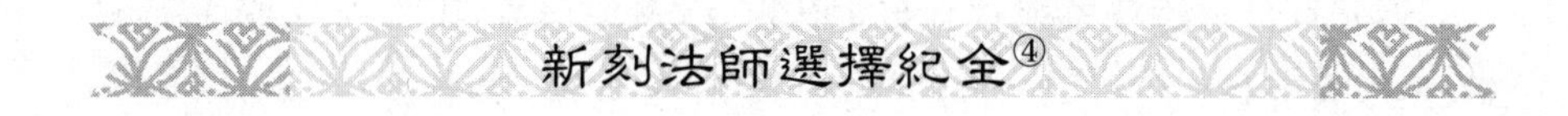

新刻法師選擇紀全[4]

置産室

宐[5]黄道、生炁[6]、續世、益後、建、平、滿[7]、成、收、開日;忌天賊、土瘟、絶滅、受死及日神所在之方。

癸巳、甲午、乙未、丙申、丁酉在房内北,戊戌、己亥、戊申在房内中,庚子、辛丑、壬寅在房内南[8],甲辰[9]、乙巳、丙午、丁未在房内東,癸卯日在房内西,巳酉日出外遊四十日。

起工動土

宐甲子、癸酉、戊寅、己卯、庚辰、辛巳、甲申、丙戌、甲午、丙申、戊戌、己亥、庚子、甲辰、癸丑、戊午、庚午、辛未、丙午、丙辰、丁未、丁巳、辛酉,黄道、月空、成、開日。

---

① 原文为"虗",古同"虚"。
② 古同"异"。
③ 原文为"派",应为"派"之异体字。
④ 此前原版古籍版心为"選擇紀全",之后版心为"擇日紀全"。
⑤ 古同"宜"。
⑥ 古同"气"。
⑦ 原文为"滿",应为"满"之变体错字。
⑧ 原文为"南",应为"南"之变体错字。
⑨ 原文为"辰",应为"辰"之变体错字

造地基

宜甲子、乙丑、丁卯、戊辰、庚午、辛未、己卯、辛巳、甲申、乙未、丁酉、己亥、丙午、丁未、壬子、癸丑、甲寅、乙卯、庚申、辛酉。忌玄武黑道、天賊、受死、天瘟、土瘟、土符、地破、月破、地囊、九土鬼、正四廢、天地正轉杀、天轉地轉、月建轉殺、土公占、土痕、建、破、收日。

伐　木

宜己巳、庚午、辛未、壬申、甲戌、乙亥、戊寅、己卯、壬午、甲申、乙酉、戊子、甲午、乙未、丙申、壬寅、丙午、丁未、戊申、己酉、甲寅、乙卯、己卯、己未、庚申、辛酉，定、成、開日。

忌刀砧杀、斧頭殺、龍虎、受死、天賊、月破、危日、山隔、九土鬼、正四廢、魁罡日。

伐竹木不蛀

宜甲辰、壬辰、丙辰，每月初五巳①前遇血忌日。

建宫室

與起造同，宜明堂、玉堂、黄道、大明、三帝星及五帝生日。忌天災、天火、地火、雷火、月火、獨火、火星、魁罡日。

建神廟

不論金華塔臺年月，只與起造同。但要神在，忌神鬼隔，桑門②寺院同。自漢創白馬寺，始有佛廟，皆向東。梁唐之後，多向北，忌向南方。

---

① 原文为“巳”，据上下文，应为“已”之别字，通“以”。

② 此二字为“沙门”之异译，为“佛教徒”之意。

起工破木

宜已巳、甲戍①、辛未、乙亥、戊寅、已卯、壬午、甲申、乙酉、戊子、庚寅、乙未、己亥、壬寅、癸卯、丙午、戊申、己酉、壬子、乙卯、己未、庚申、辛酉，黄道、天成、月空、天、月二德及合、成、開日。

忌刀砧殺、木馬殺、斧頭殺、天賊、受死、月破、破敗、獨火、魯般殺、建日、九土鬼、正四廢、四離、四絶日。

起磉扇架

宜甲子、乙丑、丙寅、戊辰、己巳、庚午、辛未、甲戌、乙亥、戊寅、庚辰、辛巳、壬午、癸未、甲申、丁亥、戊子、己丑、庚寅、癸巳、乙未、丁酉、戊戌、己亥、庚子、壬寅、癸卯、丙午、戊申、己酉、壬子、癸丑、甲寅、乙卯、丙辰、丁巳、己未、庚申、辛酉，黄道、天、月二德、成、開、定日。

忌正四廢、天賊、建日、破日。

竪　柱

宜乙巳、辛丑、甲寅、乙亥、乙酉、己酉、壬子、乙丑、己未、庚申、戊子、乙未、己亥、己卯、甲申、己丑、庚寅、癸卯、戊申、壬戌，黄道、天、月二德諸吉星、成、開日。

上　梁

宜甲子、乙丑、丁卯、戊辰、己巳、庚午、辛未、壬申、甲戌、丙子、戊寅、庚辰、壬午、甲申、丙戌、戊子、庚寅、甲午、丙申、丁酉、戊戌、己亥、庚子、辛丑、壬寅、癸卯、乙巳、丁未、己酉、辛亥、癸丑、乙卯、丁巳、己未、辛酉、癸亥，黄道、天、月二德諸吉星、成、開日。

---

① 原文为“戍”，据上下文，应为“戌”之别字。

前二條忌朱雀黑、天牢黑、獨火、天火、月火、狼藉、地火、氷[1]消瓦解，天瘟、天賊、月破、大耗、天罡、河魁、受死、魯般殺、刀砧殺、剗[2]削血刃殺、魯般跌蹼殺、陰錯、陽錯、伏斷、九土鬼、正四廢，五行忌月建轉殺、火星、天灾日。

葢屋

宜甲子、丁卯、戊辰、己巳、辛未、壬申、癸酉、丙子、丁丑、己卯、庚辰、癸未、甲申、乙酉、丙戌、戊子、庚寅、丁酉、癸巳、乙未、已亥、辛丑、壬寅、癸卯、甲辰、乙巳、戊申、已酉、庚戌、辛亥、癸丑、乙卯、丙辰、庚申、辛酉、定、成、開日。

泥屋

宜甲子、乙丑、己巳、甲戌、丁丑、庚辰、辛巳、乙酉、辛亥、庚寅、辛卯、壬辰、癸巳、甲午、乙未、丙午、戊申、庚戌、辛亥、丙辰、丁巳、戊午、庚申、平、成日。

拆屋

宜甲子、乙丑、丙寅、戊辰、己巳、辛未、癸酉、甲戌、丁丑。

oo・・・oo 人人人 ooo・・・ooo 人人人 oo・・・ooo

大月從下數至上逆行，小月从上数至下順行，一日一位，遇白圈大吉，黑圈損六畜，人字損人，不利。忌庚寅門，大夫死日及六甲胎神占月，不宜修。

塞門

宜伏斷、閉日，忌丙寅、己巳、庚午、丁巳及四廢日。

開路

宜天德、月德、黄道日。忌月建轉殺、天賊、正四廢。

---

① 古同“冰”。

② 原文为“剗”，古同“铲”。

塞　路

宜伏斷、閉日。

築堤塞水

宜伏斷、閉日，忌龍會、開、破日。

造橋梁

不論金華臺塔年月，只與起造宅舍同。忌寅申、巳亥日時，爲四絶、四井。

築修城池建營寨

宜上吉黄道、大明、要安、續世、益後、天、月二德及合、天成、天祐、咸勳、福厚、吉期、普護、守、成、兵吉、兵寶。

造倉庫

宜丙寅、丁卯、庚午、己卯、壬午、癸未、庚寅、甲午、乙未、癸卯、戊午、己未、癸丑、满、成、開日。

前三條俱忌朱雀黑、天牢黑、天火、狼藉、獨火、月火、九空空亡、財離、歲空、死炁、官符、月破、大小耗、天賊、天瘟、受死、氷消瓦解、月建轉殺、月虚、月殺、四耗、陰陽錯、地火、伏斷、正四廢、火星、十惡、天地離、九土鬼、大殺入。

塞鼠宄[1]

宜壬辰、庚寅、满、閉日，正月上辰、鼠死日，宄[2]天狗日。

---

① 原文如此，疑为“穴”字。

② 此字为“奸邪、作乱”之意。《说文解字》：“宄，奸也。外为盗，内为宄。”

造 厨

宜丙寅、己巳、辛未、戊寅、甲申、戊申、甲寅、乙卯、己未、庚申。

砌 竈①

宜甲子、乙丑、己巳、庚午、辛未、癸酉、甲戌、乙亥、癸未、甲申、壬辰、乙未、辛亥、癸丑、甲寅、乙卯、己未、庚申，黄道、天赦、月空、正陽、五祥、定、成、開日。

前二條忌朱雀黑、天瘟、土瘟、天賊、受死、天火、獨火、十惡、四部轉殺、九土鬼、正四廢、建、破、丙、丁、午日，每月初七、十五、廿七，不可移動，每月初八、十六、十七日及六甲胎神占月，忌拆竈修理。

戊寅、己卯、癸未、甲申、壬辰、癸巳、甲午、乙未、己亥、辛丑、癸卯、己酉、庚戌、辛亥、癸丑、丙辰、丁巳、庚申、辛酉、除日。

前三條俱忌朱雀黑、天火等火，天瘟、火星、天賊、月破、受死、蚩尤、九土鬼、八風、正四廢轉殺，午日、丁巳日。②

掃 舍

宜除、滿日。

偷 修

宜壬子、癸丑、丙辰、丁巳、戊午、己未、庚申、辛酉，已③上八日，凶神朝天，可併工造作修理。

修造門

宜甲子、乙丑、辛未、癸酉、甲戌、壬午、甲申、乙酉、戊子、己丑、辛卯、癸

① 古同“灶”，下文同，不再注。

② 此下划线处内容似与上文不合，或为“修門吉凶”之条目内容。

③ 原文为“巳”，应为“已”之别字，此处通“以”，下文径改，不再注。

巳、乙未、己亥、庚子、壬寅、戊申、壬子、甲寅、丙辰、戊午，黄道、生氣、天月德及合、滿、成日。

作門忌日

春不作東門，夏不作南門，秋不作西門，冬不作北門，與修門同。

修門吉凶

掃厨竈

宜壬癸日及水日。

修水廨[1]

宜天聾地啞日，忌每月巳、午、未日及三月，無牛之家不忌。

砌花臺

與動土日同，宜水、木日，忌金、土日。

作 廁

宜庚辰、丙戌、癸巳、壬子、己未，天乙絶氣，伏斷上閉，忌正月廿九日。

修 廁

宜己卯、壬子、壬午、乙卯、戊午。忌春夏正六月及六甲胎神占月，牛胎四、十月占。

① 官署，旧时官吏办公处所的通称。

安碓磑[①]磨碾油榨

宜庚午、辛未、甲戌、乙亥、庚寅、庚子、庚申、聾[②]啞日。

修磨日

與安磨日同,忌牛胎,正七月占。

開　池

宜甲子、乙丑、甲申、壬午、庚子、辛丑、辛亥、癸巳、癸丑、辛酉、戊戌、乙巳、丁巳、癸亥、天月二德及合、生炁、成、開日。

開溝渠

宜甲子、乙丑、辛未、己卯、庚辰、丙戌、戊申、開、平日。

前二條忌玄武黑[③]、天賊、土瘟、受死、大小耗、龍日[④]、伏龍、咸池,冬壬癸日、九土鬼、土痕、水隔、四廢、天地轉殺。

穿　井

宜甲子、乙丑、癸酉、庚子、辛丑、壬寅、乙巳、辛亥、辛酉、癸亥、丙子、壬午、癸未、乙酉、戊子、癸巳、戊戌、戊午,己未、庚申、甲申、癸丑、丁巳,黃道、天月二德及合、生氣、成日。

修　井

宜甲申、庚子、辛丑、乙巳、辛亥、癸丑、丁巳、壬午、戊戌、成日。

前二條忌黑道、天瘟、土瘟、天賊、受死、土忌、血忌、飛廉、九空、大小耗、

---

① 一种石磨。

② 原文为“龔”,据上下文,应为“聾”之通假。

③ 原文如此,应为“玄武黑道”之简称。

④ 原文为“口”,应为“日”之误。

水隔、九土鬼、正四廢、刀砧、天地轉殺、水痕、伏斷、三、六、七月及卯日、泉竭、泉閉日。

辛巳、己丑、庚寅、壬辰、戊申，以上係泉竭日。戊辰、辛巳、己丑、庚寅、甲寅，以上系泉閉日。

器用類：

造粧奩[1]

宜黄道、生氣、要安、吉期、活曜、天慶、天瑞、吉慶、天月二德合、天喜、金堂、玉堂、益後、續世、三合、成日。

忌天瘟、四廢、九土鬼、魁罡、勾絞、月破、火星、離窠、危日。

造　牀

與造粧奩同。

造 桔 槔

即水車。

宜黄道、天月二德、生氣、三合、平、定日。

忌黑道、虚耗、焦坎、田火、地火、九土鬼、水隔、水痕、破日。

（此处空半页，应无内容。）

論一年四季之月

每月忌吉凶星臨值日，宜查。

寅、申、巳、亥谓之四孟月，正、四、七、十月：

甲子、癸酉、壬午、辛卯、庚子、己酉、戊午，妖星（上齊星）。

乙丑、甲戌、癸未、壬辰、辛丑、庚戌、己未，或星（上火星）。

丙寅、乙亥、甲申、癸巳、壬寅、辛亥、庚申，利星（上利星）。

① 原文为“奩”，古为“奩”之异体字，下文径改，不再注。

丁卯、丙子、乙酉、甲午、癸卯、壬子、辛酉，煞星（上顕①星）。
戊辰、丁丑、丙戌、乙未、甲辰、癸丑、壬戌，直星（上曲星）。
己巳、戊寅、丁亥、丙申、乙巳、甲寅、癸亥，利星（上朴星）。
庚午、己卯、戊子、丁酉、丙午、乙卯，角星（上觧②星）。
辛未、庚辰、己丑、戊戌、丁未、丙辰，傳星（上傳星）。
壬申、辛巳、庚寅、己亥、戊申、丁巳，章星（上火星）。
子、午、卯、酉谓之四仲月，二、五、八、十一月：
甲子、癸酉、壬午、辛卯、庚子、己酉、戊午，或星（上利星）。
乙丑、甲戌、癸未、壬辰、辛丑、庚戌、己未，利星（上顕星）。
丙寅、乙亥、甲申、癸巳、壬寅、辛亥、庚申，煞星（上曲星）。
丁卯、丙子、乙酉、甲午、癸卯、壬子、辛酉，直星（上朴星）。
戊辰、丁丑、丙戌、乙未、甲辰、癸丑、壬戌，利星（上觧星）。
己巳、戊寅、丁亥、丙申、乙巳、甲寅、癸亥，角星（上傳星）。
庚午、己卯、戊子、丁酉、丙午、乙卯，傳星（上章星）。
辛未、庚辰、己丑、戊戌、丁未、丙辰，章星（上齊星）。
壬申、辛巳、庚寅、己亥、戊申、丁巳，妖星（上利星）。
辰、戌、丑、未谓之四季月，三、六、九、十二月：
甲子、癸酉、壬午、辛卯、庚子、己酉、戊午，利星（上顕星）。
乙丑、甲戌、癸未、壬辰、辛丑、庚戌、己未，煞星（上曲星）。
丙寅、乙亥、甲申、癸巳、壬寅、辛亥、庚申，直星（上朴星）。
丁卯、丙子、乙酉、甲午、癸卯、壬子、辛酉，利星（上觧星）。
戊辰、丁丑、丙戌、乙未、甲辰、癸丑、壬戌，角星（上傳星）。
己巳、戊寅、丁亥、丙申、乙巳、甲寅、癸亥，傳星（上章星）。
庚午、己卯、戊子、丁酉、丙午、乙卯，章星（上齊星）。
辛未、庚辰、己丑、戊戌、丁未、丙辰，妖星。

① 此字为“顯”之异体字，简体为“显”。
② 古同“解”。

壬申、辛巳、庚寅、己亥、戊申、丁巳，或星。

妖星值日凶

如值此星者，名爲玄武入宅，九[①]遇人家起造、嫁娶、移徙、上官赴任、開張典店、出入祭祀等項，不出一年内，主人口凶，連遭官非，動作安葬，失財被盗，牢禁刑獄，人口落水，四百日内有疾病孝服，損財口舌自東南方来，三年内大凶，卽齊星是也。

或星值日凶

如值此星者，名日朱雀入宅，主當年火盗怪灾，一日落一日，官非財散，六畜傷夗[②]，男女淫活，缺[③]唇丧服，只宐安安[④]墳，若有他事不美，此星卽火星也。

利星值日凶

如值此星者，名曰白虎入宅，九一應嫁娶、上官、開張等事，不出一年之内，損財疾病，制[⑤]虎咬蛇傷，官非淫亂，若有積陰德之人见血灾，奴婢當灾也。

朴星值日凶

如值此星者，名曰黑殺入宅，九遇造作、嫁娶、店肆等事，不出一年内主瘋疾之人見凶，更有火盗、官灾、淫亂，虎咬蛇傷，若本人有福，立見虚耗不祥之意。

---

① 古同“凡”，下文同，不再注。
② 古为“死”之异体字，下文同，不再注。
③ 原文为“鈌”，应为“缺”之变体错字。
④ 此处似多一“安”字。
⑤ 原文如此，应为“致”之通假。

煞星值日吉

如值此星者，名曰金櫃、六合、青龍、天德星入宅。凡人家修造、嫁娶、開店鋪、上官、出行等，不三年内官者加祿，老者增壽，合家孝順，百事稱心，所謂大吉慶、喜如意者即顯星也。

傳星值日吉

如值此星者，名曰太陰金堂入宅。凡遇造作、嫁娶、上官赴任、開張店舗①、移徙入宅、出行等事，不出一年之内，主生貴子，三年之間有位至公卿，無官得福無量，所謂吉慶財谷豊餘，得外人財，喜用自然交集者，即紫微星也。

直星值日吉

如值此星者，名曰玉堂入宅。凡人家修造、嫁娶、開店、上官、出行，不出三年内，官位高遷，田蚕興隆，男貴女清，决②招横財，百事稱心。若遇金神七煞凶至年月③日，先吉後主灾，失財多遭官事，此即文曲星也，如無不遇金神七煞，此日上好。

角星值日凶

如值此星者，名曰太陽符入宅。凡嫁娶、造作，赴任、出行，不過三年内主遭官灾、火盗，更忌生産死，若主人有陰德，只見口舌，經答謝，此即解星也。

章星值日凶

如值此星者，名曰勾陳符入宅。凡遇造作、嫁娶、開張店舍、赴任、出行、

① 古为“铺”之异体字。
② 古同“决”。
③ 原文此字漫漶，据上下文，应为“月”字。

安葬等事，不出一年内主有人口退散，官灾火盗。如上樑造船，可見匠人血光之灾。主人要與諸家歷書不同陰陽，不同人口救苦經亦宅寶，又日靈經異書，莫傳與天下遇人。如七煞星，雖遇吉神，亦不可用，有失有散。

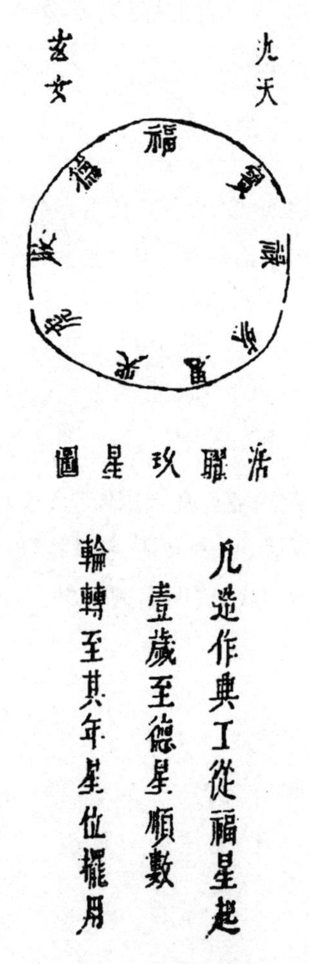

九天玄女活曜玖星圖

宅德星入命，宜修造，注壽延年爲兆，自作添進人口及北方田宅，財旺富貴之吉兆也。

宅福星入命，宐修造興工，三財進益，田宅興旺，大吉利也。

宅祿星入命，宐修造屋，此年修造，不論錢，動土興工，不用六十日，横財來，天地龍神自降福。

宅寶星入命是祥星，若逢修造必添丁，造屋未成横財至，子孫昌順，後頭興旺。

宅敗星入命，名下虚耗，若興工造作，立生灾殃，如不忌，官火盜。

宅虎星守命，不宜修造，若見灾驚，小修未可，龍虎入宫，動土修濠，可歇安寧。

宅哭之年多禍凶，難依作福保陰功，握鑿[1]造作人不信，二年之内見貧窮[2]。

宅鬼之年鬼兵，偏宜作福向中廷，金神太乙來修作，當年之内主伶仃[3]。

宅死星運福，週圍修造之工，立見頹憑[4]，汝豪强福祿旺，未成先已身危。

肘金語

大九起造、修理等用，但看當家人或子息[5]承繼[6]之人，絶[7]輪到其年星位吉凶擇用，就于吉年内選月、日、時刻用之，則吉。不信者，誠之多驗，功宜細詳，觀可久也。

鶴神方位

正東方：乙卯、丙辰、丁巳、戊午、己未。

東南方：庚申、辛酉、壬戌、癸亥、甲子、乙丑。

正南方：丙寅、丁卯、戊辰、己巳、庚午。

西南方：辛未、壬申、癸酉、乙亥、丙子。

---

① 古同“凿”。

② 古同“穷”。

③ 原文为“行”，据上下文，应为“仃”之别字。

④ 简体为“凭”。

⑤ 据上下文，应为“媳”之通假。

⑥ 简体为“继”。

⑦ 此字或为“决”之通假。

正西方:丁丑、戊寅、己卯、庚辰、辛巳。

東北方:壬午、癸未、甲申、乙酉、丙戌、丁亥。

正北方:戊子、己丑、庚寅、辛卯、壬辰。

餘日上天,直至己酉日起,甲寅日止,還歸東北方。(圖像在後①)

喜神方歌

甲巳東北丁壬南,乙庚西北喜神安,丙辛正在西天南,戊癸东南是位方。【惟有丁出行并②】

吟 神 煞

正四七十月逢酉,二五八十一月逢巳,三六九十二月逢丑,此月逢吟人是。

红 紗 煞

并分南北红沙③,【南正、二、三、四月爲孟,五、六、七、八月爲仲,做此。北正爲孟,三爲季,孟酉仲巳爲丑,做此。】

正二三四月酉日,五六七八月巳日,九十十一十二月丑日。此是红紗日,當忌,出行犯之,老不歸家;起造犯此日,白④日火烧;得病犯之,必掛細蔴⑤;嫁娶犯之,百日敗家。

彭祖百忌日

甲不開倉,財物耗散。乙不栽植,千枝不長。

丙不修竈,必見火殃。丁不剃頭,頭必生瘡。

---

① 原文如此,但图像遗缺。

② 此六字疑为衍文。

③ 此字应为“纱”之通假,《通书》中“红纱日”、“红沙日”、“红砂日”三者通用。

④ 原文如此,据上下文,或为“百”字。

⑤ 古同“麻”。

戊不受田,田主不祥。己不破券,二比並亡。

庚不經絡,機織虚張。辛不合醬,主人不嘗。

壬不决水,難更隄①防。癸不糴訟,理弱敵强。

子不問卜,自若灾殃。丑不冠带,主不還鄉。

寅不祭祀,神鬼不嘗。卯不穿井,井泉不香。

辰不哭泣,主必重丧。巳不遠行,財物伏藏。

午不苫葢,屋主更張。未不服藥,毒氣入腸。

申不安牀②,鬼祟入房。酉不會客,醉坐顛狂。

酉不出鷄,令其耗亡。戌不吃犬,作怪上狀③。

亥不嫁娶,不利新郎。亥不出猪,再養難償。

建可出行,切忌开廒。除可服藥,鍼④灸亦良。

不宜出債,財物難償。满可市肆,服藥遭殃。

財神方

求財之吉,甲巳日東北方,丙丁日正西方,乙日西南方,戊日西北方,庚辛日正東方,壬癸日正南。

貴神方

求名趋之吉,丁日正東方,壬日正南方,己日正北方,癸日正西方,乙日西南方,辛日東南方,甲庚西北方,丙戊東北方。

擇日紀全卷終

---

① 古同“堤”。

② 古同“床”。

③ 据上下文,应为“牀”之通假。

④ 古同“针”。

责任编辑:洪　琼

图书在版编目(CIP)数据

《鲁班经》全集/(明)午荣,章严 撰;江牧,冯律稳,解静 点校. —北京:
人民出版社,2018.3(2024.11 重印)
ISBN 978 - 7 - 01 - 017477 - 8

Ⅰ.①鲁…　Ⅱ.①午…②章…③江…④冯…⑤解…　Ⅲ.①古建筑-建筑艺术-中国　Ⅳ.①TU - 092.2

中国版本图书馆 CIP 数据核字(2017)第 054000 号

《鲁班经》全集

LUBANJING QUANJI

(明)午 荣　章 严　撰　江 牧　冯律稳　解 静　汇集、整理并点校

人民出版社 出版发行
(100706　北京市东城区隆福寺街 99 号)

北京汇林印务有限公司印刷　新华书店经销

2018 年 3 月第 1 版　2024 年 11 月北京第 6 次印刷
开本:710 毫米×1000 毫米 1/16　印张:39.5
字数:600 千字

ISBN 978 - 7 - 01 - 017477 - 8　定价:279.00 元

邮购地址 100706　北京市东城区隆福寺街 99 号
人民东方图书销售中心　电话 (010)65250042　65289539